Scientific Governance on Innovation Ecosystem

创新生态与科学治理
——爱科创2024文集

陈 强 邵鲁宁 主编

同济大学 出版社
TONGJI UNIVERSITY PRESS
·上海·

图书在版编目(CIP)数据

创新生态与科学治理. 爱科创2024文集 / 陈强，邵鲁宁主编. --上海：同济大学出版社，2025.7.
ISBN 978-7-5765-1729-3

Ⅰ. X321.2-53

中国国家版本馆 CIP 数据核字第 2025MC7537 号

创新生态与科学治理——爱科创 2024 文集

陈　强　邵鲁宁　主编

责任编辑　孙铭蔚　　**责任校对**　徐逢乔　　**封面设计**　陈杰妮

出版发行	同济大学出版社　www.tongjipress.com.cn
	（地址：上海市四平路1239号　邮编：200092　电话：021-65985622）
经　　销	全国各地新华书店
排　　版	南京文脉图文设计制作有限公司
印　　刷	上海颛辉印刷厂有限公司
开　　本	710mm×960mm　1/16
印　　张	30.5
字　　数	514 000
版　　次	2025年7月第1版
印　　次	2025年7月第1次印刷
书　　号	ISBN 978-7-5765-1729-3
定　　价	138.00元

本书若有印装质量问题，请向本社发行部调换　　版权所有　侵权必究

作者简介

陈　强　同济大学经济与管理学院教授,上海市产业创新生态系统研究中心执行主任,上海市习近平新时代中国特色社会主义思想研究中心研究员。

尤建新　同济大学经济与管理学院教授,上海市产业创新生态系统研究中心总顾问。

蔡三发　同济大学政治与国际关系学院党委书记、高等教育研究所所长,联合国环境署—同济大学环境与可持续发展学院跨学科双聘责任教授,上海市产业创新生态系统研究中心副主任。

周文泳　同济大学经济与管理学院教授、上海市产业创新生态系统研究中心副主任,科研管理研究室副主任,中国工程院战略咨询中心特聘专家。

任声策　同济大学上海国际知识产权学院教授、博士生导师,创新与竞争研究中心主任,上海市产业创新生态系统研究中心研究员。

常旭华　同济大学上海国际知识产权学院教授,上海市产业创新生态系统研究中心研究员,《亚太创新创业学刊》(*Asia Pacific Journal of Innovation & Entrepreneurship*,APJIE)主编。

邵鲁宁　同济大学经济与管理学院副教授,上海市产业创新生态系统研究中心副主任。

鲍悦华　上海杉达学院副教授,上海市产业创新生态系统研究中心研究员。

姜　南　同济大学上海国际知识产权学院副院长、教授。

钟之阳　同济大学高等教育研究所副教授,上海市产业创新生态系统研究中心研究员。

赵程程　上海工程技术大学管理学院副教授、工业工程与物流系主任,上海市产业创新生态系统研究中心研究员。

刘　笑　上海工程技术大学管理学院副教授,上海市产业创新生态系研究中心研究员。

胡　雯　上海社会科学院信息研究所助理研究员，上海市产业创新生态系统研究中心研究员。

敦　帅　中共上海市委党校领导科学教研部讲师，上海张江科技创新国际人才研究院特聘研究员。

宋燕飞　上海工程技术大学管理学院讲师。

薛奕曦　上海大学管理学院副教授。

林　强　中共大连市委党校教授。

宫　磊　山东建筑大学管理工程学院副研究员。

尤筱玥　同济大学中德工程学院助理教授，硕士生导师。

曾彩霞　同济大学法学院工程师，上海国际知识产权学院博士。

徐子健　上海市发展改革研究院—同济大学经济与管理学院联合培养博士后。

徐　涛　同济大学经济与管理学院博士后。

沈超平　上海市数据交易所市场发展经理。

洪　钢　同济大学无锡校友会智库专家，同济大学经济与管理学院硕士。

贾　婷　大理大学经济与管理学院特聘副教授。

田少艾　同济大学高等教育研究所研究助理。

吕　娜　同济大学科技园发展规划助理。

卢　璐　上海市市场监督管理局干部教育中心助理会计师，同济大学公共管理硕士。

徐天意　同济大学上海国际知识产权学院硕士研究生。

杜　强　上海大学管理学院硕士研究生。

史　轲　同济大学经济与管理学院博士研究生。

周新晔　同济大学经济与管理学院博士研究生。

刘宇涵　同济大学上海国际知识产权学院硕士研究生。

张　钰　同济大学上海国际知识产权学院硕士研究生。

喻诚搏　同济大学上海国际知识产权学院硕士研究生。

谭　钦　同济大学高等教育研究所硕士研究生。

汪　万	同济大学经济与管理学院博士研究生。
杜侬娜	同济大学上海国际知识产权学院硕士研究生。
张凌恺	同济大学上海国际知识产权学院博士研究生。
安云梦	同济大学上海国际知识产权学院博士研究生。
任运琨	同济大学上海国际知识产权学院硕士研究生。
张思涵	上海工程技术大学管理学院硕士研究生。
刘春路	同济大学高等教育研究所硕士研究生。
郭明昊	同济大学上海国际知识产权学院硕士研究生。
李鹏媛	同济大学上海国际知识产权学院博士研究生。
尹上音	同济大学上海国际知识产权学院硕士研究生。
马艺闻	同济大学上海国际知识产权学院博士研究生。
沈天添	同济大学经济与管理学院博士研究生。
张桁嘉	同济大学经济与管理学院博士研究生。

序

"十四五"规划即将收官,"十五五"规划正在快马加鞭地加紧编制。从近几个五年规划的情况看,五年规划的编制难度越来越大,原因无非有以下几个方面。一是变化速度加快。部分前沿科技领域正处于重大密集突破的前夜,以人工智能、量子科技为代表的新技术日新月异,存在诸多不确定性和风险。关键问题在于,人类的认知能力往往跟不上形势的发展,导致制度供给的质量和效率滞后于技术进步。二是影响因素增多。规划编制既要考虑国际政治和经济格局演变带来的冲击,又要考虑技术快速迭代背景下的产业重构和社会变迁,更要考虑地缘冲突、局部战争、气候变化给人类社会带来的深重和长远影响。三是交互作用增强。科技进步与经济社会发展的联系越来越紧密,科技子系统与其他社会子系统之间深度耦合、叠加纠缠,规划编制必须考虑"牵一发而动全身"的系统效应。

"十四五"期间,上海科技创新的基础条件进一步改善,原创性成果持续涌现,承担国家重大科技攻关任务的能力不断提升,产业新高地建设取得新进展,支持全社会创新的制度环境逐步形成。如今,上海正处于国际科创中心建设"强功能"的关键阶段。在内外部环境持续发生深刻变化的背景下,必须强化战略敏捷,一手抓好科技体制机制改革的"快变量",一手抓好创新条件和能力建设的"中变量",同时处理好创新生态营造这个"慢变量"。

评价上海的创新生态存在多重视角,各种指数和榜单提供了不同的解读。清华大学的国际科技创新中心指数(Global Innovation Hubs Index,GIHI)主要从开放与合作、创业支持、公共服务、创新文化维度进行观察和评价。在这份榜单上,上海进步显著,排在第4位。华东师范大学的全球科技创新中心发展指数从经济实力基础、社会文化环境、学术交流平台维度评价城市的创新环境全球支撑力。2024年,上海在这份榜单上相对靠后,排在第33位。创业生态系统研究机构Startup Genome发布的《全球创业生态系统报告2024》(*The*

Global Startup Ecosystem Report 2024，GSER）更注重企业感受，指标涉及业绩、资金、市场影响力、人才与经验、知识等方面，在这份报告中，上海位列全球第11位。同济大学上海市产业创新生态系统研究中心连续发布"育科创"城市高成长科创企业培育生态指数，从人力资本、经济基础制度环境、创业文化市场基础、创新基础金融资本、创业绩效维度衡量国内城市的创新创业生态。2024年，在这份榜单上，上海位居全国第3位。

正所谓，仁者见仁，智者见智。创新生态竞争力如何，归根结底要看：什么样的人才在集聚和流动，什么样的企业和研究机构在成长或消亡，什么样的金融资本在聚散，什么样的服务型资源在汇集。科学家追求的是科学梦想成真，企业家希望企业能够做大做强，投资家考虑更多的是资本的获利空间，而良好的创新生态可以最大限度地容纳这些梦想和愿望。

创新生态是否具有竞争力，关键在于两个循环的运行质量及其互动效率。一个循环是"教育—科技—人才"，主题是科技创新，其运行质量决定了创新策源的能力强弱；另一个循环是"科技—产业—金融"，主题是产业创新，其运行质量决定了高端产业引领的能力高低。两个循环之间的互动就是科技创新与产业创新的融合发展。根据这一总体逻辑，上海市产业创新生态系统研究中心的研究团队将立足上海，面向长三角，放眼世界，继续做实调查研究，探索建构产业创新生态的知识体系，积极为上海新一轮国际科创中心建设建言献策。

陈强　邵鲁宁
2025 年 6 月

目 录

· 创新生态理论与框架 ·

解放思想，面向未来产业建构新型生产关系 …………… 尤建新 / 002
原始创新能力建设的核心逻辑："潜能—动能—势能"三角 …… 任声策 / 008
创新策源能力：源起、框架与趋势 ……………………… 敦 帅 / 013
马斯克如何促成开放创新生态 …………………………… 陈 强 / 019
理解新质生产力的"五重"逻辑 ………………………… 邵鲁宁 / 021
候鸟栖息地生态治理的若干启示 ………………………… 陈 强 / 025
社会创新力量主导的愿景驱动式创新：以 SpaceX 为例
…………………………………………………… 陈 强 鲍悦华 / 028
创业孵化机构高质量发展应做好"五化"建设 ………… 鲍悦华 / 033
夯实新质生产力的物质技术基础 ………………… 徐子健 陈 强 / 037
"互联网＋"下不仅有 BANI，更有广阔的发展和探索空间 …… 尤建新 / 042
优化创新生态，打造人才高地 …………………………… 敦 帅 / 045
"脱钩断链"背景下亟须重视产业链韧性 ……………… 邵鲁宁 / 049
关于优化科技创新激励体系的建议 ……………………… 常旭华 / 053
以教育科技人才一体化发展促成开放创新生态 ………… 邵鲁宁 / 056
三"反"齐下营造健康竞争生态 ………………………… 任声策 / 058

· 上海国际科创中心建设 ·

进一步提振上海科创的"精气神" ……………………… 陈 强 / 062
育科创 2023：上海为何被深圳超越 ……………… 徐天意 任声策 / 064
上海科技企业孵化器现状分析 …………………… 杜 强 薛奕曦 / 068

上海科技企业孵化器的关键问题与整体解决思路 …… 薛奕曦　杜　强 / 072
三力融合，助力上海更好发展 ………………………………… 敦　帅 / 074
对标中国城市，上海人工智能领域人才静态画像 …………… 赵程程 / 076
对标全球，上海人工智能高端人才缺口问题突出 …………… 赵程程 / 104
上海科技伦理治理能力提升须"五力"并进 ………… 贾　婷　陈　强 / 111
从 GSER 2024 看上海创业生态系统发展 …………………… 鲍悦华 / 114
新时期"环同济"产业创新生态系统演化特征研究 ………… 鲍悦华 / 124
建构"环同济"第二增长曲线 ………………………………… 陈　强 / 133
创新驱动的城市更新让人民生活更美好吗
　　——基于上海张江科学城的调研 ……………………… 史　轲 / 136

·科学研究、人才培养与成果转化·

基础研究的分类情况、评价对象与适评方式 ……… 周新晔　周文泳 / 142
加强"从 0 到 1"基础研究的几点思考 ……………………… 周文泳 / 144
加快新型研究型大学建设　促进新质生产力发展 …………… 蔡三发 / 146
新发展格局下高校学科建设模式多样性创新思考 …………… 蔡三发 / 148
高校学科专业设置调整优化的多重逻辑选择 ………………… 蔡三发 / 151
科研"内卷"现象的形成原因与潜在风险 …………………… 周文泳 / 154
如何缓解科研领域的"内卷"现象 …………………………… 周文泳 / 157
与时俱进，开拓工程教育新局面 ……………………………… 尤筱玥 / 159
我国高校发明专利委托代理现状分析与问题探究 … 常旭华　刘宇涵 / 163
数据观察：中国高校专利转让网络的时空演化 …… 常旭华　张　钰 / 173
国家自然科学基金结项成果的专利重复问题探究 … 喻诚搏　常旭华 / 179
数字化伴随下研究生学术能力监测模式转型的思考
　　…………………………………………………… 谭　钦　钟之阳 / 188
数字化时代发展下的数字技能需求
　　——对欧洲职业培训发展中心政策简报的解读 … 谭　钦　钟之阳 / 192
国外交叉学科研究评估的若干模式与特色
　　…………………………………………… 蔡三发　田少艾　汪　万 / 197

围筑科学之墙：中美关系紧张对国际科学研究的影响
　　…………………………………………… 杜侬娜　张凌恺　常旭华 / 203
打造人才"强磁场"：青岛与武汉的经验启示 ………………… 敦　帅 / 212

·国际经验与标杆·

全球标准必要专利申请趋势及影响因素分析 ………… 安云梦　陈　强 / 218
全球标准必要专利竞争格局分析 …………………… 安云梦　陈　强 / 223
《2023 年全球未来产业指数报告》之中美对比 ……… 刘　笑　胡　雯 / 231
从 GSER 2024 看全球创业生态系统发展态势 ……………… 鲍悦华 / 237
欧盟《关键原材料法案》核心要点、外溢效应及我国对策
　　………………………………………………………… 任运琨　常旭华 / 244
国外科技企业孵化器发展的经验与模式
　　——以以色列、法国、智利为例 ………………… 薛奕曦　杜　强 / 253
美国培育量子信息产业的经验及启示 ……………… 刘　笑　胡　雯 / 256
美国国防安全领域 AI 战略动向与主要举措 ………………… 赵程程 / 261
美国先进制造业相关产业政策梳理和分析 ………………… 宋燕飞 / 266
"三网融合"：美国 DARPA 颠覆性创新培育的经验与启示 …… 鲍悦华 / 270
国外氢燃料电池汽车发展的企业实践及启示 ………… 杜　强　薛奕曦 / 276
日本主要氢燃料电池汽车相关政策分析 ……………… 薛奕曦　杜　强 / 280
德国培育未来产业的行动举措及对我国的启示 ……… 刘　笑　张思涵 / 284
德国国际科技开放合作战略转向研究 ……………………… 鲍悦华 / 288
德国发展科技服务业的经验及对我国的启示 ………… 宫　磊　陈　强 / 295
落地与监管"双拳出击"：德国颠覆性创新策动实践与启示 …… 鲍悦华 / 299
法国 PUI 计划对我国科研创新机制的启示
　　——以法国蒙彼利埃大学为例 …………………… 刘春路　钟之阳 / 305
美国一流大学教师评价制度比较
　　——基于教师手册文本的分析 …………………… 钟之阳　吕　娜 / 310
美国大学教师手册在教师发展中的定位和作用 ……… 钟之阳　吕　娜 / 317
积极学习策略在数字化人才培养中的应用
　　——以法国 Ecole 42 学校为例 …………………… 刘春路　钟之阳 / 321

·新经济、新产业、新模式、新技术与创新治理·

数智制造：重塑供需，追求卓越 …………………………………… 尤建新 / 326
可持续理念和 AI 视角下管理学者的社会责任 ………………… 尤建新 / 329
AI 辅助 ESG 管理的"载舟"与"覆舟" ………………………… 尤建新 / 330
ESG"漂绿"与规制思考 …………………………… 尤建新 曾彩霞 / 334
"人工智能＋"："＋"什么，怎么"＋" ……………………… 敦 帅 林 强 / 338
推动新兴产业和未来产业加快发展的几点思考 ………………… 邵鲁宁 / 342
科技领军企业：全球比较与中国现状 ……………… 郭明昊 任声策 / 345
全球主要地区战略性新兴产业融合集群发展分析 ……………… 宋燕飞 / 356
数字化转型压力下市场监管变革迫在眉睫 ………… 卢 璐 尤建新 / 359
"五位一体"助力专精特新企业高质量发展 …………………… 敦 帅 / 363
人工智能生态系统全景图及逻辑分析 …………………………… 赵程程 / 368
"主体—目标—工具"三维框架下我国人工智能政策区域差异比较
………………………………………………………………… 赵程程 / 373
探索完善先进制造业体系，加快培育新质生产力 ……………… 宋燕飞 / 376
数智时代生成式人工智能的科技伦理风险及应对建议
…………………………………………………… 姜 南 李鹏媛 / 379
科技创新要伦理先行 生成式人工智能伦理与知识产权问题述评
…………………………………………………… 姜 南 尹上音 / 382
金融促进科技：知识产权"牛鼻子"为何难以抓住 …………… 任声策 / 387
国有企业数字化转型的现状、挑战和建议 ……………………… 宋燕飞 / 391
专精特新中小企业数字化转型难点与对策 ……………………… 宋燕飞 / 395
《信息技术服务 数字化转型 成熟度模型与评估》解读及应用分析
………………………………………………………………… 宋燕飞 / 398
完善数据安全治理体系 推动企业数据资产化发展
…………………………………………… 徐 涛 沈超平 洪 钢 / 402
全国一体化数据市场建设的现状、挑战与实施路径
…………………………………………………… 姜 南 马艺闻 / 405

全国统一大市场背景下数据资产定价的困境与治理
·· 姜　南　马艺闻 / 410
发展数据联盟,健全数据市场生态 ················· 任声策 / 415
国内科技企业孵化器发展经验与启示 ······· 杜　强　薛奕曦 / 419
促进新质生产力发展:低空经济的内涵及其发展态势
·· 张凌恺　常旭华 / 422
企业需要更加灵活的人才柔性流动机制 ············· 邵鲁宁 / 429
人工智能伦理治理共识的演变趋势 ········· 贾　婷　陈　强 / 432
全球视域内人工智能伦理准则体系的多维解构
······································ 贾　婷　陈　强　沈天添 / 436
"萝卜"跑得快,还须系好网络与数据的"安全带" ······· 徐　涛　张桁嘉 / 441
优化营商环境,浙江方案缘何引起国际关注 ··········· 敦　帅 / 445
广州科技企业孵化器发展的实践与启示 ····· 薛奕曦　杜　强 / 449

·年度报告·

锐科创 2024
　　——科创板上市公司科创力排行榜主要结果 ······ 任声策教授课题组 / 452
育科创 2024
　　——城市高成长科创企业培育生态指数主要结果
······································ 任声策教授课题组 / 463

创新生态理论与框架

解放思想,面向未来产业建构新型生产关系

| 尤建新

面向未来产业建构新型生产关系,是在新的历史条件下,为了适应新质生产力的发展需求,对传统生产关系进行的一系列深刻变革。这一过程旨在通过改革和完善生产关系,促进各类先进生产要素向发展新质生产力集聚,大幅提升全要素生产率,为经济社会高质量发展提供强大动力和坚实保障。所以,一定要解放思想,深刻理解和把握这一过程。

一、全面深化经济体制改革

全面深化经济体制改革,是中国为了应对国内外复杂多变的经济环境,推动经济高质量发展而采取的重要举措。这项改革涵盖市场体系优化、科技创新体制完善以及资源配置全球化等几个关键方面。

1. 优化市场体系

中国正致力于构建一个更加开放、有序且健康竞争的市场体系,这涉及解决长期存在的市场分割和地方保护主义等问题,这些问题在一定程度上限制了资源的有效配置和市场的整体效率。提高市场流通效率对于降低交易成本、促进商品和服务自由流动至关重要。通过完善产权保护制度、放宽市场准入条件、确保公平竞争以及建立健全的社会信用体系,可以为各类市场主体创造一个更加公平透明的竞争环境。

2. 完善科技创新体制

科技创新是驱动经济增长的关键因素。为了提高国家的整体创新能力,政府正在优化科技资源的分配,尤其是加大对基础研究的支持力度,因为其是实现原创性和颠覆性创新的基础。强化企业在创新中的主体作用,需要鼓励企业加大研发投入,参与制定行业标准和技术规范,同时加强产学研合作,形成协同创新的良好生态。

3. 全球视野

在全球化背景下，中国经济的发展不能脱离国际环境的影响。因此，以全球视角审视和规划未来的发展方向是非常必要的。这意味着我们不仅要关注国内市场需求的变化，也要积极适应全球经济格局的变化，抓住新机遇，应对新挑战。我们要破除思想上的局限，打破认知枷锁，不断更新观念，勇于探索新的发展模式和路径，特别是针对新兴产业发展中可能出现的新型生产关系问题，提前做好理论准备和政策储备。

全面深化经济体制改革是一项系统工程。它不仅要求在具体政策措施上取得突破，更要求从战略高度出发，立足长远，统筹兼顾，以确保中国经济能够持续健康发展，并在全球经济舞台上发挥更重要的作用。

二、推动生产关系适应新质生产力发展

推动生产关系适应新质生产力发展是中国经济转型和升级的重要任务，旨在通过采取一系列措施促进新产业的涌现、新模式的发展和新动能的形成。

1. 促进新产业的涌现

为了促进新兴产业的涌现，政府必须加大对基础研究和应用研究的支持力度，特别是加大对原创性和颠覆性技术的研发投入，包括但不限于人工智能技术、量子计算技术、生物技术、新材料技术等前沿技术。为此，政府可以通过设立专项基金、提供税收优惠、简化审批流程等方式，激励企业和科研机构开展高水平的研究工作。与此同时，政府必须建立和完善科技成果转化机制，如创建科技孵化器、加速器和技术交易平台，帮助科研成果从实验室走向市场。为了鼓励企业与高校、科研院所建立长期稳定的合作关系，共同推进技术创新和产业化进程，必须进一步深化体制机制改革，完善创新生态。

在发展新产业的同时，要积极利用信息技术、智能制造等新技术对传统产业进行智能化、绿色化改造，提高传统产业的附加值和技术含量，使其能够更好地适应市场需求的变化，从而催生新的产业链和价值链。

2. 促进新模式的发展

鼓励数智化生产、工业互联网生产、绿色生产等新模式的发展，以实现生产方式的深刻变革，提高生产效率和质量，推动经济结构优化升级。同时，必须关注新模式的发展带来的以下几个方面的挑战。

（1）技术难题

新模式的发展依赖一系列前沿技术，包括但不限于云计算、边缘计算、机器学习等。然而，这些技术本身尚处于发展和完善阶段，存在数据安全性不强，算法模型不够成熟，以及伦理规范、知识产权和个人数据保护机制不完善等问题，限制了其在实际应用中的推广和效果。

（2）高成本障碍

新模式的发展需要巨额的资金支持，用以购置或租用先进的数智装备、建设高效的数字化基础设施等。

（3）专业人才匮乏

成功推进新模式的发展离不开具备深厚专业知识和技术背景的人才队伍，但目前人才培养严重滞后。

（4）数据互联与安全保障

破除系统间的数据壁垒，促进信息有效流通与共享，是新模式的优势。然而，目前数智化发展中普遍存在"数据孤岛"现象，阻碍了资源的优化配置。随着联网设备数量的增长，如何保障网络信息安全成为一个亟待解决的问题。

新模式的发展不是一个孤立事件，其背后是 PEST［政治（Political）、经济（Economic）、社会（Social）和技术（Technological）］环境的系统性改变，特别是"互联网＋大数据"和人工智能的发展影响了各类重构，包括供需关系的重构。因此，重塑供需理念成为必然。

3. 促进新动能的形成

通过创新引领，拓展新动能发展边界，破除方方面面的条条框框，形成新的产品、生产方法、市场、供应来源和组织形式，为经济高质量发展提供持续动力。

（1）创新引领

营造有利于创新创业的良好环境，培育一批具有国际竞争力的创新型领军企业。支持初创企业发展壮大，为其提供必要的资金、场地和技术支持。

（2）拓展新动能发展边界

探索新兴技术和商业模式的应用场景，如共享经济、平台经济、零工经济等，挖掘潜在的经济增长点。鼓励跨界融合，打破行业壁垒，创造更多元化的市场机会。

（3）破除方方面面的条条框框

通过改革消除不利于创新发展的体制机制障碍，放宽市场准入限制，简化行政审批程序,降低制度性交易成本。加强知识产权保护,维护公平竞争的市场秩序,激发全社会的创造力和活力。

(4) 形成新的产品、生产方法、市场、供应来源和组织形式

鼓励企业探索和应用新的生产技术和方法,开发满足消费者多样化需求的新产品。开拓国内外新市场,寻找新的供应来源,尝试不同的商业组织形式(如合作制、合伙制等),以适应快速变化的市场环境,确保经济持续健康发展。

积极有效地推动生产关系的调整和优化,使生产关系更加适应新质生产力的发展要求,进而为中国经济的高质量发展注入源源不断的动力。

三、完善生产资料所有制及其实现形式

完善生产资料所有制及其实现形式是深化经济体制改革的重要内容,旨在通过优化所有制结构,促进各种所有制经济协调发展,提高资源配置效率和经济运行质量。

1. 高质量发展公有制经济

国有经济在关系国家安全和国民经济命脉的重要行业和关键领域应保持控制力,如能源、交通、通信、金融等。这不仅有助于稳定宏观经济环境,还能确保国家对战略资源的有效掌控。为此,要鼓励国有资本更多投向战略性新兴产业和未来产业,如新能源、新材料、高端装备制造、信息技术等领域,以提升国有企业的核心竞争力和创新能力,使其在全球产业链中占据更有利的位置。同时,必须通过深化改革,增强国有企业的市场活力和管理效率,使其更好地服务于国家战略目标和社会公共利益,在此基础上,提高经济效益,增加对国家财政的贡献。

2. 高质量发展非公有制经济

非公有制经济是社会主义市场经济的重要组成部分,其活跃度直接影响整个市场的繁荣程度。通过放宽市场准入、简化审批流程、加强知识产权保护等方式,为非公有制企业提供更加宽松的发展环境,促进市场竞争,提高资源配置效率。为了充分发挥非公有制企业在技术创新方面的灵活性和敏捷性,政府应提供政策支持,如税收优惠、研发补贴等,鼓励非公有制企业加大研发投入,开展前沿技术探索,形成新的经济增长点。此外,还需要采取以下两方面措施来完善市场机制:一是支持非公有制企业参与国际竞争,鼓励它们"走出去",拓展海外市场,参与全球价值链分工;同时,吸引外资进入国内,实现内外资企业互利共赢。二是鼓励非公有制企业参与国家重大基础设施建设、科技创新项目等,借助其专

业能力和市场敏感度,提高项目的实施效果和社会效益,支持其在改革创新和公平竞争中健康成长。

3. 深化混合所有制改革

通过深化混合所有制改革,让国有资本、集体资本、非公有资本等不同性质的资本相互参股,共同经营,从而打破所有制界限,形成多种所有制经济共同发展、优势互补的健康市场生态。

(1) 优势互补

混合所有制企业可以结合各方优势,如国有企业的规模效应和技术积累,非公有制企业的灵活性和创新意识,实现资源优化配置,提高整体运营效率。

(2) 形成健康的市场生态

混合所有制改革有助于构建一个更加公平、透明、有序的市场环境,减少垄断行为,促进中小微企业发展,激发市场主体的活力和创造力。

(3) 治理机制现代化

通过引入多元化的股东结构,推动企业建立现代企业制度,完善法人治理结构,强化内部管理和风险控制,提高决策的科学性和民主性。

深化改革就是要充分激发全社会经济的活力和潜力,形成全社会多种经济形式共生共荣的良好格局,为实现经济高质量发展奠定坚实基础。

四、构建促进新质生产力发展的创新生态

构建促进新质生产力发展的创新生态是推动经济高质量发展的重要举措,涉及健全相关规则和政策、加大金融支持力度以及完善人才健康成长环境等多个方面。

1. 健全相关规制和政策

为确保企业在创新过程中有法可依,合法权益得到有效保障,必须加快建立健全与新质生产力发展相适应的法律法规体系。同时,出台一系列鼓励创新的政策措施,简化行政审批程序,缩短项目审批周期,为企业提供更加便捷的服务,并建立有效的市场监管机制,为新质生产力的发展提供良好的法治环境和政策支持。

2. 加大金融支持力度

通过采取优化市场生态等手段,加大对战略性新兴产业和未来产业的支持力度,为创新创业、新质生产力的发展提供强有力的金融支持。同时,要鼓励金

融机构与实体企业开展深度合作,通过供应链金融、产业链金融等形式,将金融服务延伸至整个产业链条,实现资源共享、优势互补,提升产业链的整体竞争力。

3. 完善人才健康成长环境

充分发挥制度优势,全面推进民生改善工作,进一步提升民生基础设施建设水平,加强并完善与新质生产力发展相适应的人才发展体系建设。具体措施包括:继续深化改革高等教育和职业教育体系,根据新质生产力发展的需求调整学科、专业设置和课程内容,培养更多适应新技术、新业态要求的专业人才;实施更加开放的人才引进政策,营造良好的用人环境,吸引海外高层次人才回国创新创业;建立科学合理的人才评价标准,激发人才的创新活力和创造力;全面推进民生改善工作,进一步提升医疗、教育、住房等领域的基础设施建设水平,提高全社会的整体幸福感和生活质量,营造大胆尝试、勇于探索和创新的氛围,优化人才健康成长生态。

构建促进新质生产力发展的创新生态,需要从法律政策、财政金融和人才培养等多个维度入手,形成系统化的支持体系。只有这样,才能为新质生产力的发展创造良好的外部条件,使其成为推动中国经济高质量发展的强大动力。

总之,构建面向未来产业的新型生产关系是一项动态发展的系统工程,需要在理论上和实践上不断探索和完善,坚持解放思想,鼓励"百花齐放,百家争鸣",通过持续、全面深化改革,形成并不断创新与新质生产力相适应的生产关系,为经济社会高质量发展提供持久动力。

原始创新能力建设的核心逻辑：
"潜能—动能—势能"三角

| 任声策

习近平总书记2013年在天津考察时便强调要不断提升原始创新能力，党的十八大以来，党中央把提升原始创新能力摆在更加突出的位置。十余年来，我国原始创新能力不断增强，但面对国际国内新形势，当前我国原始创新供给明显跟不上国家高质量发展的要求。2020年，在科学家座谈会上，习近平总书记强调："在激烈的国际竞争面前，在单边主义、保护主义上升的大背景下，我们必须走出适合国情的创新路子，特别是要把原始创新能力提升摆在更加突出的位置，努力实现更多'从0到1'的突破。"党的二十大报告也指出，我国"推进高质量发展还有许多卡点瓶颈，科技创新能力还不强"，要求"加强科技基础能力建设""加强基础研究，突出原创"。2023年，中央政治局就加强基础研究进行第三次集体学习，习近平总书记在主持学习时强调："我国支持基础研究和原始创新的体制机制已基本建立但尚不完善，必须优化细化改革方案，发挥好制度、政策的价值驱动和战略牵引作用。"[1] 2024年，习近平总书记在主持中共中央政治局第十一次集体学习时强调，"这就要求我们加强科技创新特别是原创性、颠覆性科技创新"。

原始创新能力建设是加快实现高水平科技自立自强的重要保障，是科技基础能力建设的重点、优先项。经过多年的原始创新能力建设投入和努力，我国在原创科技成果、大科学基础设施等方面取得了显著进步，但是，当前我国的创新理念、文化、人才、体制机制等仍存在不足，无法支撑原始创新能力进一步发展，必须加快变革。鉴于目前学界在理论和实践中对原始创新能力建设的核心逻辑讨论不足，本文提出原始创新能力"潜能—动能—势能"三角形理论模型，可作为我国原始创新能力建设的参考逻辑。

一、原始创新能力"潜能—动能—势能"三角

原始创新主要是指科技领域"从0到1"的突破性创新。基础研究领域的原

始创新是国家科技实力的重要象征,是创新能力的"皇冠明珠",通常也是产业领域关键技术的产生基础。与通常的创新能力相比,实现原始创新所需的原始创新能力形成的难度更大。

原始创新能力建设,可类比物理学中的"潜能""动能"和"势能"概念,应以"潜能"建设为基础,以"动能"建设为核心,以"势能"建设为目标,构建"潜能—动能—势能"能力三角(图1)。在物理学中,物体动能取决于物体的质量和速度,物体的速度则受到作用力的影响。在原始创新"潜能—动能—势能"能力三角中,"潜能"建设类似于建设物体的"质量","动能"建设类似于向物体施加"作用力","势能"建设则类似于"动能"累积转化提升"位势",三者共同推动国家原始创新能力持续巩固强化并释放影响力。

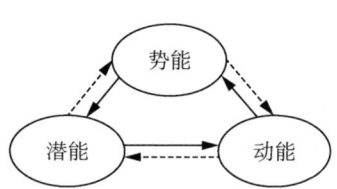

图1 原始创新能力"潜能—动能—势能"三角

"潜能—动能—势能"能力三角的逻辑可概括为:源源不断的有着原创理念和原创能力的"潜能"科技人才,在适当的条件和正确的动力机制作用下产生强大原始创新"动能",这些原始创新"动能"不断集聚提升,形成原始创新"势能";从一枝独秀到"百花齐放,百家争鸣",原始创新能力通过平台、领域化"位势"得以持续强化,形成全球影响力。例如,剑桥大学的卡文迪许实验室(Cavendish Laboratory)及由其衍生的剑桥分子生物学实验室(MRC-LMB),二者均被称为诺贝尔奖工厂,均具有极强的原始创新"势能",对全球青年才俊具有极大的吸引力。

"潜能—动能—势能"能力三角之间是一种相互促进关系。其中,原始创新"势能"主要来自"动能"的积累和提升,"动能"主要来自"潜能"的发挥,"潜能"则主要来自人才队伍的体量、力量和气量。反过来,原始创新"势能"能够促进"潜能"增强,"势能"可以转化为"动能","动能"形成也有利于"潜能"发展。

二、原始创新能力的"潜能"建设

原始创新能力的"潜能"是指原始创新的潜在能力,即在合适的机制下可以激发出来的原始创新能力,"潜能"的主要载体是分布合理的科技人才队伍,以及规模庞大的青少年群体。当然,"潜能"还包括国家经济实力、人民生活水平及科技基础条件。

"潜能"建设的重点目标是"量"。"潜能"的"量"的目标主要包括数量、分量和气量。"数量"是指科技人才队伍的规模，包括顶尖人才、领军人才、骨干人才、储备人才等，以及青少年群体。"分量"是指科技人才队伍中各级人才提出和解决原始创新问题的能力。"气量"是指科技人才队伍中各级人才追求原始创新的使命感，是一种深入骨髓的文化理念和价值观。

"潜能"建设的工作重点在教育。"潜能"的"数量"建设主要依靠扩大高等教育中理工农医等学科的学士、硕士和博士人才培养规模，其基础在于保持中小学生群体规模优势。"潜能"的"分量"建设主要依靠提升高等教育中理工农医等学科人才培养质量，以及夯实中小学 STEM 教育基础。"潜能"的"气量"建设则主要依靠在全社会培育原始创新文化，除了依托中小学和高等教育，发挥科普的作用也至关重要。

三、原始创新能力的"动能"建设

原始创新能力的"动能"是指实际开展原始创新行动并取得成效的能力，是将原始创新"潜能"转化为原始创新现实成果的活力和能力。在物理学中，"动能"是一个相对量，动能定理表明，在一个过程中，物体动能的变化取决于力对物体所做的功，即动能受到作用力和时间的影响。对于原始创新而言，具有"潜能"的科技人才在外部推动力的作用下，经过一定时间积累的"动能"，决定了原始创新的成效。

"动能"建设的重点目标是"力"。"动能"的"力"的目标主要包括：愿力、推力和定力，当前我国还需要考虑这三种力受到的阻力。"愿力"是指有潜能的科技人才及其所在组织愿意投身原始创新研究的决心，当不利于原始创新的机制发挥主要作用时，难以形成强大的"愿力"。"推力"是指从上到下的社会各个层次对原始创新的支持机制。"定力"是指科技人才及其所在组织持续探索原始创新问题的耐心，以及排除干扰因素的能力。

"动能"建设的工作重点在于体制机制建设。"动能"的"愿力"建设需要围绕科技人才和科技组织、管理部门开展，特别是各级管理部门的管理方式对科技人才和科技组织的"愿力"具有决定性影响，因此，"愿力"建设需要通过自上而下的体制机制改革来实现。"动能"的"推力"建设主要依赖资源配置机制和科技人才、科技项目、科技组织的评价激励机制。"动能"的"定力"建设也需要形成有利于原始创新的组织人事机制和社会文化。在"动能"建设中，必须注意那些显而易见的阻力。例如，刘益东认为，"中材大用""唯帽子"人事机制的危害超出常人想象，研究机构在分配经费时既当裁判又当领队以及科研行政化的体制机制弊端严重[2-3]。

四、原始创新能力的"势能"建设

原始创新能力的"势能"是指实实在在展现出来的原始创新能力，包括个体、团队、平台和领域等不同层次的原始创新影响力和吸引力。"势能"由一项项原始创新行动或成效代表的"动能"转化积累而成，从而处于一种有优势的态势。在物理学中，"势能"是一种状态量，表示储存于系统内的能量，由相互作用的物体共有，也称为位能。原始创新能力的"势能"类似于某研究机构在全球原始创新生态中占据的生态位。

"势能"建设的重点目标是"能"。"势能"的"能"的目标主要包括：聚能、提能和释能。"聚能"是指通过一定的组织方式将原始创新的"动能"集聚起来，以便于原始创新能力保存、累积和发展壮大；"提能"是指在原始创新的"动能"累积的基础上通过组织协作、资源强化进一步提升能级；"释能"是指原始创新的"势能"通过有效组织机制不断释放，对科技或产业人才、团队、组织发挥使能、赋能作用，促进"势能"持续发展。

"势能"建设的工作重点在于"组织"。原始创新的"动能"的"聚能"建设需要围绕科技人才和科技团队开展：要围绕已经展现出原始创新"动能"的人才和团队，建立资源和团队集聚机制；可发展多个团队，进而组建平台，同时要保持每个团队的原始创新活力。"提能"建设需要围绕已有团队和平台方向，强化资源条件，吸引人才，开放合作，从而提升能级。"释能"建设需要根据优势原始创新能力，完善机制培育领军人才和中青年科学家、研究生，输出人才、知识，通过"释能"进一步巩固原始创新的"势能"。例如，德国马克斯·普朗克研究所各分所凭借原始创新能力的"势能"发挥影响力，吸引、培养各层次科技人才，包括研究骨干、访问学者、博士后、博士生和交流学生，从而汲取全球原始创新能力，并为全球创新赋能。

2023年，习近平总书记在中央政治局第三次集体学习时强调"打造原始创新策源地和基础研究先锋力量"，这就需要建设具有高原始创新"势能"的平台。原始创新"潜能—动能—势能"能力三角可为我国原始创新能力建设提供逻辑参考。当前，我国原始创新能力存在"潜能"不大、"动能"不足、"势能"不强的问题，需要结合原始创新能力的"潜能""动能""势能"建设工作重点加快改革进程,才能尽快提升我国原始创新能力,坚持创新在现代化建设全局中的核心地位,实现教育、科技、人才的基础性、战略性支撑。

参考文献

［1］切实加强基础研究 夯实科技自立自强根基［N］.人民日报,2023-02-23(01).

［2］刘益东.打造以一流人才为中心的卓越科研体系——关于设立基础研究特区的建议与思考［J］.国家治理,2022(3):29-34.

［3］刘益东."中材大用"与"中等水平陷阱":原始创新和基础研究的最大阻碍［J］.中国经济报告,2021(4):81-83.

创新策源能力：源起、框架与趋势

| 敦　帅

随着科学技术的不断进步，科技创新已成为决定世界政治经济力量对比和国家前途命运的关键因素，推动社会变革的革命性力量和拉动经济增长的核心动力，以及决定生产力水平的首要因素。在新一轮科技革命和产业变革正在孕育兴起的新形势下，全球科技竞争与合作呈现新的发展态势和特征，世界主要国家均致力于创新驱动发展，以科技创新带动经济社会进步。当前，我国正处于经济社会转型的关键时期，科技创新面临着新的外部挑战和内部要求，通过培育、发展和提升创新策源能力，实现学术创新在全球占据一席之地、科学创新在全球一往无前、技术创新在全球具备一技之长、产业创新在全球一马当先的重大目标，已成为我国创新驱动发展战略的重中之重。

一、创新策源能力的源起

创新策源能力是指通过"创新策动"打造"创新之源"的能力，即通过制定创新计划、开展创新活动不断完善创新机制，通过组合创新要素、集聚创新资源不断积累创新优势，从而协同"创新策动"和"创新之源"、融合创新机制和创新优势，形成"投入—条件—能力—成果"的创新闭环，催生学术新思想、科学新发现、技术新发明、产业新方向不断涌现的综合能力。作为一种原创能力、核心竞争力和新型创新范式，创新策源能力具有复杂性、阶段性、引领性和辐射性的基本特征。图1为创新策源能力内涵的双螺旋模型。

二、创新策源能力的框架

基于"创新投入—创新路径—创新产出"的结构，本文构建了创新策源能力的基本框架（图2）。总体而言，创新策源能力的基本框架具体包括外部环境、创新投入、创新路径、创新产出、评价指标。

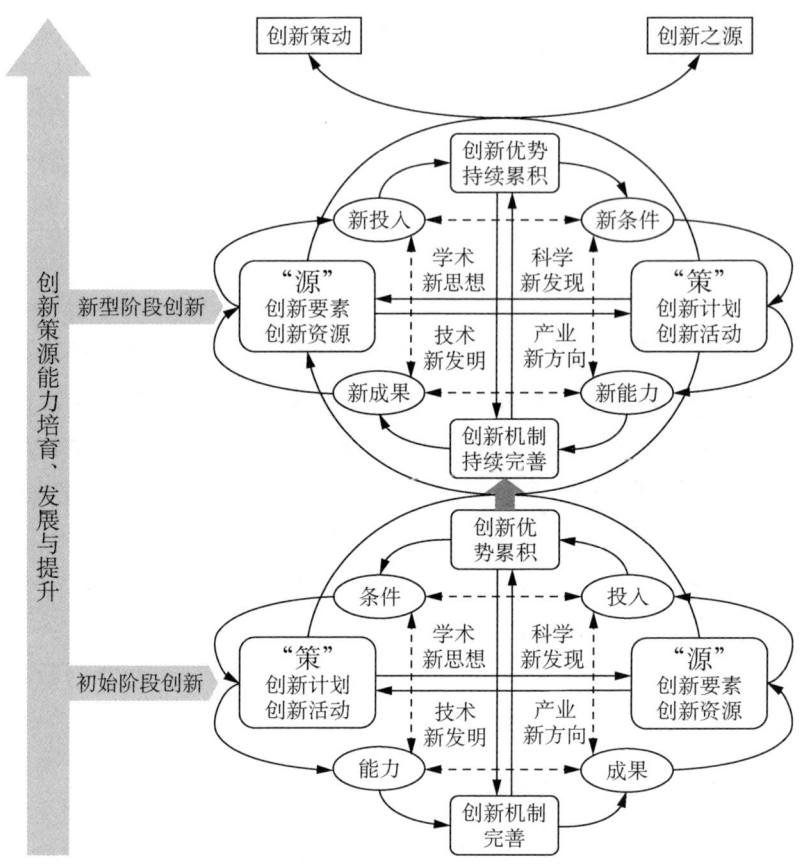

图 1　创新策源能力内涵的双螺旋模型

1. 外部环境

创新策源能力的提出,源于当前独特的外部环境,国际科技竞争带来的挑战为创新策源能力的发展指明了新的方向,国家创新发展战略制定的要求为创新策源能力的发展确立了新的目标。在此背景下,培育、发展和提升创新策源能力成为应对国际科技竞争新挑战和实现国家创新发展新要求的必然选择。一方面,只有不断提升创新策源能力,才能真正突破西方发达国家的技术壁垒、聚集世界范围内的科技创新人才、提升国际规则主导权;另一方面,只有持续发展创新策源能力,才能不断增强科技原创力、引领力和影响力,推动我国跻身世界创新型国家前列,真正成为世界科技强国。

2. 创新投入

创新策源能力的培育离不开多元化创新投入,创新资源的集聚和创新要素

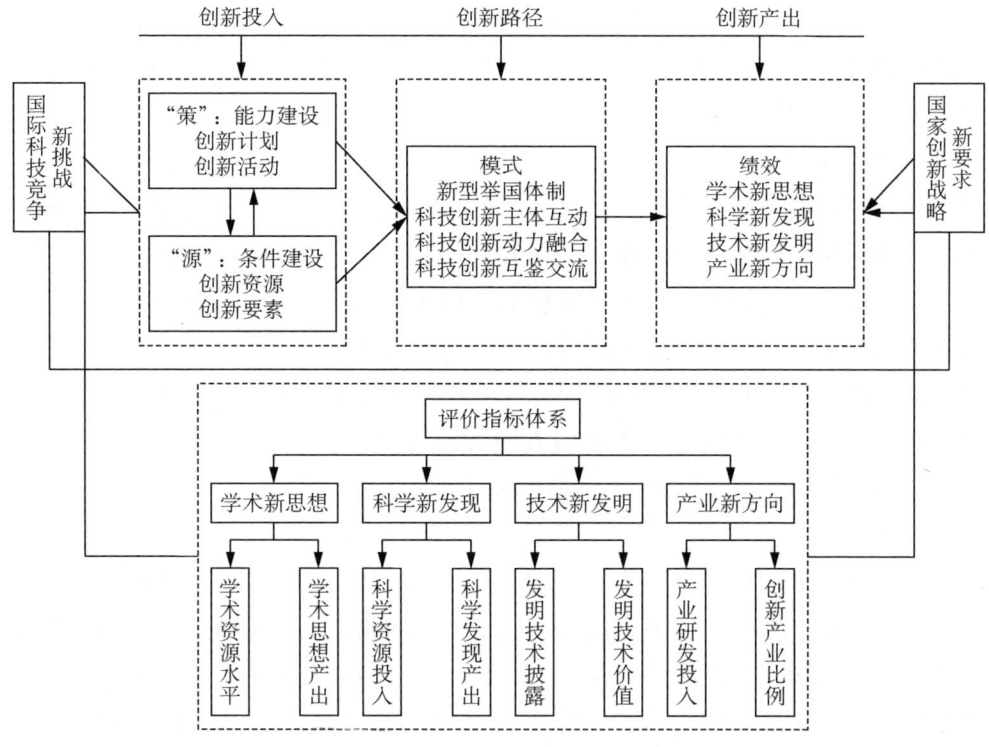

图 2 创新策源能力的基本框架

的组合推动创新策源能力培育和发展的条件建设,创新计划的制定和创新活动的开展促进创新策源能力培育和发展的能力建设。在创新资源和创新要素的投入方面,需要做到人、财、物优化组合,做到各方面社会服务协同融合,构建创新人力支撑体系、创新财力支撑体系、创新物力支撑体系和社会服务体系,为创新策源能力的培育和发展提供全面保障。在创新计划和创新活动方面,需要在多领域实施国际大科学计划,积极进行知识创新、技术创新和管理创新,为创新策源能力的培育和发展提供多维度支持。

3. 创新路径

创新策源能力的形成需要新型的创新路径,在社会主义市场经济体制下,科技创新举国体制是推动创新策源能力培育和发展的有效途径。建设创新策源能力,就是要构建科技创新领域的新型举国体制。具体而言,需要从以下三方面着力:首先,要考虑如何在特定领域发挥政府与市场在资源配置中的独特作用;其次,要修正传统举国体制在特殊历史背景下"不惜一切代价"的做法,充分考虑科技创新突破的成本和效率问题；最后，要厘清科创主体、科创动力和科创互鉴之间的平衡关系，实现三者的均衡发展，举全国之力共同创造新的发展机遇和解决重大创新发展问题。

4. 创新产出

创新策源能力的绩效体现在学术新思想、科学新发现、技术新发明、产业新方向不断涌现等创新产出方面。一是在学术新思想方面，统筹实施创新计划，推动具有全球影响力的专家学者和学术成果不断涌现；二是在科学新发现方面，开展多种创新活动，推动具有全球影响力的科学现象和科学思想不断涌现；三是在技术新发明方面，合理组合创新要素，不断创造出具有全球竞争力的高端技术专利，并创立领先企业；四是在产业新方向方面，优化配置创新资源，布局前端产业，不断孕育出具有全球竞争力的新创标杆企业。

5. 评价指标

创新策源能力的提升离不开评价指标的推动。通过构建评价指标体系对创新策源能力进行评价，一方面，可以详细分析创新策源能力在创新产出方面的绩效水平，从而为创新策源能力的提升确立结果导向，实现扬长避短；另一方面，可以分析创新策源能力源头的创新投入，改进条件建设和能力建设，从而为创新策源能力的提升确立目标导向，做到"源""策"并举。在前人研究基础上，结合创新策源能力的内涵和特征，本文构建了创新策源能力评价指标体系，如表1所示。

表1 创新策源能力评价指标体系

一级指标	二级指标	三级指标
创新策源能力评价指标	学术新思想	学术资源水平	高学历(大学本科及以上学历)人口比例
			泰晤士高等教育世界大学排名前200名高校与QS世界大学排名前200名高校数(个)
			科学、工程、制造和建筑等领域高等教育毕业生比例
		学术思想产出	自然指数(Nature Index)中文献计量AC值(分)
			自然指数中作者计量FC值(分)
	科学新发现	科学资源投入	R&D经费支出占GDP比重
			FC值总计百分以上的机构数(个)

(续表)

一级指标	二级指标	三级指标
创新策源能力评价指标	科学新发现	科学资源投入	从业人口中科学技术人员比例
		科学发现产出	《自然》(Nature)十大科学突破(项)与人物(人)
			国际顶级学术奖项(项)
	技术新发明	发明技术披露	PCT专利申请量(万件)
			发明专利申请数量(万件)
		发明技术价值	技术合同成交额(亿元)
			风险投资资本量(十亿美元)
	产业新方向	产业研发投入	企业R&D经费投入(亿元)
		创新产业比例	独角兽企业数量(个)
			高新技术产业占工业总产值比例
			高技术产品出口比重

三、创新策源能力的趋势

创新策源能力深深植根于创新基础、创新资源、创新主体、创新条件、创新能力、创新制度等的相互作用机制，正成为当前科技创新领域的重要议题。但作为一种新型创新范式，创新策源能力的研究刚刚起步，未来仍需要进行全面、系统、深入的探讨和研究。

1. 开展创新策源能力培育、发展和提升机制研究

创新策源能力是一项复杂的系统工程，涉及的因素、构面、层次非常多。因此，实现条件建设和能力建设、创新投入和创新产出的高效转化，实现科研机构和科创企业主体互动、政府和市场动力融合、国内外成果互鉴交流，通过不断弥补劣势、强化优势推进创新策源能力的增强等，需要政界、学界和业界等多元参与主体共同努力。

2. 开展城市视角下创新策源能力比较研究

基于创新策源能力评价指标体系，多渠道搜集世界典型创新城市(如美国纽约、英国伦敦、日本东京、新加坡、中国北京、上海、香港、深圳等)在创新投入与产出方面的数据，计算各个城市创新策源能力指数并进行比较分析，找出除北京、上海、香港、深圳等城市外我国各城市在创新策源能力方面与世界典型创新城市

的差距和不足，从而有针对性地提出优化举措。

3. 开展创新策源能力实证研究

从整体上看，创新策源能力受到"软""硬"两方面基础条件与宏观、中观、微观三个层次计划和活动的影响；从具体来看，创新策源能力受到基础设施、研究机构、产业载体、营商环境、创新机会、科技力量、创新活动等的影响。因此，一方面，需要从源头实证检验影响创新策源能力的具体因素及机制；另一方面，需要从结果实证检验创新策源能力对企业创新绩效、高校创新成果、城市创新产出、国家创新效率的具体影响及影响机制。

4. 开展创新策源能力案例研究

伴随科技革命、制度创新、经济长波的演进，英国伦敦、美国纽约、日本东京等城市相继发展为世界典型的科技创新中心，创新效率引领世界趋势，创新策源能力持续提升。因此，结合创新策源能力视角，选择典型的创新策源能力城市开展案例研究，解构其创新策源能力建设的模式、路径与经验，一方面可以验证实证研究的结果，另一方面将有助于我们深刻理解创新策源能力在实践中的运用。

马斯克如何促成开放创新生态

陈　强

埃隆·马斯克(Elon Musk)缔造了涵盖诸多前沿领域的庞大"科技帝国",其创新效率之高,扩张速度之快,让世人在讶异之余,不由得浮想联翩。近年来,马斯克的"科技帝国"在开放人工智能、火箭发射、无人驾驶、脑机接口、可持续能源、亚音速浮空列车等领域不断取得突破性进展,在创造出科技神话的同时,催生了一个又一个商业奇迹,马斯克本人也在2022—2024年连续三次登顶胡润全球富豪榜。究其成功原因,良好的开放创新生态是关键,具体可从以下三个角度分析。

一、以宏大愿景谋取生态位势

马斯克曾经回忆,他在上大学时,就时常思考那些将深刻影响人类未来的事物,包括互联网、可持续能源、人类成为多行星物种等。这在很大程度上影响了其后来的行事逻辑的形成。在描绘"星舰"计划的宏伟蓝图时,马斯克设定了一个关乎人类共同命运的话题:"我们应该将人类文明看作在广袤黑暗中的一支脆弱的小蜡烛,竭尽所能地确保其持续燃烧。"马斯克将"星舰"计划视为实现这一愿景的重要途径,即以更低成本和更高效率,将重型运载火箭——星舰发射至火星,并安全着陆和返回,开辟人类生存的新空间。这一计划有充分的想象空间,极具感召力,引发了大量志同道合的科学家、企业家和资本家的强烈兴趣,心甘情愿地为达成这一目标贡献自己的知识、技术和资金。美国联邦政府机构也被这一计划所吸引,考虑到SpaceX在火箭发射领域的卓越表现(2023年,SpaceX火箭发射次数和发射质量全球占比分别达到43.95%和86.19%),在人力、技术及应用场景等方面给予其强力支持。可以认为,马斯克的"星舰"计划是其"科技帝国"通过"新型举国体制"执行重大战略研究任务的一次探索。基于移民火星的宏大战略愿景,"星舰"计划吸引了全球相关领域的杰出科学家团队、尖端技术及巨额的耐心资本,完成了面向复杂科学研究和技术攻关任务的力量编成和资源配置，占据了空间科学、技术及产业竞争的制高点。与此类同，马斯克在人工智能、脑机接口、光伏发电等领域开展有组织、有策略的颠覆式创新，都呈现出其以宏大愿景谋取科技创新生态位势的清晰行动逻辑。

二、以高度容错塑造生态韧性

马斯克并不在意把话说过头，2024年4月6日，他曾在互联网上发帖表示，将于2024年8月8日启动无人驾驶出租车Robotaxi项目。其实，类似的豪言壮语他在2019年就曾发布过，这也体现出马斯克对自己的宽容。人类探索未知世界是一个不断试错的过程，过程中充满不确定性和风险。具有竞争力的开放创新生态必须有较高的容错率。在"星舰"计划的每一次发射中，SpaceX对于可能失败的环节及概率都有明确预估，且实际发射结果与预判高度吻合。2024年3月14日晚，"星舰"计划进行了第三次发射试验，未能成功，符合预判。值得注意的是，尽管代价高昂，SpaceX对于此类失败似乎早有准备，并不在意。在科创领域，高度容错既需要有雄厚的耐心资本作为后盾，又需要高度的技术自信。马斯克及其SpaceX团队认为，在"星舰"计划的执行过程中，每一次失败都是发现问题并改进技术的机会，只有不断尝试，才能持续强化生态韧性，提升重大科研活动的效能和效率。

三、以快速决策激发生态活力

2024年4月，马斯克闪电访华，积极推动全自动驾驶技术落地中国。返回美国后，他突然宣布解散特斯拉的超级充电团队，涉及全球数百名员工，包括已经为特斯拉服务6年的全球超级充电站项目高级总监。其实，马斯克在关乎其"科技帝国"前途命运的重大决策中，一贯展现出高度决断力，涉及前瞻性布局、研究方向抉择、企业并购、设施建设、人事安排等各方面。随着基础前沿研究策源性成果快速涌现，关键核心技术密集突破，科技创新领域的变化越来越难以捉摸。马斯克善于从科学研究范式迭代、科研组织形式变革、技术突破模式再造中浮现的种种"草蛇灰线"中捕捉可能带来重大战略机会的"弱信号"，果断决策，大胆试错，以此激发并保持其"科技帝国"的生态活力，为未来发展创造更多可能性。

当前，科技创新领域的竞争生态特征日益显著。马斯克以宏大愿景谋取生态位势，以高度容错塑造生态韧性，以快速决策激发生态活力，推动其团队形成了具有持久和充分竞争力的开放创新生态，值得我们细细品味和持续关注。

理解新质生产力的"五重"逻辑

| 邵鲁宁

2023年9月,习近平总书记在考察黑龙江时首次提出"整合科技创新资源,引领发展战略性新兴产业和未来产业,加快形成新质生产力"。2024年1月,习近平总书记在主持中共中央政治局第十一次集体学习时对新质生产力的定义、内涵等作了深刻系统的阐述,为新时代新征程加快科技创新、推动高质量发展提供了科学指引。

从理论逻辑上看,生产力理论是马克思主义理论体系的基础理论,新质生产力是对生产力理论的重大发展和贡献。生产力是具有劳动能力的人和生产资料相结合而形成的改造自然的能力,是人类生存和发展的基础,是推动社会进步和历史前进的最活跃、最革命的决定性力量。生产力水平是衡量经济社会发展水平的根本标准。科学技术是第一生产力,随着科学与生产的关系越来越密切,科学技术的作用越来越大。新质生产力以科技创新为主导,摆脱传统经济增长方式、生产力发展路径,由技术革命性突破、生产要素创新性配置、产业深度转型升级催生,以劳动者、劳动资料、劳动对象及其优化组合的跃升为基本内涵,以全要素生产率大幅提升为核心标志。新质生产力的特点是创新,关键在质优,本质是先进生产力。发展新质生产力需要构建与之相适应的新型生产关系,包括劳动者、生产要素、劳动对象、劳动工具等方面的形式与新作用,发展新的产业载体,形成新的经济形态,最终影响社会发展。科技创新能够催生新产业、新模式、新动能,是发展新质生产力的核心要素。

从历史逻辑上看,中国共产党代表先进社会生产力的发展要求,把不断解放和发展社会生产力作为自己的历史使命和根本任务。自1921年诞生以来,中国共产党引导中国的民主革命沿着彻底解放社会生产力的道路发展。面对旧中国生产力发展受到严重束缚和长期停滞的局面,中国共产党通过土地改革解放农业生产力,通过没收官僚资本和民主改革解放城市生产力,国民经济得以快速恢复。中华人民共和国成立初期，面对国家安全和经济发展需要，实行计划经济体制，集中资源进行工业化建设，国家拥有了强大的资源动员和配置能力，建立起独立的比较完整的工业体系和国民经济体系。党的十一届三中全会后，通过不断深化改革和扩大开放，调整和改革生产关系同生产力、上层建筑同经济基础之间不相适应的部分，解放和发展了生产力。经过四十余年的持续努力，人民群众生产生活发生了伟大变迁，中华民族实现了从站起来、富起来到强起来的伟大飞跃。党的十八大以来，我国经济由高速度增长阶段向高质量发展阶段转变，以习近平同志为核心的党中央立足新的历史方位，不断推动全面深化改革向广度和深度进军，为生产力发展扫清障碍、创造条件。习近平总书记在党的二十大报告中强调，必须坚持科技是第一生产力、人才是第一资源、创新是第一动力。在全面贯彻党的二十大精神的开局之年，习近平总书记提出"加快形成新质生产力"的重要论述，为全面建成社会主义现代化强国、以中国式现代化全面推进中华民族伟大复兴的新征程引航。

　　从时代逻辑上看，推动高质量发展成为全党全社会的共识和自觉行动，需要新的生产力理论来指导。当前，世界新一轮科技革命和产业变革深入发展，新生产要素、新生产方式、新发展动能不断涌现。这些变革从根本上改变了主导技术、产品形式和商业模式，影响了定价体系和交易结构，促进了重大创新和颠覆性产业替代，从而对经济增长产生了深刻影响。新能源、量子计算、人工智能和生物技术等领域的重大科技进步，显著推动了战略性新兴产业发展进程，同时带来规则冲突、社会风险和伦理挑战等问题，影响民生福祉。这些变化与我国加快转变经济增长方式、推动高质量发展的需求形成了历史性交汇，催生新的增长动能，同时也可能导致新的结构矛盾。面对百年未有之大变局，以习近平同志为核心的党中央指出，"高质量发展是当前我国经济社会发展的主题，是中国式现代化的本质要求""中国式现代化关键在科技现代化""坚持创新在我国现代化建设全局中的核心地位，把科技自立自强作为国家发展的战略支撑……加快建设科技强国"。新质生产力具有鲜明的时代内涵，是衡量中国式现代化的重要指标，也是中国式现代化进程的决定性因素。因此，需要不断完善、丰富和深化新质生产力理论，更好地指导高质量发展。

　　从实践逻辑上看，新质生产力已经在实践中形成，并展示出对高质量发展的强劲推动力和支撑力。新时代以来，我国科技事业聚焦"四个面向"，密集发力、加速跨越，发生了历史性、整体性、格局性重大变化，为高质量发展奠定了坚实的物质技术基础、为构建现代化产业体系注入了强大活力,成功进入创新型国家行列。2023年中央经济工作会议全面强化科技工作部署,在工作总体要求上,首次提出"推动高水平科技自立自强";在重点任务安排上,"九项任务"有三项与科技创新紧密相关,其中首项就是"以科技创新引领现代化产业体系建设",更加凸显了科技创新成为引领现代化建设的重要动力,科技赋能成为高质量发展的显著标志;在政策保障上,落实好结构性减税降费的财政政策,重点支持科技创新和制造业发展;货币政策强调引导金融机构加大科技创新支持力度。科技创新在党和国家事业全局中的地位提升前所未有,作用发挥前所未有,科技是百年未有之大变局中的关键变量。立足新发展格局,推动科学技术和经济社会发展加速渗透融合,以国家需求和战略目标为导向,围绕产业链部署创新链,围绕创新链布局产业链,积极培育战略性新兴产业和未来产业,加快形成新质生产力,更好推动高质量发展、服务国家发展大局。

从竞赢逻辑上看,新质生产力是塑造国家未来竞争新优势、抢占未来竞争制高点的关键。改革开放40多年来,中国取得了世界发展进程中的举世瞩目的成就,在与世界各国融合中发展,也在自身发展中不断为世界创造机会,共享经济全球化发展红利。近年来,由于种种原因,"逆全球化"不断发酵,英国"脱欧"、美国"退群"、俄乌冲突等重大事件对全球的政治与经济发展造成了一定的冲击,挑战互利共赢、多边合作的国际秩序。一些国家鼓吹"中国威胁论",通过"脱钩断链""小院高墙"等方式对正常国际科技合作和贸易往来制造障碍,对中国实施科技断供,打压中国科技发展,威胁中国产业链安全。保障国家发展与安全、塑造未来核心竞争力,必须加强科技创新,特别是原创性、颠覆性科技创新,发挥新型举国体制优势,以关键核心技术攻关为手段,以科技重大任务为抓手,围绕战略必争领域和未来制高点配置科技资源。要支持科技领军企业成为关键核心技术攻关的牵头人和科技计划项目的主责单位,着力打通创新链上的卡点堵点,加速推动科技成果转化和产业示范。同时,要保持战略耐心和定力,深化经济体制、科技体制等改革,落实好结构性减税降费政策,引导金融机构和各方力量采用更加多元的投入方式,鼓励更多专精特新企业加大研发力度,既发挥好政府投资的带动放大效应,又发挥好政府采购的背书授信效应,深化国家、市场、社会互利合作,推动科技和经济更加紧密融合,以科技支撑实体经济提质增效。

参考文献

[1] 武力,李扬.解放和发展生产力:新中国七十年的主线和成就[J].中共党史研究,2019(9):15-27.

[2] 李政,廖晓东.发展"新质生产力"的理论、历史和现实"三重"逻辑[J].政治经济学评论,2023,14(6):146-159.

候鸟栖息地生态治理的若干启示

| 陈　强

在2024年7月举行的第46届联合国教科文组织世界遗产委员会会议上，中国黄(渤)海候鸟栖息地(第二期)通过审议，成功列入《世界遗产名录》。其中，上海崇明东滩候鸟栖息地入选，成为上海首个世界自然遗产之地。

上海崇明东滩候鸟栖息地成功列入《世界遗产名录》得益于多个因素：一是其作为候鸟迁飞"中继站"，具有得天独厚的区位优势；二是其实施了长周期、宽视野、多领域、成体系的生态保护举措；三是其生态保护绩效显著，鸟类种群数量呈恢复性增长态势，过境中转和越冬的候鸟总量逾百万只次。

一、生态修复的东滩经验

20世纪90年代中期，具有强大固沙功能的互花米草被引入崇明东滩，在护岸固堤中发挥了至关重要的作用。但是，长势惊人的互花米草很快暴露出其"侵略"本性，迅速掠夺了海三棱藨草、芦苇等本土植物的生长空间。此外，互花米草的根系极为繁密，导致底栖动物大多无法存活，鸟类的食物来源也随之锐减，最终使得崇明东滩的鸟类栖息地功能急剧衰退。

意识到这一问题的严重性后，当地政府、高校院所、社会组织及众多爱鸟人士迅速行动起来，从多个方面着手，破解崇明东滩作为鸟类栖息地的生态保护密码，多策并举，获得了喜人成效。究其经验，主要有以下几点。

一是以生态文明思想滋养爱鸟之心。中国人自古以来就有爱鸟传统，乐享"处处闻啼鸟"的美好意境。对于伤害鸟类的行为，唐代诗人白居易有"劝君莫打枝头鸟，子在巢中望母归"的劝导名句。在崇明东滩，通过长期不懈的宣传教育，人与自然和谐共生的理念逐渐深入人心，爱鸟护鸟行为成为社会风尚。不少当地居民从"捕鸟人"转变为"护鸟员"，还有一些农户在丰收之余，不忘"为鸟留食"。

二是不断加深对候鸟迁飞规律的认识。候鸟迁飞是一种自然现象，对候鸟栖息地和迁徙停歇地进行综合性保护，属于典型的生态治理行为，人为干预措能否奏效，关键在于能否精准认识和把握候鸟迁飞规律。每年有数十亿只候鸟迁飞于六大洲之间，它们的种类不同，习性各异，迁飞的规律和路线也不一样。通过长期的跟踪分析，护鸟组织和爱鸟人士逐渐掌握了候鸟迁飞规律及候鸟栖息地生态保护需求，保护工作渐入佳境。

三是持续强化全方位的技术支撑。候鸟具有多样性特征，候鸟栖息地保护是一项复杂系统工程，需要多学科融合和多技术协作。崇明区政府整合各方资源和能力，制定栖息地综合规划，明确功能布局，从水源涵养、植被修复、地形改造着手，针对浅滩、池塘、潮沟、岛屿等地形地貌，因地制宜实施生物多样性保护，为候鸟提供温暖"客栈"。

四是加强区域协同和国际合作。候鸟迁飞路径，通常超越国家和地区界线，需要深化国际合作，完成护鸟接力。中国先后与日本、韩国、澳大利亚、俄罗斯、新西兰等多个国家和地区签署候鸟保护双边协定，密切协同，使候鸟的"加油站"设置更合理、"休息区"补给更充足，从而保障候鸟的迁飞之旅更加顺畅。

二、东滩经验对创新生态治理的启示

成功列入《世界遗产名录》是世界对崇明东滩候鸟保护的肯定和褒奖，但其价值远不止于此，东滩经验对于创新生态治理同样具有启示价值。启示具体包括以下几个方面。

一是要增进对创新生态演进规律的认识。无论是自然生态，还是创新生态，都有其形成和发展的规律。从在暗黑的基础前沿"无人区"探索，到点亮科学发现的"星星之火"，再到燃起产业创新的"燎原之势"，新质生产力的孕育、发展和壮大，其实是不断挣脱既有生产关系的束缚，构建新型生产关系的过程。辨明创新生态演进规律和治理之道，有助于推动科研范式迭代、科研组织形式创新及技术突破模式变革，使创新不断走向深入。

二是要因地制宜推进创新生态治理。自然界存在多种类型的生态，包括湿地、沙漠、森林、草原、戈壁、海洋等，分别适宜不同物种的繁衍和发展。因此，放之四海而皆准的治理模式显然不存在，必须因地制宜、因势利导。同样，创新生态类型多种多样，并不一定都是"热带雨林"，也有可能是"温带草原"或"寒带冰川"。有的创新生态能够催生源源不断的基础性原创成果，有的创新生态则有利于关键核心技术的密集突破，还有的创新生态会激发各种可能引致颠覆式创新的奇思妙想。因此，要根据创新生态的特点，采取相应的要素集聚、力量编成、机制联动及平台构建策略。

三是要把握好治理嵌入的角度和分寸。创新生态治理是在辨识技术逻辑及市场逻辑基础上,嵌入治理逻辑的过程。实现科学治理的关键在于处理好有为政府与有效市场的关系。当前,知识生产方式迭代加速,知识供给侧与需求侧的互动界面持续更新,知识转化为生产力的路径不断变迁,这对创新生态治理提出了诸多新的挑战。如何应对？一方面,要考虑治理"前移",进行条件和能力建设的前瞻性布局；另一方面,要着手治理"下沉",放低治理重心,调动中小微科技型企业、新型研发机构、具有科学素养的公众群体等社会创新力量的积极性,为其能量释放创造更多可能性。

四是要处理好"小生态"与外部"大世界"的关系。任何一种类型的创新生态都不可能是封闭的,必须与外部世界进行创新要素的交换,获得创新能量的补给。同时,在与较高水平需求保持密切互动的过程中,要提升科技创新活动的整体能级。推动创新生态的开放式治理,应将"共情"作为逻辑起点,面向气候变化、灾害风险、疾病防控等人类社会共同挑战,达成共识,进而采取一致行动,实现创新生态的共建、共治和共享。

自然界的生态治理旨在探索人与自然和谐共生的有效模式和可能途径。创新生态治理则可为实现这一目标塑造新的动力、提供新的方法及工具。

社会创新力量主导的愿景驱动式创新：
以 SpaceX 为例[①]

| 陈　强　鲍悦华

一、引言

颠覆式创新有别于渐进式创新范式，具有前瞻性、突破性、异轨性等特点，在一种前所未有的环境中，以一种前所未有的方式发现和满足人类的需求[1]。该概念由 Bower 和 Christensen[2] 于 1995 年首次提出，随后，Christensen 引入市场颠覆概念，认为颠覆式创新是一种产品通过技术创新进入低端或利基市场，通过技术不断优化最终颠覆主流市场的创新[3]，分为低端市场颠覆和新市场颠覆[4]。美国太空探索技术公司（SpaceX）的低成本创新打破了美国国家航空航天局（National Aeronautics and Space Administration，NASA）难以实现低成本和高质量兼顾的创新悖论，被视为低成本颠覆式创新的典范[5-6]。除了低成本外，愿景对于 SpaceX 的诞生及其创新而言同样至关重要，本文从愿景视角，对 SpaceX 愿景驱动式创新的过程进行梳理，以为社会创新力量主导的颠覆式创新策动提供启示。

二、SpaceX 简介

SpaceX 由埃隆·马斯克（Elon Musk）于 2002 年 6 月创立，通过设计与制造可重复使用的太空运载火箭，将货物、人员和卫星载荷运送至太空。其业务范围主要包括火箭发射、低轨通信、空间站运输和深空运输四大领域。经过 20 多年的发展，SpaceX 研制出了"猎鹰"（Falcon）系列运载火箭、"龙"（Dragon）飞船、"载人龙"（Crew Dragon）飞船、"星链"（Starlink）计划、"星舰"飞船和超重型火箭

---

① 本文为上海市哲社规划特别委托课题"提升上海国际科创中心策源能力建设研究"（课题编号：2024WWT007）的阶段性研究成果。

等,在航天领域创造了多项纪录:第一艘私人公司研制的航天飞船("龙"飞船)、首家与国际空间站对接的私人公司、首家实现火箭重复使用的公司。2024年6月,SpaceX的估值近2100亿美元,创下了美国私营公司的最高纪录,并且已经能与世界上一些大型上市公司并驾齐驱[7]。

三、SpaceX愿景驱动式创新

考察SpaceX发展历程可以发现,SpaceX并未像传统航天企业一样先在实验室进行技术研发,而是为了实现太空梦想而开展颠覆性创新,其愿景驱动式创新模式如图1所示。

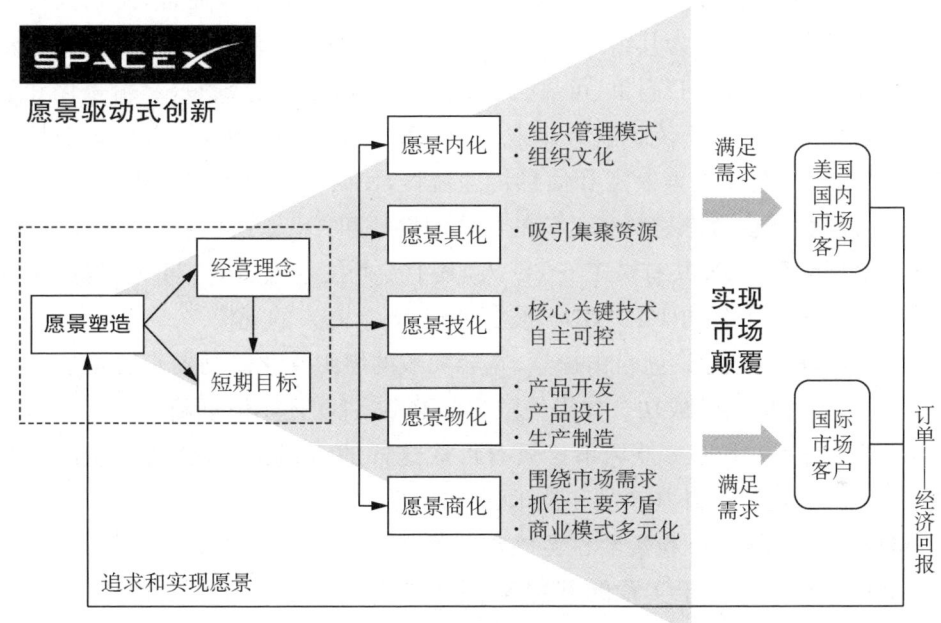

图1 SpaceX的愿景驱动式创新模式

1. 愿景塑造:与国家需求紧密结合

管理学大师彼得·德鲁克(Peter Druker)认为,愿景是企业对其事业"是什么""应该是什么""将是什么"的回答。企业领导者作为控制中心,其个人理想在很大程度上影响着企业愿景的塑造。SpaceX创始人马斯克在大学时代就梦想进入太空领域。他认为,人类生活的地球充满危险和不确定性,只有具备向地外行星开拓甚至移民的能力,人类才有未来和希望。为此,SpaceX将愿景确定为:

具备星际飞行能力，促进宇宙的探索和开发，以实现人类的多行星生存能力。马斯克认为，高昂的成本限制了太空活动的规模和频率。对此，SpaceX确立了"简单、可靠、低成本"的经营理念，致力于开发可复用、低成本的太空运输系统。SpaceX的近期目标是努力将发射成本降至传统发射成本的1/10。

美国已将商业航天视为21世纪经济、社会、军事发展的引擎之一，鼓励企业自由进入，形成国家太空探索与商业公司的良性循环。将个人抱负和时代发展潮流紧密结合，将公司发展愿景和国家需求紧密结合，是马斯克获得成功的关键所在。

2. 愿景内化：建立极简化组织结构和宽容失败文化

有组织创新已成为颠覆式创新活动的主要形式。对组织而言，愿景只有内化并经过长期规训，成为其组织成员的共识和创新行为惯例，才能切实发挥创新驱动作用。马斯克使用"简单、可靠、低成本"经营理念打造SpaceX扁平化和集约化管理模式。区别于传统航天企业，SpaceX模糊部门界限，促进信息与技术共享，最大程度简化决策制定和信息传递流程，使研发与生产更为紧密：研发人员在设计之初就会考虑材料和工艺的可实现性，随时深入车间与生产人员沟通。截至2020年，SpaceX共有员工6 039人，其中专业技术人员5 334人，远小于同期洛克希德·马丁公司10.5万人、波音公司15.3万人的规模[8]。

SpaceX还建立起崇尚自由探索、宽容失败的组织文化。马斯克曾指出："失败越多，就越可能接近成功。如果失败得不够多，说明还不够创新。"对于颠覆式创新而言，失败并不是一件坏事。只有形成这样的组织文化，公司才能敢于试错，进而总结经验，提升其产品和技术迭代速度。

3. 愿景具化：吸引和集聚各类创新资源

马斯克是一个敢于实践的梦想家。他在硅谷创业成功的影响力，"简单、可靠、低成本"构想的感召力，商业航天奋斗目标的诱惑力，帮助他吸纳了许多卓越航天科技工作者。商业航天研发耗资巨大，截至2022年年底，SpaceX先后进行了46轮商业融资，累计融资金额超130亿美元。SpaceX能够获得如此大量的融资，一方面是因为美国商业航天资本运作效率较高，另一方面是因为其投资人大都受到太空文化熏陶，拥有"航天情怀"。马斯克提出"火星绿洲"项目、殖民火星计划、火箭回收、"星链"计划等一个个诱人的全新商业概念，并在坚持"低成本、高可靠"的发展理念下持续推进技术创新，无疑更能获得投资人的青睐。

4. 愿景技化：引导关键核心技术研发

关键核心技术自主可控是 SpaceX 能够稳步成功的基石。SpaceX 打破了传统航天研发的分包模式，坚持最大限度地把研发、设计、生产维持在公司内部，在火箭发动机、高精度姿态控制、测试发射与回收等领域掌握自主核心技术，并实现了配套产品、组件、工艺等自主可控[9]。虽然负债较重，但 SpaceX 因此保证了自身的生产效率和产品迭代速度，为公司构筑了宽阔的"护城河"。SpaceX 之所以敢采用"屡炸屡试"研发方式，是因为它已具备工业化批量交付火箭的能力。

5. 愿景物化：重塑产品开发设计生产过程

传统的系统工程主张在前期设计中发现和暴露尽可能多的风险，以降低错误成本，其前期设计往往需要耗费很多时间和精力。在硅谷成长起来的马斯克巧妙地将硅谷互联网快速迭代思维用于航天系统工程，更强调通过每次完整迭代积累的经验降低项目整体成本，并且依靠创新技术大幅降低试错成本。通过反复迭代，"龙"飞船仅用 4 年时间就完成了研发制造，而研制一艘传统飞船通常需要 15 年。

在产品设计方面，SpaceX 践行"通用化、系列化、模块化"的设计理念，在动力系统、箭体结构、导航控制等领域尽力做到与后续产品通用。SpaceX 在生产制造上采用继承性与创新性兼容策略。一方面，大胆采用火箭主发动机、主发动机涡轮泵等自研关键核心设备；另一方面，在选择原材料及元器件时，尽可能寻找成熟产品以降低成本。"猎鹰-1"火箭采用的不是价格高达百万美元的航天计算机，而是价格为 5 000 美元的普通计算机。

6. 愿景商化：抓住主要矛盾，扩大市场份额

无论技术水平高低，只有在激烈的市场竞争中生存下来，才有资格继续追求梦想。SpaceX 解决了商业航天"简单、可靠、低成本"诉求，成功获得来自政府部门的长期大额订单。2006—2018 年，SpaceX 从美国政府得到的各类经费高达80 亿美元。随着 SpaceX 火箭发射与回收技术日益成熟、"星链"组网密度逐渐提升，SpaceX 推进商业模式多元化，积极发展"星盾"、点对点货物运输等全新商业模式，推出"拼车计划"，实现单箭大量卫星共享"拼单"发射，以更低成本进入太空。SpaceX 的商业模式创新始终紧紧围绕市场需求，抓住成本控制的关键和主要矛盾，以低廉的价格、优质可靠的服务满足客户要求，不断扩大市场份额，向着企业愿景稳步前进。

四、启示

SpaceX 通过塑造崇高愿景,并将其与国家需求紧密结合,根据愿景建立管理模式和组织文化、吸引和集聚创新资源、引导关键核心技术研发、重塑产品开发设计生产过程、建立多元化商业模式,成功把握住了航天商业化的历史机遇,实现了商业航天领域的市场颠覆。

需要看到的是,SpaceX 的快速成功离不开美国政府的策动和支持。对于我国政府而言,可以在继续深化颠覆式技术前瞻布局的同时,从社会需求、产业发展、人类命运等需求、问题及其应用场景出发,自下而上、由外而内加以谋划。探索建立以愿景为导向的颠覆式创新支持机制,加快企业家精神培育,为社会创新力量的愿景驱动式创新提供经验、知识、技术、供应链、渠道、专家团队等全方位要素支持。

参考文献

[1] 陈劲,郑刚.企业技术创新管理:国内外研究现状与展望[J].管理学报,2004(1):119-124,6.

[2] BOWER J L, CHRISTENSEN C M. Disruptive technologies: catching the wave[J]. Harvard Business Review, 1995, 73(1): 43-53.

[3] CHRISTENSEN C M. The innovator's dilemma: when new technologies causegreat firms to fail[M]. Boston: Harvard Business School Press, 1997.

[4] CHRISTENSEN C M, RAYNOR M E. The innovator's solution: creating and sustaining successful growth[M]. Boston: Harvard Business School Press, 2003.

[5] 李平.颠覆性创新的机理性研究[M].北京:经济管理出版社,2017.

[6] 路建功,涂国勇,等.透视 SpaceX 公司 20 年发展历程(2002—2022 年)[M].北京:中国宇航出版社,2022.

[7] 财联社.SpaceX 估值再涨!公司据称又出售内部股份估值达 2 100 亿美元[EB/OL].(2024-06-27)[2024-07-05]. https://baijiahao.baidu.com/s?id=1803006735087918351&wfr=spider&for=pc.

[8] 杨仁文,李永磊,陈凯.SpaceX 深度报告:从"搅局者"到"破局者"[R/OL].(2023-05-01)[2024-07-05]. https://stock.finance.sina.com.cn/stock/go.php/vReport_Show/kind/search/rptid/736232715509/index.phtml.

[9] 柳卸林,杨萍,常馨之,等.商业模式驱动的颠覆式创新范式——基于 SpaceX 的探索性案例研究[J].科技管理研究,2023,43(17):31-39.

创业孵化机构高质量发展应做好"五化"建设

| 鲍悦华

一、引言

1987年6月，武汉东湖创业者服务中心在东湖高新区成立，标志着中国创业孵化事业正式起步。经过30多年的发展壮大，我国创业孵化机构已发展形成空间物理型、创投型、产业型、媒体型、地产型等多样化运营模式[1]。随着创业孵化机构发展所处的外部环境的剧烈变化，经济发展范式的变化，以及城市数字化转型加速带来诸多新的知识与技术需求，创业孵化机构的内涵、功能发生深刻变革，各地已经或即将开启新一轮创业孵化机构提质升级建设。北京市政府发布《中关村世界领先科技园区建设方案》（2024年4月发布），上海市政府先后发布《上海市高质量孵化器培育实施方案》（2023年7月发布）、《上海市高质量孵化器建设评估管理办法（试行）》（2023年10月发布）、《上海市大学科技园改革发展行动方案》（2023年12月发布）等政策文件，体现了各地纷纷对创业孵化机构提出新要求。本文通过梳理相关政策及考察创业孵化机构的发展现状，认为实现创业孵化机构高质量发展应做好"五化"建设。

二、创业孵化机构高质量的"五化"建设任务

创业孵化机构高质量的"五化"建设主要包含以下几方面的内容。

1. 功能专业化

早期创业孵化机构主要注重"器"的建设，依靠提供物理办公空间获取租金收入。但随着科技地产行业快速发展，创业孵化机构间的同质化竞争日趋激烈，仅仅依靠房租越来越难以盈利。创业孵化机构越来越重视"孵化"能级的提升，除了创业基础服务，还向创业企业提供创业投资、创业导师、技术咨询、概念验证、研发协助、技术经纪、市场营销等全产业链专业服务，将线上资源与线下资源相整合、孵化与投资相结合，提高服务的价值与黏性，以股权等为纽带实现与初

创企业共同发展。ATLATL飞镖创新研发中心通过大分子、基因与细胞治疗、核酸药物等专业研发平台，以及驻场研发和公司组装的服务体系，为需要综合资源配套和解决方案的生物医药研发团队提供全流程专业孵化服务，吸引了药明康德、阿斯利康等企业的课题组驻扎，培养出羽冠生物、愈方生物等一批快速成长的全球新医药科技企业。截至2022年12月，ATLATL飞镖创新研发中心张江总部累计服务超120家企业和团队，帮助成员企业获得累计超120亿元国内外融资，成员企业已有3款产品获批上市[2]。

2. 服务全程化

早期创业孵化机构多致力于对进入孵化阶段的企业进行培训、咨询、法律、融资、政策等方面的辅导服务。如今越来越多创业孵化机构开始聚焦高科技创新策源和科技成果商业化全过程服务，持续加强以"苗圃—孵化器—加速器—产业集群"为核心的产业孵化全链条建设，将服务区间向科学研究和产业化两端延伸，打通根节，畅通环节。一方面，创业孵化机构开始深入高校和科研院所主动发现项目，甚至"创造项目"，并为"种子期"创业团队按需定制创业前服务和要素支持；另一方面，创业孵化机构积极贯通与加速器、产业园区的通道，设立技术转移中心、概念验证中心等服务机构，建立起完善的"链式孵化体系"，打通科技成果商业化全过程中的断点与堵点。同济大学国家大学科技园已建立起全链条全要素全周期的创新创业服务体系，在前端将服务链延伸到同济大学各院系，通过"聚新专列""同创家园"等活动与载体激发师生创新意识，发掘创新人才，以创业基金形式提供创业资助，通过学院提供实验场地，吸引教师团队入驻；在服务过程中，依托同济大学技术转移中心和致蓝概念验证中心等机构，强化概念验证、科技金融、企业管理等服务能力；在后端通过校地企三方共建同济大学自主智能未来产业科技园，与常熟、湖州南浔等地方政府合作共建园区等方式，为企业加速发展与产业化注入地方资源。

3. 领域垂直化

越来越多创业孵化机构的产业领域从宽泛转向聚焦。这些创业孵化机构结合不同垂直领域特点制定个性化运营策略，集聚独特的产业资源，构建专注于特定领域的服务团队，针对行业痛点和发展需求提供定制化服务，进而构建垂直细分领域的产业创新生态圈。中关村针对新一代信息技术、集成电路等十大高技术产业，在每个专业园区聚焦1～2个产业方向打造标杆孵化器，引入"朱雀"项目经理，培养科学家创业CEO，布局建设多个共性技术平台，例如为元宇宙等产业提供重大关键技术服务的光场共性技术平台等[3]。

此外,许多行业的头部企业也开始创建自己的创业孵化机构,利用自身在技术、资金、市场、人才、客户、管理等方面的资源和优势地位,吸引初创企业入驻,同时也鼓励内部员工带着科技成果入驻创业。从全球来看,微软、谷歌、宝洁等跨国巨头已在全球设立多家创业孵化机构,从国内来看,海尔、腾讯、三一、百度、科大讯飞等诸多行业头部企业都在积极参与布局创业孵化机构的建设与运营。

4. 业务国际化

在经济全球化背景下,创业孵化机构开始紧抓全球产业与服务资源转移的机遇,积极参与全球创新网络构建。创业孵化机构的服务对象不断扩大,开始推进"双向度"技术转移:一方面,吸引国外初创企业到中国发展,为来华创业企业提供"一站式"创业服务;另一方面,助力国内初创企业迈向国际市场,加速实现中国企业从模仿者到引领者的转变。许多创业孵化机构与国外同行联合开展跨国技术转移、跨境孵化加速等合作,形成创业孵化新理念、新模式,有效促进了国际技术、人才、资本等要素引进和转化。中国—比利时技术中心于 2020 年在比利时新鲁汶天主教大学科学园内完工。它是欧洲第一个中国孵化器。该中心位于欧洲地理上的中心地带,距离"欧洲首都"布鲁塞尔市仅 25 公里,2 小时内即可抵达伦敦、巴黎、阿姆斯特丹等欧洲各大中心城市。中心由中比企业合资共建,为中比两国拟进入对方市场的初创企业提供服务支持。入驻该中心的企业涉及光电科技、物联网、生物科技、绿色工程等领域[4]。以色列 Trendlines 上海医疗创新中心成立于 2020 年,依托 Trendlines 集团在医疗器械行业的创新实力、研发经验和独特孵化模式,致力于科技创新公司孵化和新技术商业化开发,以满足中国和全球医疗市场的巨大需求。Trendlines 上海医疗创新中心还将 Trendlines 集团在以色列和新加坡创办的优秀医疗器械投资组合公司引入了中国市场。

5. 社群生态化

随着创新创业活动越来越专业化、多元化,创新链与产业链间的彼此协调、各类创新要素间的相互融合变得越来越重要,仅凭创业孵化机构一己之力往往难以取得成功。创业孵化机构普遍越来越注重构建新型创新生态社群,营造产业生态、人文生态、环境生态"三态合一"的综合环境,倡导"敢于冒险、勇于创新、宽容失败"的创新文化,利用互联网思维不断整合创新资源,吸引政府、大企业合作伙伴、创业资本、中介服务机构、高校与科研机构等创新主体共同参与和协同创新，推动创新模式由单一的离散式突破向跨领域的群体性突破转变。璞跃（Plug and Play）于2006年在硅谷成立，是全球成立最早、规模最大的创业加速器之一，曾先后早期投资孵化了谷歌（Google）、贝宝（PayPal）等多家互联网科技巨头。2016年，璞跃中国正式成立，其主要业务板块包括：初创企业加速、科技投资、大企业开放创新、城市创新，其业务领域和服务客户具有多样性。璞跃中国为上述四大业务板块构建了包括大企业、初创公司、城市伙伴、风险投资机构、高校科研院所、行业导师等的多维度创新生态伙伴体系。迄今璞跃中国已服务了100余家行业领军企业，累计加速孵化1 700余家创业公司，并投资了超过150家科技创新企业[5]。

三、小结

在发展理念上，创业孵化机构必须把握住知识生产与转化体系变革规律，将运营理念从"空间运营"转向"知识运营"，以更好地面对快速变化的外部环境和国家对创业孵化机构提出的新要求。在发展路径上，上述"五化"为创业孵化机构高质量发展提供了大方向参考。各创业孵化机构还需要根据自身资源与特色，积极发展"独门绝技"，开发个性化服务菜单，探索适合自身的发展路径。

参考文献

[1] 艾瑞咨询.2019年中国产业创新孵化器行业研究报告[R/OL].(2019-09-10)[2024-07-25]. https://www.jiemian.com/article/3491494.html.
[2] 孵化策源高效"定制"独角兽企业[N].文汇报，2023-07-24(01).
[3] 北京市科学技术委员会,中关村科技园区管理委员会.北京国际科技创新中心建设开创新局面[EB/OL].(2022-10-18)[2024-07-05]. https://www.beijing.gov.cn/ywdt/gzdt/202210/t20221018_2838321.html.
[4] 锐科技.中国—比利时科技园（CBTC）——生物技术产业创新合作的中欧平台[EB/OL].(2018-07-13)[2024-07-05]. https://mp.weixin.qq.com/s?__biz=MzAxMzEzNDAxOQ==&mid=2649891421&idx=3&sn=bfd640b1c66f20b8602866173e95f4fe&chksm=83a1b3f1b4d63ae71774d23163ffe3a805d3a9269e69f0dbf9e8e4120925d8d4154453f73911&scene=27.
[5] 璞跃中国创新生态研究院.璞跃中国创新生态白皮书[R].[2024-07-05]. https://academy.sinoclick.com/doc/1000000318.

夯实新质生产力的物质技术基础

徐子健 陈 强

党的二十届三中全会审议通过的《中共中央关于进一步全面深化改革、推进中国式现代化的决定》指出:"健全相关规则和政策,加快形成同新质生产力更相适应的生产关系,促进各类先进生产要素向发展新质生产力集聚,大幅度提升全要素生产率。"[1]新质生产力以劳动者、劳动资料、劳动对象及其优化组合的跃升为基本内涵,以全要素生产率大幅提升为核心标志,特点是创新,关键在质优,本质是先进生产力。发展新质生产力既要着力形成与之相适应的生产关系,又要关注推动生产力形成的基础条件建设。发展新质生产力需要人才教育基础、物质技术基础、制度文化基础等一系列基础条件作为支撑。其中,物质技术基础是科技创新活动得以开展的先决条件。在新形势下,科技创新日新月异,亟须夯实新的物质技术基础。本文在厘清物质技术基础的内涵及构成的基础上,分析其结构与功能,并提出相关行动建议。

一、内涵及构成

习近平总书记在关于科技创新的重要论述中多次提及"物质技术基础"。2013年9月,习近平总书记在主持十八届中央政治局第九次集体学习时指出:"我们已经具备了自主创新的物质技术基础,当务之急是要加快改革步伐、健全激励机制、完善政策环境,从物质和精神两个方面激发科技创新的积极性和主动性。"[2]2015年11月,习近平总书记就《中共中央关于制定国民经济和社会发展第十三个五年规划的建议》起草的情况作说明时强调:"提高创新能力,必须夯实自主创新的物质技术基础,加快建设以国家实验室为引领的创新基础平台。"[3]这说明新一轮科技革命和产业变革不仅不断对物质技术基础提出更高要求,也是对生产力三大基本要素与生产关系之间辩证统一关系的深刻认识和科学运用。侯建国指出,物质技术基础和制度文化基础共同组成科技创新活动赖以开展的科技基础。其中,科技设施、各类资源库、数据和期刊等设施条件是开展科技创新活动的物质技术基础[4]。根据国家相关政策文件,重大科技基础设施[5]、以国家实验室为引领的科技创新基地[6-7]等也是重要的物质技术基础。

笔者认为,培育新质生产力的物质技术基础,是保障科技创新活动开展的一系列有形或无形的条件和能力的集合。具体包括重大科技基础设施、实验室、功能性平台、科技服务体系、科技金融、科学装备与仪器、试剂耗材、生物种质与实验材料、数据库及数据基础设施、共性技术、基础软件及算法、大模型技术、公共算力资源、智能化科研条件等。物质技术基础作为科技创新的基础支撑和保障条件,独立于新型劳动者而存在,并通过一定的社会组织形式(新型生产关系)结合起来,形成新质生产力。因此,可将培育新质生产力的物质技术基础理解为科技创新活动中新型劳动资料和新型劳动对象的总和,即新型生产资料。

二、结构与功能

物质技术基础是一个复杂系统,且在新质生产力培育过程中与人才教育基础、制度文化基础等外部系统相互作用,共同形成培育新质生产力的基础条件。

就内部系统构成而言,物质技术基础可进一步细分为物质条件、技术条件和数据条件三类要素,各类要素之间以一定的结构形式存在、组合、互动,为新质生产力的形成提供必要的物质技术条件,形成保障和支撑科技创新活动高效开展的有机整体(图1)。

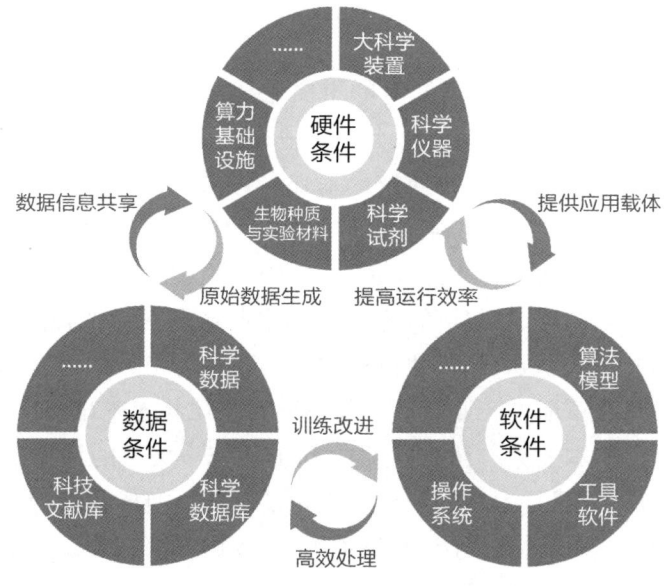

图1 物质技术基础内部系统

从物质技术基础外部系统看,物质技术基础与人才教育基础、制度文化基础以一定的结构形式存在、组合、互动,三者共同构成从源头上持续推动新质生产力形成和发展的有机整体(图2)。

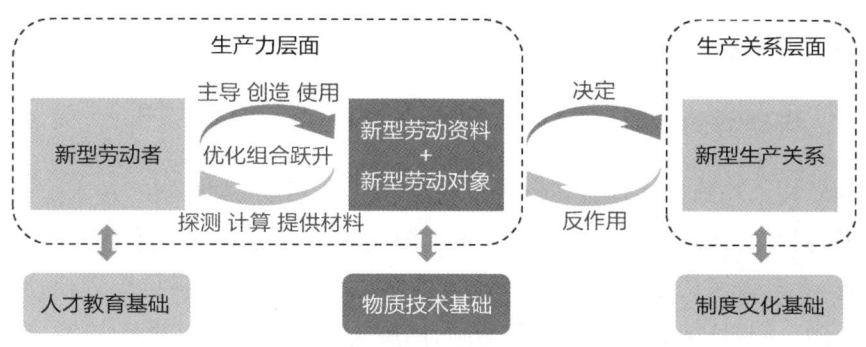

图2 物质技术基础外部系统

新型劳动者是新质生产力中的决定性力量和最活跃的因素,其在与新型劳动资料、新型劳动对象共同实现优化组合跃升的过程中发挥着主导作用,是新型劳动资料、新型劳动对象的创造者和使用者。新型劳动者必须具备较高水平的技术和知识,并通过持续学习和更新,不断适应科技革命和产业变革的新挑战。因此,人才教育基础是夯实物质技术基础的前提条件。

新型劳动资料是新型劳动者用以影响和改变新型劳动对象的物质技术条件。随着科研范式、科研组织形式、技术突破模式的迭代升级,新型劳动资料可以在原有劳动资料的基础上提升等级、强化质量、优化结构,也可以以新结构、新系统、新载体的形式被创造,从而从根本上拓展传统劳动资料的功能和作用。前沿科学研究正不断向极微、极大、极端条件方向推进,更加依赖大科学装置的极限探测能力。科技创新向纵深发展和智能化科研的兴起,带来了处理复杂数据的旺盛需求,对算力基础设施建设提出了更高要求。马克思指出:"各种经济时代的区别,不在于生产什么,而在于怎样生产,用什么劳动资料生产。"[8]因此,新型劳动资料是区分新质生产力与传统生产力的关键标志,是培育新质生产力的基本条件,也是反映新质生产力发展水平的重要特征[9]。

新型劳动对象是新型劳动者运用新型劳动资料将劳动施加于其上的物质或技术要素。相较于传统的劳动对象,新型劳动对象还包含数据、知识等新的内容,成为新质生产力发展中必不可少的要素。

能否形成与新质生产力相适应的新型生产关系,深刻影响着新质生产力的发展。此外，经济基础作为生产关系的总和，决定着上层建筑并受到其反作用，二者同样会影响新质生产力的发展。因此，需要形成促进新型劳动者、新型劳动对象和新型劳动资料优化组合跃升和有效配置的制度文化基础，包括科技创新治理所涉及的政策、制度、法规、文化、社会氛围等，即构建与新质生产力相适应的新型生产关系。

三、行动方向建议

物质技术基础往往具有建设规模和耗资较大、建设周期较长、技术综合复杂等特征，但夯实新质生产力的物质技术基础具有紧迫性，需要在有限的时间内统筹推进，在充分考虑发展新质生产力的实践要求的基础上，科学谋划，有所为而有所不为。同时，加强与人才教育基础、制度文化基础建设之间的协同，在培育新质生产力方面取得实效。

一是系统排摸和梳理物质技术基础的底数，找准物质技术基础建设中存在的裉节问题。同时，密切跟踪世界主要国家物质技术基础建设的进展及趋势。面向关键领域的迫切需求，实施系统谋划和前瞻性布局。

二是探索物质技术基础建设中的新型举国体制，加强不同类型主体的协同和联动，共同推进物质技术基础建设。针对重点建设领域的关键核心技术瓶颈开展联合攻关。

三是面向未来科技和产业发展需求，加快具有公共属性的物质技术基础建设，着力提升开放设计水平和运营服务能力，开展更具深度的国际合作，引育行业领域的顶尖科技人才。

四是建立发展和改革委员会、科学与技术部、工业和信息化部、人力资源和社会保障部、财政部等多部门联合支持物质技术基础建设的投入增长保障机制，发挥好政府投资的带动放大效应，加强社会力量参与物质技术基础建设的政策引导和激励，提升资金使用效率。

参考文献

[1] 中共中央关于进一步全面深化改革 推进中国式现代化的决定[N]. 人民日报，2024-07-22(01).

[2] 中共中央文献研究室. 习近平关于科技创新论述摘编[M]. 北京：中央文献出版社，2016：58.

[3] 习近平.关于《中共中央关于制定国民经济和社会发展第十三个五年规划的建议》的说明[N].人民日报,2015-11-04(02).

[4] 侯建国.加强科技基础能力建设[N].人民日报,2022-12-22(07).

[5] 国务院.国务院关于印发《国家重大科技基础设施建设中长期规划(2012—2030年)》的通知[EB/OL].(2013-03-04)[2024-12-20].https://www.gov.cn/zwgk/2013-03/04/content_2344891.htm.

[6] 国务院.国务院关于印发《"十三五"国家科技创新规划》的通知[EB/OL].(2016-08-08)[2024-12-20].https://www.gov.cn/zhengce/content/2016-08/08/content_5098072.htm.

[7] 科技部,国家发展改革委,财政部.科技部 国家发展改革委 财政部关于印发《"十三五"国家科技创新基地与条件保障能力建设专项规划》的通知[EB/OL].(2017-10-26)[2024-12-20].https://www.most.gov.cn/xxgk/xinxifenlei/fdzdgknr/fgzc/gfxwj/gfxwj2017/201710/t20171026_135754.html.

[8] 中共中央马克思恩格斯列宁斯大林编译局.马克思恩格斯选集:第2卷[M].北京:人民出版社,2012:172.

[9] 李正图,朱秋.正确认识和科学掌握新质生产力理论[J].浙江学刊,2024(4):29-42.

"互联网＋"下不仅有 BANI，更有广阔的发展和探索空间

| 尤建新

"互联网＋"是技术和社会进步的缩影，它改变了社会的发展轨迹和人们的行为方式。以手机为例，它不再是传统电话机的简单延伸，而是在"互联网＋"的赋能下，进化为一种新型的"人体器官＋"式的智能设备。如今，手机的诸多功能已深度融入人们的日常生活，难以被替代，或者替代成本过高。

一、"互联网＋"带来的挑战

在"互联网＋"时代，许多人难以跟上时代发展速度，来不及消化其发展带来的变化，导致认知上产生 VUCA［Volatility（易变性）、Uncertainty（不确定性）、Complexity（复杂性）、Ambiguity（模糊性）］，亟须"开智醒悟"。然而，由于"开智醒悟"未能及时跟上"互联网＋"的发展步伐，越来越多的人的认知滞后于时代，认知上的盲区加重了 VUCA 现象。在经历新冠疫情后，VUCA 也已经不足以形容如今这个不确定性更强的社会，在这一背景下，BANI［Brittle（脆弱的）、Anxious（焦虑的）、Nonlinear（非线性的）、Incomprehensible（难以理解的）］被用来描绘当今社会变化的复杂性。在"互联网＋"的推动下，VUCA 时代向 BANI 社会转变的速度不断加快。[1]"卷"就是 BANI 社会的一种典型映射，这是一个非常形象的描述。

但是，"互联网＋"不仅带来了 VUCA 和 BANI 等挑战，也带来了新的发展空间。

二、"互联网＋"赋能高质量发展

"互联网＋"是洪水猛兽吗？肯定不是！那么，人们应该以怎样的态度来面对"互联网＋"呢？从社会发展的现状来看，对于这个问题的回答毋庸置疑：拥抱"互联网＋"。拥抱"互联网"的态度很重要，因为其直接影响人们的行为。

拥抱"互联网＋"之后，首先出现的现象是产业界限被打破，于是"跨界"这一

热词应运而生。其实,产业界限是人为划定的,因此,用"破界"来表达产业界限被打破的现象可能更加确切。

"破界"后形成的市场格局是"无界"。所谓"无界",意味着"同行业竞争"这一概念被淡化。例如,快递(现代物流中的一种商业模式)的出现和发展,不仅带动了仓储式销售模式的兴起,还对众多商品和实体店的生存构成了挑战与威胁。

"跨界"和"破界"都是在同一维度看"互联网＋"带来的新型竞争,而"无界"则是从提升维度后的觉悟视角俯视这一新型竞争。换句话说,"互联网＋"使"跨界"向"无界"转变,就是为"降维打击"赋能[2]。

在"互联网＋"背景下形成的"无界"市场生态,虽然给市场带来了诸多严峻挑战,但推动了社会整体的发展进步[3],例如智慧城市(村镇)、智能制造(农业或服务)、智能网联(涉及办公及教科文卫体、吃穿住行娱等领域)、互联网营销(消费)等的出现与发展。"互联网＋"赋能的这些"智慧"发展空间,正是新时代高质量发展探索和实践的热点。

中国建设银行、华为、腾讯、海尔等公司,之所以在"互联网＋"背景下迅猛发展或未在市场中消失,就是因为其在拥抱"互联网＋"时通过提升维度获得"降维打击"的竞争优势,或守住了底线而未被"互联网＋"时代所抛弃。

三、"互联网＋"背景下亟须探索的问题

"互联网＋"带来了诸多改变,例如资源关系和资源价值的改变。围绕这一话题,存在着许多值得探索的空间。

1. 改变竞争生态

"互联网＋"导致生态位的影响因素发生了变化,PEST、SWOT等分析工具能够揭示竞争生态内容和结构的变化,而波特五力模型中的相关概念界定和关联关系也能够被重构。

2. 丰富资本要素

"互联网＋"数据、算法等新型资本要素未能充分显化,仍处于"暗资本"状态,新型资本将促进资本重构和资本市场重构,而这种重构将不再受国家或区域边界的限制。"新型资本＋去中心化"将促使人们重新界定资本概念,并系统性调整规则规制。

3. 模糊竞争秩序

"互联网＋"数据、算法等加持下的新型商业模式导致市场监管出现"短板"

和"盲区","高维广告""暗垄断"等商业行为给竞争秩序带来了不确定性,重构竞争规则并确保"互联网＋"健康发展已成为必然要求[4]。

此外,改变供需关系、形成价值共创的商业生态,伦理与责任、数据共享与保护、跨境数据交易等,以及相关的法律法规建设,都是值得我们关注的问题。其中,为了实现市场规制与时俱进,政府、企业和学者等相关方都必须全力以赴。

参考文献

[1] 尤建新,邵鲁宁,李展儒.质量管理学[M].4版.北京:科学出版社,2024.

[2] 尤建新.重整旗鼓,打响"上海质量"翻身仗[N].东方早报,2013-10-15.

[3] 尤建新.公平、充分的市场竞争是产业创新生态第一要素[N].解放日报,2016-01-14(12).

[4] 尤建新.确保网络健康是享受互联网资源重要保证[N].新加坡联合早报,2010-06-22.

优化创新生态,打造人才高地

| 敦 帅

2021年9月,习近平总书记在中央人才工作大会上指出:"综合国力竞争说到底是人才竞争。人才是衡量一个国家综合国力的重要指标。人才是自主创新的关键,顶尖人才具有不可替代性。国家发展靠人才,民族振兴靠人才。我们必须增强忧患意识,更加重视人才自主培养,加快建立人才资源竞争优势。"人才已成为区域竞争和大国角逐的决定性力量,主要城市和主要国家对人才的争夺日趋激烈。而人才最大的需要,是创新的土壤、环境和生态。特别是在创新领域的竞争逐步演化为生态竞争的新形势下,良好的创新生态已成为吸引人才最大的关键因素。作为习近平总书记指出要建设高水平人才高地的区域之一,上海的创新生态在创新生产者、创新分解者和创新消费者及创新环境方面还存在一定不足,营造事业平台有奔头、生活质量有保障的创新生态,已成为上海打造高水平人才高地的重中之重。

一、上海创新生态的建设现状

自然生态主要由生产者、分解者、消费者及无机环境构成。创新生态由自然生态发展而来,并且具有与自然生态相似的特性,因此,创新生态也可以分解为创新生产者、创新分解者、创新消费者和创新环境四部分,构成创新生态评价的核心指标。综合《中国统计年鉴》《中国科技统计年鉴》《中国火炬统计年鉴》《全国企业创新调查年鉴》和中国各省、自治区和直辖市统计年鉴,运用熵值法和网络层次对除港澳台的31个省份的创新生态开展分析,发现2024年上海创新生态的综合得分仅位居第六。其中,上海创新生产者位居第六,创新分解者位居第五,创新消费者位居第六,创新环境位居第三。整体而言,上海创新生态位居全国前列,但是与北京、广东、江苏、浙江等省市仍有一定差距,创新生产者、创新分解者、创新消费者及创新环境仍有待进一步提升和优化。评价指标体系详见表1。

表 1 创新生态评价指标体系

一级指标	二级指标	三级指标	权重
创新生产（B）	高等学校（B1）	高等学校数(个)B11	25.6%
		高等学校 R&D 人员全时当量(人年)B12	
		高等学校 R&D 经费内部支出(万元)B13	
		高等学校 R&D 课题数(项)B14	
		高等学校专利申请数(件)B15	
	研究机构（B2）	研究与开发机构数(个)B21	
		研究与开发机构 R&D 人员全时当量(人年)B22	
		研究与开发机构 R&D 经费内部支出(万元)B23	
		研究与开发机构 R&D 课题数(项)B24	
	研究型企业(B3)	规模以上工业企业中开展研发活动的企业数(个)B31	
		规模以上工业企业 R&D 人员折合全时当量(人年)B32	
		规模以上工业企业 R&D 经费内部支出(万元)B33	
		规模以上工业企业 R&D 项目数(项)B34	
创新消费（C）	大型企业（C1）	规模以上工业企业新产品销售收入(万元)C11	45.3%
		规模以上工业企业新产品开发项目数(项)C12	
创新分解（D）	中介服务机构（D1）	在统科技企业孵化器数量(个)D11	6.7%
		孵化器内企业总数(个)D12	
		众创空间数量(个)D13	
		众创空间当年服务的企业及团队数(个)D14	
		入统生产力促进中心个数(个)D15	
		入统生产力促进中心提供孵化企业服务数(个)D16	
		入统国家大学科技园数量(个)D17	
		国家大学科技园在孵企业数(个)D18	
		国家技术转移机构总数(个)D19	
		国家技术转移机构促成项目成交总数(项)D110	
创新环境（E）	基础设施（E1）	科学研究和技术服务业固定资产投资较上年增长情况(%)E11	
		每百人使用计算机数(台)E12	

(续表)

一级指标	二级指标	三级指标	权重
创新环境（E）	基础设施（E1）	科技馆数量（个）E13	22.4%
		科技馆建筑面积（万平方米）E14	
	创新资源（E2）	R&D经费投入强度（%）E21	
		国内三种专利授权数（件）E22	
		6岁及以上人口研究生数（人）E23	
	创新文化（E3）	省（市）科协举办科普宣讲活动（次）E31	
		省（市）科协举办学术会议（次）E32	
	制度环境（E4）	R&D经费内部支出中的政府资金（万元）E41	
		规模以下企业享受创新相关政策的企业占开展创新活动企业比重（%）E42	
		在开展创新活动中,研发费用享受加计扣除税收优惠政策效果明显的规模以上企业占比（%）E43	

1. 创新生产主体数量有待进一步增加

上海创新生产者排名仅为全国第六。一是上海的高等院校有63所,数量仅为江苏(167所)的1/3多一点;二是上海的研究与开发机构有134家,比北京(384家)少250家;三是上海开展研发活动的规模以上企业有2 498个,数量不到江苏(26 161个)的1/10。上海高等院校、研究机构和研究型企业数量不足,严重削弱了上海创新事业对人才的吸引力。

2. 创新分解者服务能力有待进一步提升

上海创新分解者排名仅为全国第五。一方面,上海仅拥有国家级技术转移机构24个,数量不到北京(54个)的一半;另一方面,上海的国家技术转移机构促成项目成交总数为9 384项,仅为江苏(24 241项)的38.7%。上海中介机构服务能力的不足,严重影响了上海创新产业对人才的服务力。

3. 创新消费者消费水平有待进一步提高

上海创新消费者排名仅为全国第六。在规模以上企业新产品销售方面,上海的收入为1 015.9亿元,仅为广东(4 431.3亿元)的22.9%;在规模以上企业新产品开发方面,上海的项目数为22 755项,仅为广东(166 140项)的13.7%。上海大型企业消费水平的不足,严重影响了上海创新企业对人才的支撑力。

4. 创新环境承载能力有待进一步提高

上海创新环境排名为全国第三。上海的创新环境整体排名靠前，但与北京和广东仍存在一定差距。首先，在基础设施方面，以科技馆建筑面积为例，上海仅为 21 万平方米，而北京为 26 万平方米，广东为 35 万平方米；其次，在创新资源方面，以专利授权数为例，上海仅拥有 139 780 件，而北京拥有 162 824 件，广东拥有 709 725 件；再次，在创新文化方面，以省（自治区、直辖市）科协举办科普宣讲活动为例，上海仅开展活动 18 次，而北京开展活动 406 次，广东开展活动 211 次；最后，在制度环境方面，以研发费用享受加计扣除税收优惠政策效果明显的企业占比为例，上海为 53%，而北京为 55.7%，广东为 57%。上海创新环境承载能力的不足，严重影响了上海创新环境对人才的承载力。

二、优化上海创新生态的对策建议

1. 打造富有吸引力、支撑力、服务力的事业生态

一是要加大加强高等学校、科研院所、国家实验室、大科学装置和企业研发机构等创新主体建设，打造科技创新共同体，营造良好的创新氛围，提高上海创新浓度，增强上海对人才的吸引力。

二是要制定和实施符合人才需要、助力人才发展且富有活力的政策措施，设立多元化、大投入的创新基金，提高对人才的支持和保障水平，增强对人才的支撑力度。

三是要进一步深化"放管服"改革，提高用人单位的用人自主权，在住房、子女教育、医疗等方面加强对人才的服务力度，强化政策制定部门与业务部门的协同和服务意识，提升其为人才服务的质量，增强其对人才的服务力。

2. 营造"来得了""留得下""看得到"的生活生态

一是要正确把握人才成就意识、主体意识、价值意识较强的特征，打造有前景的事业平台、有竞争的激励机制、有归属感的城市环境、有获得感的生活场所，让不同的人才"来的了"，真正实现近悦远来。

二是要从激励人才向服务人才家庭和提供社会支持转型，供给丰富多样、既符合国际标准又具有中国特色的社会文化生活载体。通过完善建制外人才沟通协商机制、积极参与上海社会建设，为人才的子女提供教育通道和社会参与机会，为人才的父母提供优质养老资源和贴心医疗服务等，让不同的人才"留得下"。

三是要把握人才需求，聚焦创新产业，加强创业平台、研发平台、高端平台建设，让人才看得到未来的事业发展和美好生活。

"脱钩断链"背景下亟须重视产业链韧性

| 邵鲁宁

2024年5月14日,美国政府宣布将对包括电动车、芯片、医疗产品在内的一系列中国商品征收新的关税,进一步提高对来自中国的电动汽车、锂电池、光伏电池、关键矿产、半导体及钢铝、港口起重机、个人防护装备等产品的加征关税,涉及金额预计超过180亿美元。众所周知,2010年以来,我国持续推动包括电动汽车、锂电池、光伏产品在内的新能源和新能源产业快速发展,不断完善技术创新体系和发展自主可控的供应链体系,在中国超大规模市场的培育和发展中建立了相关产业的比较优势,体现了我国制度优势和市场机制相结合的强大力量。此外,2024年5月7日,美国进一步收紧了对华为的出口限制,撤销了美国芯片企业高通和英特尔公司向华为出售半导体的许可证。可见,美国在科技领域强筑"小院高墙",在贸易方面挥舞"关税大棒",并没有放弃阻碍我国高质量发展的企图。

我国的新能源汽车、光伏等产业取得了长足的进步,同时,我国的生物医药等领域也不乏亮点。2023年被誉为中国药企出海"元年",中国本土药企出海授权(License-out)的数量首次超过许可引进(License-in)的数量,多种国产创新药品成功获批在欧美市场上市。同时,自2023年起,我国新兴的生物技术企业接连被国外药企收购,如亘喜生物被阿斯利康收购,信瑞诺医药被诺华制药收购,葆元医药被Nuvation Bio收购,等等。跨国药企具备成熟的药物开发和商业化经验,在全球经济环境不乐观的背景下,借助雄厚的资本实力,频频在我国收获生物技术红利。这一方面证明我国生物技术的企业实力和成果得到了国际巨头的认可,可以迅速补充管线和开发新领域,另一方面也暴露出我国优秀生物技术企业面临着产品、技术甚至人才的流失,给我国生物医药企业的发展和传统医药企业的转型都带来了新的压力。所以,我们不得不思考如何应对我国新兴产业安全和产业链韧性的新问题、新挑战。

在目前复杂多变的大背景下,需要未雨绸缪,对当前和今后一段时期新兴产业的高质量发展可能受到影响的情景加以研判。从合作的意愿上，可以用强和弱加以区别，代表国家或地区之间科技合作和贸易往来的顺畅程度；从创新的能力上，也可以用强和弱加以区别，代表国家或地区之间科技合作和贸易往来的依赖程度。如图1所示，四种场景代表了我国在与国际社会合作中可能面对的不同情况，包括但不限于已经出现的诸如"小院高墙""关税大棒"等常见的不公平现象。因此，我国更需要对可能但是还未被采用的更为激进的措施做好预判和预防。尤其是对于我国产业创新能力偏弱的新兴领域而言，即便在国际合作受到极大限制的情况下，也不得不寻求和保持某种积极接触的方式，使得国内基本研究和生产需求得到保障，增强相应的产业链韧性。

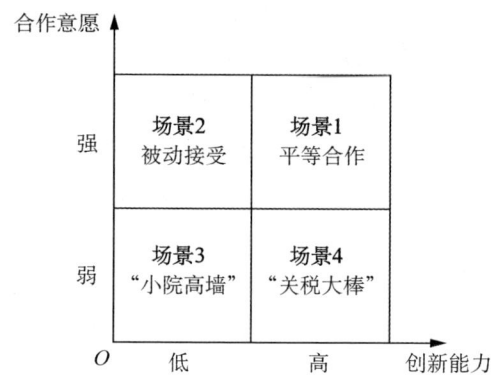

图 1　不同合作意愿和创新能力下的场景类型

理论界将韧性视为系统应对外力所产生的对抗反应，韧性可表现在抵抗、恢复、再组织、再发展等方面，是维护经济系统安全、稳定、可持续发展的内在能力。产业链韧性强弱关乎整个经济体系能否健康稳定发展[1]。产业链的韧性塑造离不开政策支持度、配套能力、生产能力、市场竞争力和技术创新能力，同时，产业链的韧性也随着科学技术和市场环境的演进而逐步演化，表现为抵抗能力和恢复能力，尤其是相关环节是否具备替代产品或体系。从反面理解，产业链的脆弱性表现为产业系统在受到外力冲击后，某个或者某些环节缺失导致产业能级下降。因此，增强产业链韧性也就必须弥补产业链的脆弱性，使产业链即使在受到不合理的冲击时，仍可以保持或者迅速恢复原有的技术水平和产出能级。

综合考虑当前和今后一段时期我国产业链可能受到的外部冲击，提出不同情景下的增强产业链韧性策略。从不同合作意愿和创新能力的场景来看，我国不同产业链应对外部冲击所呈现的韧性有所不同，也就是说，需要动态调整韧性的预期和建设重点,如图2所示。

第一,对于整体创新能力较弱的产业,在受到外界全面限制性举措冲击的情况下,应全面提升冲击抵抗能力,保障最基本的产业安全和供应稳定。这需要全面扎实基础支撑,以实现"稳链"的目标。第二,对于整体创新能力较弱的产业,在未受到产业链关键核心限制性举措冲击的情况下,应增强冲击适应能力,防止态势进一步恶化。同时,应积极准备替代性措施,以实现平稳过渡,并发展差异化的路线,以达到"补链"的目标。第三,对于整体创新能力较强的产业,在受到外界全面或者局部限制性举措冲击的情况下,应该加强自我调节能力,遵照市场规律,加强产能调节和转换,适当提高产业链附加值,积极开拓新市场,不断延伸产业链,从根本上提升产业链的影响力。第四,对于整体创新能力较强的产业,在没有受到外界的任何负面影响和冲击的情况下,作为全球产业领先者,也应该积极推动技术创新,不断增强产业链的竞争力,增强产业交叉和融合的能力,推动未来需求和发展。

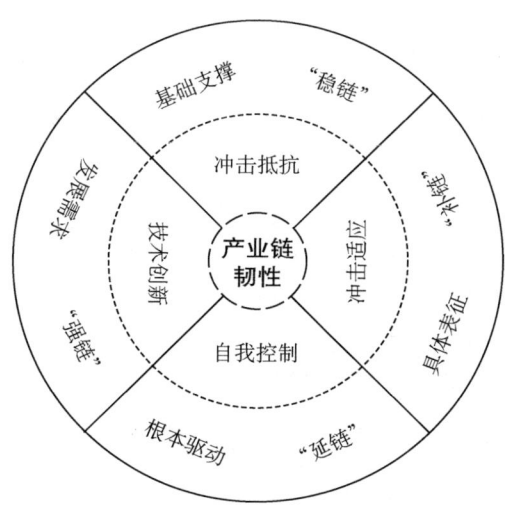

图2 产业链韧性结构解析

同时,不同产业链的复杂性也不同。一方面,需要引导产业链链主企业发挥更大作用,提升其向前、向后整合能力,从而推动产业链韧性的增强。例如,跨国制药企业收购我国生物技术企业获得技术红利,充分发挥其资本优势和商业化能力,不断保持和增强其产业链竞争力。同样,我国传统医药企业应积极利用在中国市场的商业化经验和能力,通过合作经营、投资并购、自主孵化等方式积极向产业链前端整合,真正发挥领军企业的主导作用。另一方面,政府应该积极审视现有的政策环境,帮助生物技术企业摆脱自身造血能力不足、融资渠道不畅、核心产品商业化及盈利可能不达预期等困境,使其能够成长为真正的生物制药企业并获得超额盈利。为此,政府应采取更加积极的举措来打破行业的周期障碍,以不断增强我国生物医药产业链的韧性。

参考文献

[1] 肖兴志,李少林.大变局下的产业链韧性:生成逻辑、实践关切与政策取向[J].改革,2022(11):1-14.

关于优化科技创新激励体系的建议

| 常旭华

面对日趋复杂的国际形势和国内经济下行压力,上海必须加快科创中心建设步伐,通过加快科技创新速度、经济增长速度,解决发展中存在的各种疑难问题。为达成这一战略目标,需要充分发挥评价和激励"指挥棒"的功能,全面改革组织评估、人才评价、项目评审机制,面向科创全链条优化科技创新激励体系。

一、建议加快构建以市场激励为主,政策激励为辅的激励新格局

政府部门实施激励的前提是遵守中国法律和国际规则行事,保障市场化创新主体在制度预期内作出科技创新与生产经营决策。上海应重点发挥市场在资源配置中的决定性作用,加快构建以市场激励为核心,辅以政策激励的激励格局。具体建议如下:①聚焦市场化程度较高的重点产业和未来产业,政策激励严格限定在竞争前支持,明确短期、中期、长期要前瞻布局和重点突破的技术清单,联合市场创新主体、建制性创新主体共同制定"路线图",通过"路线图"凝聚各方共识,协调资源配置,制定利益分配机制,共担研发风险。②聚焦新科技革命和全球科技竞争的主导技术,如人工智能技术、量子技术、可控核聚变等,从避免"市场失灵"与防止"公地悲剧"和"反公地悲剧"角度考虑,应以政府激励为主体,以加大政策引导、市场准入及财政投入为核心激励工具,推动新技术快速迭代和发展。③健全符合市场运作规律的国企领导人评价激励体系,全面提升民营企业、外资企业获得创新资源的公平性和便利性,形成"创新不问出身,英雄不论出处"的政策导向,支持民营企业、外资企业更大范围、更深程度参与上海科技创新中心建设的重大顶层设计和决策。

二、建议根据激励目标和要达成的效果,注重激励针对性

对照建设具有全球影响力的科技创新中心的总体目标,分解规模指标、速度指标、质量指标、成效指标,根据要达成的目标有针对性实施全链条激励。具体建议如下:①理性看待规模指标,特别是在"规模即质量"的领域。如在数据规模、算力规模、用户规模、流量规模等领域,"马太效应"显著,激励策略不符合一般意义的边际递减效应。对达到规模门槛的科创主体,应加大资源投入强度,避免看似公平但无意义地"撒胡椒面"。②处理好速度指标和质量指标的考评权重。面向科技创新领域,应坚持质量第一,贯彻落实"先破后立",遏制"五唯"现象,加强各类五年规划和中长期规划中对质量指标的考核;面向国民经济主战场,则需要兼顾速度指标和质量指标,"破立并举",以避免经济失速、确保经济"软着陆"为改革前提。③重点加强成效指标权重,将实际贡献、市场表现作为激励的基础。

三、建议区分激励对象,综合运用普惠激励与选择性激励

充分考虑各类科技创新主体的功能定位与核心诉求差异,综合运用普惠激励和选择性激励。具体建议如下:①根据国家最新的财税和投融资改革精神,更新普惠性激励政策,激励企业加大固定资产投入和研发投入,对企业出资给非营利性科研机构、高等学校和政府性自然科学基金且用于基础研究的支出,可按175%在税前加计扣除,支持企业作为核心研发方参与基础研究项目。②慎重设置面向企业的选择性激励政策,严格执行"高新技术企业""专精特新"等各类企业科技创新支持计划,严厉打击"中介/代理灰色产业链",提高骗取政府补贴、税收减免的违法成本,减少企业的"迎合式创新"行为,塑造公平竞争的市场环境。③处理好普惠激励和选择性激励的比重。面向企业主体,应以维护市场竞争秩序为根本,政府提供普惠激励,市场提供选择性激励,建立健全市场"出清"规则,避免选择性操作带来的寻租空间;面向高校院所、新型研发机构等科创主体,以政府为主提供普惠激励和选择性激励,在保障基本运行经费的基础上,酌情加大选择性激励的比重,面向重点单位、重点团队、顶尖科学家加大支持力度。

四、注重激励相容约束,合理控制激励强度

激励机制的核心是在比较优势和分工协作前提下,让各类创新主体回归初心和提高效率,而非单纯的短期指标创新。具体建议如下:①重视激励相容约束,避免激励过程演变为"零和博弈",保障各类创新主体都能从激励体系改革中

获益。②合理控制激励强度,加快破除以"五唯"为唯一标准的激励体系,提高体制内科创主体的基本收入,避免过度激励导致各类科创主体差异过大,遏制当前科研界、企业界普遍的"内耗""内卷""躺平"现象,实施激励机制改革,促使各类创新主体"躺不平""不躺平"。

以教育科技人才一体化发展促成开放创新生态

| 邵鲁宁

党的二十大报告提出:"扩大国际科技交流合作,加强国际化科研环境建设,形成具有全球竞争力的开放创新生态。"开放创新生态是一个涉及多方面、多层次的复杂系统。形成开放创新生态,需要构建一个多元参与、协同高效的创新治理体系。为此,中央政府和地方政府协同发力,最大限度调动各方面的积极性,高效融合人力、技术、信息、资本等创新要素或创新资源,打造具有韧性、包容性和灵活性的创新文化环境,持续推动教育科技人才良性循环,不断提升创新体系的整体效能。

2024年,上海建设具有全球影响力的科技创新中心已进入新的十年,从"建框架"迈向"强功能"、从量的积累迈向质的飞跃,开放合作是必由之路。从世界发展趋势看,积极谋划建设全球科技创新中心已经成为各国应对新一轮科技革命挑战和增强国家竞争力的重要举措。可以预见,今后一段时期,世界科技强国将围绕科技创新资源、科技创新活动、科技创新成果等展开更加激烈的竞争,影响上海科技创新中心建设进程。新形势下,上海建设全球科技创新中心,打造科技创新重要策源地、自主创新战略高地和全球创新网络重要枢纽,必须紧紧围绕一体推进教育科技人才事业发展,深化国际科技开放合作。

2024年6月,中央全面深化改革委员会审议通过的《关于建设具有全球竞争力的科技创新开放环境的若干意见》提出:"要坚持'走出去'和'引进来'相结合,扩大国际科技交流合作,努力构建合作共赢的伙伴关系,前瞻谋划和深度参与全球科技治理。要加强国际化科研环境建设,瞄准科研人员的现实关切,着力解决突出问题,确保人才引进来、留得住、用得好。"这为上海打造开放创新生态、促进科创中心建设指明了思路,形成世界一流的创新生态和科研环境是科技强国建设重要内容。

在科技维度上,上海建设国际科技创新中心需要进一步汇聚全球创新要素、引领顶尖科学研究,成为科技创新的重要策源地。这离不开一定数量的先进研究设施和设备,尤其是需要一大批世界级重大科技基础设施集群,使上海在规模、品类、综合能力等方面具备全球竞争力。上海需要在中央支持下进一步加快布局和建设:围绕重大科技基础设施打造顶尖的国际科研合作平台,参与和发起国际大科学计划和大科学工程,深化科研活动对外开放,进一步提升科研项目管理的国际化水平,探索建立国际先进的重大科技基础设施运营模式,促进国际合作的广度和深度增加。这尤其离不开科研主体与要素的跨境流动,如科研人员、科研数据与信息、科研样品物资等的合理跨境流动,需要央地协同及时打通堵点障碍,以区域开放创新试点引领探索可复制可推广的模式。

在人才维度上,上海建设国际科技创新中心需要各类型高水平人才,既需要战略科学家和科技领军人才,也需要创新型企业家、科技服务人才、科技管理人才等,更需要更广大的各类青年人才,以成为全球高水平人才高地。这需要为各类高水平人才创造一个有利于创新、成长和交流的环境,即包括更加优质的工作环境、良好的生活环境和包容的发展环境,具有尊重和多元的工作文化、能够实现工作和生活的平衡、具备更加公平的评价和激励机制的环境,积极推动建立多层次人才交流与合作平台与机制,促进人才之间的互动,从而吸引和留住人才,推动科技创新和社会发展。尤其是要面向海外高层次人才引进建设综合性服务平台,依托战略科技力量、重大科技基础设施、国际重大科研项目和工程等,接轨国际规则和市场机制,通过央地合作探索符合各类外籍人才工作和生活实际需要的便利服务改革试点并逐步推广。同时,上海建设国际科技创新中心需要更高水平的教育机构和力量,为上海、全国乃至全球输送源源不断的人才。这需要进一步提高 STEM 教育的双向开放与交流合作水平,鼓励对外合作探索新的教育模式,进一步整合教育、科技和社会各界资源,构建面向未来的青少年国际科技创新教育社会支持体系,培养青少年的创新思维和实践能力。上海需要进一步支持高水平研究型大学建设,进一步提升国际合作办学质量,扩大国际化人才队伍培养和建设,逐步改善外国留学生的来源、规模和质量,加大国际组织人才培养、国际大科学计划与工程管理人才培养、国际化思维与对外交流能力的培养力度,等等。

三"反"齐下营造健康竞争生态

| 任声策

高水平社会主义市场经济体制是中国式现代化的重要保障,是高质量发展的基础,健康竞争生态是高水平社会主义市场经济的重要特征。《中共中央 国务院关于加快建设全国统一大市场的意见》明确要求强化市场基础制度规则统一、推进市场设施高标准联通、打造统一的要素和资源市场、推进商品和服务市场高水平统一、推进市场监管公平统一、进一步规范不当市场竞争和市场干预行为。党的二十届三中全会审议通过的《中共中央关于进一步全面深化改革、推进中国式现代化的决定》强调,"必须更好发挥市场机制作用,创造更加公平、更有活力的市场环境""构建全国统一大市场。推动市场基础制度规则统一、市场监管公平统一、市场设施高标准联通""完善市场经济基础制度"。目前制度建设已较为完善,修订后的《中华人民共和国反垄断法》自2022年8月1日起施行,《公平竞争审查条例》自2024年8月1日起施行,《中华人民共和国反不正当竞争法》也在2019年版基础上开展修订工作。其中,《公平竞争审查条例》要求:"起草涉及经营者经济活动的法律、行政法规、地方性法规、规章、规范性文件以及具体政策措施,法规授权的具有管理公共事务职能的组织应当按规定开展公平竞争审查。"这是完善公平竞争市场环境、破除地方保护和行政性垄断的重要行动。2024年7月30日召开的中共中央政治局会议强调,要强化行业自律,防止"内卷式"恶性竞争。可见,高质量发展需要营造健康竞争生态,而营造健康竞争生态不仅需要反垄断和反不正当竞争,还需要反"内卷"。当前,需要紧扣三"反"——反垄断、反不正当竞争、反"内卷"——营造健康竞争生态。

一、健康的竞争生态是高质量发展的基础

任何生态系统的可持续良性发展都离不开健康的竞争生态。无论是自然生态系统,还是市场生态系统,抑或学术生态系统,等等。当前,我国需要高质量发展支撑中国式现代化的实现,这需要不断发展新质生产力,需要持续提升全要素

生产率。因此,健康竞争生态是高水平社会主义市场经济体制的必然要求,是中国特色社会主义市场经济在新发展阶段的必然要求。

竞争与创新之间存在密切的关系,但绝非简单的线性关系,这已有大量的实证研究结果证实。Aghion 等认为,创新和竞争之间是倒 U 形关系,在任一生态系统之中,垄断(竞争程度低)不利于创新;竞争程度的加剧会促进创新;但当竞争达到一定程度之后,进一步加剧竞争程度也将不利于创新[1]。2024 年 7 月 30 日召开的中共中央政治局会议要求防止"内卷式"恶性竞争,实质上是要防止过度竞争。

健康的竞争生态,需要的是公平的竞争、良性的竞争。对于市场而言,公平竞争说起来简单,落实起来困难。公平的竞争包括公平进入、公平退出、公平制定规则、公平行动、公平见效等,良性的竞争则包括相互尊重、相互促进、相互提高、诚实守信等,二者共同作用能够促进生态系统的发展更高质量、更有效率、更可持续、更加安全。

二、健康的竞争生态需要三"反"齐下

当前,营造健康的竞争生态需要反垄断、反不正当竞争、反"内卷"三"反"齐下。三"反"的紧密关系构成了一个统一体,反垄断和反"内卷"主要是针对竞争程度的一维两极,反不正当竞争则主要是针对"竞争"本身。顾名思义,不正当竞争已经不是"正当"的竞争,《中华人民共和国反不正当竞争法》第二条规定:"经营者在生产经营活动中应当遵循自愿、平等、公平、诚信的原则,遵守法律和商业道德。"相关案件统计数据表明,该条款是认定和处理不正当竞争案件的重要法律依据。而反垄断和反"内卷"在一定程度上依然是对"正当"竞争的维护,只是竞争者的地位、竞争的目标和方式等已经不同于正常竞争。

营造健康竞争生态,首先要反不正当竞争。不正当竞争行为直接扰乱市场竞争秩序、损害其他经营者与消费者的合法权益,属于违法行为,应受法律制裁。然而,由于经营主体数量多、经营活动范围广以及现实和虚拟空间的复杂性等,不正当竞争行为依然层出不穷,亟须不断完善相关法律制度并强化司法和执法力度。

营造健康竞争生态,必须坚持不懈反垄断和反"内卷"。反垄断主要是对市场竞争产生排除、限制影响的垄断行为进行规制,这是追求公平竞争的必然要求。新修订的《中华人民共和国反垄断法》已将"鼓励创新"纳入立法目的,充分体现了对通过公平竞争促进创新的重视。反"内卷"则是针对部分行业市场中出现的过于激烈竞争的"内卷"现象,即为争夺有限资源而不断加大投入,但质量、

效率和创新的提升有限，导致产业生态恶化、利润率和生产率降低，甚至损害消费者利益。这种"内卷式"恶性竞争对产业持续健康发展具有显著的负面作用，不符合发展新质生产力的要求。

三、三"反"齐下营造健康竞争生态需要抓住重点

三"反"齐下需要抓好制度和实施体系建设。在三"反"中，反不正当竞争的重点是完善相关法律制度、司法和执法体系，例如对商业秘密的进一步立法。反不正当竞争的难点在于法律条文中难以明确的部分，包括社会诚信、遵守法律和商业道德的契约精神。《中华人民共和国反不正当竞争法》第二条提供了一种兜底解决办法，但真正的改善需要全社会形成高水平信用机制和契约精神。反垄断和反"内卷"的难点和重点在识别，尤其是对其中"度"和"质"的把握，即需要较为准确地把握垄断和"内卷"的程度和性质。当前的市场垄断识别方法需要增强权衡涉嫌垄断行为的积极和消极影响的能力。除了显性垄断，还存在大量隐性垄断，其识别难度更大。针对行政垄断的公平竞争审查制度虽然能够发挥重要作用，但目标成效仍难以一蹴而就，必然需要经历一个漫长的过程。对于"内卷"而言，其识别缺乏依据与标准。毕竟，一定程度的竞争是市场所希望的，"内卷式"竞争的核心在于其消极作用超过了积极作用，无法推动总体进步，导致一种恶性竞争局面。

对于反"内卷"而言，更重要的是要认清"内卷"的根源，从而寻求根源性地解决"内卷式"恶性竞争问题。当前的主要驱动因素主要来自外部资源和机会的诱使和内部能力的约束。一方面，地方政府部门在招商过程中出台的激励政策可能导致企业过度竞争；另一方面，业务拓展空间有限和短期导向的生存发展压力，也可能使企业过于关注当下，在"内卷"的狭窄空间中寻找出路。反"内卷"不仅需要积累经验，更需要竞争生态中的各方加强自律。

高质量发展需要高水平社会主义市场经济体制的保障，而健康竞争生态是其必然要求。当前，需要紧扣反不正当竞争、反垄断和反"内卷"，抓住"牛鼻子"形成系统性解决方案。

参考文献

[1] AGHION P, BLOOM N, BLUNDELL R, et al. Competition and innovation an inverted-U relationship[J]. The quarterly journal of economics，2005，120(2)：701-728.

上海国际科创中心建设

进一步提振上海科创的"精气神"

| 陈　强

2014年5月,习近平总书记对上海提出"加快向具有全球影响力的科技创新中心进军"的工作要求。2014—2024年,上海全市上下勠力同心,不断夯实科技创新的物质技术基础,加快落实国家重大科技任务,推动原创性成果持续涌现,着力打造更具韧性的现代化产业体系。在这一过程中,上海勇于突破,敢于试错,深入推进相关领域的科技体制机制改革,形成了一批对国内其他地方具有借鉴和启示价值的经验和做法。

2024年6月24日,习近平总书记在全国科技大会、国家科学技术奖励大会、两院院士大会上发表重要讲话,对未来一个阶段科技创新的形势和任务进行了系统且深入的分析,擘画了建设科技强国的宏伟蓝图。在新形势下,上海的科技创新发展被赋予了新的使命和任务,必须在坚持"四个放在"的前提下,进一步提振上海科技创新的"精气神"。

"精""气""神"各有所指。"精"和"气"分别指向有形要素和无形要素,对应的是创新策源中的"源",是科技创新的条件和能力基础。"神"则强调对要素的开发利用,对应的是创新策源中的"策",通过有效的政策设计和制度安排,策划和组织各种活动,将"源"所蕴藏的能量释放出来。

"精"不在于多,而在于品质。新一轮上海国际科创中心建设的重心是"强功能",必须在有限的时间内,将有限的资源集中用到"刀刃"上,具体而言,包括以下四个方面:第一是人才。面向上海科技和产业发展需求,引育并举,尽快打造一支包括战略科学家、相关领域领军人才和中青年科技骨干在内的人才队伍,应成为全市人才工作的核心目标。第二是机构。在知识生产方式不断迭代升级的背景下,上海高校应对标国际一流水平,聚焦国家及地方重大需求,加快推进新一轮"双一流"建设。第三是实验室和大科学设施。上海目前已拥有3个国家实验室、4个国家实验室上海基地,以及20个规划、在建及投入运营的大科学设施,下一步的工作重心是强化开放设计,提升服务效能。第四是金融资本。上海国际金融中心建设成效显著，已建成较为完整的金融要素市场体系。如何吸引和培育更多更有耐心、更具耐受力的资本，将体系势能转化为助推科创中心高水平建设的强劲动能，是下一步的工作重点。

"气"不可泄，需要持续鼓动。上海拥有诸多有利于科技创新发展的无形要素。在科学家精神方面，受开放包容的海派文化影响，上海素来有尊重科学、尊重知识、尊重科技人员的良好社会氛围，因而形成了吸引创新型人才的天然优势。在公民科学素养方面，上海具备科学素养的公民比例持续提升，2022年年底达到26.18%，达到国际创新型城市水平。近年来，上海致力于打造高等级科技创新交流平台，世界人工智能大会、世界顶尖科学家论坛、浦江创新论坛等会议机制的影响力与日俱增。这些平台为策划和组织国际大科学计划、运筹全球创新资源、探索解决人类命运共同体面对的重大问题，奠定了良好基础。但是，必须认识到，上海所具备的这些条件还不足以推动形成具有充分竞争力的开放创新生态。因此，仍须一鼓作"气"，提升上海科技创新的生态位势。

"神"不可散，需要全"神"贯注。新一轮科技革命和产业变革与世界科技强国建设在上海形成了历史性交汇，上海必须加快建设国际科创中心，努力成为全球创新网络的重要枢纽。面对内外部形势的快速变化，上海应持续深化科技体制机制改革，推动形成科技创新的体系化能力。一是构建高效的科技监测及决策系统，捕捉和分析科技和产业竞争前沿若隐若现的各种"弱信号"，为前瞻性布局提供科学依据。二是探索建立科技财政资源、企业研发投入和社会资本协同发力的有效机制，推进面向特定领域的有组织科研。三是加快基础研究先行区、上海颠覆性技术创新中心、新型研发机构等的改革探索，在人员流动、科研评价、服务模式创新、区域联动等方面形成更多可复制、可推广的经验。四是依托长三角雄厚的科教资源和产业基础，寻找科技和产业发展的"最大公约数"，将各地产业布局的"同构性"转化为区域产业发展的"一致性"，打造能够直面全球竞争的世界级创新产业集群。

如果将"精"和"气"视为上海科创发展的关键质量，那么"神"就是激发科创"链式反应"的触发机制。只要科学布局，提振上海科创发展的"精气神"，就一定能不断将上海国际科创中心建设推上新的高度。

育科创 2023：上海为何被深圳超越

| 徐天意　任声策

在《育科创 2023——城市高成长科创企业培育生态指数报告》[1]（育科创 2023）排行中，榜单前 5 位最引人注目的变化就是深圳超越上海跻身榜单第 2 位，仅次于北京，上海则滑落至榜单的第 3 位。2022 年上海受新冠疫情这一"黑天鹅"事件影响严重，在 GDP 增长率、人口增长量等指标上都表现不佳。但深圳超越上海仅仅是因为上海受新冠疫情的短暂影响还是整体发展趋势的体现呢？事实上，2021 年，深圳的得分已经接近上海，二者的得分差距从 2.00 分缩小至 0.12 分，因此，2023 年，深圳得分超越上海这一结果是大势所趋。对比两座城市在一级指标上的表现（表 1），在人力资本、创业文化、市场基础这 3 项指标上，深圳的增长速度都比上海快，这表明在这些方面深圳的发展速度比上海更快，高成长科创企业培育生态持续优化。

表 1　育科创一级指标：深圳与上海比较

深圳/上海	人力资本	经济基础	制度	创业文化	市场基础	创新基础	金融资本	创业绩效
2021 年	97.8%	100.8%	97.4%	96.2%	92.5%	102.3%	97.2%	108.7%
2022 年	99.4%	89.2%	100.6%	109.6%	94.4%	104.8%	98.5%	106.9%
2023 年	105.1%	99.0%	95.0%	111.3%	95.9%	104.7%	95.4%	115.4%

当深入分析深圳与上海的育科创二级指标时，会发现深圳在人口流入规模、第二产业产值等方面都有不俗表现，展现出深圳近年来在人才引进、制造业转型升级等方面取得了一定的发展成就，而上海在制造业、民营经济等方面却表现欠佳。

一、人口持续流入：深圳如何吸引人才

2021—2023 年，深圳人口流入规模持续扩大，人才集聚明显；而上海的人口流入规模却持续缩小（图 1）。

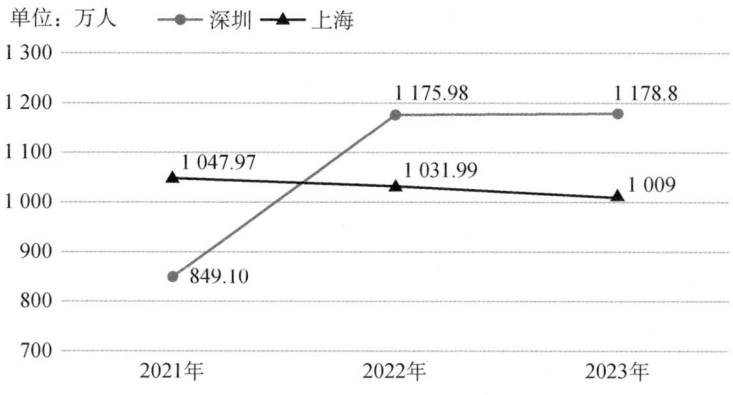

图1 2021—2023年深圳、上海人口流入规模

深圳人口吸引力如此强大，除本身经济活力强、拥有大量高质量企业外，还与深圳的人才政策密不可分：在人才引进制度上，深圳深化改革，推进外籍人才签证便利化，探索以用人单位为主体的人才评价机制，促进人才的便捷流动；在平台搭建上，深圳"筑巢引凤"，建设了深圳医学科学院、深圳国际数学中心等科研平台，和南方科技大学、哈尔滨工业大学（深圳）等高校合作，厚植人才培养根基；在环境营造上，深圳建立了"鹏城优才卡"服务体系，为人才提供全方位的便利服务，同时，深圳设置了人才日，营造了礼遇人才的城市氛围，"来了就是深圳人"的口号广为流传。

在人才吸引方面，上海可以借鉴深圳的经验，一是推动人才政策体系改革，简政放权，探索更加市场化的人才评价机制；二是转变人才工作理念，从"政策引才"向"环境、文化聚才"升级转变，优化人才的服务生态，增强人才的获得感、幸福感、安全感。

二、扩大市场基础：制造业强市再进化

在市场基础这一项指标上，2021—2023年，深圳的表现也同样出色，不断缩小与上海的差距，这与深圳工业强势发展密切相关。深圳第二产业增加值增速持续处于快车道，2023年更是超过上海，成为全国"工业第一城"（图2）。

深圳的制造业早已告别了过去劳动密集型代加工的低端阶段，先进制造业、高技术制造业已成为深圳工业的主体。先进的产业布局是深圳工业表现强势的首要法宝。深圳以电子信息为第一大支柱产业，拥有华为、比亚迪、中兴通讯等

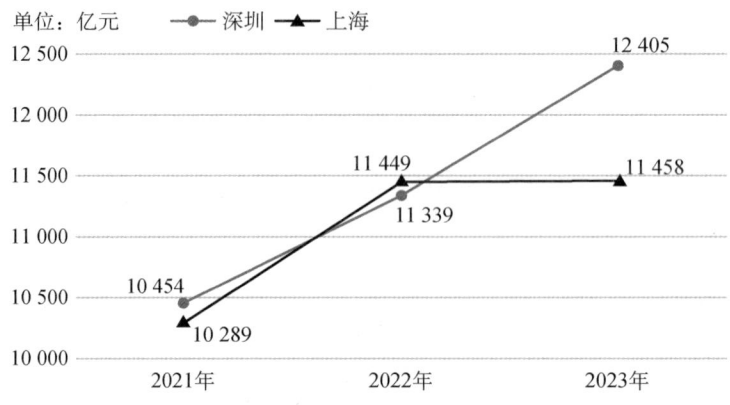

图 2　2021—2023 年深圳、上海第二产业规模

众多电子信息产业的领军型企业。先进制造业快速发展的背后是政策"组合拳"在发力：近年来，深圳出台多项重磅政策推动先进制造业发展，提出培育战略性新兴产业集群，前瞻布局未来产业，推动先进制造业园区建设。以重大项目为牵引，以国家先进制造业集群和国家制造业创新中心为支撑，共同推动深圳制造业的发展。

良好的产业梯队建设也是深圳工业发展强势的原因之一。有华为、工业富联、TCL 等大企业"头雁"领飞，攻关关键技术领域；也有一大批专精特新"小巨人"企业在各自领域发光发热，"众雁"共舞，为工业经济发展注入"活水"。针对不同规模的企业，深圳提供了多元的政策支撑：在深设立总部的企业，符合一定条件即可享落户奖、贡献奖、租房与购房补助等多项支持；对于专精特新中小企业，除了分级奖励外，还在融资上给予其支持。

而上海 2010 年以来的发展重心一直放在服务业上，第二产业的比重一直在降低。在当前重振制造业、避免产业空心化的背景下，上海推进制造业高质量发展面临着不小的挑战。一方面，国企和传统产业占有大量工业用地；另一方面，人力成本和土地成本都不占优势。如何瞄准彰显自身比较优势的领域重点发力，需要上海的智慧和努力。

深圳作为制造业强市的经验同样值得上海借鉴：一是布局先进制造业，鼓励企业的数字化转型，推动制造业迭代升级。二是注重产业梯队发展，针对不同规模的企业提供精准的政府服务，打造有梯度的空间载体体系，助力总部企业和中小企业协同发展。

三、民营经济弱势:上海如何破局

2022年,上海的民营经济比重为27.1%,远低于深圳的55.9%,2021—2023年,上海的民营经济占比一直在下降,民营经济发展形势不容乐观。上海民营经济弱势的原因是多方面的:国有企业、外资企业占比较大,民营经济很难突破"护城河"建立竞争优势;创业成本高、人才留用问题突出等诸多因素也限缩了民营经济在上海的创业空间。

民营经济的发展直接体现着一个地区的经济活力和创新能力。"如何促进民营企业的涌现和壮大"成为摆在上海面前的一个重要议题。事实上,与其他城市相比,上海也有其独特的优势,即高效、精细化的公共治理能力。利用好自身在经济和社会治理方面的优势,为民营企业提供更好的创新创业和发展生态,营造良好的创业综合环境,打造创业热土,或可成为上海发展民营经济的破局之策。

参考文献

[1] 任声策教授课题组.育科创2023——城市高成长科创企业培育生态指数报告[M]//陈强,邵鲁宁.创新生态与科学治理——爱科创2023文集.上海:同济大学出版社,2024.

上海科技企业孵化器现状分析

杜　强　薛奕曦

科技企业孵化器对于促进高新技术企业和产业的发展、建设创新型国家及创新体系、加速制造强国建设具有重大的社会经济意义。上海市在构建全球科技创新中心的过程中，高度重视科技企业孵化器的作用。自1988年上海首家科技企业孵化器成立以来，上海已培育出600余家各类科技创新创业载体，打造了ATLATL飞镖创新研发中心、莘泽智星港、中科创星（上海）、璞跃中国和XNode创极无限等高质量孵化器；近3万家企业接受了孵化服务，累计近2 000家企业毕业，其中近200家企业成功上市。目前，上海已形成以科技自立自强为基本遵循，以突破"卡脖子"技术为奋斗目标，优化聚合区域的创新经验，促进孵化资源联动助力，赋能上海产业布局的具体战略举措[1]。

一、政策支持引领

一直以来，上海市区两级不断出台各类政策支持保障科技企业孵化器高质量发展。2016年，上海科技企业孵化协会发布了《上海市科技企业孵化器管理办法》和《上海市众创空间发展实施细则》，对促进大众创业、万众创新，加快推进上海科技创新载体建设起到了引领示范作用[2]。"十三五"以来，科技企业孵化器在上海市科技创新体系中，发挥着遴选孵育有潜力的科技创新项目，加速推动有价值的技术成果转移的关键作用。进入高质量发展阶段后，上海对标建设具有全球影响力的科技创新中心的重大战略要求，于2023年7月发布了《上海市高质量孵化器培育实施方案》，为国际科创中心建设提供全面支撑。该方案提出，要"加快培育一批产业领域聚焦、专业能力凸显、示范效应明显的高质量孵化器""畅通'转化—孵化—产业化'链条""加速核心技术成果转化和关键技术节点企业培育""带动全市孵化器从基础服务向精准服务、从集聚企业向孕育产业、从孵化链条向厚植生态转变，引领创新创业高质量发展"[3]。

二、创新孵化路径

上海以科技企业孵化器建设为抓手,探索出了一条独具特色、成功高效的科创孵化之路,从孵化器1.0版的物业出租,到2.0版的"物业+基础服务"、3.0版的"孵化+投资"再到4.0版的全要素赋能,孕育出了一大批科技孵化机构和优秀科技企业[4]。近年来,上海产业孵化的成功样本,以大量的例证,探索了技术迭代视角下,科技创新创业载体支撑区域产业孵化的相关路径:其一,上海孵化载体企业以产业需求为导向,帮助企业在创业初期融入产业链,推动大中小企业融通发展,打破了原有孵化路径,实现了对产业和初创企业的双向服务[5]。其二,在优势产业集群中,寻找嵌入"弱链补强、短链补长"的有效点位,实现技术创新和产业集群迭代发展的有机结合。其三,优化利用大企业资源和技术交叉的边缘效应,促成不同产业集群间的跨场景应用孵化[6]。

三、构建产业孵化集群

产业生态环境和产业创新创业要素,构成区域创新发展的重要动力。目前,上海的科创孵化事业主动对接区域的产业功能定位,将区域的资源优势和产业发展需求作为新阶段的工作导向,积极发挥区域的产业优势,有效推动了区域产业集群的快速发展[1]。其一,对标上海建设具有国际影响力科创中心的战略要求,围绕产业集群部署创新链和载体链,发挥科技创新与产业集群发展的融合效应。其二,发挥体系化创新的虹吸作用,不断吸引各类初创企业、科技型公司、机构投资资本融入区域创新生态圈,加速创新技术的产业化进程。

四、区域分布密度呈集中趋势

上海科技企业孵化器的区域分布呈现出明显的集中趋势,这一格局在不同区域间表现出多样化的特征。张江地区作为科技企业孵化的核心区域,凭借其成熟的科技氛围和完善的支持体系,吸引了大量创新型企业。此外,长宁区南部至杨浦区西部一线得益于其便捷的交通和丰富的城市资源,也成为科技企业孵化的重要热点区域。进一步来看,漕河泾新兴技术开发区(浦江高科技园)、国际医学园区、上海奉贤经济开发区至杨王一线、嘉定工业区、松江区东北部及临港等区域,也逐步成为科技企业孵化器布局的关键地带[7]。这些区域的科技企孵化器不仅促进了上海科技企业的成长,也推动了整个区域科技创新生态系统的发展。从各个行政区的数量上来看,浦东新区科技企业孵化器数量最多,且分布较为集中(主要集中于张江、国际医学园区和临港),共 52 家;其次为闵行区 20 家(尤以浦江高科技园最为集中);再次为嘉定区、普陀区、宝山区、青浦区和松江区,总数均在 10 家以上。

五、行业细分多样化

不同的孵化器可能有不同的重点领域或支持的行业,上海目前已形成涵盖软件开发、生物技术、先进制造业、电子商务、创意产业、食品饮料、医疗保健等行业的各类孵化器。其中,软件开发、生物技术和先进制造业是上海许多企业孵化器的重点。如上海科技创新中心、上海张江高科技园区、上海交大徐汇创新中心、上海浦东新区科技创新中心等。这些孵化器和加速器专注于支持技术和创新领域的初创企业[8]。

参考文献

[1] 上海市科学技术委员会."创·在上海"的基因密码:产业聚能为引领,区域孵化新生态 | 产业孵化篇[EB/OL].(2022-10-26)[2024-04-29]. https://stcsm.sh.gov.cn/xwzx/mtjj/20221026/eca265f922324441ab727a4e9fff5de3.html.

[2] 上海市科技创业中心上海科技企业孵化协会.关于印发《上海市科技企业孵化器管理办法》、《上海市众创空间发展实施细则》和《上海市创业苗圃管理办法》的通知[EB/OL].(2016-03-28)[2024-05-02]. https://www.shtic.com/xwzx/gqgg/5878.htm.

[3] 上海市科学技术委员会.上海市人民政府办公厅关于印发《上海市高质量孵化器培育实施方案》的通知[EB/OL].(2023-07-14)[2024-05-02]. https://stcsm.sh.gov.cn/zwgk/kjzc/zcwj/qtzcwj/20230724/37b0f6b71dfa45b3b19c0f2baf3bdc63.html.

[4] 俞陶然.上海打造科技创新初创企业最佳首选地:聚焦硬科技,提升专业孵化能力[EB/OL].(2023-04-04)[2024-04-29]. https://web.shobserver.com/news/detail.do?id=599174.

[5] 吴丹璐.从孵化企业到制造企业 上海创投孵化出现新趋势[EB/OL].(2023-02-06)[2024-05-02]. http://sh.people.com.cn/n2/2023/0206/c138654-40290039.html.

[6] 曲奕.上海科技企业孵化器技术转移服务路径优化的思考:基于创新管理视角[J].科技视界,2024,14(1):53-56.

[7] 龙涛.【园区工具箱】企业孵化器的发展历程及上海市企业孵化器情况[EB/OL].(2020-

12-22)[2024-05-02]. https://zhuanlan.zhihu.com/p/338700731?utm_id=0.
[8] XIE H. Analysis on the technology business incubator and accelerator industry in China [D]. Turin: Polytechnic University of Turin, 2023.

上海科技企业孵化器的关键问题与整体解决思路

薛奕曦　杜　强

孵化器作为吸引和孕育科技创新企业的重要载体,不仅是国家创新体系的重要组成部分,也是政府前瞻性布局未来产业、开辟新领域新赛道的关键工具和发展新质生产力的核心阵地。在上海加快建设具有全球影响力的科技创新中心的背景下,亟须识别上海科技企业孵化器面临的关键发展瓶颈,从而为科技企业孵化器的培育成长和持续创新厚植政策土壤。

一、缺乏龙头企业支撑

许多科技企业孵化器的股东中缺乏"大企业""龙头企业",因此难以建立有效的客户生态系统,技术转移与成果转化服务水平难以提升。此外,多数科技企业孵化器的基金黏性不足,导致投资职能受限,进而使专业化水平与高质量标准存在较大差距,难以形成品牌化效应。

二、服务模式与高端化水平仍存在一定差距

目前,部分科技企业孵化器只追求大空间带来的高企业入驻率和高房租收入,却难以为企业提供有价值的孵化服务,核心孵化能力不强。特别是在初创企业的融资、行业资源对接和品牌推广等方面,孵化器的帮助甚少,引入企业基本处于"散养"状态,使得孵化器的市场影响力大打折扣。

三、缺乏掌握全要素服务的人才

尽管上海在人才总量和质量方面位居全国前列,但科技企业孵化器仍面临着一流专业人才不足的困境。特别是生物医药、集成电路、信息软件、智能制造等战略性新兴产业领域内专业人才缺口较大,加之孵化器行业薪资水平相对较低,导致这些行业的专业人才储备尤为不足,产业连接能力较弱。

基于此，本文提出新形势下上海加快培育高质量科技企业孵化器的总体思路。

1. 鼓励孵化载体差异化发展与盈利模式创新

鼓励不同主导模式的孵化载体实现差异化发展。政府主导型、国有企业主导型、民营企业主导型、高校主导型和公私合营型孵化载体应充分发挥各自的资源禀赋优势，强化载体特色，走上差异化发展之路。

2. 优化前瞻规划，有效整合创新链和产业链

坚持专业引领，支持一流孵化人才、科技领军企业、知名高校（大学科技园）、科研院所、顶尖投资机构等各类主体建设高质量孵化器，提升专业人才（团队）、技术服务平台、早期投资、资源对接等专业化服务能级。引导企业加大对底层技术和核心研发的投入，以促进"技术＋产业"双轮驱动的孵化基础形成。

3. 优化综合优势，提升人才服务效能

强化对"投孵联动"的引导。利用现有的投资公司选择具备专业服务和高度赋能能力的孵化器，并将其与高校、科研院所等创新策源地连接，通过多渠道吸引优质创业团队并充分利用毕业团队资源。加强孵化器与顶尖高校、科研院所等的合作，通过创业教育、奖学金计划等方式招募双创人才，并对申请者进行综合素质评估，筛选出具备创新性和可持续性的创业团队。组建创业导师队伍和创业培训课程体系，为在孵企业提供专业辅导和实战经验，并开发体系化的系列创业培训课程。重点吸引国内外有经验的硬科技投资人、资深产业专家、技术领域专家、成功创业者、职业经理人等跨界人才，设立硬科技创业导师库，鼓励知名企业家、投资家、科学家、产业专家成为导师型人才。

三力融合,助力上海更好发展

| 敦　帅

2023年11月28日至12月2日,习近平总书记在上海考察时强调:"上海要完整、准确、全面贯彻新发展理念,围绕推动高质量发展、构建新发展格局,聚焦建设国际经济中心、金融中心、贸易中心、航运中心、科技创新中心的重要使命,以科技创新为引领,以改革开放为动力,以国家重大战略为牵引,以城市治理现代化为保障,勇于开拓、积极作为,加快建成具有世界影响力的社会主义现代化国际大都市,在推进中国式现代化中充分发挥龙头带动和示范引领作用。"习近平总书记的讲话,为新征程上"建设怎样的上海,怎样建设上海"提供了根本遵循,提出了新理念、新使命、新思路和新要求。

一、提升竞争力,建设有"高度"的上海

此次上海考察,习近平总书记第一站来到上海期货交易所,重点了解上海增强国际金融中心竞争力的情况。金融是国民经济的血脉,是国家核心竞争力的重要组成部分。上海"五个中心"建设的目标所指,就是提升城市核心竞争力。从提升城市核心竞争力,到增强国家核心竞争力,上海国际金融中心建设承载着重要使命。建设结构优化、体系完善、安全可靠的国际金融中心,提升上海核心竞争力,发挥上海金融引领力,是建设高质量、高水平、高品质、高标准上海的核心要求。

二、强化创新力,建设有"速度"的上海

习近平总书记上海考察第二站来到上海科技创新成果展,了解上海推进国际科技创新中心建设等情况。科技创新是发展的第一动力。2023年3月,习近平总书记在参加他所在的十四届全国人大一次会议江苏代表团审议时强调:"在激烈的国际竞争中,我们要开辟发展新领域新赛道、塑造发展新动能新优势,从根本上说,还是要依靠科技创新。"此次上海考察时,习近平总书记强调:"上海要

勇于开拓、积极作为，加快建成具有世界影响力的社会主义现代化国际大都市，在推进中国式现代化中充分发挥龙头带动和示范引领作用。"从"加快建设"到"加快建成"，体现了总书记对上海建设速度层面的期许和要求。上海要进一步强化科技创新策源功能，成为科学规律的第一发现者、技术发明的第一创造者、创新产业的第一开拓者、创新理念的第一实践者，强化科技创新力，为上海高速化发展提供持续化动能。

三、优化保障力，建设有"温度"的上海

此次考察期间，习近平总书记还来到闵行区新时代城市建设者管理者之家，了解上海保障性租赁住房建设等情况。城市是人民的城市，人民城市为人民。城市建设必须把让人民宜居安居放在首位，把最好的资源留给人民。要把全过程人民民主融入城市建设和发展，构建人人参与、人人负责、人人奉献、人人共享的城市发展与治理共同体，营造宜居宜业宜游宜乐的城市环境，优化城市保障力，建设更加温暖、温馨、温情的上海。

从"竞争力""创新力"到"保障力"，体现了习近平总书记对上海在新征程上建设发展的殷殷嘱托、切切期许和谆谆要求。上海要秉承习近平总书记的期望，不辱使命、不负重托，勇当开路先锋，善于攻坚克难，致广大而尽精微，建设有高度、有速度、有温度的更好上海。

对标中国城市,上海人工智能领域人才静态画像

| 赵程程

通过对"中国人工智能最具创新力城市 TOP10"[①]——北京、上海、杭州、香港、深圳、南京、西安、广州、武汉、台北在机器学习、计算机视觉、自然语言处理等 10 个人工智能重要技术领域的区域比较、主体发展、人才合作等维度的分析,探究上海 AI 人才的缺口与不足。

一、总体比较

1. 区域比较:北京遥遥领先,上海、香港紧跟其后,武汉、杭州后劲强势

如图 1 所示,在人工智能领域,中国各重要城市的学者数量、论文数量和机构数量呈现以下特征。

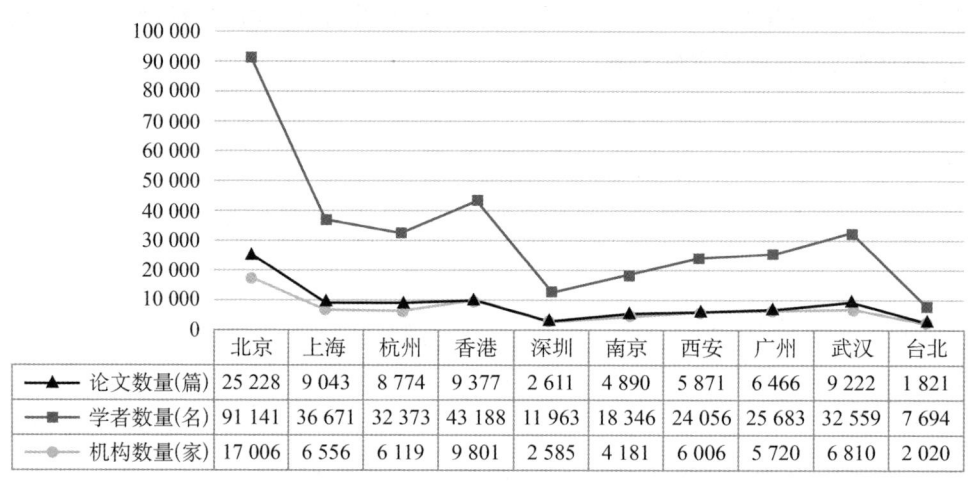

图 1 中国重要城市人工智能领域论文、学者和机构数量

---

① 排名选自清华大学 AMiner 知因分析数据库中的"全球人工智能最具创新力城市排名"。

北京在人工智能领域的研究占据显著的领导地位。北京人工智能领域论文数量为 25 228 篇,学者数量为 91 141 名,机构数量为 17 006 家。这些数据表明,北京的人工智能研究在深度和广度方面都非常显著,拥有强大的研究基础和人才优势。

上海和香港隶属第二梯队,紧随北京之后。上海的研究活动和人才集中度较高,显示出其在推动科技创新和产业发展方面扮演着重要角色。香港作为一个国际化的城市,其在人工智能领域的研究具有较高的国际影响力,其研究成果受到全球关注。

武汉和杭州后劲强势。杭州的良好创业环境和高新技术产业发展吸引了大量研究人员和机构,成为人工智能领域的一个重要中心。武汉的教育资源和科研背景,都为人工智能研究提供了良好的支持。

总体来看,中国在人工智能领域的研究呈现出多元化的发展趋势,不同城市根据其资源和优势发展出各自的研究特色。北京和上海作为两大科研中心,无论是在学术产出方面还是在人才培养方面都处于领先地位。其他城市如杭州、香港、深圳、台北也各有特色,通过不断的科研投入和人才培养,逐渐提升自身的科研实力和影响力。

2. 主体发展:2015—2020 年活跃人才数激增,2021—2022 年增速放缓,距"30 万人才规模"的建设目标有一定的距离

上海人工智能领域的论文数量、学者数量和机构数量 2015—2022 年呈不断增长趋势。论文数量在 2022 年达到峰值,2023 年有所下降。学者数量和机构数量在 2022 年达到最高点,随后在 2023 年略有下降(图 2)。

3. 主体合作:跨领域、跨地区的研发合作

在深入分析上海 H 指数排名前十的人工智能领域学者的合作模式(图 3)后,可以得出以下结论。

(1) 合作频度

在这些人工智能领域的顶尖学者中,沈定刚与王乾的合作关系最为紧密(合作发表论文 20 篇),王贺升与陈卫东次之(合作发表论文 18 篇),体现出稳定的合作关系。

(2) 合作多样性

杨杰与多位国际学者共同发表了多篇论文,展现出丰富的国际合作经验。其与 Masoumeh Zareapoor 合作发表了 12 篇论文,与 Nikola Kasabov 合作发表

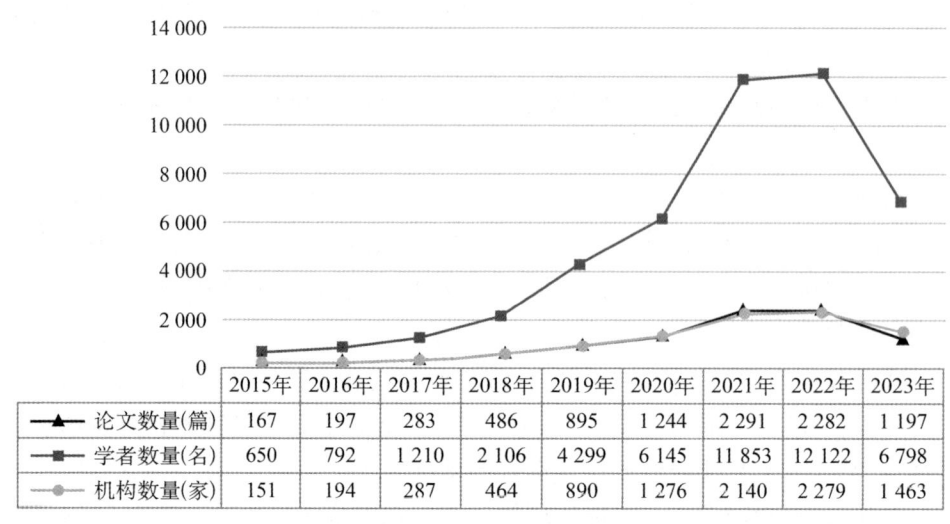

图 2　上海人工智能领域论文、学者和机构数量（2015—2023 年）

了 6 篇论文，这些合作跨越了学术边界，体现了其研究的国际影响力。

（3）合作均衡性

沈红斌的合作模式较为均衡，其与多数合作者共同发表论文的数量为 3～11 篇。这表明其在多个研究领域都有稳定的合作基础。

（4）合作深度

朱向阳与谷国迎的合作尤为深入，共同发表了 13 篇论文。朱向阳与盛鑫军合作发表 11 篇论文也显示出朱向阳在特定研究领域内的专注度和深度。

通过这些数据，我们可以看出人工智能领域的学者在合作模式上的个性化特点。一些学者更倾向于与少数几个伙伴深度合作，而其他学者则倾向于与更广泛的学术伙伴合作。这种多样性的合作模式不仅促进了学术交流，也为学术界带来了丰富的研究成果。

二、子领域：机器学习

1. 区域比较：上海学者数全国第三，机构数全国第四，紧跟北京和香港

上海在机器学习领域的发展成就引人注目，其机器学习领域学者数量位居全国第三，相关机构数量排名全国第四，紧跟北京和香港（图 4）。

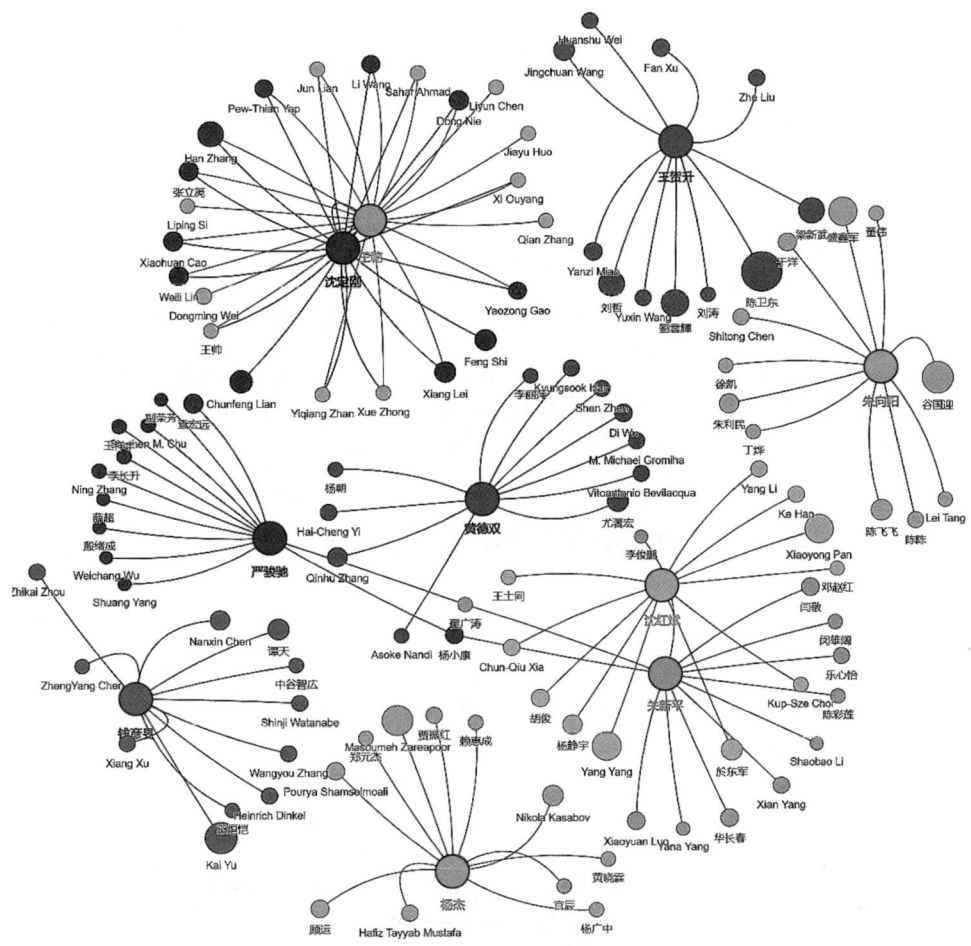

图 3 人工智能领域上海学者合作关系图

2. 主体发展：上海学者数量和机构数量加速增长

从图 5 中可以看出，上海在机器学习领域的论文数量、学者数量和机构数量 2015—2023 年均呈现出明显的增长趋势，但在不同阶段的增长速度有所不同。整体来看，2015—2019 年各项数据增长相对平稳，2020 年开始增长速度明显加快，到 2022 年达到峰值，2023 年则出现了一定程度的回落。这反映出上海在机器学习领域的发展经历了从稳步增长到快速扩张，再到调整回落的过程。

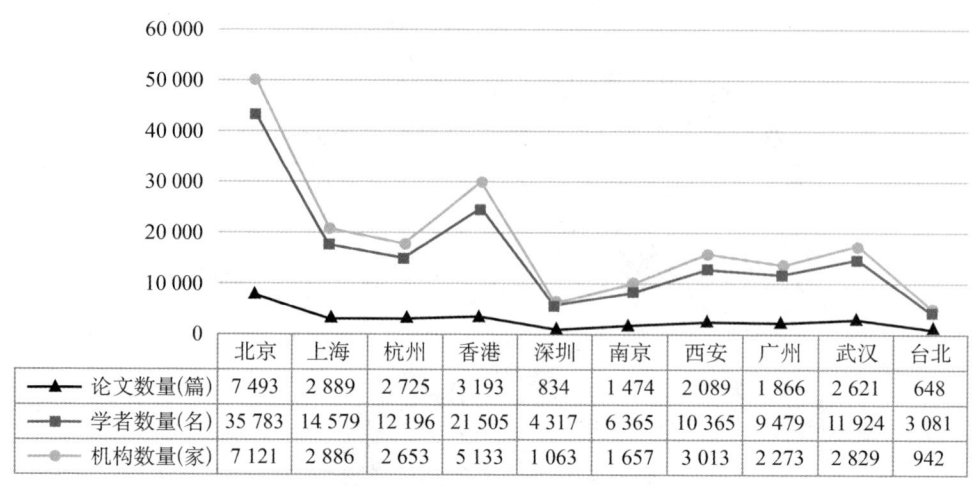

图 4　中国重要城市机器学习领域论文、学者和机构数量

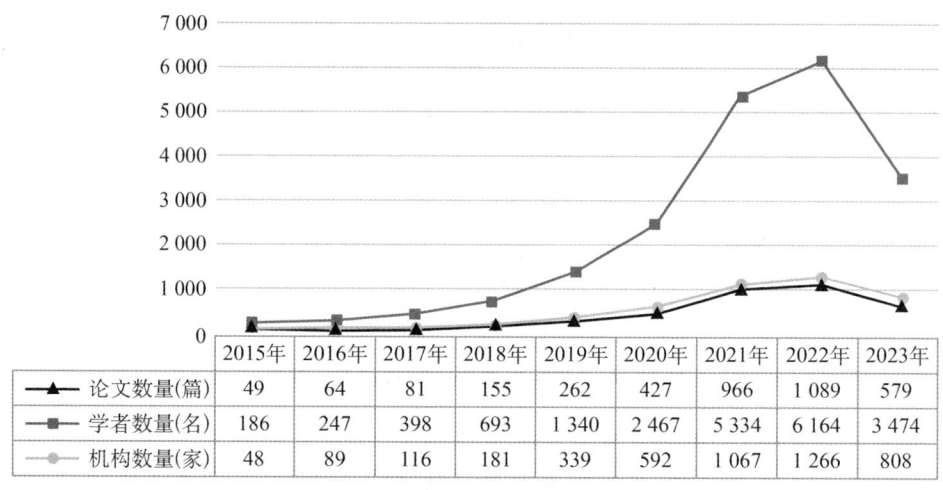

图 5　上海机器学习领域论文、学者和机构数量(2015—2023 年)

3. 主体合作:以小团体为主

对上海机器学习领域 H 指数排名前十的学者的合作关联性进行挖掘,并绘制上海机器学习领域学者合作关系图(图 6)。根据合作关系图可知,学者之间的合作网络呈现出几个紧密连接的小团体,如黄涛、蔡煜东、陈磊、张宇航等形成

的合作圈。也有一些学者在网络中扮演着桥梁的角色,将不同的合作小团体连接起来,如沈红斌和黄德双。这种多样化的合作关系对于推动学术交流和科研进展具有重要意义。

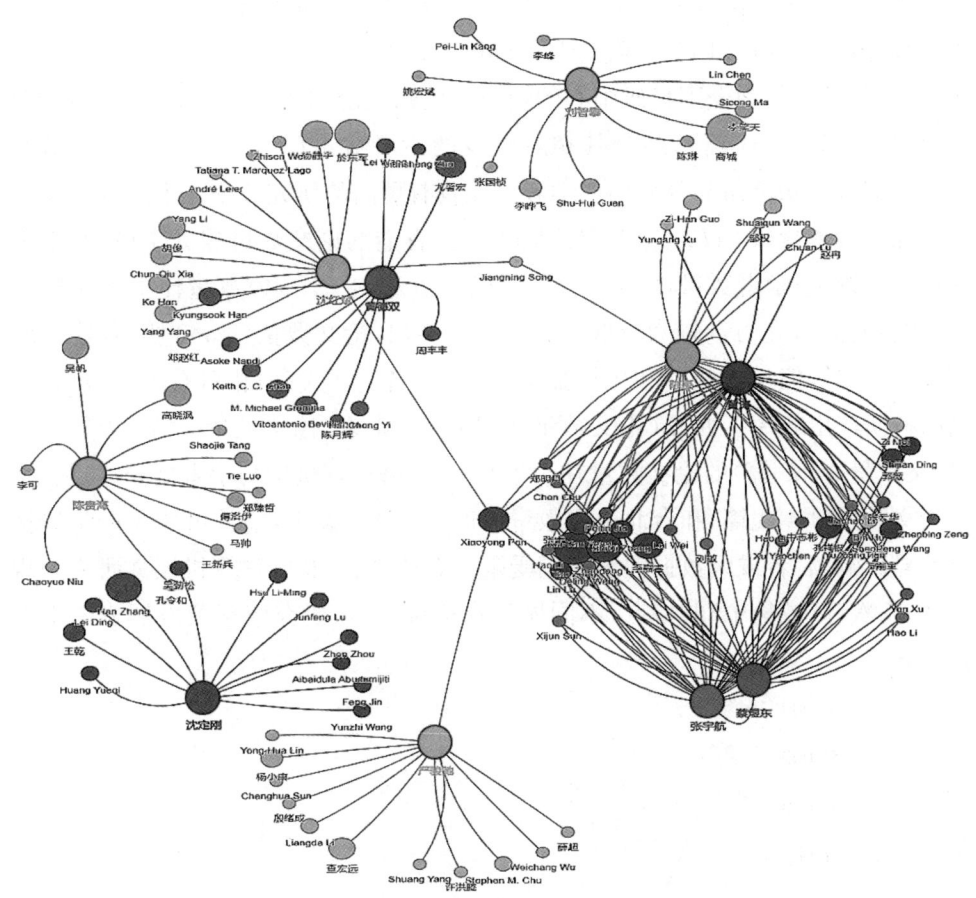

图6 机器学习领域上海学者合作关系图

具体而言,在上海机器学习领域,黄涛是合作关系最为广泛的学者,其合作论文数量为87篇,是H指数排名前十的学者中合作总数量最高的。沈红斌虽然与每个合作者共同发表的论文数量不多,但合作论文总数为33篇,显示出其广泛的合作关系。蔡煜东的合作论文数量为79篇,与黄涛相当,显示出二者在机器学习领域的活跃度较高。

三、子领域:计算机视觉

1. 区域比较:北京遥遥领先,上海紧跟其后,武汉后劲强势

图7展示了我国重要城市在计算机视觉领域的科研实力分布。北京以绝对优势领先,论文数量(13 008篇)、学者数量(51 943名)和机构数量(9 126家)均居首位,凸显其作为全国科研中心的地位。杭州在论文数量(4 469篇)上位列第三,略超上海(4 404篇),结合其相对较少的学者数量(17 320名)和机构数量(3 331家),可知杭州部分机构或学者可能具有更高的研究效率。上海在论文数量和在学者数量(19 472名)上都位居第四。香港的论文数量(4 321篇)与上海和杭州相近,但学者数量(20 636名)和机构数量(4 521家)数量比上海和杭州多,或表明其研究力量较为分散。武汉表现突出,论文数量(5 563篇)仅次于北京,位居第二,但学者数量和机构数量(19 866名、3 986家)相对有限,显示其较高的科研产出效率。西安(论文数量4 116篇)、南京(论文数量3 272篇)、广州(论文数量3 685篇)的论文数量在3 000~5 000篇,且机构与学者规模相近。深圳论文数量(1 424篇)和台北论文数量(794篇)显著偏少,前者可能受产学研侧重差异影响,后者或因数据覆盖范围受限。总体来看,我国计算机视觉研究呈现"北强南次、区域集中"的特点,不同城市在资源分配、研究效率及发展方向上存在差异。

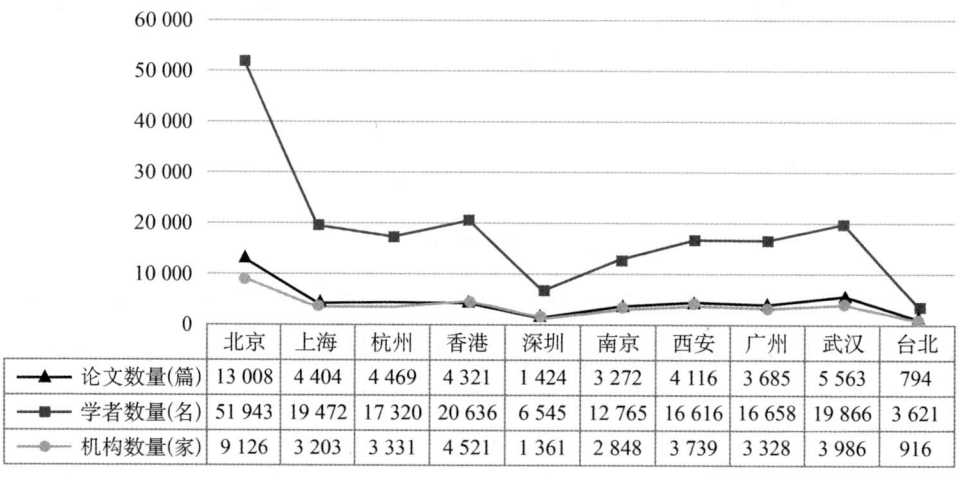

图7 中国重要城市计算机视觉领域论文、学者和机构数量

2. 主体发展:2022年后增幅放缓

图8展示了2015—2023年上海在计算机视觉领域的机构、学者及论文数量变化趋势。整体呈现"先快速扩张、后大幅收缩"的波动特征:2015—2021年,三类指标均持续攀升,机构数量从219家增至1 028家,学者数量从1 020名扩展至5 278名,论文数量从226篇跃升至947篇,且均于2021年达到峰值,体现政策红利与科研资源的高度集聚。此后数据明显回落,2023年机构数量(527家)、学者数量(2 653名)和论文数量(456篇)较峰值分别下降约48.7%、49.7%和51.8%,这可能与新冠疫情后科研投入缩减、行业资源整合或技术迭代周期相关。值得注意的是,学者与论文数量的降幅与机构数量基本同步,表明上海计算机视觉领域的研究生态整体进入调整阶段,但核心科研力量仍保持一定规模。这一演变既反映了新兴技术领域的发展周期性,也凸显出上海作为创新枢纽对行业动态的敏感性与适应性。

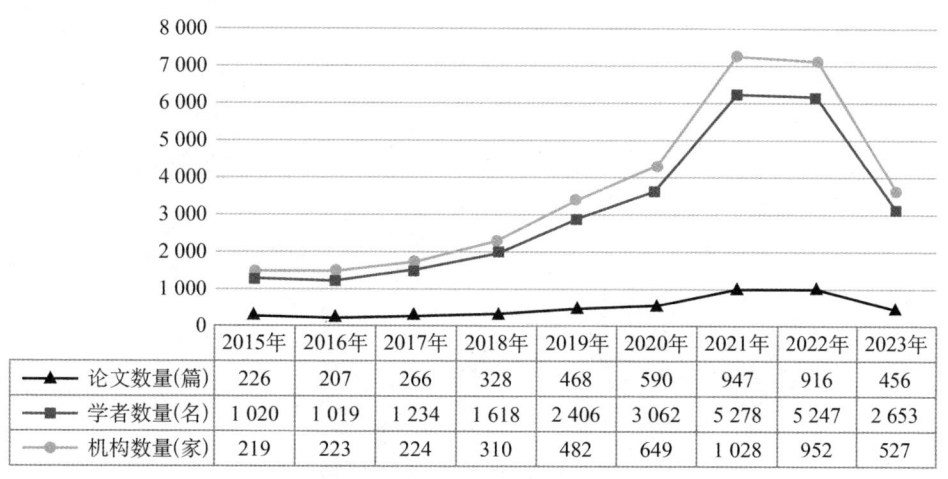

图8 上海计算机视觉领域论文、学者和机构数量(2015—2023年)

3. 主体合作:研究呈现集中性

对上海计算机视觉领域H指数排名前十的学者的合作关联性进行挖掘,发现主体合作关系表现出一定的集中性,部分学者与特定合作伙伴的合作论文数量较多。此外,他们在学术领域的合作网络也呈现出一定的多样性,为学术研究的发展提供了丰富的资源和视角。

具体而言,杨杰是合作关系最广泛的学者,他与7名学者有过合作,其中与

Nikola Kasabov 和贾振红的合作最为紧密,合作论文数量分别为 23 篇和 17 篇。翟广涛与 9 名学者有合作关系,其中与闵雄阔的合作最为密切,合作论文数量为 21 篇。盛斌与 Ping Li 的合作关系非常紧密,二者共有 20 篇合作论文(图 9)。

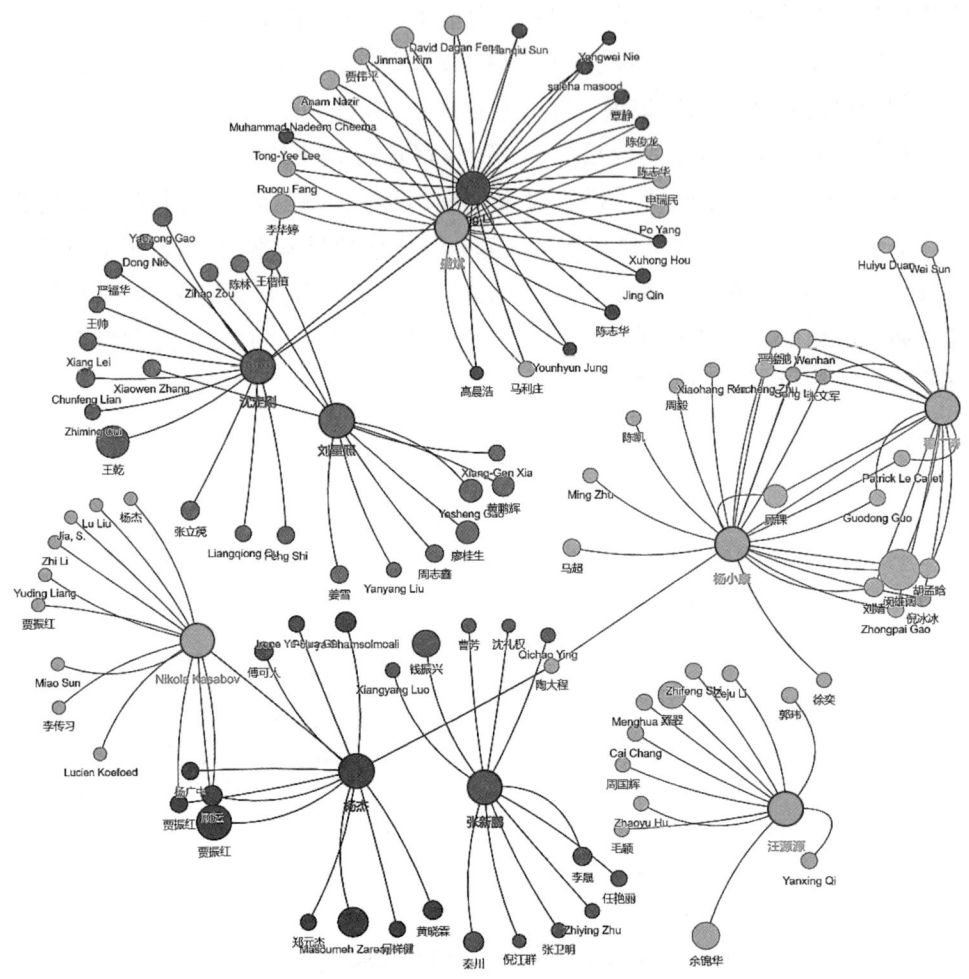

图 9　计算机视觉领域上海学者合作关系图

四、子领域:自然语言处理

1. 区域比较:北京处于第一梯队,上海、武汉、杭州暂居第二梯队

图 10 展示了我国重要城市在自然语言处理领域的科研资源分布。北京以绝对优势领跑,论文数量(2 018 篇)、学者数量(7 410 名)和机构数量(1 484 家)

均居首位,凸显其作为全国科研中心的地位。武汉表现突出,论文数量(639篇)和学者规模(2 139名)仅次于北京,机构数量(588家)位列第三,显示出较高的科研产出效率。上海(论文数量581篇、学者数量2 030名、机构数量400家)与杭州(论文数量470篇、学者数量1 945名、机构数量432家)数据接近,但上海机构数量略少于杭州,可能反映上海的机构协作更为集中。香港论文数量(465篇)与上海和杭州相近,但机构数量(671家)显著多于上海和杭州,或表明其研究力量分布相对分散。广州论文数量(415篇)和西安论文数量(211篇)在我国重要城市中表现中等,西安论文数量略高于南京论文数量(157篇),但机构数量(346家)为南京机构数量(192家)的1.8倍。总体来看,我国自然语言处理领域呈现"北京一极主导、武汉异军突起、区域梯队分化明显"的格局,重要城市在资源集中度与产出效率上存在显著差异。

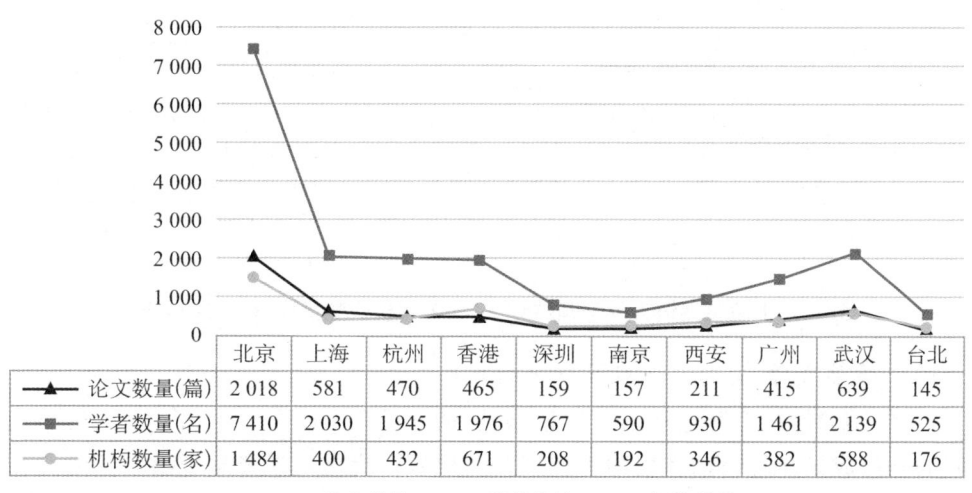

图10 中国重要城市自然语言处理领域的论文、学者和机构数量

2. 主体发展:2022年后增幅放缓

图11展示了2015—2023年上海在自然语言处理领域的论文、学者及机构数量演变趋势。整体呈现"快速扩张—断崖式收缩"的显著波动特征:2015—2021年,三类指标持续攀升,论文数量从21篇激增至112篇,学者规模从72名扩展至503名,机构数量由20家增至115家,2021年达到峰值,体现人工智能政策与产业需求的双重驱动。2022年三类指标数据保持高位(论文数量112篇、学者数量515名、机构数量143家),但2023年骤然回落至论文数量28篇、

学者数量116名、机构数量38家,较峰值分别下降75%、77.4%和73.4%,或与新冠疫情后全球产业链调整、资本投入紧缩及技术应用场景阶段性饱和密切相关。值得注意的是,2023年机构数量降幅略低于学者数量与论文数量,可能反映部分核心机构通过资源整合维持存续能力。这一剧烈波动既凸显自然语言处理领域对宏观环境的高度敏感性,也显示出上海在技术创新生态稳定性与可持续发展机制上面临着潜在挑战。

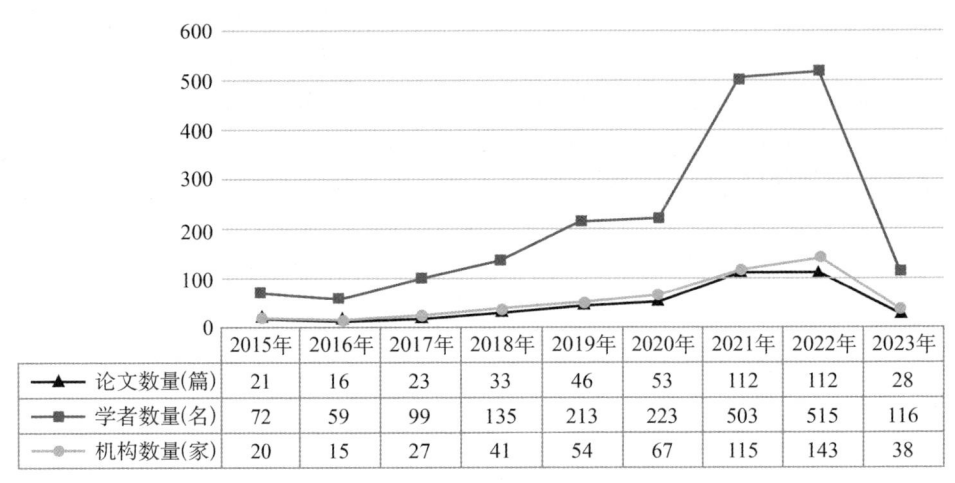

图11 上海自然语言处理领域论文、学者和机构数量(2015—2023年)

3. 主体合作:更为广泛且多样化的合作

综合来看,在上海自然语言处理领域,钱彦旻和Kai Yu的合作尤为突出,他们的合作成果在总合作产出中占据了较高比例。大多数学者展现出广泛的合作视野,虽然合作深度不一,但这种多样化和广泛的合作网络体现了学术研究的开放性和合作精神。平均而言,每名学者与7～9名其他学者建立了合作关系,这进一步证实了合作在推动学术进步中的重要作用(图12)。

五、子领域:机器人

1. 区域比较:上海学者数量位列全国第二,机构数量也位居全国前列

如图13所示,在机器领域,北京在论文数量、学者数量和机构数量上均位居全国首位,展现出其作为中国机器人研发中心的强大实力。北京拥有众多高等学府和研究机构,为学术研究提供了坚实的基础和广阔的平台,吸引了大量学者

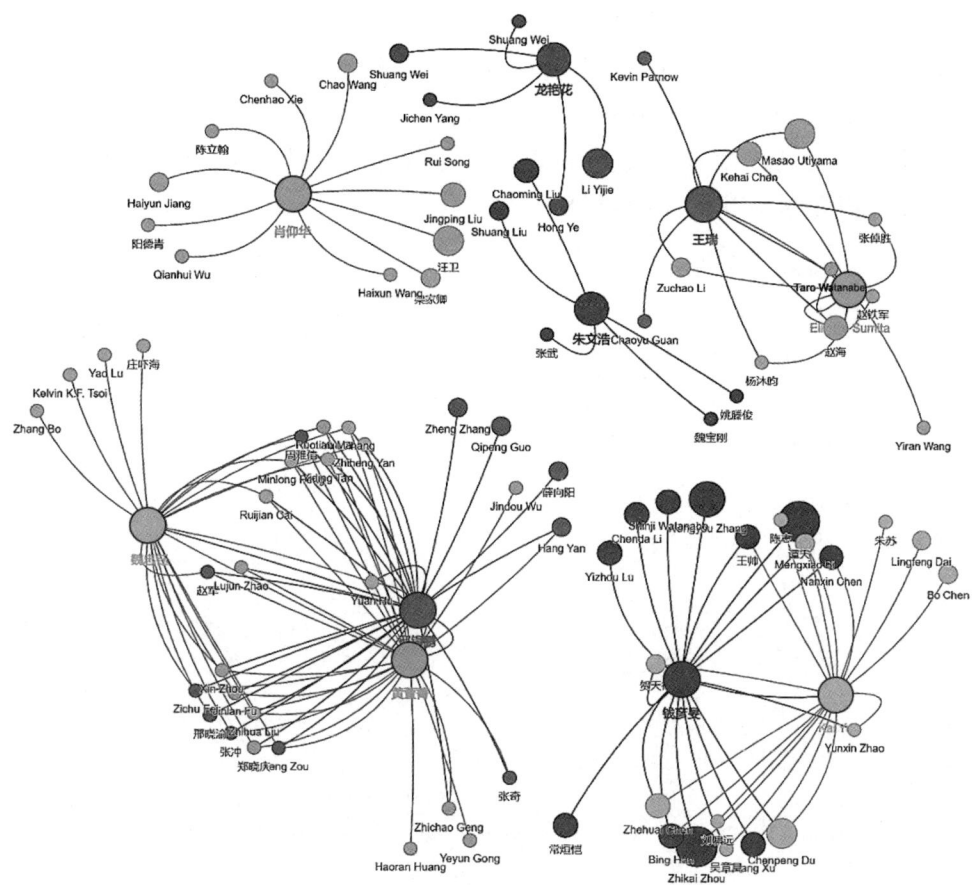

图 12　自然语言处理领域上海学者合作关系图

在此开展研究工作,同时也孕育了众多研究机构。

上海紧随北京之后,在学者数量上位列全国第二,显示出上海在人才培养和科研人员集聚方面的优势。同时,上海的机构数量也位居前列,这表明上海在机器学习领域的研究机构建设和科研平台搭建上投入巨大,为学术研究和技术创新提供了良好的环境。

杭州在学者数量上位列全国第四,显示出该城市在机器学习领域的研究活力和人才吸引力。杭州的研究机构数量也相对较多,这可能与其良好的创业氛围和政府支持政策有关,为科技创新提供了有力的支持。

香港、深圳、南京、西安、广州和武汉等城市在论文数量、学者数量和机构数量上也都有引人瞩目的表现,这些城市通过不断的科研投入和人才培养,逐渐在机器学习领域崭露头角。台北机器人领域的论文数量、学者数量和机构数量相对较少,但其在该领域的研究和教育同样具有一定的实力和潜力。

总体来看,我国各城市在机器人领域的发展呈现出均衡和互补的态势。随着国家对科技创新的持续重视和投入,以及各城市之间的合作与交流,我国机器人领域的研究和应用将不断取得新的突破。

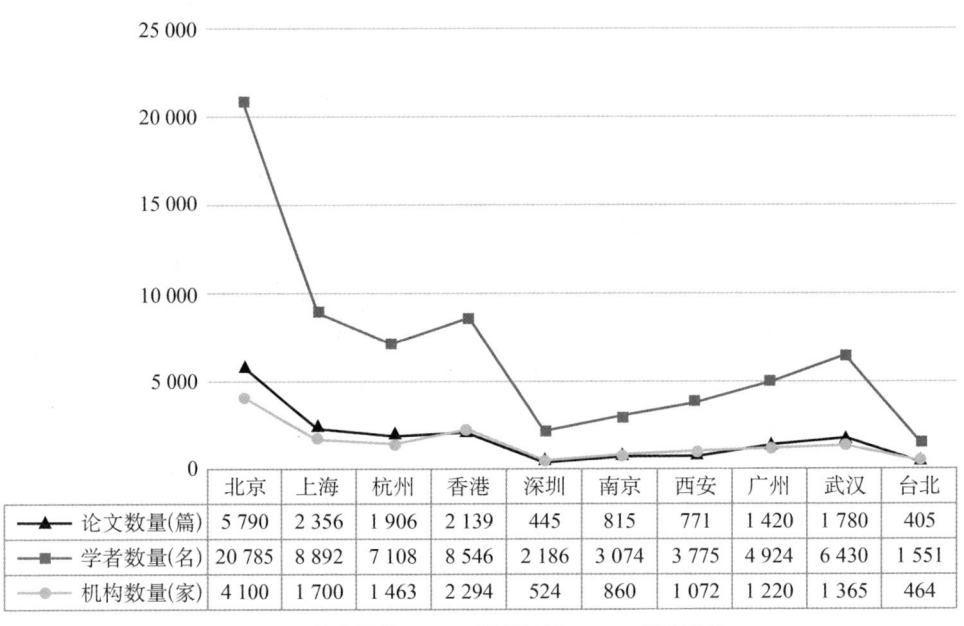

图 13　中国重要城市机器人领域的论文、学者和机构数量

2. 主体发展:总体上呈现出明显的增长趋势

从 2015—2023 年的数据中,可以观察到上海机器人领域的学术论文发表、学者参与及研究机构的发展呈现明显的增长趋势,这不仅反映了上海该领域及相关机构的学术实力和影响力,也预示着上海未来将在学术界和相关领域发挥更加重要的作用(图 14)。

3. 主体合作:合作模式趋向固化

对上海机器人领域 H 指数排名前十的学者的合作模式进行深入分析,并绘制合作关系图(图 15),得出以下结论。

(1) 代表性学者方面

朱向阳的合作网络覆盖广泛,他与 9 名学者建立了紧密的合作关系。他与

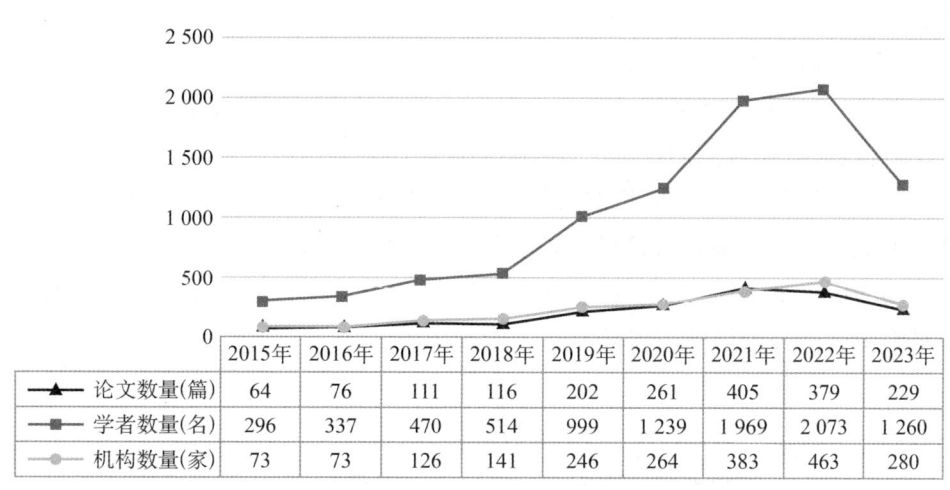

图 14　上海机器人领域论文、学者和机构数量(2015—2023 年)

谷国迎的合作尤为密切,双方共同发表了 15 篇论文,显示出二者在学术研究上的深度协同。此外,朱向阳与盛鑫军和陈飞飞的合作也颇具成效,分别合作发表了 11 篇和 9 篇合作论文。

王贺升在合作方面同样表现出色,他与陈卫东的合作最为密切,共同发表了 18 篇论文。王贺升还与刘哲和梁新武有着频繁的学术交流,各合作发表了 8 篇论文。

陈卫东的合作网络同样不容忽视。除了与王贺升的紧密合作外,他还与梁新武和王景川有着较为密切的合作,各合作发表了 6 篇论文,这体现出陈卫东在学术合作上的广泛性和多样性。

谷国迎在合作上也展现了其影响力,他与朱向阳和王东的合作最为紧密,分别合作发表了 15 篇和 6 篇论文,这进一步证明了他在学术合作中处于重要地位。

(2) 合作频率方面

朱向阳与谷国迎、王贺升和陈卫东的合作最为突出,他们的合作成果在数量上占据领先地位。

杨广中在合作范围的广度上表现最为显著,他与多达 10 名学者建立了合作关系,这显示出他在学术界的影响力和合作开放性较强。

(3) 合作数量

王贺升和陈卫东是合作成果最多的学者。王贺升与 8 名学者合作,共同发表了 64 篇论文;陈卫东与 9 名学者合作,共发表了 53 篇论文。这些数据反映出他们在学术研究上高产且高效。

罗均、高峰和曹其新等学者虽然合作对象较多,但合作发表的论文数量相对较少,这可能意味着他们在学术合作中更注重质量和深度。

综合以上分析,在上海机器人领域 H 指数排名前十的学者中,朱向阳、王贺升和陈卫东在合作关系的紧密度和成果丰富性上表现最为突出。杨广中则在合作范围的广度上独树一帜。这些学者之间的合作关系不仅促进了其学术发展,也对整个学术界的影响力提升起到了关键作用。

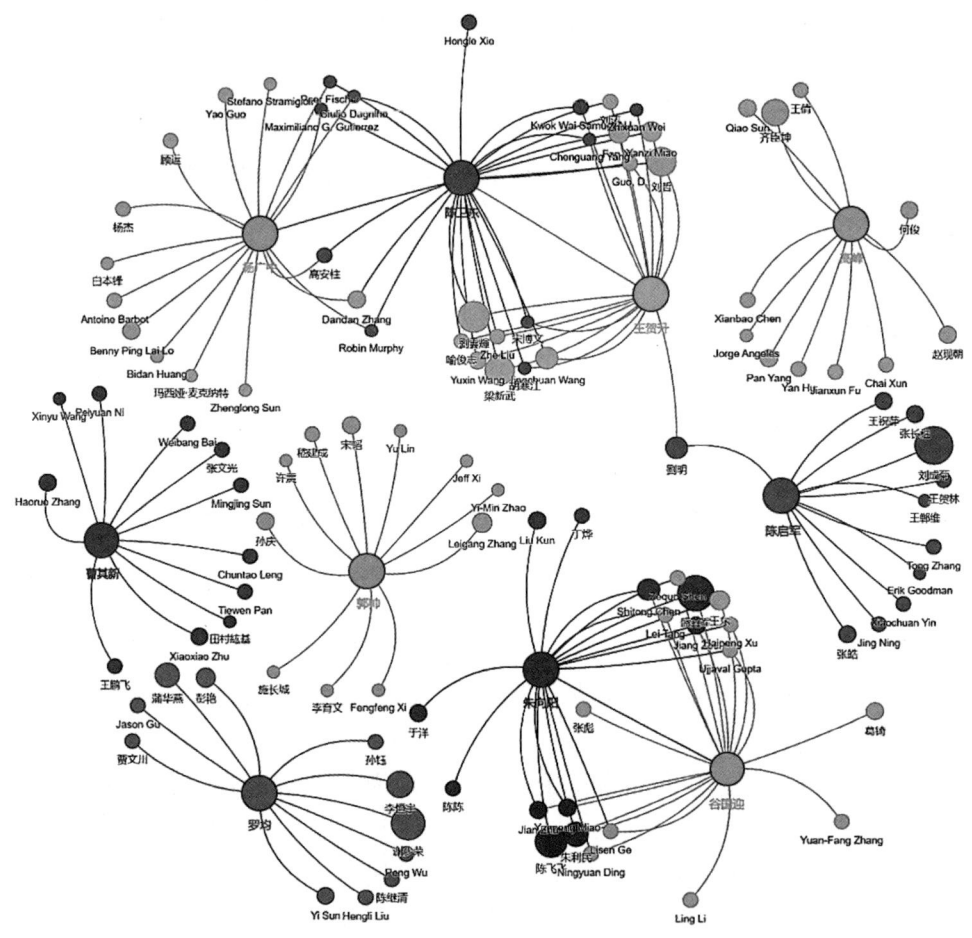

图 15　机器人领域上海学者合作关系图

六、子领域:知识工程

1. 区域比较:北京表现突出,武汉后劲强势,上海位居全国第三

图16展示了我国重要城市知识工程领域的科研资源情况。北京以绝对优势领跑,其论文数量(3 082篇)、学者数量(14 253名)和机构数量(2 759家)均居首位,凸显其作为全国科研中心的压倒性地位。武汉在论文数量(1 333篇)和学者数量(5 375名)上均位列第二,机构数量(1 252家)也紧随北京、香港之后,反映出其在该领域的显著区域影响力。杭州的论文数量(989篇)、香港的论文数量(986篇)与上海的论文数量(926篇)相近(900~1 000篇)。值得注意的是,香港的机构数量(1 412家)显著高于杭州(975家)和上海(852家)。西安的论文数量(701篇)、广州的论文数量(720篇)和南京的论文数量(639篇)处于中游(600~800篇),其中南京的学者数量(2 772名)和机构数量(738家)均低于西安(学者3 298名、机构934家)和广州(学者3 445名、机构868家)。深圳和台北的论文数据(分别为268篇和150篇)显著偏低。总体来看,知识工程领域呈现"北京单极主导、武汉次强引领、区域层级分明"的格局,核心城市在资源集中度与产出效率上的差异,映射出政策导向、产业基础及科研生态的深层影响。

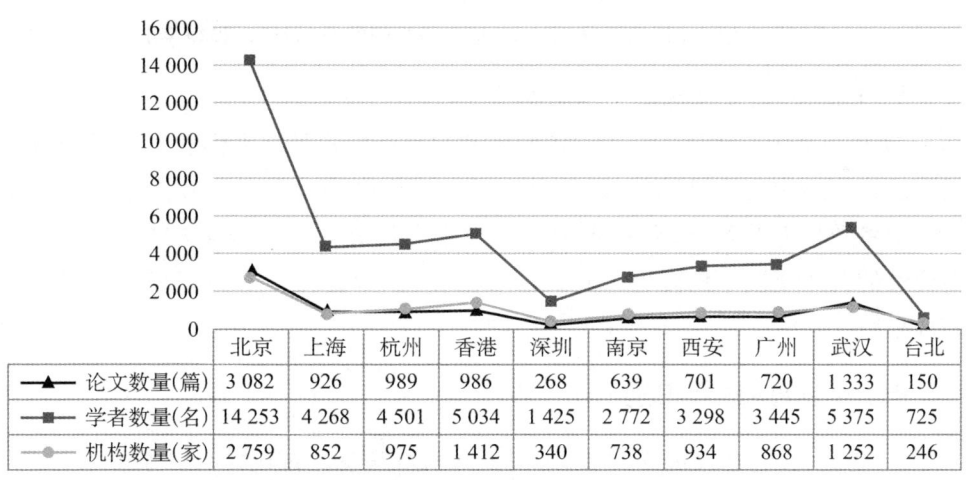

图16 中国重要城市知识工程领域的论文、学者和机构数量

2. 主体发展:2022年与2021年基本持平

总体来看,上海知识工程领域的论文数量、学者数量、机构数量在过去几年

中经历了波动起伏,2015—2022年整体上呈现增长趋势(图17)。学者数量和机构数量的增长体现了知识工程领域研究的深化和扩展,而论文数量的变化可能反映了该领域研究重点和资源分配的动态调整。随着知识工程技术的不断进步及其应用的不断拓展,预期该领域将继续吸引更多的研究者和机构参与,推动该领域的进一步发展。

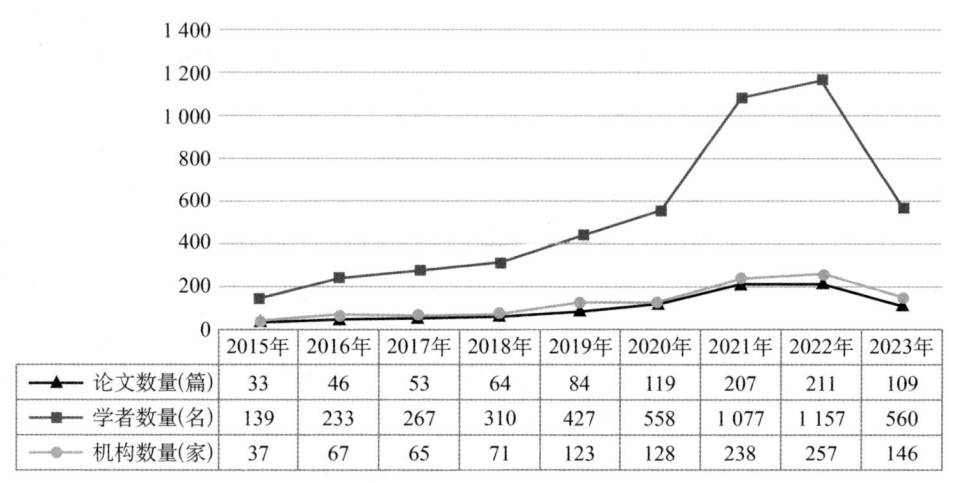

图17　上海知识工程领域论文、学者和机构数量(2015—2023年)

3. 主体合作:多样性的合作发展

如图18所示,上海知识工程领域学者的合作模式具有多样性。蒋祖华与李新宇的合作最为紧密,肖仰华则拥有广泛的合作网络。学者在合作论文数量和合作学者数量上的差异,反映出他们在学术交流和研究合作上的个性化特点。多样性的合作模式不仅促进了知识的交流和创新,也为学术界带来了丰富的研究成果。

七、子领域:语音识别

1. 区域比较:北京遥遥领先,上海和杭州引领长三角地区创新发展

如图19所示,作为我国科研和教育资源的重要集中地,北京在语音识别领域表现突出,论文数量为1 602篇,学者数量为5 899名,机构数量为1 451家,均占据领先地位,显示出其在该领域的强大研究实力和深厚的学术积累。

上海在语音识别领域也展现出显著的研究活力,论文数量为551篇,学者数

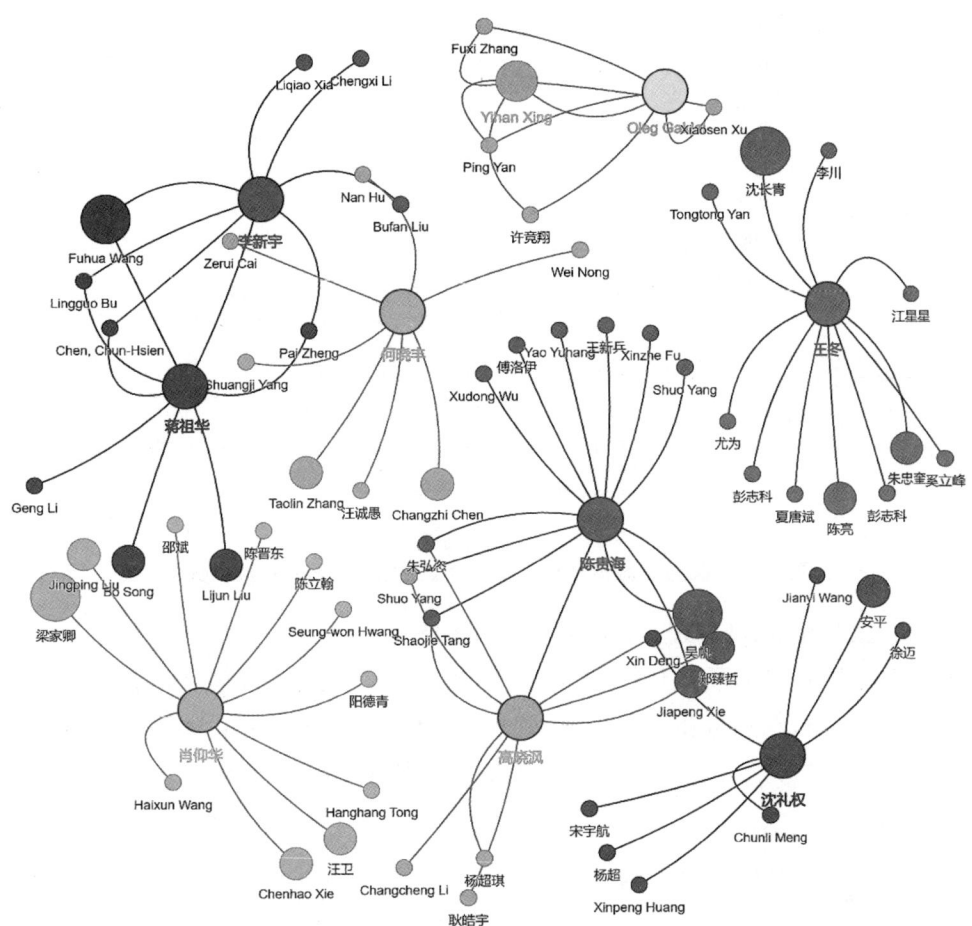

图 18　知识工程领域上海学者合作关系图

量为 1 971 名,研究机构数量为 520 家。这些数据表明,上海在推动语音识别技术的研究与应用方面占据重要地位,并拥有活跃的研究团队和良好的科研环境。

杭州的数据显示出其在语音识别领域的研究正在稳步发展,共有 254 篇论文,涉及 1 197 名学者和 307 家研究机构。这一表现可能与杭州良好的科技创新氛围和政府支持政策有关,为语音识别技术的研究提供了有力支持。

作为一个国际化的城市,香港在语音识别领域的研究同样不容忽视,其论文数量为 388 篇,学者数量为 1 367 名,机构数量为 454 家。香港的研究机构和学者在语音识别领域的研究成果具有较高的国际影响力。

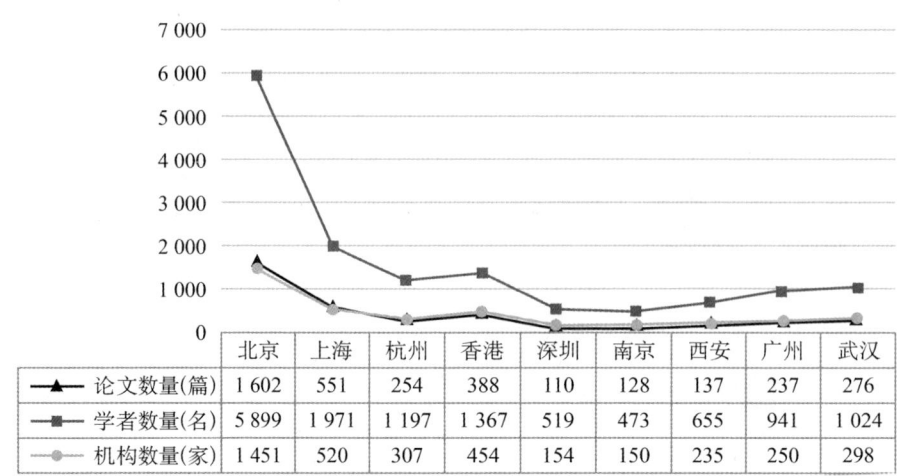

注：台北数据缺失。

图 19　中国重要城市在语音识别领域的论文、学者和机构数量

2. 主体发展：持续发力，2022 年达到顶峰

上海语音识别领域的研究从起步到成熟经历了快速的发展，研究产出（论文数量）与研究机构数量在 2022 年达到顶峰（图 20）。这表明上海语音识别领域的研究具有活力和潜力，语音识别技术的发展和应用前景广阔。

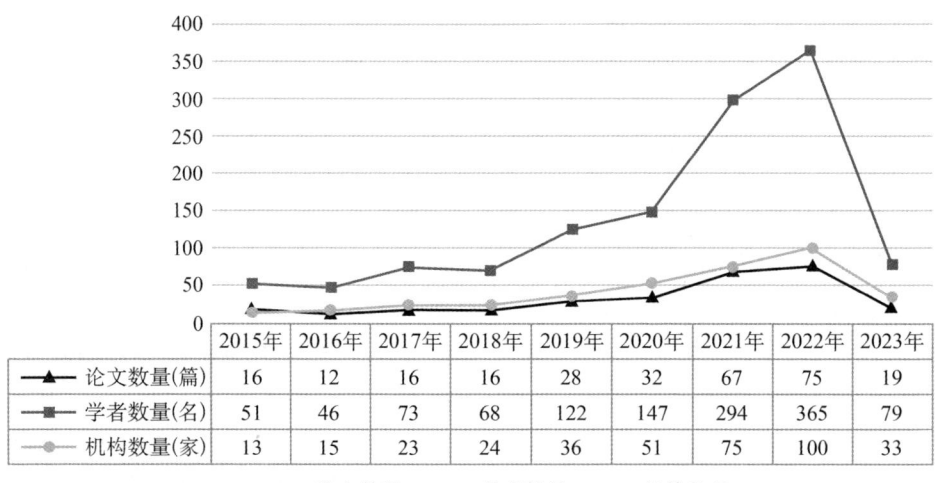

图 20　上海语音识别领域论文、学者和机构数量（2015—2023 年）

3. 主体合作：由广泛合作向小团体发展的趋势

上海语音识别领域的顶尖学者形成了一个既紧密又广泛的研究合作网络。部分学者之间的合作尤为频繁，共同推动了学术研究的深入发展。这些合作关系不仅促进了知识的交流和创新，也为学术界带来了丰富的研究成果。其中，作为合作网络的核心人物，钱彦旻与 9 名学者建立了紧密的合作关系。他与俞凯的合作尤为突出，共同发表了 14 篇论文，占其合作发表论文总量的近五分之一。此外，他还与谭天等学者保持着稳定的合作（图 21）。

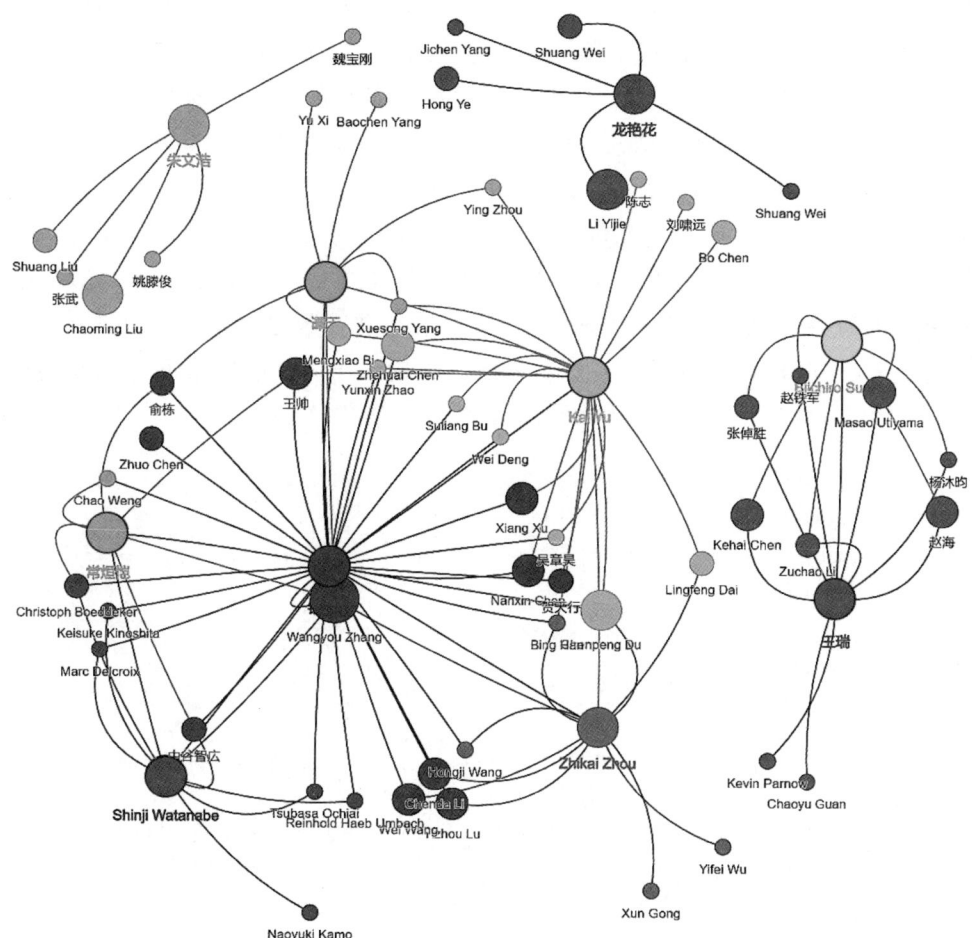

图 21　语音识别领域上海学者合作关系图

八、子领域:数据挖掘

1. 区域比较:上海、西安、武汉竞争激烈

我国数据挖掘领域的发展呈现多元化和互补性的态势。随着国家对科技创新的持续重视和投入,以及各城市之间的合作与交流,我国数据挖掘领域的研究和应用将不断取得新的突破。北京数据挖掘领域的研究表现非常突出,以37 501篇论文、145 493名学者和26 411家研究机构位居榜首。这些数据不仅反映了北京在该领域的研究实力和学术影响力,也表明了北京作为中国科研中心的重要地位。上海数据挖掘领域的论文数量为13 612篇、学者数量为53 064名、研究机构数量为9 516家。这些数据显示上海在数据挖掘领域的研究同样活跃,其研究机构和学者的规模也体现了上海在科技创新和人才培养方面的投入和成就。杭州在数据挖掘领域的研究表现也相当亮眼,共有10 986篇论文、43 962名学者和8 397家研究机构。这一成绩的取得可能与杭州良好的创新氛围和政府对高新技术产业的支持有关,吸引了大量学者和研究机构投身数据挖掘领域的研究。深圳、南京、西安、广州、武汉和台北在数据挖掘领域的研究也有一定的基础和潜力,吸引了相关学者和研究机构参与。这些城市通过不断的科研投入和人才培养,逐渐在数据挖掘领域崭露头角(图22)。

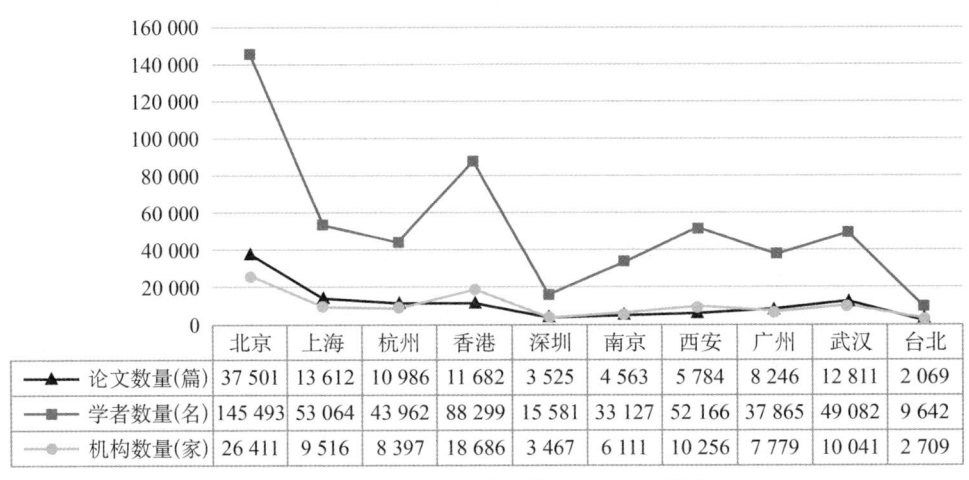

图22 中国重要城市数据挖掘领域的论文、学者和机构数量

2. 主体发展:2018—2020 年增长放缓

如图 23 所示,上海数据挖掘领域的学术发展呈现显著增长态势。论文数量从 2015 年的 459 篇逐年攀升至 2022 年的 2 510 篇,增长超 4 倍;同期学者数量由 2 029 名增至 13 826 名,增长近 6 倍;机构数量从 453 家扩展至 2 588 家,实现近 5 倍的扩张。值得注意的是,2023 年三项指标数据均出现明显回落(论文数量 1 149 篇、学者数量 6 370 名、机构 1 331 家),可能受数据采集周期或研究阶段性调整影响。总体来看,2015—2022 年上海在数据挖掘领域的学术规模持续扩大,体现了研究资源的高度集聚与科研活力的快速提升。

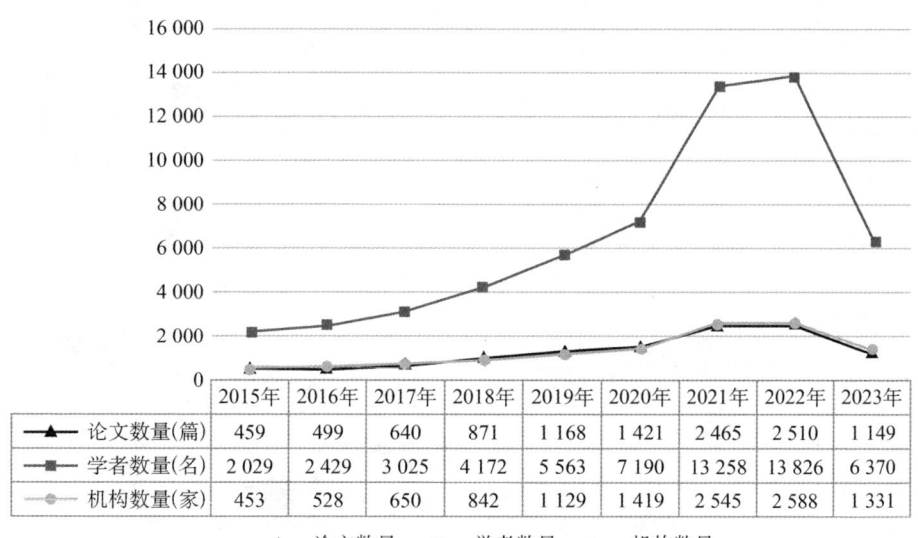

图 23　上海数据挖掘领域论文、学者和机构数量(2015—2023 年)

3. 主体合作:合作形式较为单一,整体呈发散式合作

深入分析数据挖掘领域上海 H 指数排名前十的学者的合作模式后发现:杨杰以其广泛的合作网络脱颖而出,与 10 名学者建立了合作关系。其中,他与黄晓霖的合作最为密切,共同发表论文 15 篇,与顾运次之,合作发表论文 13 篇。这些数字凸显了他在学术合作中的活跃度和影响力。陈贵海与其他学者的合作模式表现为深度合作。他与高晓沨合作发表了 35 篇论文,约占其合作论文总数的一半。此外,他与吴帆合作发表 24 篇论文,同样体现了他在特定研究领域与其他学者的深入合作。总体而言,在合作论文数量方面,合作发表论文数量最多的是陈贵海和高晓沨,这显示出二者极为紧密的合作关系。在合作模式上,部分

学者(如陈贵海和高晓沨)倾向于与少数几名学者深度合作,而其他学者(如周水庚)的合作则较为分散(图24)。

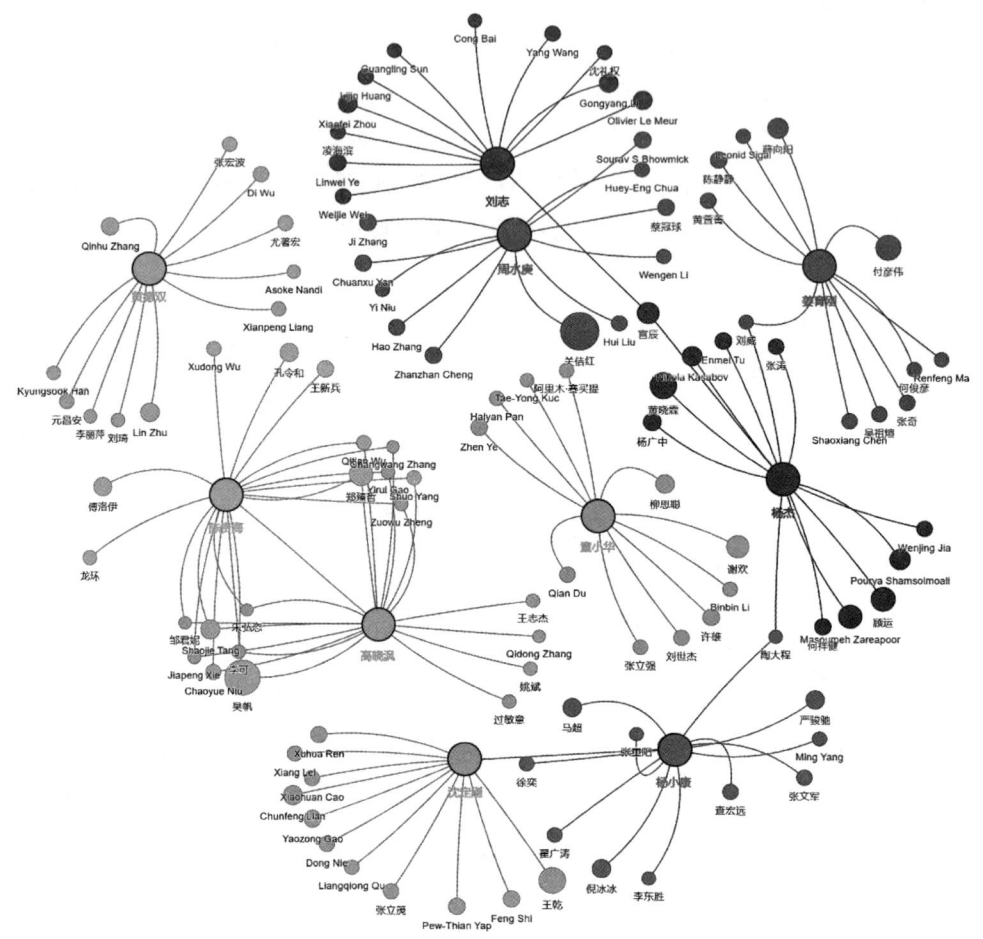

图24　数据挖掘领域上海学者合作关系图

九、子领域：人机交互

1. 区域比较：杭州和香港的学者数量超过上海

如图25所示,北京人机交互领域的研究表现强劲,论文数量为528篇,学者数量为2 865名,研究机构为646家。这些数据表明,北京人机交互领域的研究活动非常活跃,拥有庞大的研究者群体和众多研究机构,显示出北京在该领域占据领先地位和具有重要影响力。

上海在人机交互领域同样展现出显著的研究活力,共有164篇论文,涉及946名学者和224家研究机构。与北京相比,上海的论文数量和机构数量较少,但这些数据依然显示出上海在人机交互研究领域的活跃度和潜力。

杭州人机交互领域的研究表现不俗,论文数量为226篇,学者数量为1160名,机构数量为275家。这一成绩的取得可能与杭州良好的科技创新环境和政策支持为该领域的研究提供了有利条件有关。

作为一个国际化城市,香港在人机交互领域的研究同样值得关注,其论文数量为240篇,涉及1276名学者和404家研究机构。香港的研究机构和学者在该领域的研究成果具有较高国际影响力。

深圳、南京、西安、广州和武汉在人机交互领域的研究也有一定的基础和发展潜力,论文数量分别为42篇、69篇、103篇、96篇和151篇,吸引了相关学者和研究机构参与。

台北人机交互领域的研究数量相对较少,但仍有91篇论文,共426名学者和158家研究机构参与。这一数据表明,台北人机交互领域的研究同样具有一定的实力和潜力。

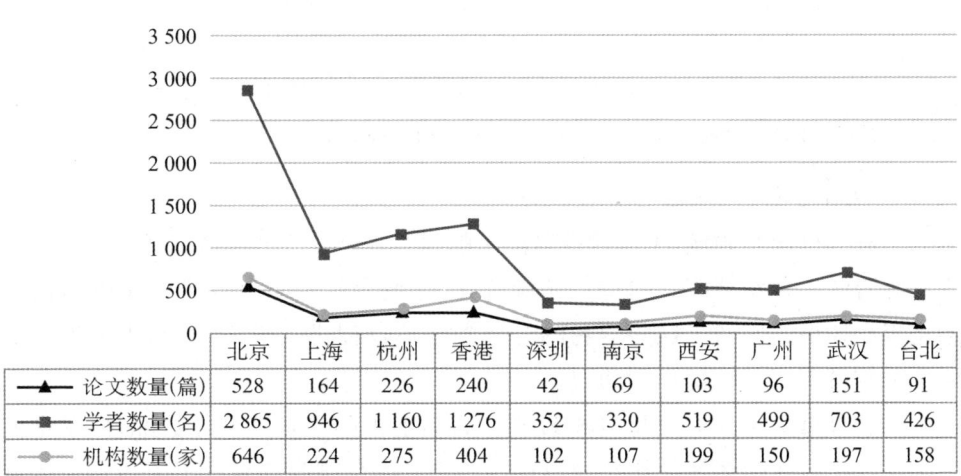

图25 中国重要城市人机交互领域论文、学者和机构数量

2. 主体发展:2021年达到顶峰,2022年呈下降趋势

如图26所示,上海在人机交互领域的学术发展呈现先增后降的波动趋势。

2015—2022年,论文数量从5篇持续增长至26篇,增幅超4倍;学者规模由24名扩张至179名,增长近6.5倍;机构数量从7家增至45家,扩张约5.4倍,反映出该领域研究力量的快速集聚。2023年论文数量、学者数量和机构数量三项指标分别同步回落至15篇、85名和23家,降幅分别为34.6%、52.5%和48.9%,这可能与数据统计周期滞后或研究阶段性调整相关。整体来看,2015—2022年上海人机交互领域的学术生态持续活跃,体现了该领域新兴研究方向的快速成长特征。

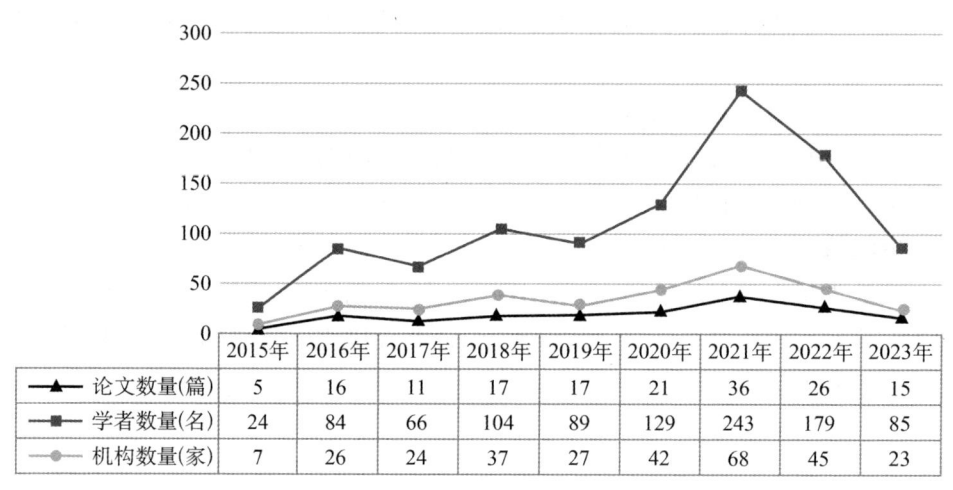

图26 上海人机交互领域论文、学者和机构数量(2015—2023年)

3. 主体合作:深入性的跨领域合作

上海人机交互领域H指数排名前十的学者之间的合作关系呈现多样性,从广泛的跨学科合作到深入的特定领域合作,这些合作模式共同推动了学术研究的进步和知识的创新。这些学者的合作网络不仅促进了学术交流,也为他们的研究工作带来了新的视角和动力。

通过分析上海人机交互领域H指数排名前十的学者的合作情况,揭示他们在学术合作方面的多样性和互动模式。林一平的合作模式显示出他在多个领域都有所贡献,而曾煜棋则更倾向于与特定的学者建立深入的合作关系。这种多样性的合作模式有助于增加学术交流的广度和深度。同时,Li-Chiu Chang、Fi-John Chang等学者仅与1~2名学者有合作,这反映出他们在特定研究领域的专注度和深度(图27)。

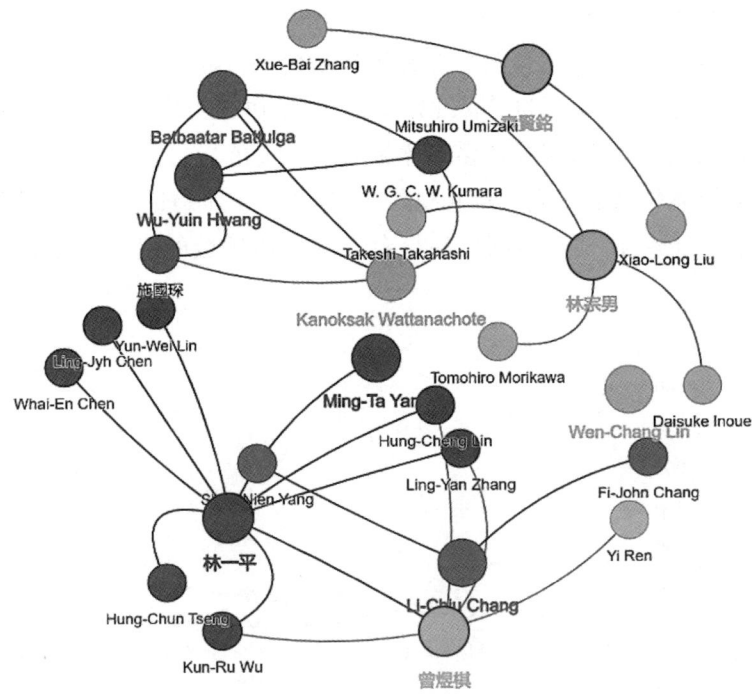

图 27　人机交互领域上海学者合作关系图

十、子领域：多媒体

1. 区域比较：武汉和香港的学者数量超过上海

如图 28 所示，北京多媒体领域的研究占据领先地位，论文数量为 807 篇，学者数量为 2 926 名，研究机构数量为 793 家。这些数据显著表明，北京在多媒体研究领域具有深厚实力和广泛影响力，反映了其作为中国科研中心的重要地位。

上海多媒体领域的研究同样活跃，共有 221 篇论文，涉及 879 名学者和 246 家研究机构。尽管与北京相比，上海的论文数量和机构数量较少，但上海依然显示出其在多媒体研究领域的活跃度和潜力。

杭州多媒体领域的研究表现不俗，论文数量为 210 篇，学者数量为 794 名，研究机构数量为 222 家。这一成绩的取得可能与杭州良好的科技创新环境和政策支持为多媒体研究提供了有利条件有关。

作为一个国际化的城市，香港多媒体领域的研究同样值得关注，其论文数量为 274 篇，涉及 1 023 名学者和 382 家研究机构。香港的研究机构和学者在多媒体领域的研究成果具有较高的国际影响力。

深圳、南京、西安、广州和武汉多媒体领域的研究也有一定的基础和发展潜力,论文数量分别为 79 篇、119 篇、137 篇、165 篇和 292 篇。这些城市通过不断的科研投入和人才培养,逐渐在多媒体领域崭露头角。

台北多媒体领域的研究数量相对较少,但仍有 131 篇论文,共 449 名学者和 179 家研究机构参与。这一数据表明,台北多媒体领域的研究同样具有一定的实力和潜力。

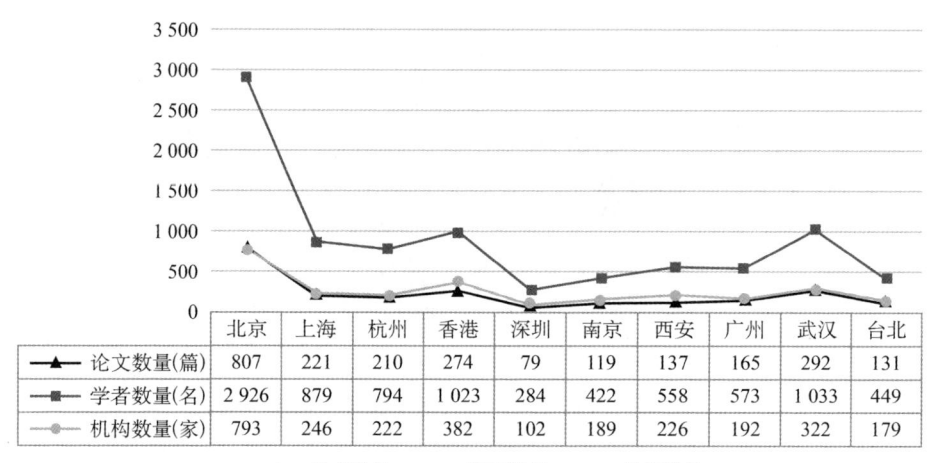

图 28　中国重要城市多媒体领域论文、学者和机构数量

2. 主体发展:2020—2022 年波幅明显

如图 29 所示,上海在多媒体领域的学术发展呈现波动式增长特征。2015—2021 年,上海多媒体领域论文数量从 19 篇攀升至 46 篇,增长超 1.4 倍;学者规模由 67 名扩展至 205 名,增幅约 2.1 倍;机构数量从 30 家增至 62 家,翻了一番,反映出该领域研究的快速扩张。值得注意的是,2021 年论文数量、学者数量和机构数量三项指标同步达到峰值(分别为 46 篇、205 名和 62 家),但随后两年显著回落,至 2023 年分别降至 13 篇、70 名和 20 家,降幅为 71.7%、65.9% 和 67.7%,或与数据采集周期滞后、研究热点转移等因素相关。整体而言,2015—2021 年上海多媒体领域的研究资源集中度与学术活跃度持续提升,2022—2023 年虽经历调整,但仍显现出新兴技术领域发展的典型波动规律。

3. 主体合作:小圈子之间的广泛合作

总体上看,上海多媒体领域 H 指数排名前十的学者之间的合作关系既有一

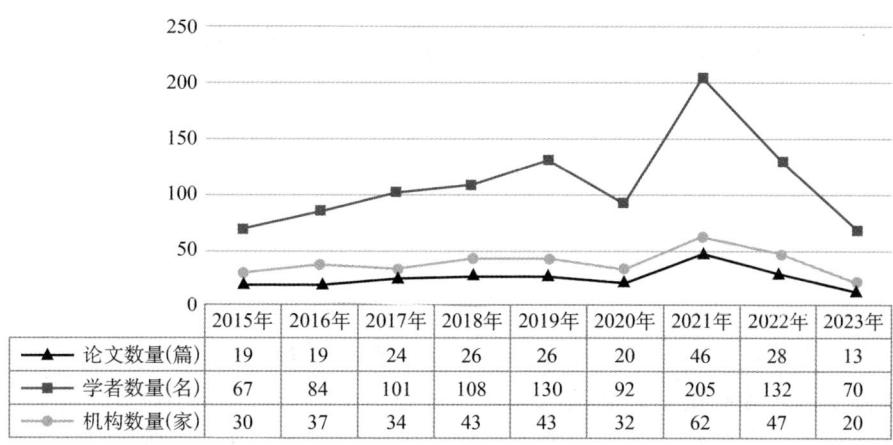

图 29　上海多媒体领域论文、学者和机构数量(2015—2023 年)

定的集中性,也展现出广泛的多样性。一些学者倾向于在较小的学术圈子内进行深入合作,而另一些学者则更倾向于建立广泛的合作关系(图 30)。这种多样化的合作模式对于促进学术交流和推动学术创新具有重要的价值。

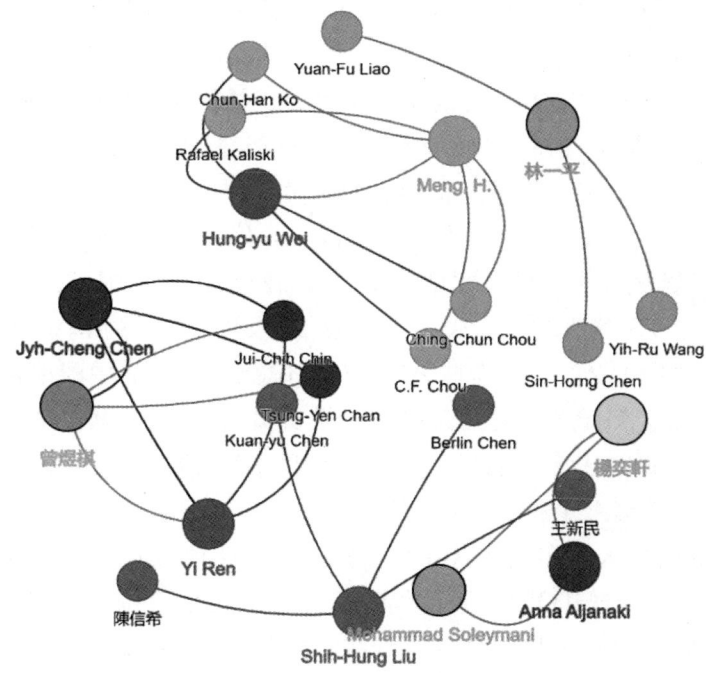

图 30　多媒体领域上海学者合作关系图

对标全球，上海人工智能高端人才缺口问题突出

赵程程

人工智能（Artificial Intelligence，AI）产业属于智力密集型产业，其发展极其依赖高端人才的推动。高端人才与一般意义上的人才有所不同，其集聚与迁移特征更能反映区域人工智能产业发展的质量与潜力。基于清华大学人工智能科技情报挖掘平台 AMiner 上关于人工智能的技术界定和人才数据（截至 2024 年 2 月），结合全球 AI 人才竞争的激烈程度，以及上海 AI 人才培育和引进情况，分析上海 AI 高端人才的缺口。

一、高端 AI 人才分布概况

中国 AI 领域人才总量略超美国，美国 AI 高端人才总量远超中国。在全球 AI 领域人才数量排名前十的国家中，AI 领域人才总量最多的是中国，共 127 529 人，占全球 AI 领域人才总量的 17%；AI 领域人才数量排在第 2 位的是美国，共 84 239 人，占全球 AI 领域人才总量的 11%；AI 领域人才数量排在第 3 位的是日本，共 15 364 人，占全球 AI 领域人才总量的 2%。可见，中国 AI 领域人才储备优势明显，是排名第 2 位的美国的 1.5 倍，是排名第 3 位的日本的 8.3 倍。其他 AI 领域人才总量全球排名前十的国家依次为英国、德国、加拿大、法国、意大利、印度和澳大利亚。从 H 指数在 20 及以上的人才国别分布看，美国排名第 1 位，共 20 724 人，占全球 AI 高端人才总量的 25%；中国排名第 2 位，共 7 146 人，占全球 AI 高端人才总量的 9%；英国排名第 3 位，共 3 520 人，占全球 AI 高端人才总量的 4%。由此可见，虽然中国 AI 领域人才积累是美国的 1.5 倍，但美国 AI 高端人才数量是中国的 2.9 倍。

美国 AI 顶尖人才多数活跃在企业界，中国 AI 顶尖人才极为稀缺，业界人才后劲迟缓。在全球 TOP100 AI 学者中，美国学者为 71 位，中国学者为 11 位。美国 71 位 AI 顶尖人才中的 41 位活跃在企业界；19 位在加州大学伯克利分校、斯坦福大学等高校任职（表 1）。

表1 全球TOP100 AI顶尖人才中美国学者的机构分布

企业	顶尖人才（排名）	高校或协会	顶尖人才（排名）
Character.AI（专注于聊天机器人领域的独角兽企业）	Noam Shazeer(18)	美国计算机协会（ACM）	Christopher David Manning(48) 李飞飞(Fei-Fei Li)(59,华人) Leonidas J. Guibas(94)
Inceptive（利用AI设计RNA的生物技术公司）	Jakob Uszkoreit(13)	电气与电子工程师协会（IEEE）	Jitendra Malik(49)
Inflection（新一代大语言模型AI独角兽企业）	Karen Simonyan(11)	加州大学伯克利分校	Trevor Darrell(14) Sergey Levine(40) Alexei A. Efros(37)
Meta（原Facebook）	何恺明(Kaiming He)(1,华人) Ross B. Girshick(4) Piotr Dollár(15) 贾扬清(Yangqing Jia)(41,华人) Larry Zitnick(58) 刘壮(Zhuang Liu)(69,华人)	加州大学尔湾分校	Sameer Singh(93)
Nuro（美国自动驾驶汽车初创企业）	Wei Liu(30,华人)	卡内基梅隆大学	Ruslan Salakhutdinov(52) Junyan Zhu(55,华人) Deva Kannan Ramanan(67) Abhinav Gupta(76)
OpenAI	Ilya Sutskever(43) Wojciech Zaremba(83) Alec Radford(62)	康奈尔大学	Kilian Quirin Weinberger(54)

(续表)

企业	顶尖人才（排名）	高校或协会	顶尖人才（排名）
ServiceNow （企业云计算解决方案）	Dzmitry Bahdanau(46)	麻省理工学院	Phillip Isola(50) Antonio Torralba(78)
Stealth Startup （线粒体医学领域的领先AI企业）	Ashish Vaswani(19) Niki Parmar(20)	斯坦福大学	Jure Leskovec(61)
Upwork （全球自由职业者网络平台企业）	Andrew Rabinovich(63)	约翰斯·霍普金斯大学	Alan L. Yuille(92)
Waymo （自动驾驶汽车企业）	Dragomir Anguelov(29)	芝加哥大学	Michael Maire(80)
You.com AIX Ventures （风险投资）	Richard Socher(60)	佐治亚理工学院	James Hays(71)
谷歌	Christian Szegedy(6) Durk Kingma(7) Quoc V. Le(12) Dumitru Erhan(16) Vincent Vanhoucke(21) Llion Jones(25) Scott Reed(27) Sergey Ioffe(28) Ming-Wei Chang(31,华人) Kenton Lee(32) Oriol Vinyals(33)		—

(续表)

企业	顶尖人才(排名)	高校或协会	顶尖人才(排名)
谷歌	Jacob Devlin(36) Jeffrey Donahue(39) Jonathon Shlens(45) Ian J. Goodfellow(47) Pierre Sermanet(56) Alexey Dosovitskiy(65) Koray Kavukcuoglu(74) Jeffrey Pennington(90)	—	—
赛富时	Silvio Savarese(98)		
微软	高剑峰(Jianfeng Gao)(95)		
英伟达	Tsung-Yi Lin(24)		

中国 11 位顶尖人才在计算机视觉、机器学习、自然语言处理等关键领域有着深厚的造诣,分别任职于旷视科技、香港中文大学、清华大学、香港大学、上海人工智能实验室等多个知名机构,工作地点主要集中在北京、上海、香港、杭州等重要城市,其中部分专家在国际顶级学术会议(如 AAAI、IJCAI)中表现突出(表 2)。

表 2 全球 TOP100 AI 顶尖人才中中国学者的机构分布

排名	顶尖人才	就职机构	擅长领域	备注
2	孙剑	旷视科技	计算机视觉、机器学习、可视化、语音识别、AAAI/IJCAI、自然语言处理	北京,于 2022 年 6 月 14 日去世
3	任少卿	蔚来	计算机视觉、机器学习	合肥,上海
5	张祥雨	旷视科技	计算机视觉、多媒体、AAAI/IJCAI、机器学习	北京
44	王晓刚（副教授）	香港中文大学	计算机视觉、AAAI/IJCAI、多媒体、机器学习	香港
57	汤晓鸥（教授）	商汤科技、香港中文大学、中国科学院	计算机视觉、多媒体、AAAI/IJCAI、机器学习、计算机图形	上海,于 2023 年 12 月 15 日去世
66	Liang-Chieh (Jay) Chen	字节跳动	计算机视觉、机器学习、机器人	北京
68	黄高（副教授）	清华大学	计算机视觉、多媒体、数据挖掘、AAAI/IJCAI、机器人、机器学习	北京
87	贾佳亚（教授）	香港大学	计算机视觉、计算机图形、机器学习、AAAI/IJCAI	香港
96	杨易（教授）	浙江大学	AAAI/IJCAI、计算机视觉、多媒体、机器学习、信息检索与推荐、语音识别、数据挖掘、机器人	杭州
97	乔宇（教授）	中国科学院、上海人工智能实验室	计算机视觉、AAAI/IJCAI、多媒体、可视化、语音识别、机器人、机器学习、自然语言处理	上海
100	石建萍	商汤科技	计算机视觉、AAAI/IJCAI、多媒体、计算机图形、机器学习	上海

二、上海 AI 高端人才缺口

1. 在 AI 机构和人才数量上,上海位居全球第二梯队,与旧金山湾区、北京等城市差距较大

通过对比"全球人工智能最具创新力城市 TOP10"和"中国人工智能最具创新力城市 TOP10"的 AI 机构和人才基础(图1、图2),发现:①旧金山湾区、北京、纽约、伦敦和东京位居全球第一梯队,其 AI 机构数量与城市 AI 创新力正相关。相比之下,上海 AI 机构数量与旧金山湾区、北京等城市还有一定的差距。②旧金山湾区和北京"瓜分"了全球大部分的 AI 人才。北京 AI 人才总数略多于旧金山湾区。相比之下,上海 AI 人才数量与旧金山湾区和北京还有很大的差距。③在中国,北京在 AI 机构和 AI 人才数量方面都遥遥领先,与上海、香港、杭州、深圳等城市拉开了较大的差距。短时间内,上海难以拥有与北京比肩的 AI 创新主体和智力资源。

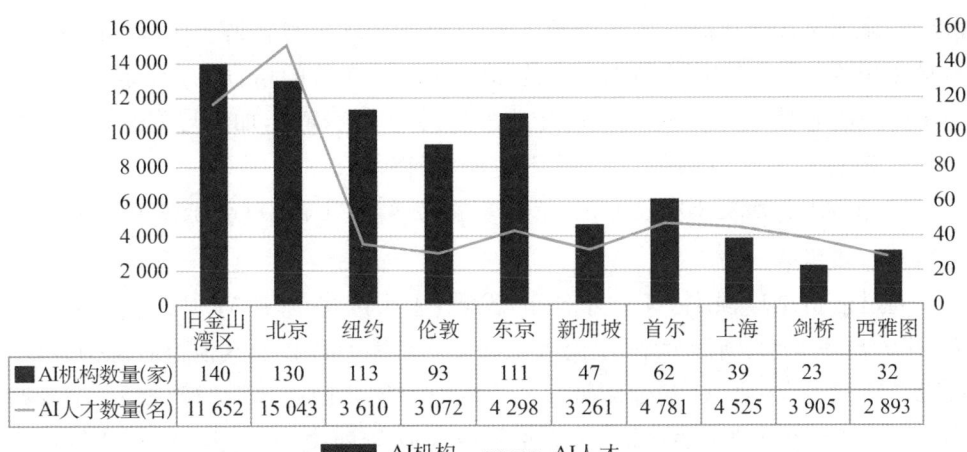

图 1 全球人工智能最具创新力城市 TOP10 的机构和人才分布

2. 在 AI 高端人才培育上,上海高等教育已经具备世界一流的本科阶段高等教育资源,但更高层次的教育资源与国际顶尖水平还存在一定差距

通过分析全球 AI 高端人才教育流动和职业迁移特征,发现:①上海凭借覆盖从基础教育到高等教育的 STEM 教育体系,成为孕育全球 AI 高端人才的初代摇篮。然而,由于上海硕博阶段高等教育资源质量存在"断代"现象,与国际顶尖水平还存在很大的差距,潜在的 AI 高端人才多以上海为"跳板",前往美国的

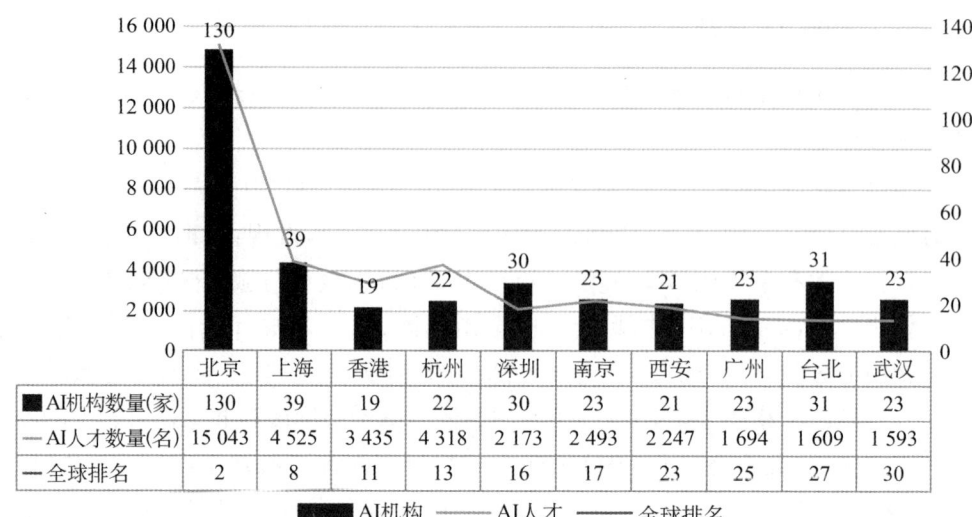

图 2　中国人工智能最具创新力城市 TOP10 的机构和人才分布

世界一流大学接受更高层次的培养。②AI 高端人才一旦在博士阶段"流失",就很难在职业阶段被"引入"国内。因此,在 AI 高端人才的培育上,上海应加大对博士阶段高等教育的投入,鼓励跨专业多学科的培育模式,加强与美国等高校的联合培养工作,让人才既能"走出去",也能"回得来"。

3. 在 AI 高端人才引入上,人才大多流向学界,上海 AI 产业基础尚不能承接顶尖人才团队

通过分析全球顶尖 AI 人才分布,发现:①中国将全球 AI 顶尖人才引入学界,成为清华大学、浙江大学、上海人工智能实验室等高校及其他科研机构教授,推动学科建设,深耕 AI 基础性研发。②在中国创新创业政策的鼓励下,不少归国 AI 高端人才打造了 AI 独角兽企业。这也从侧面说明,上海缺乏 AI 行业巨头,AI 产业体系基础薄弱,无法承接 AI 顶尖人才团队。

上海科技伦理治理能力提升须"五力"并进

| 贾 婷 陈 强

近年来,以美国为代表的西方国家以维护特定伦理原则、规范和价值观为由设立"伦理屏障",限制甚至阻断知识、技术、人才、资金等科技创新资源在特定国家(地区)的流入与流出,进而实现限制和削弱目标国家(地区)科技创新能力的目的[1]。中国无疑已成为这一"工具"污名化和政治操控打压的主要目标。上海以强化科技创新策源功能为主线,已逐步搭建起国际科创中心的基本框架[2],正在向"强功能"阶段迈进,积极寻求科技综合实力和创新整体效能的大幅跃升。上海国际科创中心在"强功能"的过程中,必然要直面"科技伦理治理"这一重要议题,并寻求提前布局的机会和可能,通过提升科技伦理治理能力,铸就冲破科技创新"伦理屏障"的利剑。

上海在建设国际科创中心的过程中,承担着探索科技伦理治理有效模式的责任和使命。首先,在技术快速迭代背景下,上海须直面新兴前沿技术发展引致的不确定性和风险,甄别、预测附着于多重复杂因果关系的、模糊指向的系统性伦理挑战,并发展出有效的应对机制。其次,作为国内科技创新资源密集且创新活动集中迸发、科技创新实力雄厚且社会影响范围较大的城市,上海在科技伦理治理领域先试先行的举措及制度方案,会对兄弟城市的相关能力建设形成应用示范,进而在全国范围内发挥辐射和引领作用。最后,上海在全球科技创新价值网格中发挥显著增值功能的同时,有必要深度参与全球科技伦理治理,融入国际标准体系建设的进程,输出在中国情境下应对伦理问题的思想与智慧,寻求国际科技伦理研究与规则制定的话语权及更广泛的国际认同,尤其要在人工智能等技术领跑领域树立治理标杆,在差异性地缘、文化等价值体系下构筑产品信任。

上海在提升国际科创中心策源能力建设的过程中,需要在科技进步与科技伦理治理之间寻求平衡,推动科技伦理治理"五力"并进(图1),以为前沿技术发展提供制度赋能。

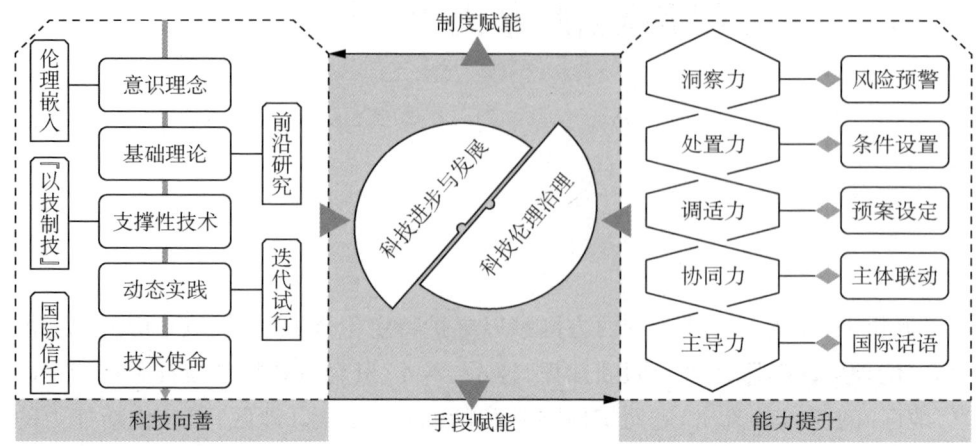

图 1　上海科技伦理治理能力提升的"五力"模型

1. 提升"洞察力"(Insightfulness)

要对敏感技术发展的潜在风险有前瞻性治理的意识,建立"风险预警"机制并设计有效的行动路径。具体表现为:制订质效兼具的多层次制度;出台维度全面的伦理准则,并寻求积极的实践面向;在技术标准与数据合规等层面积极寻求与国际话语体系接轨,力求在实现科学新发现、技术新突破的同时,避免技术的谬用、滥用对社会公共利益和国家安全造成潜在威胁。

2. 提升"处置力"(Resolvability)

依托区域发展及产业布局特点,对科技伦理治理的主要场域形成基本认知,并科学划分出"优先级"和"时效性",进而对科技伦理治理的总体工作布局作出顶层规划和系统谋划。在此基础上,对科技伦理治理的基本模式、监管框架、制度体系、科技向善的文化理念和保障机制作出有效探索,通过"条件设置"实现科技创新的高质量发展及与高水平安全的良性互动。

3. 提升"调适力"(Adaptability)

在技术快速迭代背景下,通过"预案设定"快速适应情境变化并及时作出响应,不断发掘拓展新的治理工具和治理方法,以在缺乏智能治理经验的情况下,有效弥合技术创新与政策制定者治理能力滞后的鸿沟,进而有效实现技术向善与治理效能的平衡。

4. 提升"协同力"(Synergism)

科技伦理治理涉及众多主体,情况复杂多样。构建"产学界共建理论基础、政府端塑造制度环境、产业界承担主体责任、社会端提升参与意识"的多元主体协同共治框架,是科技伦理治理的理想生态。在治理主体维度实现"责任与能力"匹配,有效激发主体积极性,创建协同参与的平台并实现"主体间联动与制衡"的能力,是守好科技伦理防线的基石。

5. 提升"主导力"(Leadership)

把科技伦理治理作为深度参与国际科技治理体系的重要内容,具备参与科技伦理国际对话、交流与合作的能力,是上海科技伦理治理的努力方向。上海应通过在国际话语体系中宣传中国产学研各界在科技伦理治理场域所做的努力,阐明我国关于增进人类福祉、推动构建人类命运共同体的基本立场,维护并彰显负责任大国形象。

同时,上海提升科技伦理治理能力的方案设计也必须依赖科技进步与发展提供的手段赋能,以打造科技向善的底层架构。一是要提升制度供给质效,打造洞察力,增强技术主体伦理嵌入的意识理念[3]。二是要提升"以技制技"水平,发挥处置力,以"可信"为目标,推动支撑性技术的进展。三是要推动试探性治理探索,增强调适力,以迭代渐进的方式开展动态实践。四是要发挥创新联合体优势,强化协同力,推动前沿技术的基础理论研究,打破技术黑箱。五是要提升国际治理参与性,增强主导力,凸显致力于"底线合规、向善发展、满足期望、权责共担"的技术使命。

参考文献

[1] 何光喜,卢阳旭.推进我国科技伦理治理现代化的对策建议——基于西方国家对中国科技创新设置"伦理屏障"的思考[J].国家治理,2023(12):28-32.

[2] 敦帅,陈强.创新策源能力:概念源起、理论框架与趋势展望[J].科学管理研究,2022,40(4):33-41.

[3] 贾婷,陈强.三重逻辑下AI技术治理制度供给质效提升研究[J].科学学研究,2024,42(8):1596-1606.

从 GSER 2024 看上海创业生态系统发展

| 鲍悦华

一、引言

2024年6月,美国创新政策咨询公司基因创业(Startup Genome)与全球创业网络(Global Entrepreneurship Network,GEN)共同发布《全球创业生态系统报告 2024》(*The Global Startup Ecosystem Report 2024*,以下简称 GSER 2024)。该系列报告已连续12年对全球140多个主要城市的创业生态系统进行跟踪和分析,提供了关于全球领先创业生态系统发展趋势、挑战等方面的信息与见解。根据该报告,中国的北京、上海、深圳等城市创业生态系统已跻身全球前列。本文主要梳理和介绍该报告对上海创业生态系统最新发展的主要发现,以为上海创业生态系统建设提供有益参考。

二、研究方法

GSER 2024 通过综合评价法对全球创业生态系统进行打分与排名,从绩效、资金、市场、知识、人才五个维度展开评价,并采用客观赋权法确定每个指标的权重,如表1所示。

表1 GSER 2024 评价指标体系

维度	指标
绩效(30%)	退出(37.5%)
	生态系统价值(50%)
	创业成功(12.5%)
资金(25%)	可获得性(90%)
	质量和活动(10%)

(续表)

维度		指标
—		
市场覆盖范围(20%)		本地市场覆盖范围(75%)
		全球市场覆盖范围(25%)
		—
知识(5%)		专利(90%)
		研究(10%)
人才和经验(20%)	技术人才(30%)	成本(10%)
		质量和可获得性(90%)
	生命科学人才(7.5%)	STEM学生(30%)
		生命科学人才可获得性(60%)
		生命科学质量(10%)
	经验(62.5%)	规模经验(20%)
		创业经验(80%)

来源：根据GSER 2024整理。
注：表中的权重值针对的是全球顶尖创业生态系统，新兴创业生态系统在权重设置上会有一定差别。

表2展示了GSER 2023评价指标体系。对比GSER 2024评价指标体系和GSER 2023评价指标体系，可以明确二者的区别。GSER 2024直接使用国家名称来命名一些面积较小或人口较少的国家的创业生态系统，如GSER 2023中的"阿姆斯特丹三角洲地区"在GSER 2024中被直接改称为"荷兰"。在评价指标体系的维度方面，GSER 2023所使用的"连通性"维度被去除。因为该维度下的"本地连通性"指标通过"Meetup"社交网站上当地兴趣小组及其与当地人口的比例进行评价，并未考虑未引入该社交网站地区的创业生态系统及越来越多远程和虚拟活动的现实情况。在评价维度下的评价指标方面，GSER 2024对"市场覆盖范围""知识""人才和经验"三个维度下的部分指标及其权重也进行了调整。此外，GSER 2024还对数据进行了扩充。例如，通过引入全球知名风险投资调研机构CB Insights的数据，增加更多科技公司数据、提高"超过1亿美元退出"的公司年龄标准、增加独角兽企业数据，等等。这些变化反映出GSER 2024对于创业生态系统的认识的不断深入，以及数据质量的持续改进。但我们必须

注意到,由于指标体系和数据来源的不一致性,在进行年度数据与排名的纵向比较时,需要谨慎使用评价结果。

表2 GSER 2023评价指标体系

维度		指标
绩效(30%)		退出(37.5%)
		生态系统价值(50%)
		创业成功(12.5%)
资金(25%)		可获得性(90%)
		质量和活动(10%)
连通性(5%)		本地连通性(60%)
		全球连通性(40%)
市场覆盖范围(15%)		本地市场覆盖范围(30%)
		全球领先公司(60%)
		质量(10%)
知识(5%)		专利(80%)
		研究(20%)
人才和经验(20%)	技术人才(30%)	成本(10%)
		质量和可获得性(90%)
	生命科学人才(7.5%)	STEM学生(50%)
		生命科学人才可获得性(40%)
		生命科学质量(10%)
	经验(62.5%)	规模经验(20%)
		创业经验(80%)

来源:根据GSER 2023整理。
注:表中的权重值针对的是全球顶尖创业生态系统,新兴创业生态系统在权重设置上会有一定差别。

三、全球最佳创业生态系统排名

根据GSER 2024及历年GSER,图1罗列了全球最佳创业生态系统的最新排名及2019—2024年排名变化情况。从图中可以看出,从全球最佳创业生态系统的数量来看,北美洲是全球最为领先的地区。硅谷2019—2024年一直位列全球最佳创业生态系统榜首,纽约和伦敦连续并列第二。特拉维夫2024年较2023年上升一位,与洛杉矶并列第四。新加坡2022年以来排名快速上升,2024年超越北京,排在第7位。继2023年后,中国主要创业生态系统排名2024年继续略有下降,北京和上海分列第8位和第11位。2024年,首尔和东京较2023年有较大幅度的上升,分列第9位和第10位。

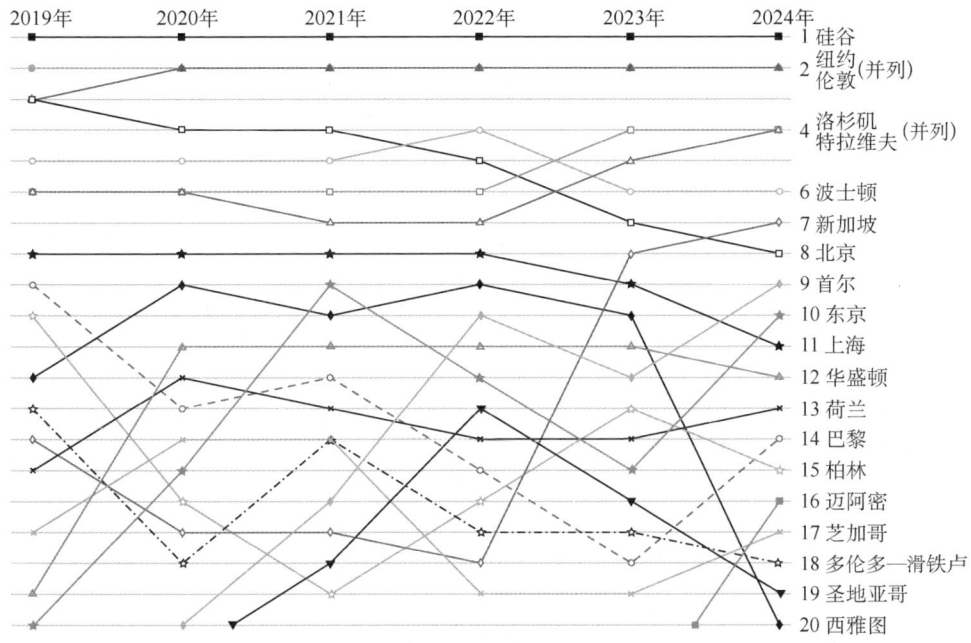

图1　2019—2024年全球最佳创业生态系统排名情况

来源:根据GSER 2024及历年GSER排名情况整理。

四、上海创业生态系统在全球的位置

1. 上海产业创业生态系统在各维度上的表现

表3罗列了全球排名前二十的创业生态系统在GSER 2024各维度上的总得分情况。从表中可以看出,上海在"绩效""人才和经验"和"知识"三个维度的得分较高,但在"资金"和"市场覆盖范围"两个维度的得分较低。

表 3　GSER 2024 排名前二十的创业生态系统各维度得分情况

创业生态系统	排名	绩效	资金	人才和经验	市场覆盖范围	知识
硅谷	1	10	10	10	10	9
伦敦	2（并列）	10	10	10	10	10
纽约		10	10	10	10	8
特拉维夫	4（并列）	10	8	9	10	7
洛杉矶		9	10	9	9	6
波士顿	6	9	9	10	9	7
新加坡	7	8	9	8	10	1
北京	8	10	6	10	9	10
首尔	9	9	10	9	7	9
东京	10	8	7	8	9	10
上海	11	9	5	9	6	10
华盛顿	12	8	7	7	8	6
荷兰	13	6	8	7	8	6
巴黎	14	5	9	6	7	7
柏林	15	5	8	7	7	3
迈阿密	16	7	7	3	8	1
芝加哥	17	8	5	7	5	5
多伦多—滑铁卢	18	4	8	6	6	5
圣地亚哥	19	7	1	6	7	7
西雅图	20	6	6	8	3	4

注：每个维度的得分最低为 1 分，最高为 10 分。

2. 上海产业创业生态系统在具体指标上的表现

表 4 进一步考察上海在"绩效""资金""人才和经验""市场覆盖范围""知识"五个评价维度下具体指标的得分情况。可以看出，上海"资金"维度下的"可获得性"指标、"人才和经验"维度下的"生命科学质量"指标、"知识"维度下的"研究"指标的得分较低。

"资金"维度下的"可获得性"指标主要通过对创业生态系统 2020—2022 年

种子轮和2021—2023年A轮融资金额及其增长情况来评价;"人才和经验"维度下的"生命科学质量"指标主要通过软科世界一流学科排名中论文标准化影响力(Category Normalized Citation Impact,CNCI)、国际合作论文比例(International Collaboration,IC)、顶尖期刊论文数(TOP)等指标计算创业生态系统所在地生命科学学科的科研质量;"知识"维度下的"研究"指标主要衡量创业生态系统所在地1996—2021年产出的H指数。考虑到指标体系的权重,对于上海而言,增加早期创业融资的金额与可获得性是需要重点注意的问题。

表4 上海创业生态系统具体指标得分情况

因素(权重)			年份				
			2020	2021	2022	2023	2024
绩效(30%)		退出(37.5%)	9	10	9	8	9
		生态系统价值(50%)	10	10	9	9	9
		创业成功(12.5%)	10	10	10	10	9
资金(25%)		可获得性(90%)	8	7	5	2	4
		质量和活动(10%)	8	9	9	9	8
人才和经验(20%)	技术人才(30%)	成本(10%)	9	9	9	8	9
		质量和可获得性(90%)	9	9	8	9	6
	生命科学人才(7.5%)	STEM学生(30%)▲	10	10	10	10	10
		生命科学人才可获得性(60%)▲	9	9	9	9	10
		生命科学质量(10%)	5	3	4	3	5
	经验(62.5%)	规模经验(20%)	9	10	10	9	10
		创业经验(80%)	8	10	9	10	10
市场覆盖范围(15%)		本地市场覆盖范围(75%)▲	7	7	7	7	7
		全球市场覆盖范围(25%)*	—	—	—	—	8
知识(5%)		专利(90%)▲	10	10	10	10	10
		研究(10%)▲	4	3	4	4	4

注:标注"*"的为2024年新增指标,标注"▲"的为2024年权重调整指标。

3. 上海产业创业生态系统具体指标的国际比较

GSER 2024 并未给出迈阿密（16 位）和多伦多—滑铁卢（18 位）创业生态系统具体指标得分数据，故图 2 展示了除迈阿密和多伦多—滑铁卢创业生态系统外 2024 年全球排名前 18 位的创业生态系统所在地在具体指标上的得分情况，从图中可以更加清晰地看出上海创业生态系统与全球顶尖创业生态系统相比的优势与不足。

从图中可以看出，上海在"创业生态系统价值""种子轮投资金额中位数""A 轮投资金额中位数""所有风险投资资金金额"等方面的排名较为靠前，在"软件工程师工资"方面排名倒数第二，这说明上海创业生态系统发展较为成熟，并且能涌现出具有较高价值的早期创业公司，在创业成本方面也具有一定优势。但是，上海"创业生态系统价值增长"指标的排名较为靠后。创业生态系统体量比上海更大的硅谷在 2024 年实现了 10% 的增长，特拉维夫的增幅更是达到 47%，而上海创业生态系统仅仅实现了 1% 的增长，北京更是下降了 20%，反映出中国在全球创业生态系统竞赛中与其他国家的差距有所拉大。上海"早期风险投资成长速度""风险投资退出项目数量"指标的排名同样靠后，上海"风险投资退出金额"指标的排名与全球顶尖同样存在一定差距，这也是导致上海在 GSER 2024 中排名下降的重要原因，说明上海亟须在风险投资领域积极发力，增强投资者信心，拓宽风险投资退出渠道。

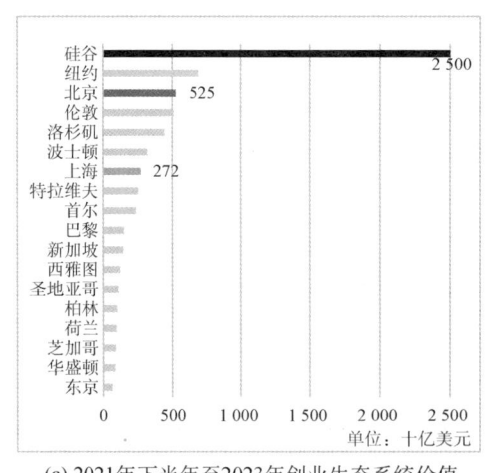

(a) 2021年下半年至2023年创业生态系统价值

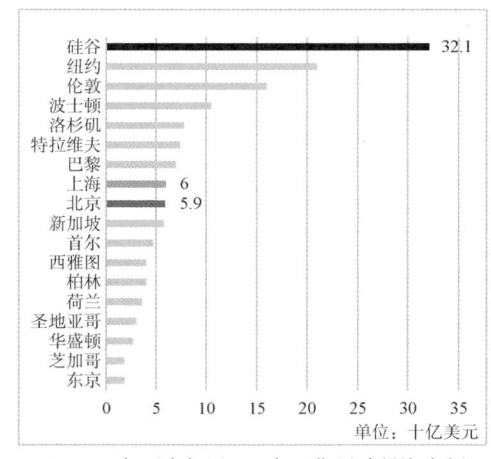

(b) 2021年下半年至2023年早期风险投资金额

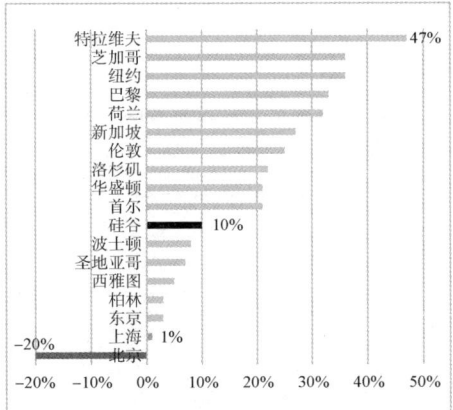

(c) 2021年下半年至2023年下半年较2019年下半年至2021年下半年创业生态系统价值增长

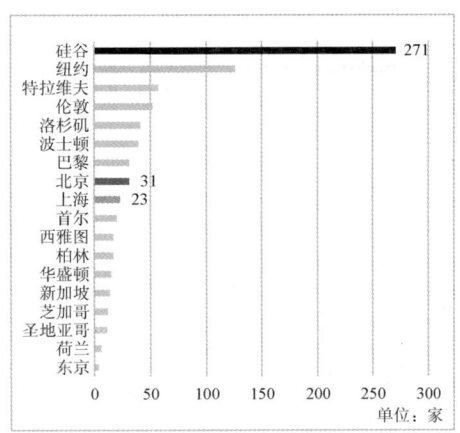

(d) 2021年下半年至2023年独角兽企业数量

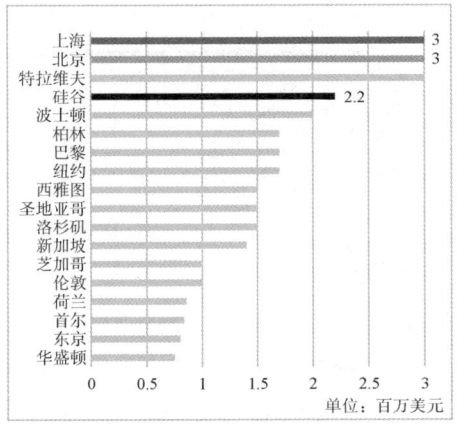

(e) 2021年下半年至2023年种子轮投资金额中位数

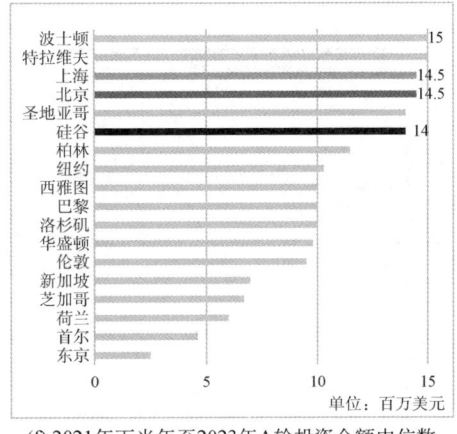

(f) 2021年下半年至2023年A轮投资金额中位数

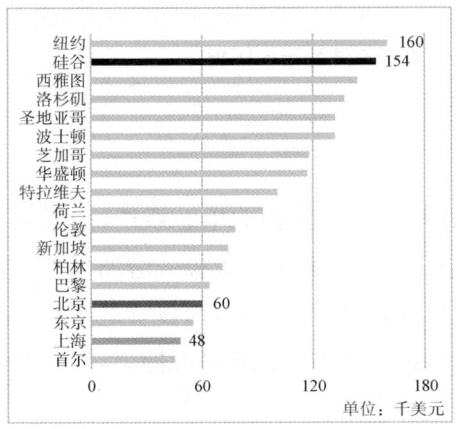

(g) 2023年软件工程师工资

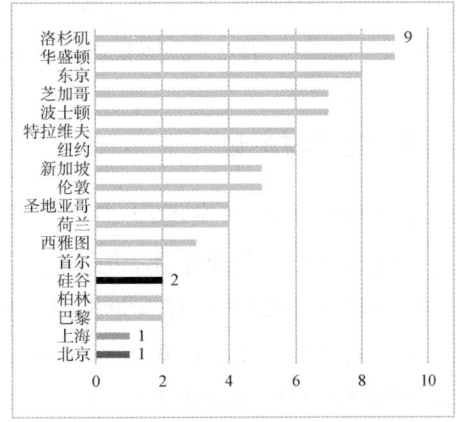

(h) 2022—2023年较2020—2021年早期风险投资成长速度
(1—10，1代表最慢，10代表最快)

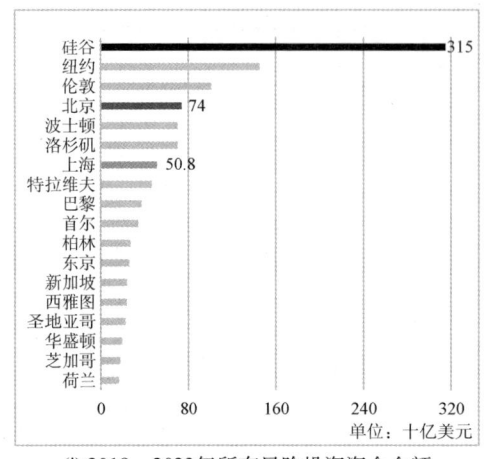
(i) 2019—2023年所有风险投资资金金额

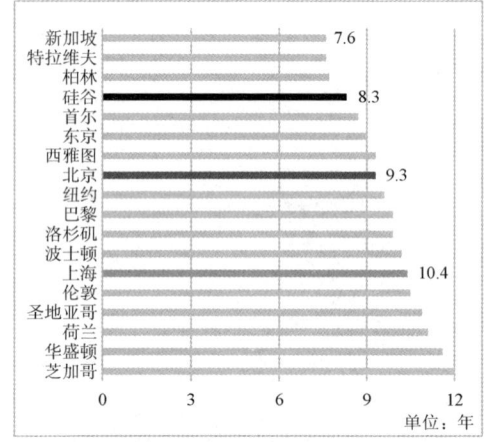
(j) 2019—2023年风险投资退出时间

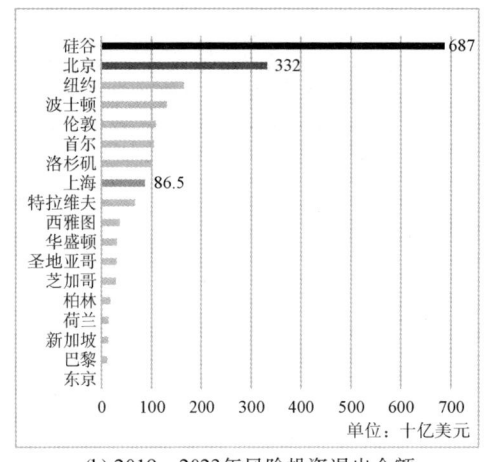
(k) 2019—2023年风险投资退出金额

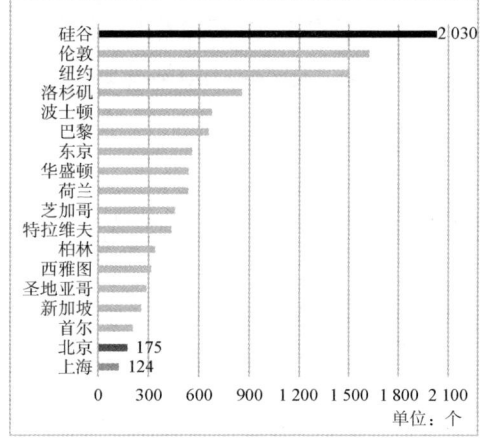
(l) 2019—2023年风险投资退出项目数量

图 2　2024 年全球最佳创业生态系统的指标比较

五、讨论与建议

考察 GSER 2024 发现，上海已经拥有较为成熟的创业生态系统，能够涌现出具有较高价值的创业企业，也具备一定的创业人工成本优势。增加早期创业投资的金额与可获得性、提升早期风险投资成长速度、增加风险投资退出项目数量应成为上海今后发力的重点。同时，上海也需要增强创新策源能力，尤其是生命科学领域的原始创新能力。

GSER 2024 的评价结果充分反映出当前科技金融发展环境对创业生态系

统带来的影响。近年来,中国风险投资市场投融资规模处于2014年以来较低水平。据中信建设证券统计,2021年,中国投融资成交额占全球投融资成交总额的比重下降至17.6%,2022年第二季度,这一数字继续下降至9.1%,为2015年以来新低。市场化有限合伙人(Limited Partner,LP)逐渐消失,美元基金也一直在低谷徘徊,2023年美元投资者在中国的风险投资交易数量达2019年以来最低水平。在退出方面,赴中国香港、赴美上市的难度和复杂程度明显提高,导致赴这两地上市的企业数量持续减少。从长期来看,科创板上市门槛的提升虽然有利于"硬科技"企业融资,但短期内造成了首次公开募股(Initial Public Offering,IPO)发行节奏放缓、一批IPO排队企业撤单、新股数量锐减等问题。受退出活动疲软的影响,创业投资机构变得更为保守,要求被投资企业具有更强劲的基本面或更清晰的盈利和退出路径。这使得创业企业在早期难以获得足够的资金支持,而在后期又不得不考虑放缓退出步伐或者降低估值提前退出,进而对创业企业的估值造成负面影响,拖累整个创业生态系统的价值增长。

进一步完善有利于创业企业涌现与发展的投融资环境,激发创业投资机构活力、拓宽风险投资的退出渠道应成为上海创业生态系统建设的"牛鼻子"。上海应进一步完善全生命周期的科技金融服务体系,在吸引外资来沪布局、鼓励更多耐心资本和长期资本进入早期投资领域、建立健全国资创投业绩考核、激励约束和容错机制、增加新型科技融资产品供给、打造金融科技孵化加速体系等方面锐意突破,有所作为,更好实现上海国际金融中心和国际科技创新中心的双向赋能。

参考文献

[1] Startup Genome, Global Entrepreneurship Network. The Global Startup Ecosystem Report 2024[EB/OL]. [2024-06-14]. https://startupgenome.com/report/gser2024.
[2] 中信建投证券.中信建投|追踪独角兽:未来已来[EB/OL]. (2023-06-09)[2024-06-14]. https://mp.weixin.qq.com/s/t9DcyymPpth9DyVTw4a06A.

新时期"环同济"产业创新生态系统演化特征研究

| 鲍悦华

一、研究背景

位于上海市杨浦区同济大学四平路校区周边的"环同济"知识经济圈(以下简称"环同济")是杨浦区四大功能区之一,具体范围以同济大学四平路校区为核心,核心圈面积约 2.6 平方公里,扩展圈面积约 10 平方公里,还包括杨浦区内与"环同济"产业相关的辐射点(图1)。

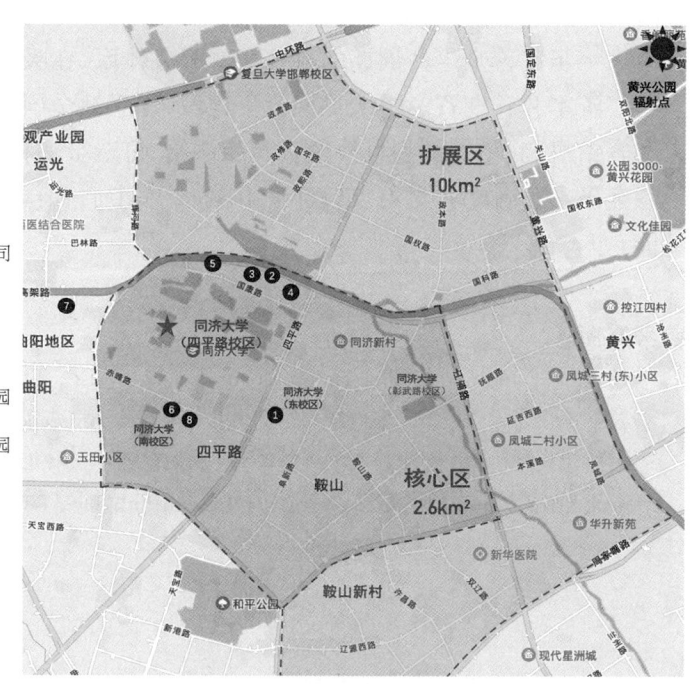

① 同济创新创业控股有限公司
　上海同济技术转移服务有限公司
　同济大学建筑设计研究院
　中意设计创新中心
② 上海同济城市规划设计研究院
③ 上海邮电设计咨询研究院
④ 上海市政工程设计研究总院
⑤ 同济大学国家大学科技园杨浦园
⑥ 同济大学科技园孵化器
⑦ 同济大学国家大学科技园虹口园
⑧ 63号设计创意工场

图1 "环同济"空间地理范围

20世纪90年代,中国城市化进程突飞猛进,为城市规划与建设设计产业带来了难得的发展机遇。在同济大学周边,依托同济优势学科溢出效应和社会发展的巨大需求,相关产业飞速发展。经过近20年的发展,"环同济"2022年总产出约600亿元,已形成以建筑设计、规划设计、工程设计等为核心的知识型服务业集群,其高新技术企业数量占杨浦区全区总量的近40%,产业创新生态较为完善,在国内外拥有一定影响力和知名度。在我国深入推进创新驱动发展战略、推进战略性新兴产业壮大等现实背景下,持续跟踪分析"环同济"产业创新生态系统的演化历程具有重要价值。

二、研究框架

本文使用陈强、李伯文、刘笑[1]构建的"环同济"产业创新生态系统分析框架,如图2所示。该研究框架将产业创新生态系统分为生物成分的产业创新群落和非生物成分的创新环境两大部分。该框架也为许多学者分析产业创新生态系统构成时所采用[2-3]。

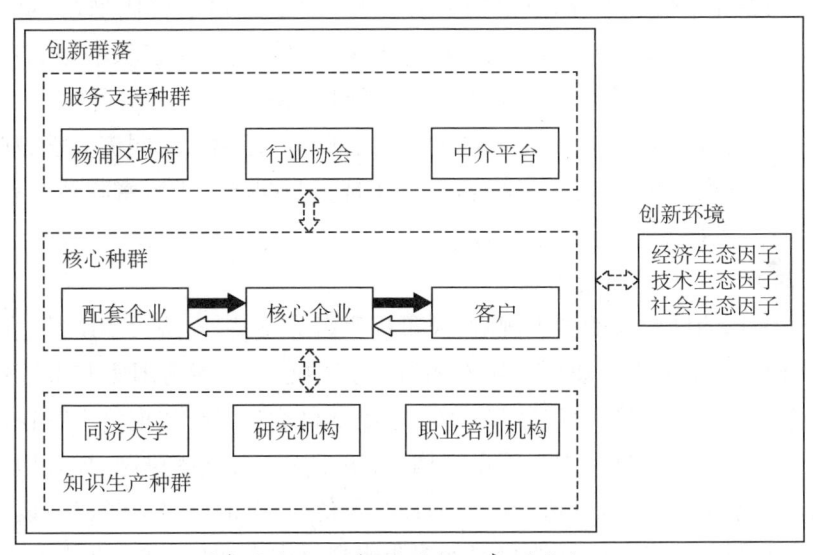

图 2 "环同济"产业创新生态系统结构

本文基于创新种群、创新环境、创新群落三个层次,重点从知识生产种群、核心种群、服务支持种群三方面分析"环同济"产业创新生态系统的发展演化,并进一步拓展上述研究框架。

三、知识生产种群

随着知识生产模式的变化，针对大学如何引领区域协同创新及影响创新生态系统的形成与演化这一问题，许多学者在"三螺旋""四螺旋"模式的基础上，构建了更为复杂的大学—产业—政府—公众—自然环境"五螺旋"模式，以分析大学在创新生态系统中的引领与协同作用[4]。在"五螺旋"模式下，大学具有创新非线性、不确定性、复杂性的特点，大学研究具有生态性、超学科性、系统性、包容性等特点。同时，大学面临着经济发展与生态环境保护之间存在矛盾、系统运行实践难度较大等问题[5-6]。

1. 引领"环同济"产业发展

同济大学积极提升创新策源能力，增加"环同济"知识资本积累，还直接为"环同济"提供创业种子与人才。"环同济"80％的创业者为同济大学在职教师和在校/已毕业学生，许多学生在学习之余直接进入导师工作室或公司中参与项目研究，成为企业中低成本、高质量的人力资源[7]。在"环同济"内部，大量企业与同济大学的学科互动深入，与同济大学的专家学者保持着紧密联系，能够快速获取最新行业发展趋势信息和学术成果，并得到同济大学科研平台的有力支持。同济大学建筑设计研究院（集团）有限公司内部专门搭建了由同济大学教师领衔直接参与工程设计生产实践的平台，不仅实现了与同济大学紧密联系互动，还将"同济设计"品牌和技术推向了全球。

2. 为政府贡献政治资本输出

除了为杨浦区政府的各类规划、决策提供智力支持，同济大学还通过国家创新发展研究院、上海市产业创新生态系统研究中心等智库为国家和地区社会经济发展作出贡献。同济大学注重发挥应用型学科优势，提出"把论文写在祖国大地上"的价值主张，通过编制高质量规划、解决重大工程技术难题、提升地方生态质量与环保水平等方式，创造了巨大的社会价值。例如，同济大学建筑设计研究院（集团）有限公司参与设计的我国支援非盟会议中心项目，有力支持了中国"一带一路"倡议，"上海中心大厦工程关键技术"成果获上海市科技进步特等奖。

3. 创新社区合作治理模式

近年来，同济大学与其所在社区的融合更为深入，合作模式更加创新。同济大学通过与其所在的四平街道建立党建联建平台，打破空间限制，深入开展街校共建；通过推动建筑、景观、设计等专业进社区，打造"NICE2035""百草园"等品牌项目，改善社区环境；在社区设立"未来生活实验室"，重塑社区空间功能，创造应用场景，变老旧社区为孕育创新的"新车库"和未来生活引领区。

4. 优化自然生态环境

除了通过建筑、景观、设计等专业不断优化"环同济"环境外，同济大学环保学科在国内具备一定优势，为云南滇池、环太湖治理等国家重大环境工程作出了巨大贡献。

四、核心种群

各种类型的核心与配套企业构成了创新生态系统的核心种群。在"环同济"产业创新生态系统内，不同规模企业种群完备，和谐共生，尤其是设计行业，已形成"上下楼就是上下游，不出园就有产业链"的"热带雨林"式产业创新生态环境[1,7]。

1. 核心种群动态演化

动态演化和网络共生是产业创新生态系统演进与产业升级过程中的重要特征[8]，本文尝试通过采用截至2024年10月最新的2018年发布的第四次全国经济普查数据，结合第二次和第三次全国经济普查结果对"环同济"产业创新生态系统内部群落进行研究。统计结果显示，2018年，"环同济"共有房屋建筑业、土木工程建筑业等45个行业大类，1599家企业，吸纳了3.29万名从业人员，创造了近307亿元企业营收，申请了698项专利。

采用地理信息系统统计技术（Geographic Information System，GIS）对第二次、第三次和第四次全国经济普查的企业数据进行地址分解、地理编码，使用Arcgis 10.7软件绘制"环同济"产业创新生态系统企业营收和从业人员热力图，如图3所示。可以看出，2008—2018年，"环同济"产业在聚集规模和覆盖范围上都获得了长足的增长。同济大学四平路校区周边的核心圈已逐步形成企业营收与就业高地，使"环同济"逐步成为支撑杨浦区经济转型升级的重要动力。2018年，"环同济"的辐射能力进一步加强，其辐射区域已经向南拓展至杨浦区控江路沿线。此外，"环同济"黄兴公园辐射点也初步形成了以环保企业为主的产业集聚。

2. 核心种群网络共生

设计服务业是"环同济"的主导产业。根据第四次全国经济普查数据，

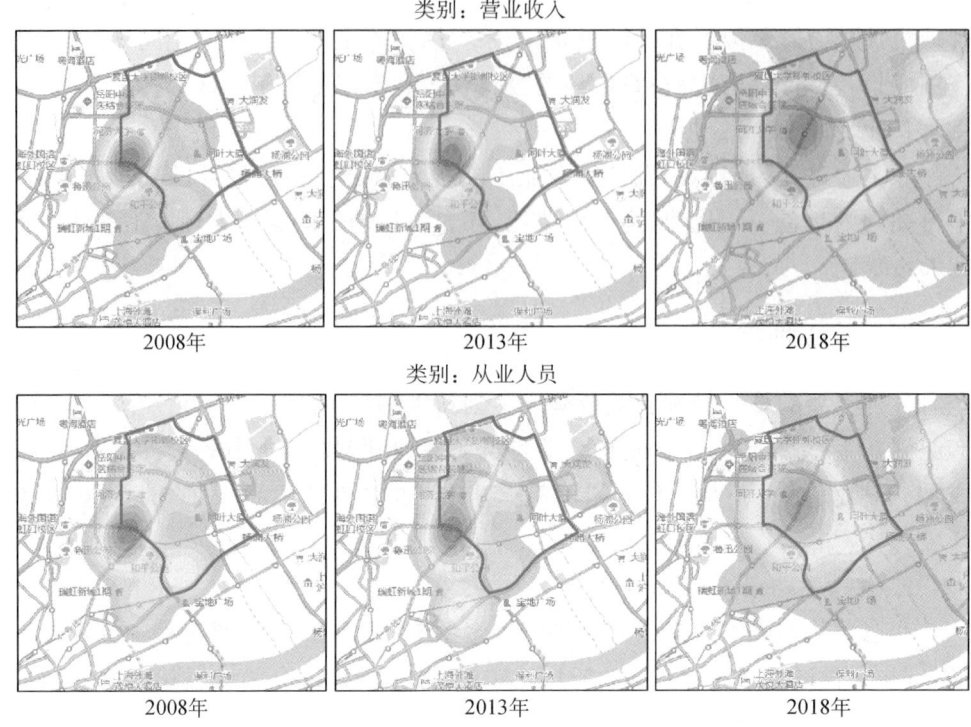

图 3 "环同济"企业营业收入和从业人员情况热力图

数据来源:第二次、第三次和第四次全国经济普查。

2018年,"环同济"设计服务业企业数量约占"环同济"企业总量的21%,但吸纳了约50%的从业人员,贡献了超过50%的营收和约70%的专利申请。在设计服务业内部,工程勘察、工程设计、工程管理、工程监理、规划设计与管理等行业小类异常活跃,它们相互交织,构成了"环同济"设计行业的全产业链。在长期的发展过程中,设计企业间形成了多样且紧密的网络共生关系。在不同设计环节企业间,业务分包与外包合作非常频繁,显著提高了种群凝聚力。不同企业还通过信息共享、长期合作、共同投入资源等方式,建立起正式与非正式的合作网络。与同济大学的渊源与联系也非常有利于企业间信任与合作网络的形成与发展。

企业在接受同济大学知识溢出的同时,也会通过项目与资金资助、反馈最新市场需求、资金捐赠等方式反哺同济大学的学术研究,助力科研团队凝练最前沿科研选题,助推学校"双一流"建设。

3. 核心种群"新物种"涌现

除了以设计产业为核心的专业技术服务业，区块链、绿色低碳等领域的"新物种"也在"环同济"产业创新生态系统内涌现并快速发展。这些"新物种"与同济大学四平路校区的学科发展方向高度契合，具有较高产业附加值。以绿色低碳相关产业为例，依托同济大学污染控制和资源化研究国家重点实验室、城市污染控制国家工程研究中心等国家重点科研平台，同济大学国家大学科技园虹口园与黄兴路辐射点等地已初步形成了绿色低碳企业集聚，在解决固废、污水、废气污染领域有活跃表现。

五、服务支持种群

服务支持种群包括政府、科技园区、社区、社会中介服务机构等。它们虽然不直接生产知识、产品与服务，但其提供的支持对于产业创新生态系统的良性发展同样不可或缺。大学校区、科技园区、生活社区"三区融合联动发展"，正是从"环同济"产业创新生态系统的发展实践过程中总结出的关键成功经验。

1. 政府

上海市杨浦区政府是"环同济"发展的重要策动主体。其作用主要体现在以下几个方面。一是与大学建立共同价值主张。2021年9月，同济大学与杨浦区政府签署了新一轮全面战略合作协议，开启了新一轮深入合作。二是为共同价值主张匹配相应行动。在"环同济"发展过程中，杨浦区政府直接投资800万元提升赤峰路形象，引入上海邮电设计院等外部资源，优化环同济环境，增加"环同济"周边的人才和知识富集程度。三是优化区域营商环境。杨浦区政府针对"环同济"产业特点发布工程总承包和全过程工程咨询支持政策，并发布人工智能、大数据、区块链等领域的专项政策，鼓励核心种群的发展壮大。此外，杨浦区还设立了"环同济企业营商服务中心"，开设社区"环同济"营商服务窗口，积极优化"环同济"营商环境。

2. 科技园区

同济大学国家大学科技园（以下简称同济科技园）在"环同济"产业创新生态系统中发挥着重要作用。一是在载体供给方面，从"环同济"发展初期至今，同济科技园通过自建和持有物业等方式，为同济师生提供了低成本的商务办公孵化空间。二是为企业提供专业创新创业服务，专业孵化服务能力不断提升。三是加快创新创业人才培育体系和企业赋能支持体系的发展。同济科技园正尝试通过建设同济大学自主智能未来产业科技园、创建风险创投基金等举措，实现上述战略目标。

3. 中介服务机构

在环同济内部，各类中介服务机构十分活跃。其中比较有代表性的是环同济发展促进会，它在杨浦区政府的支持下成立，重点开展"环同济"发展相关课题研究，整合社会资源，搭建平台，强化"环同济"专有品牌的运营。上海市杨浦区产学研合作促进会、环同济知识经济圈环保产业联盟、同济新材料产业联盟同样在各自领域内非常活跃，成为串联杨浦区政府、同济大学、企业等创新种群的重要力量。

4. 社区

社区一直是环同济"三区融合联动发展"的重要一极，为同济师生提供开放便利的生活居住条件，也为衍生企业提供最初的栖息地。当前，在共同价值主张下，社区的定位与作用正逐步发生变化：一是在治理模式上，社区与杨浦区政府、同济大学等主体共同探索人民共建共治、易于推广的城市与社区治理模式与更新经验，在老龄化、社区安全管理等领域探索形成"环同济"集成解决方案；二是在科技成果应用转化上，社区正为同济大学各类最新数智化技术的落地创造应用场景，逐渐成为集生活、研发、社交等功能于一体的复合空间。

六、"环同济"产业创新生态系统模型构建

基于上述研究，本文构建了"环同济"产业创新生态系统协同演化模型。该模型进一步丰富和深化了本文所采用的研究框架。通过研究各创新种群各自发挥作用、相互作用方式及创新生态系统发展路径，揭示了"环同济"产业创新生态系统内各创新种群间的互动协同关系，以及整个产业创新生态系统的演化特征，具体如图4所示。

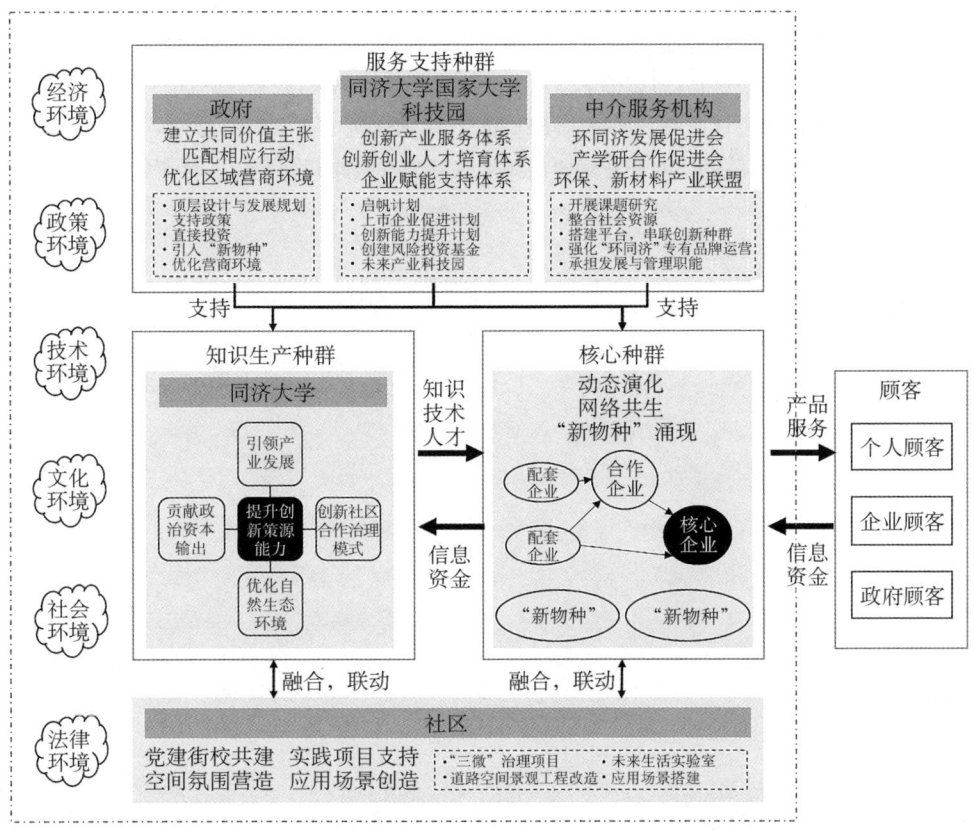

图 4 "环同济"产业创新生态系统协同演化模型

参考文献

[1] 陈强,李伯文,刘笑. 知识密集型服务业创新生态系统结构解析、问题诊断及其优化——以"环同济"为例[J]. 科技管理研究,2017,37(1):99-104.

[2] 解学梅,王宏伟. 开放式创新生态系统价值共创模式与机制研究[J]. 科学学研究,2020, 38(5):912-924.

[3] 高宏,茅宁莹. 我国生物医药产业创新生态系统的构建研究[J]. 中国医药生物技术, 2019,14(4):377-382.

[4] CARAYANNIS E G, CAMPBELL D F J. Handbook of cyber-development, cyber-democracy, and cyber-defense[M/OL]. Cham: Springer, 2018[2024-07-05]. https://doi.org/10.1007/978-3-319-09069-6_56.

[5] 郗海霞,余江涛. 研究型大学如何引领区域协同创新?——基于卡迪夫大学的实践[J].

高教探索,2021(8):71-79.
[6] 袁婷,王世斌,郄海霞,等.大学如何影响城市群创新生态系统形成与演化?——基于价值共创视角的案例研究[J].科学学与科学技术管理,2022,43(4):40-56.
[7] 陈强.上海建筑设计产业发展报告[M].北京:中国建筑工业出版社,2009.
[8] 武建龙,鲍萌萌,陈劲,等.产业联盟创新生态系统升级路径研究[J].科研管理,2022,43(9):20-31.

建构"环同济"第二增长曲线

| 陈　强

在城市化狂飙突进的时代,同济大学城市类学科的厚重积淀和强劲实力,与社会需求紧密结合,卷积前行。在高效满足国家大规模、多领域、高强度、快节奏建设需求的同时,同济大学通过显著的知识溢出效应,推动学校周边城市规划、建筑设计、工程咨询、环保科技等知识密集型服务业的形成和繁荣。在需求侧的强力高频刺激下,理论得以深化、方法得以迭代、技术得以淬炼,学科群的整体实力得以跨越式提升。土木工程、城乡规划、设计学、环境科学与工程、管理科学与工程等学科在国内学科评估中成功登顶,土木工程学科更是站上世界之巅。

然而,花无百日红,需求侧受多重因素影响,总是处于动态变化之中,不可能一成不变。对于"环同济"而言,城镇化率每年一个百分点的增幅、持续高强度的固定资产投资、高歌猛进的房地产开发、会展业的风生水起,毕竟不会成为永恒的旋律。近年来,"环同济"的产出规模虽然仍在扩大,但是从增长速度、产出效率、盈利能力等角度来看,行业层面的增长极限已不可避免地到来。当前,我们一方面要考虑顺应科学研究范式、科研组织形式、技术突破模式的变化,改造和提升城市学科群的知识生产方式和人才培养模式,让"环同济"第一增长曲线重新焕发青春;另一方面,要积极谋划,加快塑造知识溢出的新动力源,更新知识供给侧与需求侧互动的界面,探索知识转化为生产力的新路径,建构"环同济"第二增长曲线。

知识溢出的质量和效率与动力源能级密切相关,"环同济知识经济圈"之所以能够形成和快速发展,是因为其依托的是同济大学城市学科群与时俱进的强劲动力。在很大程度上,学科的生命力源于社会需求。学科发展既要与重大的社会现实需求同频共振,也要通过识别和研判人类社会发展的基本趋势,预测并设法满足潜在的重大需求。因此,无论是"环同济"第一增长曲线的整固和焕新,还是"环同济"第二增长曲线的谋划和建构,都需要对现实的及潜在的重大需求进行搜索、梳理和分析。

作为一所"接地气"的综合性、研究型、国际化大学,同济大学始终坚持"与祖国同行,以科教济世"。从这个角度出发,满足人民日益增长的美好生活需要,切实增强其获得感、幸福感和安全感,应该成为谋划"环同济"第二增长曲线需求分析和动力源设计的逻辑起点。

获得感源于物质层面和精神层面的实际收益。以人工智能为代表的新一代信息技术快速迭代发展,对人类的生产方式、生活方式及社会治理产生了广泛且深刻的影响。人们在享受各种快捷和便利的同时,也失去了许多简单和朴素的快乐,并滋生了对未来的种种恐惧和担忧。大学作为人类的精神家园和知识生产中心,应该面向未来,研究和开发能够满足未来人类物质需求和精神需求的产品或服务。例如,通过人工智能驱动数据密集型研究,创造知识增量,拓展新的市场空间,增进民生福祉;通过生成式人工智能技术的应用,推动传统产业转型升级,提升全要素生产率;通过研发脑机接口技术,帮助失智、失能人士恢复智力和行动能力。当然,在推动"智能经济"发展的过程中,必须实施前瞻性的科技伦理治理。

幸福感必须考虑不同类型群体的需求。我国已经进入"深度老龄化"社会,人口老龄化形势异常复杂且严峻,人口老龄化规模之大、速度之快,举世罕见。截至2023年年底,全国60岁及以上人口达2.97亿人,65岁及以上人口达2.17亿人,分别占全国总人口的21.1%和15.4%。据测算,未来10年内,60岁及以上的老年人口每年将净增超过1000万人,预计2035年前后将突破4亿人,2050年前后将突破5亿人。同时,我国人口老龄化还伴随着人口负增长、高龄化、少子化、空巢化等问题。总体而言,在老龄化快速演进的背景下,相关的思想准备和工作准备仍没有跟上节奏。因此,加快形成应对老龄化的体系化能力已成为当务之急,我国需要动员和组织跨学科、跨领域的力量,携手研发更具针对性的"适老化"集成解决方案、产品及服务,通过满足老年人口的美好生活需要,大力发展"银发经济"。

安全感已经成为当下人民群众的迫切需求。从长沙4·29居民自建房倒塌特大事故到齐齐哈尔7·23体育馆坍塌事故,从郑州7·20特大暴雨灾害到新余1·24特大火灾事故,城市安全已经成为分外沉重的话题。城市让生活更美好的进程,其实也是"黑天鹅""灰犀牛""大白象"等各种类型的风险不断累积的过程。如果缺乏先进的理论指引、科学的方法供给和强有力的技术支撑,就很难实现富有前瞻性的预警系统设计,进行更具针对性的预案准备,突如其来的安全事件就会持续给城市增添伤痛记忆。1988年以来，同济大学朱合华教授领衔的科研团队聚焦"全寿命防灾、多灾害防治、智能减灾、韧性提升"等重大方向，专注土木工程领域重大灾害防控的基础理论与关键技术研究，整合多学科力量和社会资源，着力打造该领域的国家战略科技力量，推动土木工程防灾减灾科技发展。在此基础上，"环同济"安全产业将迎来蓬勃发展的春天。

"环同济"第一增长曲线是在我国如火如荼的城市化进程中浮出水面的，其重要的前期铺垫是1952年院系调整后，同济大学在城市学科领域经年累月的潜心深耕。同样，"环同济"第二增长曲线的谋划和建构也离不开相应的知识储备、能力积蓄和生态培育，必须在不断加深规律性认识的基础上，进行科学的治理设计。

创新驱动的城市更新让人民生活更美好吗

——基于上海张江科学城的调研

| 史　轲

上海张江科学城是以科技为底色的创新城区，近年来，张江科学城一直有序推动城市更新，加快科学、产业和城市功能的有机融合。研究张江科学城的更新实践，有助于了解科技创新与城市更新的协同互促关系。

一、上海张江科学城的更新实践现状与经验

1. 张江科学城从园区向城区转变的形态日渐显现

近年来，张江科学城坚持以创新人才为中心，通过优化人居环境、完善公共文化设施建设、提升公共空间品质，持续推进科技园区向创新城区转变。

(1) 通过租赁性国际社区带动有机更新，人居环境再优化

张江科学城针对园区上下班的"潮汐现象"，不断拓展居住空间，以促进职住平衡。2021年8月，张江纳仕国际社区城市更新项目正式投入运营，预计供应租赁产品约4600套。社区由19个巴塞罗那式小尺度围合式街坊组成，面对多元化的服务需求，形成以住宅功能为主、商业服务和文化休闲为辅的组团模式。该社区是张江科学城由园转城的重要环节。

(2) 通过提供多样化的公共文化设施，营造创新文化氛围

目前，张江科学城拥有张江科学城书房、张江戏剧谷、张江当代艺术馆、昊美术馆等标志性文化设施，为科研工作者提供了有生活情趣、有文化修养的文化空间。张江科学城书房是科学城的地标性建筑之一，集阅读、零售、展示、体验、休闲、社交等功能于一体，搭建"线上＋线下"多场景互动模式，充分体现了张江科学城的科创特色。

(3) 通过公共空间品质持续提升，让人民生活更舒适

近年来，张江科学城开展了公园水系梳理、公共空间提升等专项行动，将"道路"转型为"可漫步的街道空间"，以激发创新活力。目前，川杨河两岸绿地、张江

中南区门户等生态景观项目已基本建成。张江主题公园作为张江科学城的新地标，以现状水系结合湿地体验，提供了城市化的公共休闲空间。

2. 张江科学城的城市更新有益经验

(1) 立足建设国际一流科学城的战略定位高度

《上海市张江科学城发展"十四五"规划》明确，张江科学城战略定位为"科学特征明显、科技要素集聚、环境人文生态、充满创新活力"的国际一流科学城，目标为"到2035年建设活力四射的国际都市示范区"。在产业发展方面，截至2023年，张江科学城集聚高新技术企业1900余家，外资研发机构180余家，科创板上市企业40余家。《2023上海科技进步报告》显示，2023年1—11月，张江科学城规模以上工业总产值达3280.59亿元。在城市功能方面，张江科学城打破了传统的科技园区运营模式，集住房、文化、休闲娱乐业态和现代服务经济于一体，并成为以科技创新为主题的地标性城市综合体，初步实现了"园区—城区"的迭代升级。

(2) 调整用地结构，增加公共用地比例

2017年发布的《张江科学城建设规划》明确增加公共服务用地比例，其中，居住用地比例约20%，文化、体育等公共设施和绿地比例不少于16%。2023年7月，《关于促进张江科学城科技创新和产业融合发展规划土地管理试点意见》正式印发，创设产业综合用地（M0）类型，允许工业、研发、仓储、公共服务配套等功能混合配置，为张江科学城的城市更新提供了更为弹性宽松的政策。

(3) 科技与人文融合发展，强调文化内涵

张江科学城的更新重视文化根植性，保护历史工业遗存。2023年，"张江之尚"城市更新项目启动，该项目由3栋研发办公楼、20栋独栋花园研发总部和5栋工业遗存更新建筑组成。"张江之尚"通过对"万米仓""水泥筒仓"等历史遗留建筑的保留和修缮改造，将工业遗存用于文体配套，承载文化活动。同时，"张江之尚"设计了滨河绿地、体育广场绿地等景观板块，取消所有园区围墙，打造了适合现代产业发展与现代文化生活的空间。

二、张江科学城的更新存在主要问题

1. 张江科学城城市场景缺乏，与高品质生活存在差距

在居住保障方面，张江科学城住房体量薄弱，且较为分散。目前，张江科学

城的人才公寓能够满足2万名人才的租住需求,但相较于近49.6万人的从业人员总量,还存在不匹配的现象。在配套服务方面,张江科学城商业供给缺乏,除还在更新中的传奇广场外,长泰广场是科学城内目前仅有的大型商业综合体。总体而言,张江科学城的城市功能布局侧重关注科研群体,忽视附近居民与其他类型产业工人的需求。实地调研中,张江国创中心附近的安保工作者讲道:"我并不居住在这里,平常通勤时间在1小时左右。"

2. 侧重服务科研社群,缺乏与周边地区的融合互动

张江科学城与周边区域的功能划分较为明显,造成了地理空间上的景观割裂。张江科学城内部土地类型以科研、产业、服务用地为主,布局了主题公园、艺术馆等公共空间,而周边地区土地类型则主要为农村集体建设用地,相较于园区内部良好的生态景观,周边的环境则显得较为无序。根据课题组的问卷数据,其中"我认为自己是张江科学城的一分子"题项的均值仅为2.57,表明附近居民缺乏对张江科学城的归属感与认同感。

3. 张江科学城城市更新的组织体系有待进一步完善

张江科学城作为一个更新区域,更新项目数量较多且更新周期长、权属复杂、各项更新进程不一,协调统筹存在难度。目前,张江科学城与浦东新区及相关各街道(镇)的关系还不够明晰,建设中仍存在园区、浦东新区及所在镇区(张江镇)多头管理的现象,部分事权交叉重叠。

三、人民城市理念下张江科学城的更新建议

1. 坚持以人民为中心,系统推进"人产城"深度融合

在价值取向上,强调兼顾效率与公平的均衡发展,以满足人民日益增长的美好生活需要为出发点和落脚点。充分研究张江科学城附近居民、产业工人、科研工作者等各个群体的多样化工作生活需求,打造属于所有人民的科学城。推动15分钟社区生活圈全覆盖,强化工作空间与生活场景的功能融合。

2. 树立多维目标,塑造高品质城市空间

在人居环境、公共空间品质、生态绿化、文化设施建设等方面,进一步完善张江科学城的城市功能,提升其宜居性。在住房保障方面,多点布局,提供商品房、租赁性住房等多种选择;在公共服务方面,加强公共服务设施的层次、类型与规划统筹;在生态绿化方面,形成绿色生态网络,促进绿色开放空间与市民生活结合。同时,注重与周边区域资源融合,增进居民的地方感和归属感。

3. 突出科创特征,强化张江科学城品牌效应

以创新驱动为核心,软硬件协同持续推进品牌效应。在硬件方面,打造凸显科技感、现代感与未来感的地标性建筑。在软件方面,打造具有现代科技元素的文化活动品牌,通过文化活动促进科创交流。充分发挥张江科学城的科技创新品牌资源优势,使其成为产业要素集聚且生活气息浓郁的城市空间和上海科技创新的名片。

4. 建立城市更新统筹机构,明晰更新工作框架

一方面,明确张江科学城建设管理办公室与周边街镇的管理事权划分,避免职责交叉与管理空白。另一方面,探索设立专门的城市更新统筹机构,负责对张江科学城的更新工作进行统筹协调与管理,对重大项目进行指导和赋责。同时,针对具体更新项目,鼓励人民群众广泛、持续、深入参与,形成共建共治的良好局面。

科学研究、人才培养与成果转化

基础研究的分类情况、评价对象与适评方式

周新晔　周文泳

2018年以来,为推动我国基础研究实现高质量发展,党和国家陆续出台了深化科技"放管服"改革、支持基础研究的系列政策和举措,为促进我国基础研究事业发展奠定了制度基础。现阶段,基础研究评价中,"以刊评文""脱实向虚""同行评议失真"等顽瘴痼疾仍然未被彻底根除。为了改进基础研究评价工作质量,有必要对基础研究的分类情况、评价对象及其适评方式进行阐释。

一、基础研究的分类情况

1. 探索性基础研究

探索性基础研究是科学家由好奇心和兴趣驱动而自主选择研究方向和题目的科学研究,是"从0到1"原创理论成果(如新观点、新学说、新理论、新规律等)的重要来源。探索性基础研究可以分为前沿导向的探索性基础研究与自由探索性基础研究两类。现阶段,我国探索性基础研究存在低水平跟踪性研究有余、高水平引领性研究不足的问题。

2. 应用性基础研究

应用性基础研究是由产业长远和紧迫需求驱动而开展的应用理论基础和技术基础的科学研究,致力于解决共性技术和关键技术科学问题,并在新方法、新方案、建立新标准等方面解决应用中的基本问题,是"从0到1"原创应用基础成果(如颠覆性技术、技术基础原理、新方法等)的主要来源。应用性基础研究可以分为市场导向的应用性基础研究与学术导向的应用性基础研究。现阶段,我国应用性基础研究存在市场导向不足、学术导向有余的问题,导致应用性基础研究在转化关键核心技术、"卡脖子"技术方面有效供给不足。

3. 战略性基础研究

战略性基础研究是聚焦国家重大战略任务、国际战略必争领域和世界科技发展前沿的科学研究,以政府计划驱动为主导,由多方主体共同参与,致力于解

决制约国家全局发展和长远利益的重大科技问题,是"从0到1"原创理论成果和原创应用基础成果的重要来源。在战略导向的体系化基础研究的重大问题提出与方向凝练过程中,同行评议结论受到质疑的情况偶有发生。

二、基础研究的评价对象

基础研究的评价对象范围包括:①基础研究计划(专项),重点评价计划指南要点合理性、计划执行情况、计划绩效。②基础研究项目,重点评价项目立项申请材料、项目验收材料、项目绩效。③基础研究成果,重点在基础研究成果库中遴选出经验证的高质量基础研究成果。

三、基础研究的适评方式

按评价目的区分,基础研究评价方式可以分为符合性评价、诊断性评价、奖励性评价三类。其中,符合性评价是依据预设标准对评价对象做出合格性判定,适用于评价标准客观且具有可操作性的评价对象;诊断性评价是识别、诊断和改进评价对象的短板弱项的评价方式;奖励性评价是遴选评价对象标杆的评价方式。不同基础研究对象的适评方式如下所述。

1. 基础研究计划的适评方式

基础研究计划指南评价,适合采用符合性评价方式,重点任务是评判基础研究计划指南与设置初衷的一致性情况;基础研究计划实施过程评价,适合采用诊断性评价方式,重点任务是发现计划实施过程中存在的短板弱项,并提出整改措施;基础研究计划绩效评价,适合采用奖励性评价方式,重点任务是遴选出标志性基础研究成果(经验证的高质量基础成果)。

2. 基础研究项目的适评方式

基础研究项目评价分为立项评价、验收评价、绩效评价。其中,立项评价与验收评价适合采用符合性评价方式;绩效评价适合采用奖励性评价方式,重点是遴选出产生标志性成果的基础研究项目及其承担单位,可作为对项目承担单位及其项目团队后期资助的依据。

3. 基础研究成果奖的适评方式

基础研究成果奖适合采用奖励性评价方式,重点是从现有基础研究成果库中,遴选出经验证的高质量基础研究成果及其承担单位,鉴于基础研究成果的价值验证存在滞后性,需要设置较长的评价周期。

加强"从 0 到 1"基础研究的几点思考

| 周文泳

进入新时代以来,我国科技领域呈现出持续快速发展态势,逐步实现了从跟跑、并跑到少数领域领跑的良好局面。然而,现阶段"从 0 到 1"基础研究成果相对匮乏,成为制约我国科技发展潜力的重要因素。因此,进一步加强"从 0 到 1"基础研究已经成为社会各界的普遍共识。

一、尊重客观规律,切实加强潜心问道的基础研究学风建设

在探索客观规律时,科学家唯有少私寡欲、潜心问道、与道同行,才能创造出基础研究原创成果。加强潜心问道的基础研究学风建设,现阶段要重点确保相关政策的系统性、一致性与执行力。从系统性角度看,既要清理可能引发过度"内卷"和急功近利风险的政策文件,又要切实强化引导基础研究人员潜心问道的政策条款。从一致性的方面看,既要对标事关基础研究学风建设的中央精神,也要确保政府部门与研究单位相关政策的一致性,还要防范部门政策和单位政策之间脱节的风险。从执行力的方面看,既要确保国家相关基础研究政策的贯彻落实,又要加强政府部门政策在研究单位的可操作性和执行程度,还要重视研究单位政策是否有利于基础研究人员潜心问道。

二、尊重原创成果价值发现规律,继续深化基础研究评价制度改革

2018 年以来,《关于深化项目评审、人才评价、机构评估、改革的意见》《教育部办公厅关于开展清理"唯论文、唯帽子、唯职称、唯学历、唯奖项"专项行动的通知》等系列深化科技评价改革的政策文件陆续发布,相关举措陆续实施,取得了积极成效。为鼓励研究单位和人员开展"从 0 到 1"基础研究,深化基础研究评价体系改革时,要重点关注以下几个方面。一要加强对基础研究政策的效果后评价,将评价结果纳入政策制定者的长期绩效考核范畴。二要加强对基础研究机构和基地的绩效后评估,将评价结果作为机构和基地获得后续稳定资助的客

观依据。三要加强对基础研究人员的长期绩效评价,将评价结果作为基础研究人员获得后续补偿、工资待遇、职称晋升等方面的客观依据。四要加强基础研究成果评价能力建设,尤其是要建立和健全基础研究原创成果数据库,将入库成果作为基础研究的政策、机构、基地和人员评价的重要依据。

三、坚定文化自信,切实加强中国特色学术话语体系建设

习近平总书记指出:"中国有坚定的道路自信、理论自信、制度自信,其本质是建立在5 000多年文明传承基础上的文化自信。"坚定文化自信,顺应我国加强"从0到1"基础研究的客观要求,符合加强中国特色基础研究学术话语体系的现实要求。一要加强基础研究领域学术期刊建设,既要持续提升现有期刊质量,又要加强精品期刊建设,还要及时增设面向国际基础研究前沿领域的特色期刊。二要增强我国现有面向全球科技奖项的影响力,既要加强以我为主的面向全球的基础研究评奖的规制、范围与力度,又要持续提升我国基础研究领域的软实力,以吸引更多英才投身以我为主的基础研究事业。三要进一步提升我国基础研究机构国际科技合作的质量与效果,切实加强我国主导的基础研究国际学术交流平台建设。

加快新型研究型大学建设 促进新质生产力发展

| 蔡三发

2024年3月5日，李强总理代表国务院在十四届全国人大二次会议上作《政府工作报告》，提出"大力推进现代化产业体系建设，加快发展新质生产力"。新质生产力具有高科技、高效能、高质量的特征，由技术革命性突破、生产要素创新性配置、产业深度转型升级催生，以劳动者、劳动资料、劳动对象及其优化组合的跃升为基本内涵，以全要素生产率提升为核心标志。新质生产力的特点是创新，关键在质优，本质是先进生产力。

习近平总书记强调："发展新质生产力，必须进一步全面深化改革，形成与之相适应的新型生产关系。"大学，特别是高水平研究型大学作为"国之重器"，在发展科技第一生产力、培养人才第一资源、增强创新第一动力中发挥着重要作用。面对发展新质生产力的国家战略需求，研究型大学应加快自身改革与转型发展，加快建设新型研究型大学，从而更好地促进新质生产力发展。

新型研究型大学的"新"不是建立时间"新"，而主要是发展模式"新"。无论是传统的研究型大学，还是新兴的研究型大学，只有不断加强改革与创新，构建高质量教育体系，形成"新"的发展模式，才能称得上是真正的新型研究型大学。从这个角度看，应该对照发展新质生产力的目标和要求，将建设新型研究型大学提升到重要的高度，以"新"促"新"，深化高水平研究型大学的改革与创新，加快新型研究型大学建设。

一是加快新型学科发展体系建设，改变分学科的传统建设模式，加强学科交叉融合发展，大力推动新兴学科和交叉学科建设。要超越传统的分学科建设方式，加强以问题为导向的学科交叉，打破学科边界，促进学科集群的建设。要瞄准科技前沿和关键领域，加强学科专业调整，推进新工科、新医科、新农科、新文科建设，更多地围绕生命、信息等前沿科技进行学科布局。通过新型研究型大学的学科交叉融合发展，为新质生产力发展提供有效的学科支撑，培育新质生产力所需新动能。

二是加快新型人才培养体系建设，创新人才培养模式，通过复合、交叉培养，着力培养创新创业型人才。要加强STEM人才培养，大力推进科教融汇或者产教融合，以高水平研究和高质量产学研合作促进拔尖创新人才培养。通过新型研究型大学的人才培养改革与创新，培养新质生产力发展所需要的创新创业型人才，提供新质生产力发展人才保障。

三是加快新型科技创新体系建设，大力推进科技创新体制机制改革，加强原创性、颠覆性创新，加强关键核心技术攻关与突破。要瞄准科技前沿和关键领域，布局与建设世界水平的科技平台，深化科技创新组织模式，探索有组织科研与自由探索的有机结合，加强应用基础研究，不断攻克"卡脖子"关键核心技术，提升科技创新质量与水平。通过新型研究型大学的科技创新，更大力度促进学科链、创新链、产业链与资金链的有效融合，促进产业转型升级或者催生新产业，更好促进新质生产力的快速发展。

总之，发展新质生产力需要新型的生产关系，建设符合新质生产力发展要求的新型研究型大学是其中一个重要因素。高水平研究型大学要勇担教育强国的责任，深化全面改革，加快建设新型研究型大学，统筹推动教育、科技与人才的创新发展，为新质生产力的发展持续贡献力量。

新发展格局下高校学科建设模式多样性创新思考

| 蔡三发

学科是知识创新与人才培养的分类。我国传统的学科建设主要按照《研究生教育学科专业目录》中的学术型一级学科进行学科学位点建设与研究生人才培养。这种方式具有规范性、导向性和可比性的优点,但也存在一些不足。例如,它可能导致高校过度关注学科水平建设而相对忽视重大问题攻关;对于领域覆盖面广的一级学科,建设时较难面面俱到;学科交叉与交叉学科建设较难推进。

党的二十届三中全会在深化教育综合改革部分强调:"优化高等教育布局,加快建设中国特色、世界一流的大学和优势学科。分类推进高校改革,建立科技发展、国家战略需求牵引的学科设置调整机制和人才培养模式,超常布局急需学科专业,加强基础学科、新兴学科、交叉学科建设和拔尖人才培养,着力加强创新能力培养。"新发展格局对于构建支持全面创新的体制机制、提升国家创新体系整体效能提出了更高的要求。学科建设更应该积极响应科技发展与国家战略需求,创新学科建设的模式,使其更具多样性,才能更好地服务科教兴国战略、人才强国战略、创新驱动发展战略。

学科建设是一项相对综合的工作,师资队伍和学科平台是学科建设的引擎,人才培养、科学研究、社会服务、国际合作等都是学科建设的重要内容。面向未来,除了传统的学术型一级学科建设,高校更应该在以下四个方面进行多样性的学科建设模式创新,以更好实现高质量发展。

1. 学科方向或领域的建设创新

不少一级学科的学科方向或领域较多,高校应进一步凝练学科方向或领域。在体现一级学科所需要的面上若干方向或领域建设的基础上,应聚焦科技前沿发展或者国家急需的重点学科方向或领域,实现重点突破,争取在某个学科方向或领域早日达到世界一流的水平。通过在学科方向或领域实现高水平的人才培养和高质量的科技创新，形成学科自身的优势与特色，以更好地引领学科的未来发展。例如，同济大学的生物学科重点聚焦干细胞领域进行队伍和平台建设，经过多年努力，在干细胞领域集聚了高水平师资队伍，建设了国家级平台，承担了国家干细胞重大任务，培养了优秀人才，产出了代表性科研成果，形成了生物学科的特色与优势，进而入选国家第二轮一流学科建设名单。

2. 专业学位授权点的建设创新

近年来，国家大力发展专业学位研究生教育，专业学位授权点的建设及专业学位研究生教育发展已经成为学科建设的重点。高校未来的学科建设不仅要抓好学术型学科建设，还要将专业学位的授权点建设作为学科建设的重要内容。特别是不少专业学位授权点并没有一一对应的学术型一级学科，其建设与发展就更具重要意义。这不仅有利于促进专业型研究生人才培养，更有利于相关领域学科发展与知识创新。例如，国家在2022版的学科专业目录中撤销了风景园林学学术型一级学科，增列了风景园林专业硕博士授权点，对于风景园林领域的知识创新与人才培养就具有重要的意义和价值。

3. 学科交叉领域的建设创新

当前，全球新一轮科技革命是群体技术创新的产物，学科交叉已经成为科学发展、核心技术突破的必然趋势，也成为高校学科布局和学科发展的重要途径。大科学时代，科学研究的模式不断重构，科学研究的范式加速演进，科学、技术、工程加速渗透与融合，学科交叉、跨界合作、产学研协同成为主流趋势。通过学科交叉实现"破壁"和"破茧"，即打破行政管理体系治理壁垒，突破传统学科目录的限制，实现学科发展资源的高度流动、共享和整合，加速知识的流动、演进和更新，更好地实现以问题为导向的创新。因此，高校应坚持"四个面向"，针对重点攻关领域，改革学科交叉的体制机制，通过多个学科的集群形成学科交叉领域，并加强相关学科交叉领域建设，从而实现协同创新与交叉创新，更好地服务国家的创新驱动发展战略。目前，国内不少高校正在积极探索和推进学科交叉中心的建设，期待未来建成一批世界领先的学科交叉领域。

4. 交叉学科的建设创新

交叉学科是指不同学科之间相互交叉、融合、渗透而形成的新兴学科。它可以是自然科学与人文社会科学交叉而形成的新兴学科，也可以是自然科学和人文社会科学内部不同分支学科交叉而形成的新兴学科，还可以是技术科学和人文社会科学内部不同分支学科交叉而形成的新兴学科。它是学科交叉发展到一定程度后形成新的交叉学科方向或独立的交叉学科。目前,国家已经设立了交叉学科门类,并设置了若干学术型一级交叉学科和专业学位授权点。交叉学科门类下设置的学科点均服务于国家战略需求,体现了科技与学科发展的新方向,高校应该积极响应,并根据自身情况进行布局建设。面向未来,高校尤其是具有学位点自设自主权的高校,还可以进一步探索更具前沿性的交叉学科或交叉学科方向建设。高水平的交叉学科建设要实现超越单一学科目标的目标、超越单一学科难度的难度,或超越单一学科范围的范围。

高校学科专业设置调整优化的多重逻辑选择

蔡三发

学科专业是高等教育体系的核心支柱,是人才培养的基础平台,也是科技创新的重要结合点,学科专业的结构和质量对推进高等教育高质量发展、服务支撑中国式现代化建设具有重要意义。为进一步落实党中央、国务院关于深化新时代高等教育学科专业体系改革的决策部署,教育部、国家发展和改革委员会、工业和信息化部、财政部、人力资源和社会保障部等五部委于2023年2月印发了《普通高等教育学科专业设置调整优化改革方案》,提出"到2025年,优化调整高校20%左右学科专业布点,新设一批适应新技术、新产业、新业态、新模式的学科专业,淘汰不适应经济社会发展的学科专业"等改革目标。

然而,学科专业设置调整优化是一项涉及多利益主体的工作,不同利益相关者相关站位不同、关切点不同,各自诉求也自然不同,存在多重博弈的行为,因此当前推进学科专业设置调整优化改革难度较大,也是高校争议较多的问题。为进一步凝聚学科专业设置调整优化改革的共识,有必要梳理和分析学科专业设置调整优化的多重逻辑,加强系统谋划和统筹,寻求多重逻辑视角下的学科专业设置调整优化改革最优解。

一、服务国家与区域发展需求

一流大学都是在服务国家发展中成长起来的。高校要以服务经济社会高质量发展为导向,紧扣国家和区域发展的重大战略需求,主动开展有针对性的学科专业设置调整优化,建好建强国家战略和区域发展急需的学科专业。

二、面向未来科技发展趋势

高校要坚持面向世界科技前沿、面向经济主战场、面向国家重大需求、面向人民生命健康,积极应对数智化、绿色化等未来科技发展趋势,主动进行学科专业动态调整与转型升级,推进新工科、新医科、新农科、新文科建设与布局,建设面向未来科技发展的学科专业。

三、着眼于学科专业生态建设

良好的学科专业生态是高质量人才培养与科技创新的基础。高校要统筹开展基础、应用与交叉学科专业的布局，通过学科专业设置调整优化，逐步构建基础雄厚、应用拔尖、交叉融合的学科专业结构，建设良好的学科专业生态，增强学科专业的生存力和竞争力，形成"有所为、有所不为"的学科专业特色。

四、符合人才培养的规律与要求

学科专业是人才培养的基础平台，其建设要与人才培养的规律相符合。高校要遵循教育规律，通过学科专业设置调整优化，加强内涵建设，更好地满足和服务人才培养的需求，促进高质量人才培养。同时，学科专业应该满足人才培养在师资、教学、科研与实践等方面的条件要求。高校要对现有学科专业的招生、培养、升学、就业及校友发展质量进行全方位评估，对于未能满足相关条件要求的，应该进行学科专业设置调整优化。

五、与劳动力市场需求相匹配

人才培养的最终出口是劳动力市场，要通过学科专业设置调整优化，培养劳动力市场需要的人才。高校要增强对劳动力市场需求变化的有效预测，前瞻性地开展学科专业设置调整优化，加快设置未来急需的学科专业，及时撤销不符合未来需要的学科专业，从而增强人才培养与市场需求的匹配度，更好地培养未来科技、产业及社会所需的各类人才。

六、兼顾利益相关者的不同关切

学科专业设置调整优化涉及社会、政府、高校、院系及师生等不同利益相关者。在满足国家与社会需求的前提下，高校应处理好高校内部院系、教师、学生不同的合理诉求，做好学科专业设置调整优化后续相关合理安排，保障师生权益。这也是做好学科专业设置调整优化的关键。

总之，学科专业设置调整优化本质上是高等教育在不断变化的社会环境下，为更好地履行自身肩负的社会职能而进行的动态调试。学科专业体系建设应在动态调整中寻求发展增量，以适应和引领外部产业结构升级和经济社会发展的新需求。高校要从学科专业设置调整优化的多重逻辑出发,完整、准确、全面贯彻新发展理念,系统谋划、统筹推进学科专业设置调整优化,积极主动适应经济社会发展需要,深化学科专业供给侧改革,全面提高人才自主培养质量。

科研"内卷"现象的形成原因与潜在风险

| 周文泳

面对美国对我国高科技领域的极限打压,加快实现科技自立自强、建设科技强国已经成为全民共识。然而,现阶段科研"内卷"现象十分普遍,已经严重阻碍了我国科研事业高质量发展。那么,科研"内卷"现象的成因是什么？其潜在的风险又有哪些？

一、科研"内卷"现象的形成原因

"内卷",属于文化范畴,是一种进入某种最终形态后无法转变为新的、理性的文化形态的现象,其内部日趋复杂且不利于激发内在创新。科研"内卷"现象是指非理性的内部竞争且不利于创新的科研文化现象。科研"内卷"现象形式多样,其形成原因非常复杂,下文从机构排名、资源竞争与荣誉奖项三个方面讨论科研"内卷"现象的形成原因。

1. 机构排名误导引发科研"内卷"现象

社会上有各种形式的研究机构排名榜单,或多或少会影响研究机构的社会声誉。为了在所谓社会影响力比较大的排名榜单中处于领先位置,研究机构往往会根据相关指标考核科研人员。有些科研人员为了获得较好的考核结果,倾向于做符合指标的事情。其结果是研究机构及其科研人员忘记了科研的初衷,将其目标定位在追求特定指标上,而不是产出符合自身专长的科研成果上,进而引起科研"内卷"现象。

2. 资源竞争过度引发科研"内卷"现象

无论是研究机构开展有组织科研,还是科研人员开展自由探索,都需要有适量的科研资源投入。由于科研资源本身是稀缺资源,为了获取科研资源,研究机构之间和科研人员之间会开展激烈竞争,进而引发为获取科研资源的"内卷"现象。以财政经费支持的国家自然科学基金项目为例,研究机构为了展现其经费获取能力,会组织、动员并辅导科研人员申报项目,有些研究机构甚至将是否获得此类项目资助作为科研人员职称评审、绩效考核的重要依据,进而形成了大量科研人员为了获得此类项目资助花费几个月时间撰写供评委审阅的标书的"内卷"现象。

3. 热衷荣誉奖项引发科研"内卷"现象

无论是科研荣誉还是科研奖项,其设置初衷都是对取得卓越成效的研究机构及科研人员表示认可,同时,激励广大科研人员追求卓越、为科研事业高质量发展而努力工作。当科研荣誉奖项变成实现自身效用最大化的工具时,就容易受到诸多非学术的因素干扰,甚至可能导致研究机构及科研人员"围猎"科研荣誉奖项、展开恶性竞争的科研"内卷"现象,偏离了其学术性、荣誉性和纯洁性的初衷。

二、科研"内卷"现象的潜在风险

科研"内卷"现象的潜在风险是多方面的,下文讨论科研"内卷"现象可能引发的"舍本逐末""劣币驱逐良币"和"重形式轻内涵"三类潜在风险。

1. 科研"内卷"现象可能引发"舍本逐末"的潜在风险

探索科学真理、科技自立自强、建设科技强国,既是广大研究机构和科研人员的初心和使命,也是国家科研体系的"本"。但社会排名榜单、科研资源配置和荣誉奖项设置是"末",而非"本",只应是助力实现"本"的手段和工具。如果过度热衷于提高自身科研排名位次、获取科研资源与追逐荣誉奖项,研究机构及科研人员可能违背自身从事科学研究的初衷,从而引发"舍本逐末"的潜在风险。

2. 科研"内卷"现象可能引发"劣币驱逐良币"的潜在风险

科研人员产出国家和社会所需的高质量科研成果,需要有平心静气、专注科研、淡泊名利的学术环境。若将潜心科研、唯道是从的研究机构和科研人员比作"良币",将热衷名利的研究机构和科研人员比作"劣币",那么,我国实现科技自立自强和建设科技强国无疑需要"良币"而非"劣币"。然而,科研"内卷"现象可能会引发过度浮躁、急功近利的不良学术氛围,可能会压缩"良币"的生存空间,甚至可能引发"劣币驱逐良币"的潜在风险。

3. 科研"内卷"现象可能引发"重形式轻内涵"的潜在风险

一项科研成果的价值发现或认可往往需要经历一定的时间,才能得到比较客观的结论。然而,现阶段由于科研"内卷"现象,部分研究机构和科研人员热衷于展示自身的科研成果。例如,一篇学术论文的价值,应取决于其认知价值和实践价值，而不是发表这篇论文的期刊的档次，但科研"内卷"现象普遍存在，部分研究机构和科研人员将论文发表于档次较高的期刊视为证明自身科研水平和能力的依据，并大肆宣传，从而导致了"以刊评文"的形式主义现象。由此可见，科研"内卷"可能引发"重形式轻内涵"的潜在风险。

如何缓解科研领域的"内卷"现象

| 周文泳

在一个自然生态中,一类生物的规模超过了自然环境的承载能力后,该类生物的生存环境就会日渐恶化,个体之间的生存竞争也会日趋激烈,进而引发该类物种生存与发展的危机。从生态学的视角看,科研"内卷"现象实质上是科研主体同质化竞争过度、多样性不足的必然产物。现阶段,科研"内卷"现象已较为普遍,严重阻碍了我国科研事业高质量发展,如何缓解科研"内卷"现象已经成为社会各界普遍关注的问题。

一、深化科技"放管服"改革,营造利于创新的宏观科研环境

在科研生态中,政府主管部门是宏观科研环境的营造者。为了缓解科研"内卷"现象,建议政府主管部门继续深化科技"放管服"改革。

在事关国际竞争、国家急需和社会稳定的关键科研领域,政府主管部门要加强顶层设计和组织动员能力,做到"有为",引导具备能力的研究机构和科研人员开展有组织的科研工作。

在其他科研领域,政府主管部门要简政放权,做到"无为",引导研究机构和科研人员自主开展各具特色的科学研究,确保研究机构、科研人员和科研方向的多样性,从而涵养我国科技事业高质量发展的潜力。

二、深化公办研究机构改革,营造防范科研"内卷"的微观科研环境

现阶段,公办研究机构科研行政化问题日益突出,不仅加剧了科研同质化竞争,还加剧了科研"内卷"现象。

一方面,公办研究机构普遍存在"官越大、学问越好,资源越多、荣誉越多"的现象,既不利于我国在事关国际竞争、国家急需和社会稳定的关键科研领域组织精兵强将开展有组织科研,也不利于我国在其他领域涵养科技事业高质量发展的潜力。

另一方面，公办研究机构中依然存在急功近利的科研人员绩效考核机制，压缩了一线科研人员依据个人专长潜心问道的空间，加剧了科研同质化的恶性竞争，抑制了科研方向的多样性发展，破坏了"从 0 到 1"原创成果的形成土壤。

为了缓解我国科研"内卷"现象，建议深化公办研究机构管理体制改革。

一方面，要加快扭转公办研究机构科研行政化的现象，在研究机构官员选拔中，非必要不设"双肩挑"（既当官又做学问）岗位，引导研究机构官员全心全意为一线科研人员做好科研服务和条件保障工作，防范学术腐败的滋生。

另一方面，公办研究机构要从制度上提高一线科研人员的地位，淡化急功近利的绩效考核氛围。既要鼓励符合要求的科研人员为事关国际竞争、国家急需和社会稳定的关键科研领域作出贡献，也要鼓励一线科研人员心无旁骛地潜心开展符合自身专长的特色科研，进而为维持广大科研人员和科研方向的多样性提供微观环境保障。

与时俱进，开拓工程教育新局面

| 尤筱玥

2024年10月12日，中共中央、国务院通过了《中共中央 国务院关于深化产业工人队伍建设改革的意见》（以下简称《意见》），旨在推动产业工人队伍建设改革走深走实。《意见》强调："产业工人是工人阶级的主体力量，是创造社会财富的中坚力量，是实施创新驱动发展战略、加快建设制造强国的骨干力量。"《意见》的主要目标是："通过深化产业工人队伍建设改革，思想政治引领更加扎实，产业工人听党话跟党走的信念更加坚定，干事创业的激情动力更加高涨，主人翁地位更加显著，成就感获得感幸福感进一步增强；劳动光荣、技能宝贵、创造伟大的社会氛围更加浓厚；产业工人综合素质明显提升，大国工匠、高技能人才不断涌现，知识型技能型创新型产业工人队伍不断壮大。力争到2035年，培养造就2 000名左右大国工匠、10 000名左右省级工匠、50 000名左右市级工匠，以培养更多大国工匠和各级工匠人才为引领，带动一流产业技术工人队伍建设，为以中国式现代化全面推进强国建设、民族复兴伟业提供有力人才保障和技能支撑。"

一、发展变化

对照2017年2月6日中共中央、国务院印发的《新时期产业工人队伍建设改革方案》（以下简称《方案》），《意见》有了以下几方面的发展。

1. 指导思想和目标

《意见》继续强调党的全面领导和工会的作用，并明确提出了新的目标，即推进制造强国战略、提高产业工人素质等，是对《方案》的继承和发展。

2. 重点任务的变化

在五大任务（思想引领、建功立业、素质提升、地位提高、队伍壮大）保持了一定的连续性的基础上，《意见》突出强调要解决实际存在的问题，如技能人才缺乏、分配制度不完善等，表明改革重点正随着时代的发展而适时调整。

3. 改革的深度和广度

《意见》强调,要更深入地认识和处理好十大关系,包括产业工人与企业发展、技能提升与职业发展、收入分配与社会公平等方面的关系,显示出改革正向更深层次和更宽领域发展。

4. 法治化和规范化

《意见》特别提到,要依法加强监管,将产业工人队伍建设改革纳入法治轨道,这可能是对《方案》的补充和完善,旨在确保改革措施的有效性和合法性。

5. 以人民为中心的发展理念

《意见》强调了改革要符合社会主义市场经济的特点和规律,要以人民为中心,让改革发展成果更多地惠及产业工人,体现了持续的人本主义发展方向。

显然,从2017年到2024年,我国深化产业工人队伍建设改革的方向更加明确、措施更加具体,同时,我国产业工人队伍建设改革也更加注重解决实际问题,体现了政策的连续性和适应性。

二、工程教育的发展与挑战

《意见》明确指出,产业工人是实施创新驱动发展战略、加快建设制造强国的骨干力量。为了适应经济新常态、推动高质量发展,中国高等工程教育面临着新的发展趋势、挑战和应对策略,必须与时俱进、深入研究,充分认识并积极应对新趋势、新挑战。

1. 发展趋势

(1) 强化思想政治引领

《意见》强调要持续强化产业工人队伍的思想政治工作,用习近平新时代中国特色社会主义思想凝心铸魂,推动党的创新理论在产业工人中落地生根。这意味着工程教育不仅要传授专业知识,还要加强思想政治教育,培养学生的家国情怀和社会责任感。

(2) 适应新型工业化需求

《意见》提出要推动现代职业教育高质量发展,构建职普融通、产教融合的职业教育体系。工程教育需要更加注重培养学生的实践能力和创新能力,通过校企合作、产教融合等方式,提高学生的综合素质。

(3) 促进产业工人知识更新和学历提升

《意见》鼓励实施产业工人继续教育项目,支持高等学校、开放大学开设劳模和工匠人才、高技能人才学历教育班和高级研修班。工程教育应建立更加灵活的学分制和在线学习平台，方便在职人员提升学历和技能。

（4）完善技能形成体系

《意见》提出要健全产业工人终身职业技能培训制度，为发展新质生产力、推动高质量发展培养急需人才。工程教育需要建立多层次、多类型的技能培训体系，满足不同层次产业工人的需求。

2. 面临的挑战

（1）理论与实践脱节

虽然《意见》强调了实践教学的重要性，但在实际操作中，部分高校的工程教育仍存在理论与实践脱节的问题。学生在校期间缺少足够的实践机会，毕业后难以迅速适应工作岗位。

（2）师资队伍能力不足

《意见》指出要加强教师队伍建设，但目前一些高校的工程教育教师缺乏足够的行业实践经验，难以有效指导学生进行实践操作和解决实际问题。

（3）教育资源分配不均

《意见》提到要支持地方院校和职业院校的发展，但优质教育资源往往集中在少数重点院校，地方院校和职业院校的资源相对匮乏，影响了整体教育质量的均衡提升。

（4）学生创新能力培养不足

《意见》强调要培养学生的创新能力，但传统的教育模式更注重知识传授，忽视了对学生创新思维和实践能力的引导和培养。

3. 对策建议

（1）深化产教融合

加强学校与企业的产教融合，共同开发课程、共同建设实验室和实训基地。在此基础上，保障教学内容与行业发展需求紧密对接，提高学生的实践能力和创新能力。

（2）优化师资队伍建设

鼓励和支持教师参加行业培训或到企业挂职锻炼，丰富教师的实践经验、提高教师的实践能力和教学水平。同时，可以聘请企业专家担任兼职教师，引入和分享行业最新的技术及管理经验。

（3）加大政策支持力度

政府应加大对工程教育的投入，特别是对地方院校和职业院校的支持，优化资源配置，缩小地区间教育质量差距。可以通过财政补贴、税收优惠等政策措施，吸引企业参与教育改革。

（4）改革评价体系

建立多元化的评价体系，不仅要考查学生的理论知识，还要重视实践能力和创新能力的评估。通过项目式学习、竞赛等形式，激发学生的学习兴趣和创新潜能。

（5）推动国际合作交流

积极参与国际工程项目和研究项目，为学生提供更多的国际交流机会，拓宽其国际视野。通过国际合作，引进先进的教育理念和方法，提升国内工程教育的国际化水平。

三、结论

《意见》为我国工程教育的发展指明了方向，也提出了新的要求。通过深化产教融合、优化师资队伍、加大政策支持、改革评价体系和推动国际合作等措施，可以有效应对当前我国工程教育面临的挑战，促进工程教育质量的全面提升，为国家创新驱动发展战略的实施提供更强有力的人才支撑。

参考文献

［1］中华人民共和国中央人民政府. 中共中央 国务院关于深化产业工人队伍建设改革的意见[EB/OL]. (2024-10-21)[2024-10-20]. https://www.gov.cn/gongbao/2024/issue_11686/202411/content_6985162.html.

［2］中华人民共和国中央人民政府. 中共中央、国务院印发《新时期产业工人队伍建设改革方案》[EB/OL]. (2017-06-19)[2024-10-20]. https://www.gov.cn/xinwen/2017-06/19/content_5203750.htm.

我国高校发明专利委托代理现状分析与问题探究

| 常旭华　刘宇涵

国家知识产权局于 2024 年 4 月发布的《2023 年中国专利调查报告》显示，截至 2023 年年底，我国高校和科研机构的有效发明专利拥有量共达 102.3 万件，约占国内有效发明专利总量的 25%。高校是基础研究的重要平台，以生产科技成果为主责主业，知识产权代理服务则是发明创造获得专利授权的"最后一环"。当前，我国大部分高校选择与专利代理机构合作，由专利代理机构协助申请专利。基于这一情况，专利代理机构及其专利代理人的水平对高校专利质量有重要影响，因此，有必要对我国高校专利代理现状进行彻底摸底调查。本文采集了 2011—2022 年全国 35 所"985 工程"高校（去除了中国人民大学、北京师范大学、华东师范大学、中央民族大学四所以文科为主的院校和师范院校）通过代理机构申请的 608 800 件发明专利申请数据，提取代理机构和代理人信息，对我国高校发明专利委托代理的现状，以及我国高校委托的专利代理机构和专利代理人呈现出的特点进行分析。

一、高校委托的专利代理机构整体情况

基于 649 222 件高校发明专利，提取每所高校专利代理量前 20 名专利代理机构，得到 485 家专利代理机构，共代理了 513 557 件发明专利，占 35 所高校发明专利总代理量的 84.4%。其中，71% 的高校由代理量前 20 名的专利代理机构代理全校 80% 以上的专利；37% 的高校由代理量前 20 名的专利代理机构代理全校 90% 以上的专利。这表明，大部分高校都有长期、稳定合作的专利代理机构。因此，本文抽取各高校专利代理量前 20 名的代理机构作为研究样本具有代表意义。

485 所代理机构样本类型涉及代理公司、事务所、公共服务中心及高校专利中心。大学专利中心共 9 所，包括华中科技大学专利中心、大连理工大学专利中

心、西北工业大学专利中心、电子科技大学专利中心、北京理工大学专利中心、重庆大学专利中心、国防科技大学专利服务中心、中南大学专利中心、南京理工大学专利中心,共代理47 570件专利,占9.26%(图1),平均代理量为5 286件,远远超过代理公司/事务所986件的平均代理量(图2)。高校专利代理中心能够承担本校的主要专利代理工作,同时也能代理其他高校的专利申请,主要业务集中于高校专利代理。

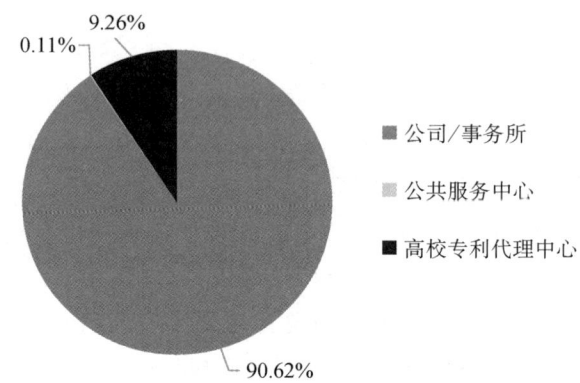

图1 不同类型专利代理机构代理量比例

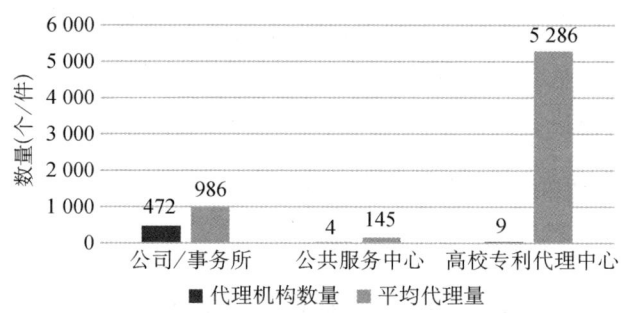

图2 不同类型专利代理机构数量与平均代理量

将485所专利代理机构按省市分类,北京市专利代理机构数量最多,高达140家,广东省专利代理机构数量排名第2(39家),上海市专利代理机构数量排名第3(36家),江苏省专利代理机构数量排名第4(31家),其余省份专利代理机构数量均少于30家(图3)。在拥有大量专利代理机构的省份,高校选择本地专利代理机构的比例较高,如北京市高校选择本地专利代理机构的比例为88%,上海市高校选择本地代理机构的比例为86.7%,远高于平均水平62.6%;而在专利代理机构数量较少的省份,高校选择本地代理机构的比例较低,如黑龙江省高校选择本地专利代理机构的比例为40%,甘肃省高校选择本地专利代理机构的比例为25%(图4)。总体来看,基于沟通、同城信任等多方因素,高校选择专利代理机构的策略通常具有本地偏好属性,如果实在无法满足需求,高校才会转而委托区域外其他专利代理机构。

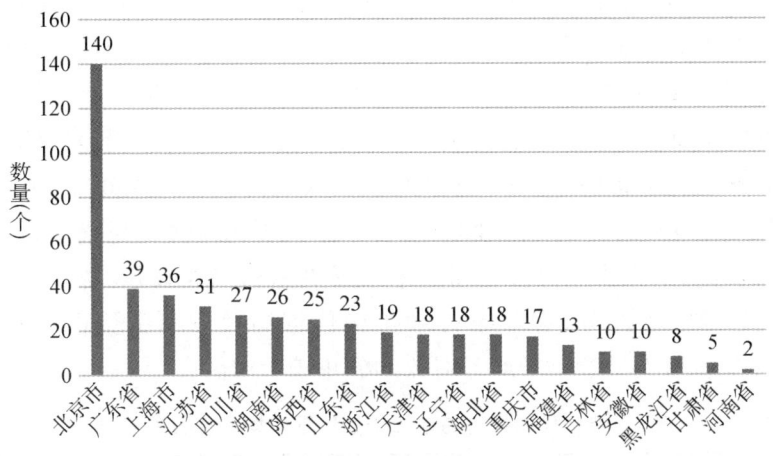

图3 专利代理机构数量分省份对比

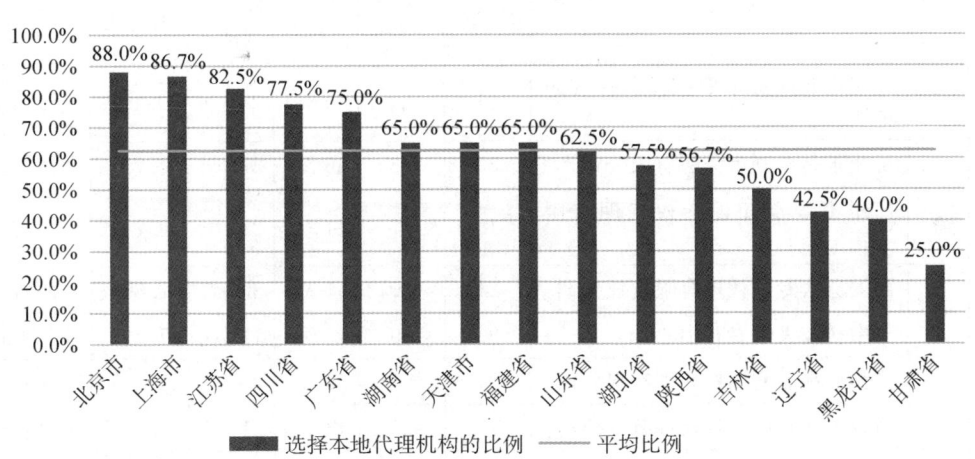

图4 各省份高校合作的本地代理机构占比

本文统计了485所代理机构样本中代理量排名前二十的专利代理机构的具体特征,包括代理机构成立年限(截至2022年)、代理机构拥有代理人数量、代理机构代理2011—2022年专利代理总量、代理机构在2011—2022年代理的高校发明专利总量、代理机构在2011—2022年代理的高校专利占机构总代理量的比例、代理机构所处省市,结果如表1所示。结果表明:①排名前二十的专利代理机构的成立年限较长,与高校形成了较为长期、稳定的合作关系。但具体成立年限有一定差异,最短成立年限为12年,刚好覆盖样本数据搜集的时间范围,最长成立年限为30年,一半以上代理机构成立年限超过20年(包括20年)。②代理机构代理人数量差异较大,规模各异。代理人数量最少的代理机构仅有8名代理人,而代理人数量最多的代理机构有108名代理人。代理人数量能反映出专利代理机构营业规模,这表明排名前二十的专利代理机构规模差别极大。③代理机构服务对象分布不同。有4家代理机构代理高校专利数量占比超过80%,表明其专门为高校提供专利代理服务;有2家代理机构代理高校专利数量占比低于20%,表明其主要为社会公司及个人提供专利代理服务,高校专利代理只占据其业务量的小部分;有7家代理机构代理高校专利数量占比为40%~60%,表明其高校与社会两类服务对象的分布较为均衡。

表1 专利代理量排名前二十的代理机构特征数据汇总

排名	代理机构	成立年限(年)	代理人数量(人)	代理总量(件)	高校代理量(件)	高校专利占比	省份
1	天津市北洋有限责任专利代理事务所	21	23	30 681	21 626	70.49%	天津市
2	杭州求是专利事务所有限公司	30	23	36 739	27 461	74.75%	浙江省
3	广州市华学知识产权代理有限公司	18	77	44 245	25 103	56.74%	广东省
4	西安通大专利代理有限责任公司	21	30	51 971	30 041	57.80%	陕西省
5	华中科技大学专利中心	30	19	15 888	15 526	97.72%	湖北省
6	广州粤高专利商标代理有限公司	21	61	57 127	23 748	41.57%	广东省
7	济南圣达知识产权代理有限公司	17	37	42 559	21 760	51.13%	山东省
8	上海科盛知识产权代理有限公司	17	24	37 895	18 024	47.56%	上海市
9	南京苏高专利商标事务所(普通合伙)	29	45	55 846	26 598	47.63%	江苏省
10	哈尔滨市松花江专利商标事务所	28	11	26 179	16 076	61.41%	黑龙江省

(续表)

排名	代理机构	成立年限(年)	代理人数量(人)	代理总量(件)	高校代理量(件)	高校专利占比	省份
11	武汉科皓知识产权代理事务所(特殊普通合伙)	12	30	22 301	17 890	80.22%	湖北省
12	大连理工大学专利中心	29	11	13 168	10 555	80.16%	辽宁省
13	西北工业大学专利中心	30	9	14 302	9 865	68.98%	陕西省
14	北京清亦华知识产权代理事务所(普通合伙)	21	70	85 729	11 477	13.39%	北京市
15	北京路浩知识产权代理有限公司	21	108	81 761	14 857	18.17%	北京市
16	上海汉声知识产权代理有限公司	15	13	24 274	10 402	42.85%	上海市
17	杭州天勤知识产权代理有限公司	17	19	16 219	10 260	63.26%	浙江省
18	上海正旦专利代理有限公司	20	8	8 660	7 942	91.71%	上海市
19	西安智大知识产权代理事务所	14	9	17 289	10 771	62.30%	陕西省
20	长春吉大专利代理有限责任公司	20	24	11 633	7 449	64.03%	吉林省

二、专利代理人整体情况

针对485所专利代理机构,提取代理过样本高校专利的所有代理人,剔除重复代理人数值后,共有6 347名代理人,共代理了596 905件专利(多人合作代理的单件专利记在所有合作代理人名下,进行重复计算)。数据显示:代理量在100件及以上的代理人有1 086人,共代理了506 650件专利,占专利代理总量的84.9%;代理量在1 000件及以上的代理人有131人,共代理了235 013件专利,占专利代理总量的39.4%(图5)。因此,代理量在100件及以上的专利代理人代理了样本中绝大部分专利,具有一定代表性,可以选择专利代理量在100件及以上的专利代理人作为代理人研究样本。

在代理人样本数据中,存在两名代理人合作代理一件发明专利的情况,经过统计,共有160对合作代理人合作代理专利量在100件及以上,涉及218名专利代理人,共代理了10 770件发明专利。将合作代理人名单与代理人样本名单进行比对分析,筛选代理量在100件及以上的合作代理人名单,可以排除偶发性合作,能够发现专利代理人之间较为稳定的合作关系。在代理量在1 000件及以

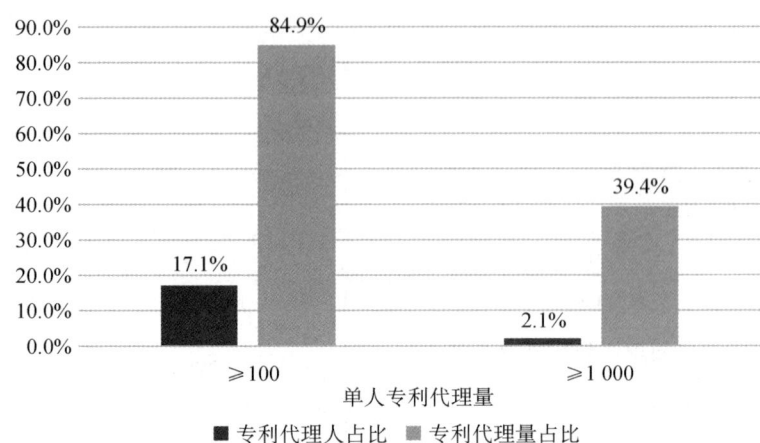

图 5　不同代理量范围的专利代理人及其专利代理量比例对比

上的专利代理人中,共有 33 人拥有稳定的合作专利关系,在代理量在 100 件及以上的专利代理人中,只有 44 人拥有稳定的合作专利关系(图 6)。在需要代理大量专利的情况下,合作代理能够提高专利代理效率,减少单个代理人的工作量,但在代理量在 1 000 件及以上的 138 名专利代理人中,只有 33 人拥有稳定合作专利关系,其余代理人均属个人独立代理大量专利。

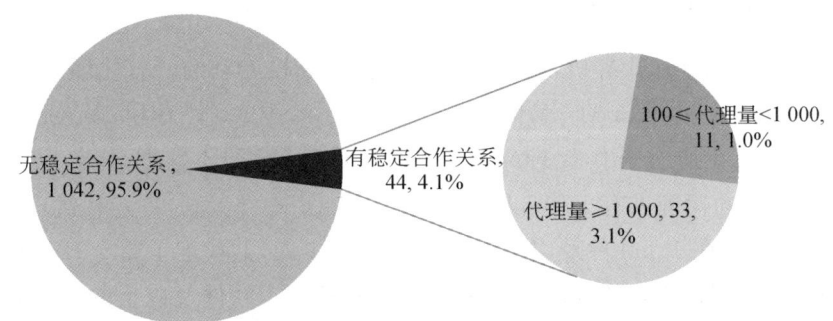

图 6　专利合作关系与代理量分布情况

统计 1 086 名专利代理人样本中代理量排名前二十的专利代理人的具体特征,包括代理人的执业年限(截至 2022 年)、代理人 2011—2022 年专利代理总量、代理人 2011—2022 年代理的高校专利总量、代理人代理的高校专利量占专利代理总量的比例、代理范围(用代理专利的 ipc 总分类号数量表示),结果如表 2 所示。结果表明:①代理人的执业年限呈现较大差异。执业年限最短的代理人只有6年经验,执业年限最长的代理人拥有34年代理经验。②代理人服务对象分布不同。7名代理人代理高校专利数量占其代理专利总量的比例超过90%,表明其几乎只为高校提供专利服务。8名代理人代理高校专利数量占其代理专利总量的比例为60%~90%,表明其为高校提供专利服务较多。2名代理人代理高校专利占其代理专利总量的比例为30%~40%,表明其为高校提供专利服务较少。③在专利代理范围层面,不同的专利代理人代理的专利范围有所不同。专利代理范围广的专利代理人并没有局限特定领域进行代理,专利代理范围窄说明专利代理人集中于特定领域的专利代理。

表2 专利代理量排名前二十的代理人特征数据汇总

代理人序号	代理机构	专业	执业年限(年)	代理专利量(件)	高校代理量(件)	高校专利占比	代理范围
1	广州粤高专利商标代理有限公司	机械	11	7 898	7 762	98.28%	368
2	华中科技大学专利中心	系统工程	13	6 730	6 659	98.95%	155
3	南京苏高专利商标事务所(普通合伙)	机械	18	22 288	10 970	49.22%	320
4	华中科技大学专利中心	科技信息	18	5 223	4 996	95.65%	171
5	上海正旦专利代理有限公司	应用数学	16	5 277	4 898	92.82%	215
6	上海汉声知识产权代理有限公司	物理学	15	9 363	4 535	48.44%	308
7	杭州天勤知识产权代理有限公司	高分子化工	25	8 266	5 772	69.83%	300
8	厦门南强之路专利事务所(普通合伙)	无线电物理	18	5 228	4 082	78.08%	265
9	西北工业大学专利中心	电子	34	4 615	3 907	84.66%	230
10	大连理工大学专利中心	—	7	3 818	3 601	94.32%	257
11	杭州求是专利事务所有限公司	化学	19	5 268	4 160	78.97%	295
12	大连理工大学专利中心	通信	13	5 960	3 929	65.92%	259

(续表)

代理人序号	代理机构	专业	执业年限（年）	代理专利量（件）	高校代理量（件）	高校专利占比	代理范围
13	上海交达专利事务所	机械法律	15	4 114	3 408	82.84%	277
14	天津市北洋有限责任专利代理事务所	制药	18	3 432	3 209	93.50%	196
15	上海交达专利事务所	电子通信工程	11	3 973	3 168	79.74%	270
16	杭州求是专利事务所有限公司	控制科学与工程	11	7 186	4 817	67.03%	259
17	上海旭诚知识产权代理有限公司	热能机械	21	5 547	3 148	56.75%	261
18	北京纪凯知识产权代理有限公司	生物学	20	12 870	4 462	34.67%	174
19	上海正旦专利代理有限公司	工业设计	6	3 021	2 819	93.31%	261
20	上海汉声知识产权代理有限公司	计算机教育	15	12 715	4 623	36.36%	242

三、高校专利代理情况分析与总结

35所"985工程"高校属于我国高校科研实力和水平的第一梯队。基于以上数据分析，代理高校专利的代理机构和代理人呈现以下特征。

① 高校发明专利呈现集中代理状态，少部分代理机构和代理人影响着全国重要高校的绝大多数专利，高校倾向于将大量专利集中分派给少量代理机构进行批量代理，20所代理机构负责了高校2011—2022年62%～95%的专利代理工作，各高校都有一批较为稳定且长期委托的专利代理机构。同时，在专利代理人层面，存在少量专利代理人控制着大部分高校发明专利申请的现象，17%的专利代理人代理了整个样本中84%的发明专利。代理量在1 000件及以上的专利代理人数量只占样本代理人总量的2%，却代理了整个样本中39%的发明专利。可以判断，专利代理机构和专利代理人过度集中，对高校专利代理过程有着极其重要的影响，通过影响专利代理环节可能影响高校专利成果的质量。

② 统计高代理量的高校专利代理人后发现，部分专利代理人的专利代理量过高。代理量排名第一的专利代理人 2011—2022 年共代理了样本高校的 7 700 件发明专利，平均每年代理 642 件；代理量排名第三的专利代理人 2011—2022 年共代理了样本高校的 22 287 件发明专利（尽管该代理人代理的高校专利只占其代理总量的 49.2%），平均每年代理 1 857 件专利。部分专利代理人的专利代理量过高这一现象背后存在着多种原因。首先，在专利代理层面，可能存在专利挂名现象，即有资质的专利代理人会将发明专利发放给无代理资质的人申请，最终挂在该代理人名下提交，导致出现一名代理人平均每天至少代理 2 件专利的数据量异常情况。其次，从高校教师的需求方面分析，部分高校科研人员申请专利的目的是评职称和课题结题、职务晋升，即为了增加专利数量而申请专利，甚至会将一件完整的专利拆分成多个专利进行申请。专利代理机构和代理人深谙教师缺少对高质量专利的追求，因此在与教师沟通后往往不会在专利申请上投入过多时间和精力。

③ 全国 9 所高校专利中心在高校专利代理环节中发挥着重要作用。大部分高校为响应政策，增强高校在知识产权创造、运用、保护、管理和服务全链条的信息公共服务能力，设立了自主的知识产权信息服务中心。当前，全国有 103 所高校国家知识产权信息服务中心，但仅有 9 所高校的专利中心拥有专利代理资质，是国家知识产权局信息公示平台承认的专利代理机构。同时，这 9 所高校专利中心均为拥有国防专利代理资质的机构。高校专利中心能够拥有专利代理资质，是为了满足高校国防专利申请的特殊需求。

四、代理量前二十的代理机构与代理人特征分析与问题探究

专利代理机构与专利代理人的不同的特征，是否会对专利代理环节产生不同的影响，进而对专利质量产生差异性影响？

对专利代理机构而言，通常成立年限越长、专利代理人越多的代理机构的代理经验越丰富，越有利于专利代理，专利质量越高。而主要为高校服务的专利代理机构是否会比拥有更广泛服务对象的专利代理机构更擅长代理高校专利？与高校处于同一省市的代理机构是否能与高校更便捷地沟通，为高校提供更好的代理服务，进而提升专利质量？

对专利代理人而言，通常执业年限越长说明其经验越丰富，专利代理范围越窄，代理人越能集中精力代理其擅长代理的专利，从而有效促进专利质量的提升。在一年中,代理人代理的专利总量越多,其在每一件高校专利上投入的时间就越少,不利于高校专利质量的提升。主要为高校服务的代理人会比服务对象更广泛的代理人更擅长代理高校专利,从而促进专利质量的提升。

当然,上述问题还需要进一步的数据确认,后续我们将分析样本中代理专利的质量,逐一验证分析结果。

数据观察:中国高校专利转让网络的时空演化

常旭华　张　钰

中国要实现"两个一百年"奋斗目标,刺破美欧对华科技封锁,实现高水平科技自立自强和新质生产力提升,关键在于两个环节:一是高质量基础研究、应用研究及技术研发;二是高效率的技术转移应用。为此,当前我国正在全面推进教育、科技、人才的三位一体化战略,高校作为其中最为关键的一环,同时承担着人才培养、科学研究、社会服务三大使命,尤其是高校专利转让活动,在促进区域经济社会发展、保障国家安全等方面发挥着不可替代的作用。根据国家知识产权局统计数据,截至2023年9月,国内高校有效发明专利拥有量达76.7万件,占国内有效发明专利总量近两成。另据调查,截至2022年,全国50.8%的高校设立了技术转移办公室("985工程""211工程"高校占比达86.0%),大部分高等级院校都投资建设了相对完整的孵化器—众创空间或概念验证中心—加速器—科技园等专利转移基础设施。然而,不同条线的数据却证实,高校专利转移效果并不十分理想,绝大部分高校发明专利未进入实际生产应用环节。如何真正地将这些专利转化为新质生产力,已成为一个各部门亟待解决的现实问题。带着上述观察和疑问,本文尝试解析已经成功转移的专利到底去了哪里,并通过去向分析判断高校应将有限的资源投放到哪些潜在市场。

一、全国高校专利转让主体分析:谁在卖,谁在买

本文采集到2010—2023年1 275所本科高校已经转移的94 582件专利,涉及转让记录115 489条。其中,"985工程"高校的专利转让数量约占17.8%,校均转让量为379次;原"211工程"高校的专利转让数量约占30.3%,校均转让量为224次;而普通本科院校的校均转让量为65次。这说明高等级高校是专利转让的核心主体,我们应将关注焦点放在"985工程""211工程"高校上。

从实际转让的专利数量看,转让专利数超过1 000件的高校有11所,清华大学领跑全国高校。专利转让次数和件数差距较小的是东南大学、西安电子科

技大学、北京大学、浙江大学和华南理工大学，此类高校的相关专利平均转移次数较少(表1)。这一方面说明专利通过知识产权中介进入实际生产的比例较低，大多数专利直接由高校转移到企业；另一方面说明每件专利的受让方较为单一，较少出现一件专利转让给多个受让主体的情况。

表1 专利转移规模前20名高校转让次数、转让件数统计表

专利转移规模前20名高校	转让次数	转让件数
浙江工业大学	2 103	1 331
上海交通大学	1 784	1 327
清华大学	1 686	1 489
杭州电子科技大学	1 624	1 060
哈尔滨工业大学	1 594	1 052
江南大学	1 593	1 303
西安交通大学	1 548	1 327
北京工业大学	1 518	1 092
陕西科技大学	1 464	996
北京航空航天大学	1 463	1 201
重庆大学	1 404	1 011
江苏大学	1 378	1 075
苏州大学	1 264	902
天津大学	1 215	916
华南理工大学	1 157	986
浙江大学	969	804
浙江理工大学	969	699
北京大学	943	813
西安电子科技大学	894	770
东南大学	737	707

对高校专利2010—2023年的受让数量进行统计，2015年及以前增长较慢，2016年起首次突破1 000，随后稳步增长，2019—2021年增长速度明显加快。观察专利转移规模较大的转让城市、受让城市及城市对的交易情况，西安—深圳、

杭州—广州、北京—深圳、北京—珠海、杭州—深圳、西安—广州属于非邻近城市对,转让城市均为高校大市,受让城市均为广东省经济较发达城市;南京—南通、杭州—嘉兴、广州—佛山等邻近城市对多属江苏、浙江、广东等高校大省,且专利流向主要是从第一梯队城市流向第二梯队城市,第一梯队城市的高校专利溢出效应明显(表2)。

表2 高校专利转移热门城市(对)分布

专利转移城市对前15名	交易量(件)	专利转让城市前15名	交易量(件)	专利受让城市前15名	交易量(件)
西安—深圳	548	北京	8 738	北京	7 386
杭州—广州	540	西安	7 420	上海	5 054
南京—南通	493	杭州	6 777	广州	4 898
杭州—嘉兴	484	上海	4 410	苏州	4 171
镇江—苏州	400	南京	3 925	深圳	4 028
南京—苏州	344	广州	3 369	西安	3 811
北京—深圳	336	重庆	3 029	合肥	2 813
南京—上海	294	成都	2 908	重庆	2 537
镇江—无锡	276	天津	2 638	杭州	2 531
北京—苏州	257	哈尔滨	2 464	成都	2 403
北京—珠海	248	武汉	2 199	南通	2 377
广州—佛山	246	镇江	2 103	天津	1 889
杭州—深圳	231	苏州	1 804	无锡	1 705
西安—广州	222	济南	1 804	哈尔滨	1 608
杭州—南通	219	沈阳	1 670	南京	1 551

本文选取高校专利转让量或受让量排名前十的城市,对其本地转化、流入流出情况进行了统计和计算。在地转化率是指"本地转化量/转出专利总量",描述本市高校流出的专利有多少留在了本市;自主供给率是指"本地转化量/转入专利总量",描述本市引入的专利有多少源自本市高校,具体数据如表3所示。数据表明:①高校专利本地转化量较高的城市是北京、西安、上海等强教育属性的城市,此类城市自主供给率和在地转化率均较高,表明"强高教资源—强经济发

展"起到关键作用,异地城市在经济发达程度、产业匹配程度上的优势不足以抵消地理距离障碍。②高校专利自主供给率较低的城市包括武汉、南京、深圳、南通、无锡、苏州等。武汉和南京属于中部或东部地区影响力较大的省会城市,尽管也具备"科教实力强—经济强"的特征,但周边"经济强邻"和"需要帮扶的弱邻"太多,导致高校专利净流量为负且绝对值较大;深圳、南通、无锡、苏州均为"非省会—经济强—科教弱"型城市,近年来,四座城市投入重金吸引异地高校设立分校区、直属研究院、新型研发机构,以近距离接收高校技术溢出,更高效地促进本地企业技术发展水平和能力提升。

表3 全国主要城市高校专利流动情况

城市	本地转化量（件）	净流入量（件）	净流出量（件）	净流量（件）	在地转化率	自主供给率
北京	4 211	2 376	2 891	−515	59%	64%
西安	3 008	360	2 788	−2 428	52%	89%
杭州	1 530	810	3 183	−2 373	32%	65%
上海	2 381	2 103	1 183	920	67%	53%
南京	67	1 395	3 163	−1 768	2%	5%
广州	1 701	2 716	1 122	1 594	60%	39%
成都	1 514	598	791	−193	66%	72%
重庆	1 520	547	718	−171	68%	74%
天津	1 069	578	1 003	−425	52%	65%
武汉	0	469	1 860	−1 391	0%	0%
苏州	1 049	2 666	310	2 356	77%	28%
无锡	376	1 183	929	254	29%	24%
合肥	767	1 814	410	1 404	65%	30%
南通	430	1 691	249	1 442	63%	20%
深圳	502	3 130	21	3 109	96%	14%

二、高校专利转让网络的时空发展

本文根据中国高校专利转让的总体发展态势,截取了2010—2014年、2015—

2019年、2020—2023年三个阶段的数据,构建出"高校—城市"专利转移拓扑网络(图1),观察高校专利转移到各地级市的情况,总结专利转让活动的活跃程度与辐射范围。该拓扑结构为有向网络,以深色节点表示高校,以浅色节点表示城市,以深色节点与灰色节点的连线表示高校到城市的专利转让关系。基于此,可得到以下发现:①第一阶段,网络的规模较小,节点数仅为总网络的43.76%,边数为980,平均加权度仅为4.309,网络密度为0.001,仅有少数转移活跃的"高校—城市"组合,如东南大学—南通、上海交通大学—上海、华南理工大学—广州、清华大学—无锡、北京交通大学—北京、重庆大学—重庆等,基本为本地转移组合和地理邻近组合。②第二阶段,网络规模迅速扩大,节点数为总网络的74.53%,接近上一阶段的两倍,边数为3 991,增长了近3倍,平均加权度为18.034,网络密度为0.004,处于网络核心位置的高校基本为"985工程"院校或理工科强势院校,核心受让城市除"北上广深"外,还有重庆、成都、武汉、西安等高教强势的省会城市和苏州、无锡、东莞等经济强势的非省会城市。③第三阶段,网络规模扩张明显,节点数为总网络的97.61%,说明有历史节点退出专利转移网络;边数为9 232,是上一阶段的2.3倍;网络密度为0.01,节点之间的联系更加紧密,各地高校专利的转移关系不再构成彼此分离的独立网络,而是逐步联结,形成一整张大网络。

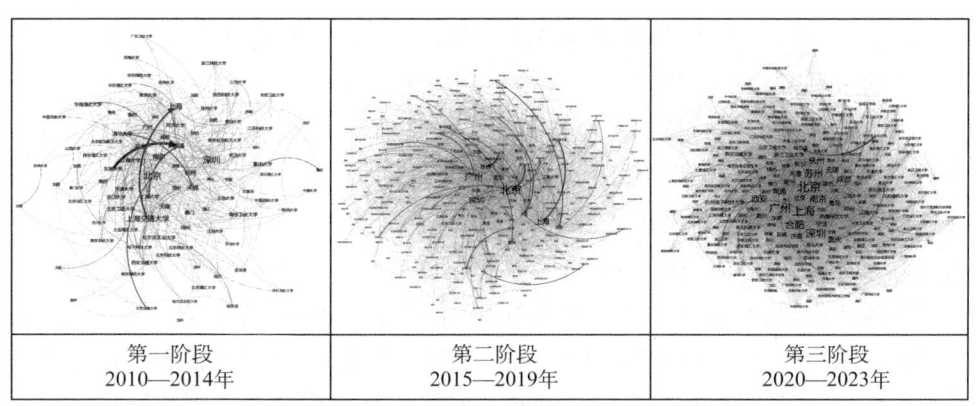

图1 中国高校专利"转让高校—受让城市对"网络

进一步观察基于高校专利转移网络的城市对演化过程。可以发现:①第一阶段,空间网络节点分布稀疏,节点间连线极少,表明高校专利跨城市转移的情形少,西部地区尤甚。②第二阶段,参与转移的节点及节点间连线明显增多,"东密西疏"的转移格局初步形成,地理位置偏远的城市专利转移频次较低,连接关系较为单一。③第三阶段,高校专利转移的城市对连线显著增多,网络密度大大增加,"东密西疏"的转移格局进一步强化。京津冀地区、长三角地区、珠三角地区、成渝地区、西安构成了转移网络的"梯形核心",哈尔滨、兰州、昆明、南宁、广深地区、福厦地区、沪宁杭地区构成了转移网络的"钻石形边界"(图2)。

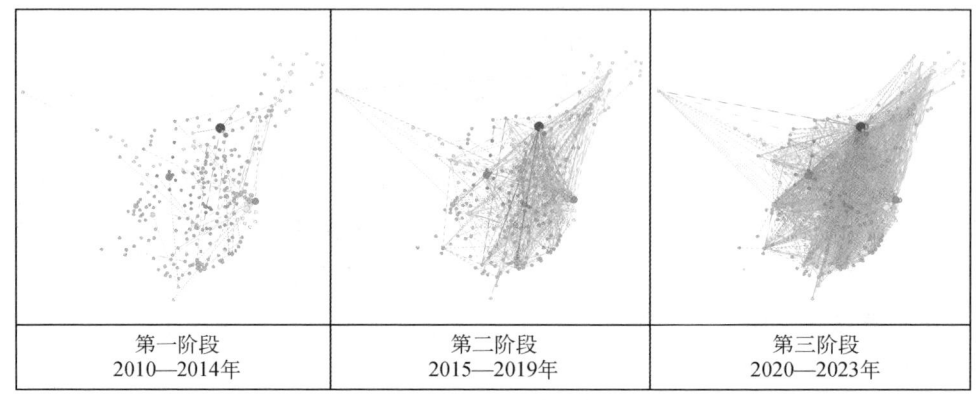

图2 中国高校专利"转让城市—受让城市对"网络

三、结论

得益于 2010—2023 年我国经济快速发展对先进技术的急迫需求,高校专利转移活动水平得到大幅提升。从技术供给方看,"985 工程""211 工程"高校和"双一流"建设高校的专利转移规模明显大于其他高校,综合类和理工类高校的专利转移最为活跃,师范类和医药类高校的转移潜力不容忽视;且东部高校比西部高校更早地获得了专利转让机遇。从技术需求方看,专利转移活跃程度与高教实力、经济实力、区位优势相关,区域同时符合高教大省/大市和经济大省/大市时在地转化率会高,单边的高教大省/大市或经济强省/强市在专利转让上更依赖外部网络链接,与异地"互换"资源。从时空维度看,无论是高校—城市对还是转让城市—受让城市对,全国专利转让网络正从彼此分离的独立网络转变为逐步联结的统一网络,总体呈现去中心化、多极化趋势;以京津冀地区、长三角地区、珠三角地区、西安、成渝地区为"梯形核心",以哈尔滨、兰州、昆明、南宁、广深地区、福厦地区、沪宁杭地区为"钻石形边界"的专利转移活跃区正在逐步形成。

国家自然科学基金结项成果的专利重复问题探究

喻诚搏　常旭华

国家自然科学基金是我国资助范围最广、资助人数最多、资助体量最大的科技计划之一，同时也是国内外学界公认管理最为科学、项目系统最规范的资助体系。尽管如此，以课题项目为主的研究模式仍然不可避免地带来了绩效评估难题。其中，典型现象之一是科研人员将一项成果作为多个项目的结题成果重复上报。成果重复上报现象既可能因科研团队合作而产生（属于正常现象），也可能因科研人员为了完成考核指标故意"凑数"而产生（特别是成果与项目关联不大的情形）。后一种情况不仅可能导致经费资助低效，夸大财政资金对科学技术进步的实际贡献，甚至可能助长低质量专利扩散，干扰技术要素市场，加大科技成果转移转化难度，进而重创高校声誉。近年来，随着国家科技计划项目管理系统日趋完善，多源数据渠道被打通，国家自然科学基金结项专利成果重复申报的问题可以也必须得到解决。鉴于此，本文拟以我国"985 工程"建设高校 2017—2022 年结项的国家自然科学基金项目为研究对象，从结题年份、资助学部、资助类型、资助金额、依托单位五个方面揭示专利重复现状，凝练真实问题，并给出一些思考和启发。

一、整体情况：国家自然科学基金结项成果有 11.74% 的专利重复

2017—2022 年，57 502 名科研人员以 35 所"985 工程"建设高校（剔除了以文科为主的院校和师范院校，包括北京师范大学、华东师范大学、中国人民大学和中央民族大学）为依托单位申请的 70 332 个国家自然科学基金项目完成结题。其中，22 554 名（占比 39.22%）科研人员的 26 604 项（占比 37.83%）国家自然科学基金结项项目产出了发明专利成果，共计 106 155 件（剔除重复值和缺失值）（图1）。

据统计，有 12 472 件发明专利成果出现在多个国家自然科学基金项目的结

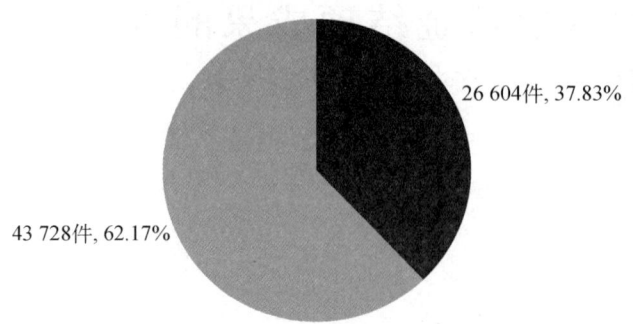

图 1　国家自然科学基金项目分类情况

题成果清单中(以下简称"重复专利"),占比达 11.75%(图 2)。进一步分析,其中有 10 975 件(占比 88%)重复专利出现在两项国家自然科学基金项目结项报告中,有 1 497 件重复专利出现在 3 项及以上国家自然科学基金的结项成果清单中,占重复专利总数的 12%(图 3)。项目主体方面,有 9 312 件重复专利被作为不同的国家自然科学基金项目主持人的项目成果上报(即同一件发明专利被不同项目主持人纳入其各自的国家自然科学基金项目材料),占重复专利总量的比重达 74.66%(图 4)。

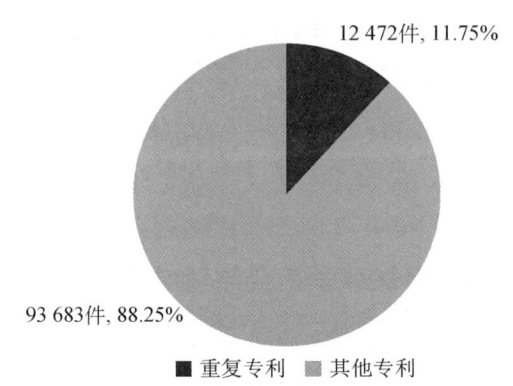

图 2　国家自然科学基金发明专利成果分类情况

二、重复专利分布:跨年份、跨类型、跨金额,集中于东部地区

1. 重复专利具有典型的跨年份结题特征

数据显示,9 602 件重复专利出现在不同结题年份的国家自然科学基金项目

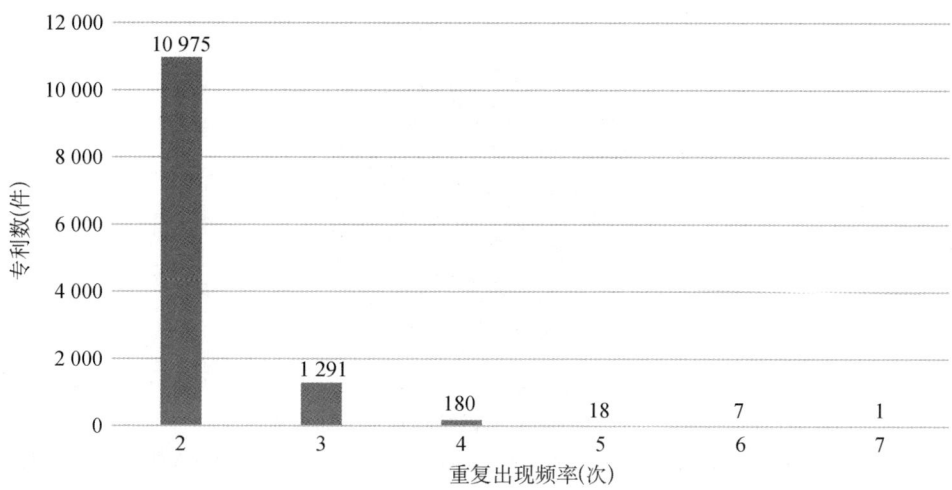

图 3　重复专利出现在多个国家自然科学基金项目中的频次分布

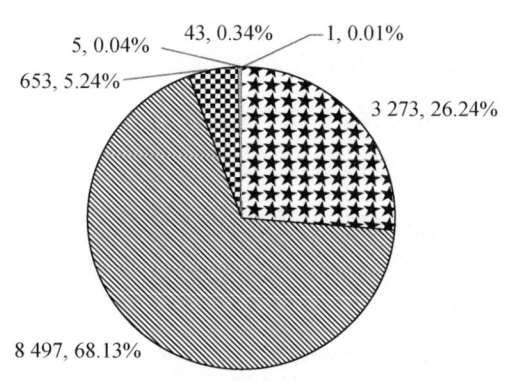

图 4　重复专利的项目主持人分布情况

注：饼图图例数字为重复专利对应的项目主持人数，如 2 表示重复专利出现在 2 名不同项目主持人的项目成果中。

成果中，占重复专利总数的 76.99%（图 5）。从具体结题年份来看，不同结题年份国家自然科学基金项目产生的重复专利整体上比较均衡，2019 年国家自然科学基金结题项目产生的重复专利数量最多，整体呈现先增后减的趋势（图 6）。

2. 重复专利跨学部结题特征不明显

统计数据显示，9 682 件重复专利出现在相同资助学部的项目成果中，占重

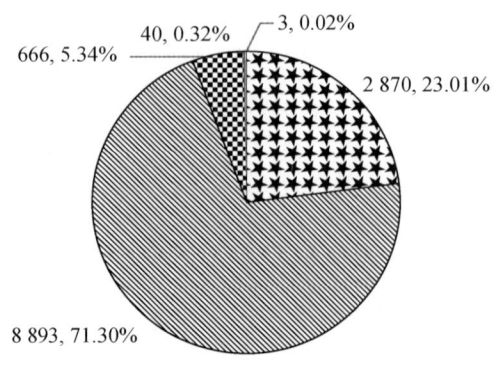

图 5 重复专利的项目结题年份分布情况

注:饼图图例数字为重复专利对应的项目结题年份数,如 2 表示重复专利出现在 2 种不同结题年份的项目成果中。

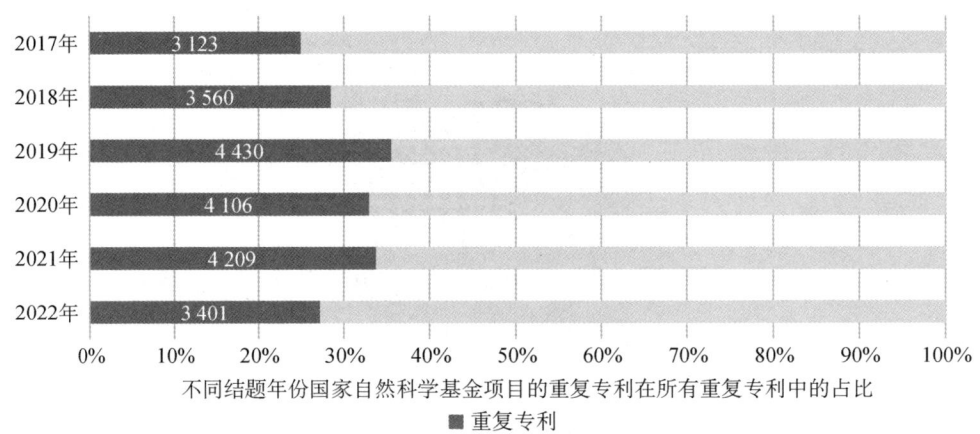

图 6 不同结题年份国家自然科学基金项目的重复专利分布情况

复专利总数的 77.63%(图 7)。从具体的资助学部分布来看,工程与材料科学部及信息科学部产生的重复专利数量远超其他学部,管理科学部产生的重复专利数量最少(图 8)。从合作研究视角看,这表明国家自然科学基金主持人之间的合作以学部内科研合作为主,跨学部科研合作相对较少。

3. 重复专利具有跨类型结题特征

统计数据显示,8 332 件重复专利出现在不同资助类型的国家自然科学基金项目成果中,占比达 66.80%(图 9)。从具体的资助类型分布来看,面上项目产生的重复专利远超其他资助类型,专项项目产生的重复专利数量最少(图 10)。

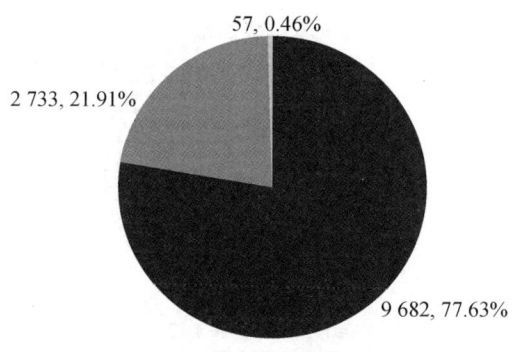

图 7　重复专利的项目资助学部分布情况

注：饼图图例数字为重复专利对应的项目资助学部数，如2表示重复专利出现在2种不同资助学部的项目成果中。

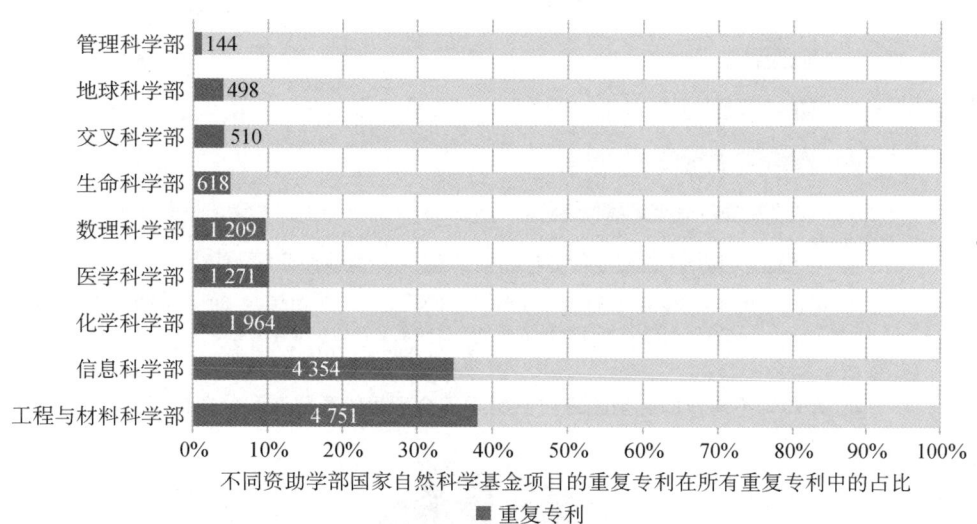

图 8　不同资助学部国家自然科学基金项目的重复专利分布情况

这可能专项项目平均资助周期偏短，结项评估对专利成果不作过多要求有关。

4. 重复专利在多个资助规模区间都比较突出

由于国家自然科学基金结题项目的资助金额分布极差较大，因此本文将资助金额分为"小于等于50万""大于50万小于等于100万""大于100万小于等于200万"和"大于200万"四个金额段，单位均为人民币。统计数据显示，7 800件重复专利出现在不同资助金额段的项目成果中，占比达62.54%（图11）。从具体的资助金额段来看，"大于50万小于等于100万"金额段项目产生的重复专

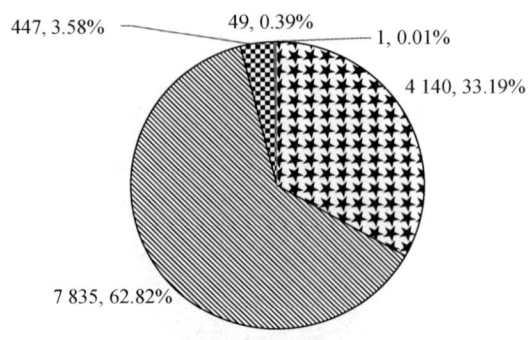

图 9 重复专利的国家自然科学基金项目资助类型分布情况

注：饼图图例数字为重复专利对应的项目资助类型数，如 2 表示重复专利出现在 2 种不同资助类型的项目成果中。

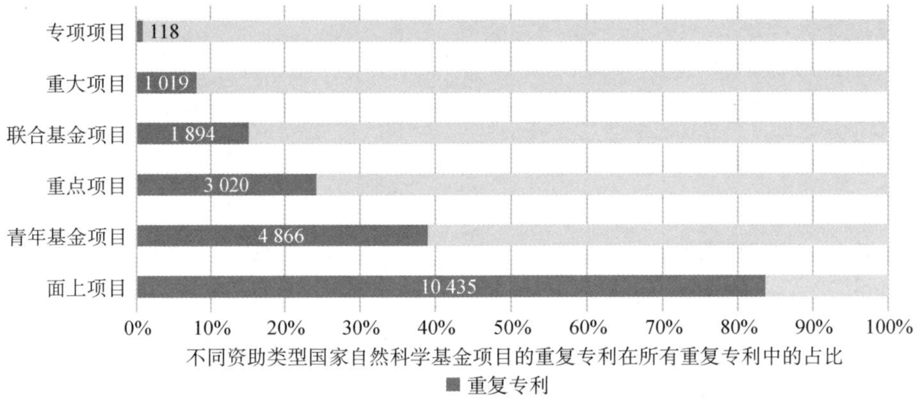

资助类型	重复专利数
专项项目	118
重大项目	1 019
联合基金项目	1 894
重点项目	3 020
青年基金项目	4 866
面上项目	10 435

不同资助类型国家自然科学基金项目的重复专利在所有重复专利中的占比
■ 重复专利

图 10 不同资助类型国家自然科学基金项目的重复专利分布情况

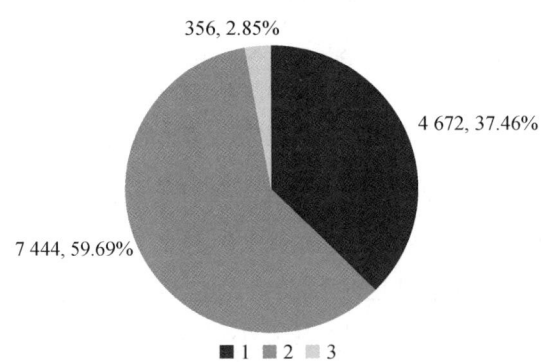

图 11 重复专利对应的国家自然科学基金项目资助金额段分布情况

注：饼图图例数字为重复专利对应的国家自然科学基金项目资助金额段数量，如 2 表示重复专利出现在 2 种不同资助金额段的项目成果中。

利数量远超其他金额段,"大于 100 万小于等于 200 万"金额段产生的重复专利数量最少(图 12)。

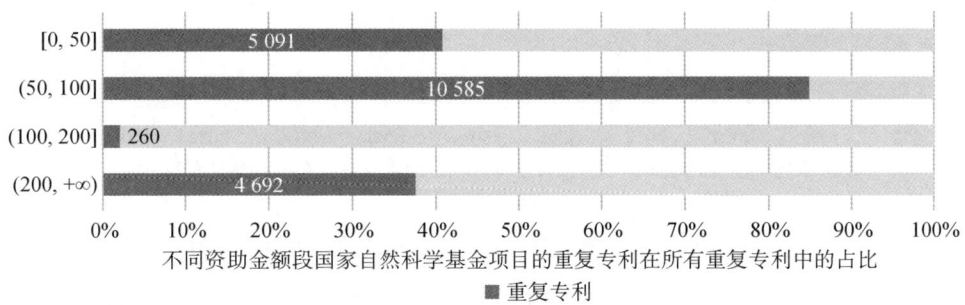

图 12 不同资助金额段国家自然科学基金项目的重复专利分布情况

5. 重复专利跨依托单位结题特征不明显,集中分布于东部地区项目成果中

统计数据显示,11 728 件重复专利仅出现在相同依托单位的国家自然科学基金项目成果中,占比达 94.03%(图 13)。从依托单位地域分布来看,东部地区高校国家自然科学基金项目产生的重复专利远超其他地区,中部地区、西部地区、东北地区高校国家自然科学基金项目产生的重复专利数量的差异不显著(图 14)。

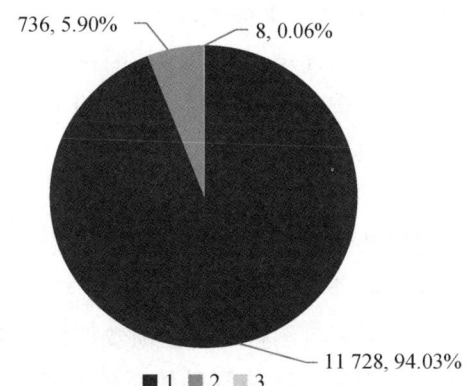

图 13 重复专利对应的国家自然科学基金项目依托单位分布情况

注:饼图图例数字为重复专利对应的国家自然科学基金项目依托单位数,如 2 表示重复专利出现在 2 种不同依托单位的项目成果中。

三、思考与启示

我国 35 所"985 工程"高校重复专利占国家自然科学基金项目结项专利总

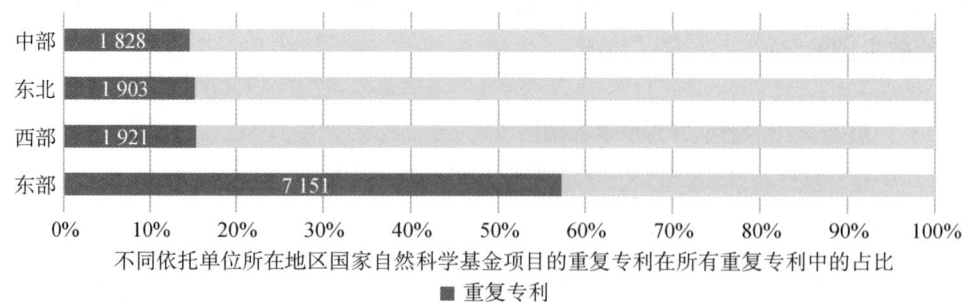

图 14　不同依托单位所在地区国家自然科学基金项目的重复专利分布情况

量超过10%，比例不低。基于国家自然科学基金项目形成的重复专利集中在东部地区依托单位，整体呈现跨年份、跨类型的特征，而跨学部、跨依托单位特征并不明显。研究团队曾对国家自然科学基金项目专利成果质量开展分析，发现重复专利的法律质量、技术质量更高，但转让比例相对较低。这可能是多个项目主持人所在多个单位共有专利权属造成的。因此，我国国家自然科学基金项目专利成果的考核标准是否合适，如何客观看待重复专利的价值，是值得讨论的问题。课题组提出以下两方面思考与启示。

1. 优化国家自然科学基金项目绩效评估体系

国家自然科学基金的整体目标是提升国家战略性、基础性领域的科研实力，纯应用导向的研究并非其资助重点，专利成果属于"锦上添花"型成果，不是也不应当成为国家自然科学基金项目绩效评估的核心指标。而目前平均每项国家自然科学基金项目产出2件发明专利，其中超过10%属于重复结项专利，原因除正常科研合作导致的专利权共有外，更可能是国家自然科学基金项目团队不仅在申请基金资助时互相"挂名"支持，结项时也"相互支持"，增加各自的成果数量。后一种情况可能会造成国家自然科学基金绩效评估结果被夸大，误判形势，也不利于国家自然科学基金委员会评估资助体系的有效性。对此，建议国家自然科学基金结项表格要求项目主持人申明"专利成果是否曾或未来可能作为其他国家自然科学基金项目或其他财政资助计划项目的结项材料"，从而尽可能避免不合理的重复专利现象。

2. 优化国家自然科学基金项目专利成果披露机制

专利成果披露机制可以有效减少不合理的重复专利现象。2024年1月，国家知识产权局、科技部、财政部、国家自然科学基金委员会、国家国防科工局和中央军委装备发展部发布了《建立财政资助科研项目形成专利的声明制度实施方案》，要求财政资助科研项目承担单位或个人在财政科研项目专利申请时，须在国家知识产权局专利业务办理系统中，对该专利申请所依托的项目类型、项目名称、项目编号等项目信息进行声明。目前，这一制度主要针对的是方案实施后的增量专利。建议国家自然科学基金委员会根据国家自然科学基金结项项目专利成果信息，加强与国家知识产权局数据对接，进一步匹配存量专利的财政资助申明，跟踪存量专利授权后的转让、许可、作价投资等商业化活动。只有这样，才能真正实现项目资助—专利创造—专利保护—专利运用的完整闭环，增强国家针对财政资助科技计划项目知识产权的有效管理和指标监控。

数据说明：

本文数据来源于课题组搭建的"链科创"数据库，数据更新至 2024 年 5 月 22 日。国家自然科学基金资助形成的专利成果可能还会受到科研人员披露选择的影响，不同资助类型、资助领域、资助金额和依托单位的样本数量存在一定差异，可能存在一定误差。受篇幅限制，本文不在此赘述。

东部、中部、西部、东北地区的分类参考国家统计局相关划分。东部地区包括北京市、天津市、河北省、上海市、江苏省、浙江省、福建省、山东省、广东省和海南省；中部地区包括山西省、安徽省、江西省、河南省、湖北省和湖南省；西部地区包括内蒙古自治区、广西壮族自治区、重庆市、四川省、贵州省、云南省、西藏自治区、陕西省、甘肃省、青海省、宁夏回族自治区和新疆维吾尔自治区；东北地区包括辽宁省、吉林省和黑龙江省。

数字化伴随下研究生学术能力监测模式转型的思考

| 谭 钦　钟之阳

在教育领域数字化变革的新时代,数字化的工具、技术和资源已经广泛应用于各级教育领域。2021年7月,教育部印发《关于推进教育新型基础设施建设构建高质量教育支撑体系的指导意见》,要求以信息化为主导,聚焦信息网络、平台体系、数字资源、智慧校园等方面构建新型高校基础设施体系。作为呼应,大数据技术的发展、各类数据平台的建立,为高校的服务与管理提供了丰富的数据源,也使得以数字技术为教育监测新功能的拓展提供了可能。在此背景下,高校通过整合现有数据资源,提高数据可用性,数字伴随学生成长,构建面向研究生培养全过程、服务全方位、数据多模态的监测体系,关注研究生个人的学术能力发展,凸显以人为本的高校管理服务观念。基于此,本文从监测指标框架、信息化主体与监测数据源三个维度对高校数字化建设如何进一步推进研究生学术能力监测进而实现数字化伴随展开探讨。

一、监测指标框架:单次单一指标到持续多元指标

在我国高等教育实现跨越式发展的当下,教育目标愈发转向追求对学生的"全人教育""差异化教育"。新的教育目标要求教育监测提供更为精准、细节性的评估,不止于结果,应下沉到教与学的过程,以颗粒度更细的微观数据,拓展教育监测新领域。[1]基于此,研究生学术能力的培养及所需进行的监测是一项系统且复杂的长期工作,监测点需要更加持续化、多元化:对学术研究知识掌握程度的衡量需要涵盖对学科专业课程的学习、导师的学术研究指导、自主学习等多渠道;除结果指标外,也应关注过程性的数据指标;除论文成果等硬性产出外,也需要关注研究生在科研工作、学术活动、实践活动等方面的软性收获等。

综上所述,研究生学术能力的监测指标框架需要从多个方面进行全面而细致的考虑。从研究生学术能力的科研过程视角出发,本文尝试将学术能力的监

测框架分为三层——学术行动、学术技能、学术表现。认知结构包含知识内容、知识组织方式、信息加工模式三方面[2]。在本文中,知识内容指研究生学术知识,具体体现为研究生的学术表现情况;知识组织方式代表学术知识如何被组织起来,以及可以通过何种方式被学习者获取,具体可体现为学术技能;信息加工模式是指研究生通过何种行为获取、应用、总结学术知识,具体体现为研究生学术行为。在一一对应后,同时考虑影响研究生学术能力的内外部因素,构建研究生学术能力监测模型框架,如图1所示。

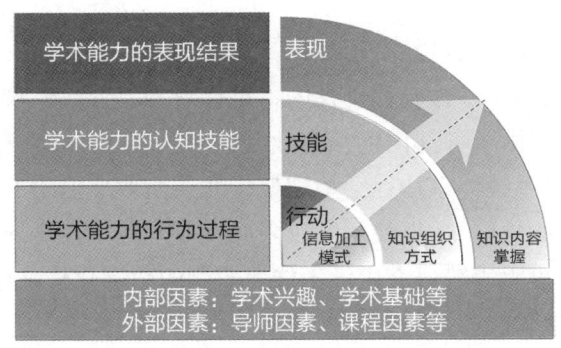

图 1　研究生学术能力评价模型框架[3]

二、信息化主体:从管理端到学生端

在高等教育信息化的发展过程中,高校对于研究生学术行为、成果与能力的监测评估系统一直是基于管理端的视角来设计和运行的。然而,随着时代的发展和技术的进步,研究生对自我监测与自我评估的需求日益增长,高校也同样需要更加注重学生的个性化发展,以满足社会的人才需求。因此,从管理端到学生端的转变,是高校信息化发展的必然趋势。管理端主要关注学校层面的大数据管理和整体分析,以确保研究生的整体培养质量。而学生端则更加注重个体发展的客观情况与相对水平,以满足研究生自我监测与自我评估的需求。因此,从管理端到学生端的转变,实际上是从以学校为中心向以学生为中心的转变。

高校需要重新审视现有的信息化系统,了解其是否能够满足学生的自我监测与自我评估需求,并根据需求进行再设计和再开发,更加注重学生的个体差异和个性化需求,提供更加灵活和多样化的监测评估方式。例如,高校可采用可视化的手段在相关系统内呈现研究生的个人学术能力评价模型图。学术画像作为一种可视化学习分析技术,具有标签化、时效性、动态性三大特征[4],可以有效整合大量数据,并通过标签化的形式呈现结果[5],为研究生提供实时的学术能力自我监测与评价服务,实现研究生能主观感知到的数字化伴随。

此外,高校还需要加强对学生信息化素养的培养,提高学生获取、处理和应用信息的能力,以更好地适应新的数字化伴随系统,实现学术能力自我监测与评价。

三、监测数据源:从"信息孤岛"到互联共通

当前高校信息化建设虽然取得了一定的成果,但在数据采集方面仍然存在一些问题。其中数据共享性与移动性的不足导致"信息孤岛"现象在高校内部各部门间广泛存在。[6]由于各部门的信息化建设相互独立,缺乏整体性与统筹性,高校内部的信息化系统体系往往会呈现架构冗杂而效率低下的状态。数据的重复采集、核心数据的缺漏、数据使用的权限冲突等问题不仅会导致校内信息化管理进展缓慢,同时也阻碍着研究生学术能力监测的数字化伴随建设。

随着研究生学术能力评价理念的发展,研究生学术能力的监测点与指标愈发多样化,而相关的监测数据却分散在不同的职能部门与信息管理系统中。同时,在进行研究生学术能力评价时,学生画像的构建逻辑应遵循"三步法"[7]:多种方式采取多维信息—开展数据处理与分析—画像呈现与应用。因此,对研究生的学术能力进行监测和评价需要多个维度、多个职能部门的数据支持。而各数据库与系统架构呈现出来的"信息孤岛"态势导致构建效果不佳。

为了解决这一问题,研究生学术能力监测模式在数据源层面亟须实现各相关部门系统数据库的互联共通。教学管理系统、学工系统、图书馆系统等需要一同为研究生学术能力监测与评价提供底层数据依托。通过实现数据共享和增强数据移动性,消除"信息孤岛"现象,提高校内信息化管理效率,并为研究生学术能力监测与评价提供更准确、全面的数据支持。

因此,在进行数字化伴随建设时,高校首先需要加强顶层设计,制定全校性的信息化建设规划,确保各部门之间的信息化建设能够相互协调、统一标准。其次,高校应加强数据治理,建立统一的数据管理平台,以便对数据进行集中存储、处理和分析,确保数据的易得性、一致性、准确性和完整性。此外,高校还应加强数据安全保障,在确保数据在合理范围内互联共通,同时不被泄露或滥用。

参考文献

[1] 徐瑾劼,张民选.教育监测数字化变革的全球观察及其启示[J].中国教育学刊,2023(7):34-39.

[2] 胡艺龄,顾小清.基于学习分析技术的问题解决能力测评研究[J].开放教育研究,2019,25(2):105-113.

[3] 刘春路,钟之阳.基于数字画像的研究生学术能力模型的思考[M]//陈强,邵鲁宁.创新生态与科学治理——爱科创2022文集.上海:同济大学出版社,2023.

[4] 宋美琦,陈烨,张瑞.用户画像研究述评[J].情报科学,2019,37(4):171-177.

[5] KEIM D A, MANSMANN F, et al. Visual analytics: scope and challenges[M]. Berlin, Heidelberg: Springer, 2008.

[6] 孙智慧,刘壮.高等教育信息化的发展历程及存在问题的探讨[J].印刷与数字媒体技术研究,2023(4):1-9,46.

[7] 崔佳峰,阙粤红.智能技术支持下的学生数字画像:困境与突破[J].当代教育科学,2020(11):88-95.

数字化时代发展下的数字技能需求
—— 对欧洲职业培训发展中心政策简报的解读

| 谭 钦　钟之阳

在全球化和技术迅猛发展的背景下,数字技能已成为推动各行业转型和竞争力提升的核心要素。数字技术不仅改变了传统的业务模式,还为企业提供了前所未有的全球市场机会。然而,尽管多数企业已经认识到数字化转型的必要性,但由于缺乏具备相应技能的员工,很多企业在数字化投资方面仍面临着巨大挑战。在此背景之下,欧洲职业培训发展中心(Centre européen pour la développement de la formation professionnelle,CEDEFOP)将目光投向了欧盟数字技能人才队伍的现状,发布了《通过数字技能走向数字化》(Going Digital Means Skilling for Digital)政策简报[1],探讨数字技能在企业转型中的重要性及欧洲当前数字技能需求的现状。

一、欧盟的数字化转型与信息技术人才现状

1. 企业数字化转型仍存在明显不足

互联网和数字技术改变了商业模式,帮助企业简化和优化运营,同时极大地拓展了与客户互动的可能性。在当今技术驱动的经济时代,数字化战略和投资无疑是企业赋能和转型的催化剂。然而,尽管欧盟成员国内的大多数企业都清楚地意识到投资数字技术的重要性,但在2022年,只有53%的欧盟企业报告称已采取行动提高数字化程度[2]。没有一支做好数字化准备的员工队伍,企业就不可能实现数字化转型[3]。在一个随着技术进步而不断发展的数字化环境中,企业需要能够识别数字化转型机会,利用新兴技术,调整或重塑生产、服务和客户流程的员工。具备数字技能的员工队伍对企业至关重要,是企业提升创新能力和紧跟竞争对手的关键。

2. 企业数字技能人才的缺口明显

欧盟的目标是将信息技术专业人员的数量从900万人增加到2 000万人,

以缓解劳动力短缺问题。然而,许多欧盟公司表示在招聘信息技术专家时仍面临困难,特别是在丹麦、德国、卢森堡、荷兰和奥地利等国家。从具体行业来看,超过半数从事计算机编程、咨询或信息服务活动的企业面临着招聘信息技术专家的挑战;大约20％的基础医药产品生产企业在招聘信息技术人员时遇到困难;17％的科学研究和开发企业也存在信息技术专家缺口(图1)。

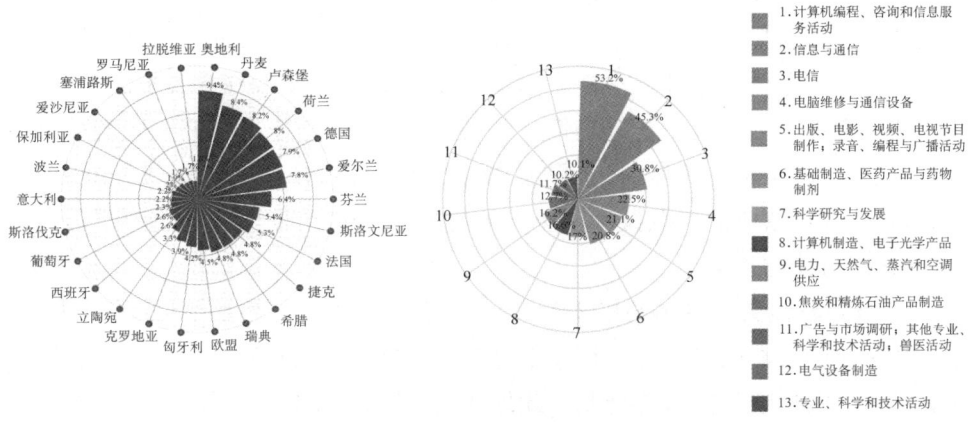

图1　2022年欧盟各国和各行业数字技能人才不足的企业比例

3. 成年人数字技能水平未达目标

《通过数字技能走向数字化》报告对欧盟国家成年人的数字技能水平表示了担忧。2019年,只有荷兰和芬兰具备基本数字技能的16～74岁成年人比例超过70％,达到了2020年欧洲技能议程设定的在2025年应实现的目标。而其他欧盟国家仍需大幅提高成年公民的数字技能水平,才能实现2025年的基本数字技能目标。此外,具备基本数字技能的成年女性比例低于成年男性,导致就业中存在性别失衡现象。2021年,信息技术员工中女性仅占19.1％。这种性别差异不仅影响了女性在信息技术领域的就业机会,也给整体的数字化进程带来了挑战。

报告指出,在采用人工智能的企业比例方面,欧盟国家落后于中国和美国。欧盟已经认识到"不投资数字技能,欧盟就不可能实现数字化转型",并将人置于数字化转型的中心位置。自2013年起,欧盟通过"数字就业大联盟"(Grand Coalition for Digital Jobs)发起了首个解决数字技能缺乏问题的大规模倡议,目前已获得数十亿资金支持,旨在推动数字技能的发展和普及。

二、欧盟数字技能人才需求和发展趋势

欧洲职业培训发展中心通过分析在线招聘广告,对欧盟 27 国的数字技能人才需求状况进行了分析。

1. 信息和通信技术人才供不应求

尽管当前全球经济增长放缓,但从长远来看,市场对信息技术人员的需求将持续扩大。新冠疫情迫使许多公司迅速转向远程工作,疫情后许多企业继续允许其员工远程办公。这种工作模式增加了企业对信息技术专业人员的需求,以提供新的管理服务方式。新冠疫情后,欧盟企业对信息技术领域人才的需求逐渐复苏。2023 年第二季度,欧洲信息技术岗位的招聘广告数量超过 60 万个。同时,报告预计欧盟的信息技术专业人员就业人数在 2035 年之前将以平均每年 2% 的速度持续增长。

2. 数字技能需求不再局限于信息技术,各行业正在迅速数字化

数字化的影响已经在许多行业中显现,信息技术的应用领域正在不断扩展,例如零售、金融、现代制造等行业。此外,随着各国政府致力于提高效率、扩大电子政务覆盖范围、提升公民外联和服务质量,信息技术专业人员的需求量将提升,以助力政府实现数字化运营。

同时,欧盟企业对数字技能的需求还体现在非信息技术岗位上。数字技能对于非信息技术类工作同样至关重要,越来越多的非信息技术行业的招聘广告中提到了用人单位对数字技能的需求。例如,住宿和食品服务、电力、天然气、建筑等过去对数字化依赖程度较低的行业也正在经历快速而深刻的数字化转型。

3. 人工智能技能的需求仍然较低

报告调查了人工智能在欧盟企业中的应用情况。2021 年,使用人工智能的欧盟企业占比仅为 7.4%。从国家来看,丹麦、葡萄牙和芬兰在人工智能应用方面处于欧盟的领先地位,约有 15% 的公司使用人工智能技术,而罗马尼亚和塞浦路斯只有不到 2% 的公司使用人工智能工具。缺乏具备高级信息技术的员工仍然是采用人工智能的主要障碍。

4. 通过对职业教育与培训的师资培养以进一步支持数字化转型

由于数字技能对所有职业都变得更加重要,职业教育与培训(Vocational Education and Training,VET)的教师、培训师及工作场所指导员都需要扩展数字能力,以便将数字技术融入教学,将最先进的技术纳入课程,并为学习者提供

更好的支持。然而,经济合作与发展组织(Organization for Economic Cooperation and Development,OECD)在2023年开展的一项调查显示,发达经济体中仅有一半的教师在尝试新的数字技术辅助教学时得到了支持[4]。为此,欧盟设立了一系列项目,旨在缩小数字知识差距,以支持教师和培训者加快职业教育与培训的数字化转型。例如,人工智能驱动的下一代职业教育与培训(AI4VET4AI)项目在11个欧洲国家及18个欧盟地区的职业教育与培训课程中增加了新的创新教学内容和方法;电子职业教育与培训(e-VET4AI)项目支持初始职业教育与培训(Initial Vocational Education and Training,IVET)采用人工智能工具;VET-TEDD项目建立了一个案例研究数据库,并提供了通过数字学习内容吸引学生的创新实践范例。此外,芬兰国家教育局的职业教育数字化网络鼓励职业教育与培训机构之间的合作与交流,帮助他们探索新的数字化机遇。

三、对我国的启示

1. 加强数字技能培训

我国应实施与欧盟数字技能提升计划类似的全国性项目,以大幅提升劳动人口的数字技能水平。这不仅包括基础数字技能,还应涵盖如人工智能、区块链和大数据分析等高级技能。实施系统化的培训项目,能够帮助更多人掌握必要的数字技能,适应现代工作环境的需求。

2. 促进企业与教育机构的合作

我国应加强企业与职业教育机构和高等教育机构的合作,确保教育内容与市场需求相匹配,培养适应未来工作要求的数字化人才。企业可以通过提供实习和培训机会,直接参与教育过程,帮助学生获得实际操作经验,从而增强其就业竞争力。

3. 进一步加大对数字技术的投资

为了保持在全球竞争中的优势,我国应继续加大对数字技术的投资,尤其是在人工智能和网络安全领域的投资。通过提供资金支持和政策激励,推动更多企业进行数字化转型。政府可以通过设立专项基金和税收优惠政策,鼓励企业在数字技术方面的研发和应用,促进科技创新。

参考文献

[1] Centre européen pour le développement de la formation professionnelle. Going digital

means skilling for digital[EB/OL]. [2023-05-28]. https://www.cedefop.europa.eu/files/9188_en.pdf.

[2] European Investment Bank. Digitalisation in Europe 2022-2023: evidence from the EIB investment survey[R]. Luxemburg: European Investment Bank, 2023.

[3] Centre européen pour la développement de la formation professionnelle. Setting Europe on course for a human digital transition: new evidence from Cedefop's second European skills and jobs survey[R]. Luxembourg: Publications Office, 2022.

[4] Organization for Economic Co-operation and Development. OECD employment outlook 2023: Artificial Intelligence and the labour market[R]. Paris: OECD Publishing, 2023.

国外交叉学科研究评估的若干模式与特色

| 蔡三发　田少艾　汪　万

近年来,技术与知识跨界融合,现实问题与社会环境复杂多变,单一学科已难以满足社会生产与国家发展的需要。学科的交叉融合不仅成为解决现实困境的必然趋势,更是知识生产模式转变的应然结果。特别是开展跨学科与交叉学科研究,已成为世界各国建设一流大学、提升科技创新实力的重要举措。我国交叉学科仍处于起步阶段,交叉学科建设与评估尚缺乏规范的模式,而国外众多高校早已在跨学科研究方面开展了深入探索,并凭借跨学科研究成果跻身世界一流大学行列。例如,美国、英国、德国、法国等发达国家基于自身特定的高等教育体系,逐步发展形成了各具特色、较为完善且成熟的交叉学科评估流程和机制。这些经验对我国交叉学科研究和交叉学科发展具有重要的参考价值。

一、以项目为核心的多层次评估

美国在交叉学科建设评估方面采用多层次的评估框架,重视多方参与、动态反馈和政策调整机制,运用数据驱动的分析方法,结合定量评估和定性评估,以多维度视角来衡量政策的有效性和影响力。评估标准通常包括科研成果的数量和质量、研究的国际影响力、学术产出的引用次数、跨学科合作的深度和广度等。在评估资助项目时,相关机构会综合考虑上述定量指标和定性指标,确保资助项目能够产生最大化的科研成果和社会效益。此外,美国先进的数据分析平台和软件,如科学技术评估数据库(Science and Technology Assessment Database),能够帮助整合和分析大量的政策实施数据,从而极大提高评估工作的效率和质量。数据驱动的分析方法也使政策评估更具科学性和说服力,通过量化的结果展示项目的实际成效,便于政府根据评估结果作出科学决策。

美国国家科学基金会(National Science Foundation,NSF)的学科分类涵盖核心学科领域,如生物科学(BIO)、工程学(ENG)、数理科学(MPS)等,同时支持若干新兴交叉学科,如数据科学、生物信息学、环境研究等。NSF鼓励设立新的交叉学科和融合领域,这些领域通常不局限于一个学科范畴,而是跨越多个学科边界,如数字人文、社会技术系统等。基于交叉学科领域项目的资助计划,NSF建立了一个综合的、多层次的项目管理和评审机制,确保各类跨学科项目得到公平、有效的资助。NSF对所有跨学科项目实行严格的申请、管理和评估流程,通常会为每个项目设立一个或多个主负责部门和协作部门,并通过多层次的专家评审来决定项目的资助。由于美国十分重视多主体参与的评估机制,NSF在评估跨学科研究项目时,会设立内部评审小组和外部专家委员会,共同参与评估过程,通过多轮评审和反馈确保评估的严谨性和公正性。其中,外部顾问组确保了项目具有多学科视角和较高的科学质量。同时,NSF采用逐级审核与反馈机制,对项目进展进行分阶段评估,包括初级评审、专家审核和反馈机制,确保项目始终符合学科和跨学科的研究目标。此外,创新性和融合性是评估的重要标准,NSF特别重视研究能否突破单一学科的限制,能否整合不同学科的理论、方法和工具,以解决复杂的科学问题或社会挑战。

二、以学科为单位的同行评议

英国卓越研究框架(Research Excellence Framework,REF)以学科为单位对科研成果进行评估,并将学科划分为评估单元(Unit of Assessment,UOA)。在2021年的跨学科评估中,REF根据学科特征和基本属性将一些相关学科进行了合并,共划分为四大类学科群,即医药、生命科学类,数理化、工程类,社会科学类和人文艺术类,并将这四类学科群划分为34个评估单元(表1)。在成果形式上,评审专家组欢迎高校在任何相关评估单元中依据REF对跨学科(交叉学科)的定义提交任何形式的研究成果,包括但不限于学术论文、专著、展览和音像制品等。

表 1　REF2021 评估单元

主专家评估组	子专家评估组
A组:医药、生命科学类	①临床医学;②公共健康、卫生服务和初级护理学;③联合健康专业、牙科、护理和药剂;④心理学、精神病学和精神科学;⑤生物科学;⑥农业、兽医和食品科学
B组:数理化、工程类	⑦地球系统与环境科学;⑧化学;⑨物理学;⑩数学科学;⑪计算机科学与信息学;⑫工程学

(续表)

主专家评估组	子专家评估组
C组：社会科学类	⑬建筑学、建筑环境与规划；⑭地理与环境研究；⑮考古学；⑯经济学和计量经济学；⑰商业与管理；⑱法律；⑲政治与国际研究；⑳社会工作与社会政策；㉑社会学；㉒人类学与发展研究；㉓教育学；㉔体育和运动科学、休闲和旅游
D组：人文艺术类	㉕区域研究；㉖现代语言与语言学；㉗英语语言文学；㉘历史；㉙古希腊罗马文学；㉚哲学；㉛神学及宗教研究；㉜艺术与设计、历史、实践与理论；㉝音乐、戏剧、舞蹈、表演艺术、电影和屏幕研究；㉞传播学、文化与媒体研究、图书馆与信息管理

在评估方法上，REF采用学科基础的国际同行评估，由4个主专家评估组（Main Panels）与34个子专家评估组（Sub-panels）负责评估。基于评估专家的知识范围，评估被分为交叉评估和非交叉评估，但并非所有交叉研究都需要进行交叉评估。为确保交叉学科评估的透明性、公平性和一致性，REF成立了交叉学科研究咨询小组（The Interdisciplinary Research Advisory Panel，IDAP）。该小组由多领域、具有丰富交叉学科研究与评估经验的研究者组成。至少有一名主评估专家组成员负责指导交叉学科研究评估，并加入IDAP。同时，至少两名子评估专家组成员作为跨学科研究顾问，为提交的跨学科研究成果提供指导，并与其他子小组顾问合作。

REF 2021的评估内容包含对研究成果质量（Outputs）、影响（Impact）和环境（Environment）三个方面的考察。第一，研究成果质量评估在总体结果中占60%的权重，子评估专家组将依据原创性（Originality）、重要性（Significance）与严谨性（Rigour）的通用标准进行考察。其中，原创性是指研究成果对该领域的理解和对该领域的知识体系作出创新贡献的程度，重要性是指该成果影响或有能力影响知识和学术思想、政策或实践的发展，严谨性是指成果展示知识连贯性和完整性，并采用稳健和适当的概念、分析、来源、理论或方法的程度。第二，科研影响评估在总体结果中占25%的权重，依据影响范围（Reach）和重要性（Significance）考察研究成果对经济、社会、文化、公共政策或服务、健康、环境及生活质量的影响。其不包括对学术研究与知识进步的影响（这一点在成果与环境要素中进行评估），而是指对其他活动的影响（社会影响），尤其是对国内与国际的经济、社会与文化发展的影响。主评估专家小组与子评估专家小组对科研影响的评估没有特定模板，而是依据每一项研究的特点进行评估。第三，科研环境评估在总体结果中占15％的权重，子评估专家小组依据研究成果的活力（Vitality）与可持续性（Sustainability）进行评估，具体包含背景与使命、战略、人员、收入与基础设施四个要素。

REF对研究成果质量的评估结果没有明确的名次，而是采用星级质量水平划分等级，从高到低依次为：世界领先水平（Quality that is world-leading），国际卓越水平但距离最高水平还有较小差距（Quality that is internationally excellent but falls short of the highest standards of excellence），在国际上获得认可（Quality that is recognized internationally），在国内获得认可（Quality that is recognized nationally），共四个等级。此外，将研究质量低于国家认可标准的研究成果视为未获得分类（Unclassified）。

三、注重贡献的交叉项目评估

德国在交叉学科的设置上与美国类似，以项目为核心，注重跨学科集群。因此，在对交叉学科的评估上，德国也依赖对资助计划的评估，尤其是对跨学科项目的评估。在项目申请时，通常会有明确的跨学科评审要求。例如，特别研究领域（Sonderforschungsbereich，SFB）项目申请需要"以跨学科、研究所或院系的合作为特征"；德国科学基金会（Deutsche Forschungsgemeinschaft，DFG）研究中心项目申请需要"有高度的跨学科整合"，DFG重点项目申请需要"通过跨学科合作创造增值"等[1]。

除申请时的评估，在对项目执行的绩效进行评价时，德国同样注重交叉学科的贡献，包括交叉合作对科研及育人目标的贡献度。卓越集群对项目的评价主要是描述性的，每期（7年）期末，卓越集群会提交自评总结报告，主要报告其在研究方面的突出亮点、取得的成就与国际影响，及其对人员构成和组织管理等方面的影响。在评估内容上，卓越集群重点考量项目在研究和人才培养方面的表现，包括研究成果的质量和影响力、人才培养的成效及对学科发展的贡献。卓越集群还考察项目与大学及其他合作伙伴的关系，包括合作的稳定性、合作机制的建立和运行，以及合作对项目目标实现的贡献。

SFB项目的评估标准同样注重交叉学科的贡献，申请项目应能对申请大学的专业和结构发展作出显著贡献，同时促进早期职业研究人员的成长，并确保为所有科学家提供平等的机会。评估强调项目的国际竞争力、科学质量和独创性。研究项目需要展现出雄心勃勃的长期研究计划，以及子项目之间的连贯性和协同作用。人员构成也是项目评估注重的方面,项目需要有杰出科学家的参与,并具备充足的人员、财政及基础设施资源。此外,为确保研究目标的高效实现,专业的管理团队和明确的管理计划也是项目评估关注的内容。这些综合的评估标准确保了 SFB 项目的卓越性及其对社会的积极影响[2]。

四、基于第三方机构的独立评估

法国交叉学科评估体系是伴随不断改革的高等教育评估机构逐步发展建立起来的。法国的评估机构发展演变历经了法国交叉学科委员会、法国国家评估委员会(Comité National d'Evaluation, CNE)、法国研究与高等教育评估署(Agence d'Évaluation de la Recherche et de l'Enseignement Suprieur, AERES)、法国研究与高等教育评估高级委员会(Haut Conseil de l'évaluation de la recherche et de l'enseignment supérieur, HCERES)等等众多评估机构,日益完善形成今天的交叉学科评估体系。

2006 年 11 月,法国研究与高等教育评估署成立,实现了对已有的评估目标与功能不同的所有高等教育评估机构的整合,它规范划定评估对象及评估机构构成,设置了机构评估部、科研单位评估部、项目与学位评估部。法国研究和高等教育评估高级委员会成立后,为促进产生交叉学科研究成果,保证研究机构同法国国家战略计划的同步性,将交叉学科作为单独评估对象,建立了交叉学科评估的专家团队及探索指标体系,同时,针对交叉学科研究单位制定了专业性的独立的评估标准《交叉学科研究联合单位的评估基准:2020—2021 年评估活动》,正式建立独立的交叉学科系统评估指标体系,设置专门的评估标准和评估流程,且评估指标逐步趋于成熟。这一评估体系强调质性方法,注重独立的评估流程和综合性的指标体系[3]。

在评估流程方面,法国交叉学科评估严格区分了交叉性质的不同层次,将其明确分为"多学科性""交叉学科性"和"跨学科性",并组建了专门的评估专家委员会,对各层次的交叉融合程度进行认定,之后据此进一步开展评估工作。在评估内容方面,法国交叉学科评估不仅关注科研成果的数量和质量,还考量其学术影响力,关注交叉学科成果与社会、经济和文化领域的相互作用。

参考文献

[1] 彭湃,蔺亚琼,赵仲宇.学科分类与交叉学科设置:德国的现状及启示[J].学位与研究生

教育,2022(10):72-78.

[2] Deutsche Forschungsgemeinschaft. Sonderforschungsbereiche[EB/OL].[2024-10-10]. https://www.dfg.de/de/foerderung/foerdermoeglichkeiten/programme/koordinierte-programme/sfb.

[3] 张丹,姚婷洁.法国交叉学科研究机构评估的制度变迁与指标体系[J].上海交通大学学报(哲学社会科学版),2023,31(5):100-118.

围筑科学之墙：中美关系紧张对国际科学研究的影响

| 杜依娜　张凌恺　常旭华

全球科研生态系统的健康与活力对于推动人类科学进步和技术创新至关重要，然而，国际局势的任何变化（无论是政治、经济还是社会层面）都可能干扰这一系统的正常运转。围绕"科研生态系统建设"，本文研读了美国国家经济研究局（National Bureau of Economic Research，NBER）2024年发布的工作论文《围筑科学之墙：中美关系紧张对国际科学研究的影响》(Building a Wall Around Science: The Effect of U.S.-China Tensions on International Scientific Research)，以期为解答"如何构建并维护开放、合作、稳定的全球科研生态系统"这一问题拓展思路。

一、研究背景

科学研究的国际化进程在过去几十年中显著加速。美国、英国和加拿大等国家的研究生中，越来越多的人来自国外。科学家群体具有很强的流动性，跨国合作的科学论文在全球和美国的科学出版物中占有重要比例。国际合作和人才流动通常会带来更高影响力的科学成果，而获取前沿知识对于科学进步至关重要。然而，科学研究的国际化也使其更容易受到国际冲突和地缘政治紧张局势的影响。历史经验已经证明，国际冲突往往会对科学产生深远的负面影响。虽然地缘政治紧张局势可能不会像战争那样直接导致大批科学家流亡或死亡，也不会大规模破坏物质资本，但其会通过政府政策、民族主义或反外国情绪等方式间接影响科学知识生产，导致"寒蝉效应"，进而引发难以根除的威慑效应。

近年来，中美两国之间的地缘政治紧张关系不断蔓延到科学领域，从最早航空航天领域的沃尔夫条款，到近几年的"中国行动计划"、恶意扣留/遣返中国留学生、禁止中国留学生进入实验室、傲慢宣称不欢迎STEM中国留学生等，美国挑起的一系列行动已经对两国间的科学合作、国际科学研究产生了实质性负面影响。针对此，NBER发布的论文探讨了这些紧张关系对"STEM学生流动性"

"科学作品引用情况"及"科学家生产力"三方面所带来的影响。

二、NBER论文的研究内容

1. 研究设计和数据来源

论文采用了双重差分模型,通过个人履历(Curriculum Vitae,CV)和出版物数据,分析了中美地缘政治紧张局势对STEM学生流动性、科学作品引用情况及科学家生产力的影响。

(1) CV数据

从开放研究者与贡献者身份识别码(Open Researcher and Contributor ID,ORCID)网站上收集到180万份公开CV,其中836 495份属于STEM领域。论文分析了2008—2019年进入博士项目的学生数据和这些学生毕业后的就业数据。

(2) 出版物数据

Dimensions数据库包含1.4亿种出版物数据和18亿次引用数据。论文重点分析了2008—2019年5 100万种STEM出版物,追踪了科学作品的引用情况和科学家的生产力。

2. 研究发现

(1) STEM领域学生的流动性与留存情况

地缘政治紧张局势导致美国华裔硕士研究生选择美国博士项目的比例显著降低。如图1、图2所示,2016—2019年,华裔研究生选择美国博士项目的比例降低了14.6%,而选择留在美国的比例降低了4.2%。这些学生更倾向于选择其他英语国家(如英国和加拿大)的博士项目。具体而言,具有中国学历背景的学生受到的影响更大,其选择美国博士项目的比例降低了15.2%。相较之下,具有非中国学历背景的学生选择美国博士项目情况虽然也受到影响,但幅度较小,降低了9.5%。值得注意的是,具有美国学历背景的华裔学生选择美国博士项目的比例并未显著降低,这表明他们对美国的教育体系有更高的认可度和适应性。

(2) 科学文献引用

地缘政治紧张局势对中美两国科学文献的引用情况也产生了显著影响。研究发现,中国科学家对来自美国的科学文献的引用显著减少,特别是对过去五年内发表的前沿科学研究的引用减少了16%(图3)。相反,美国科学家对来自中

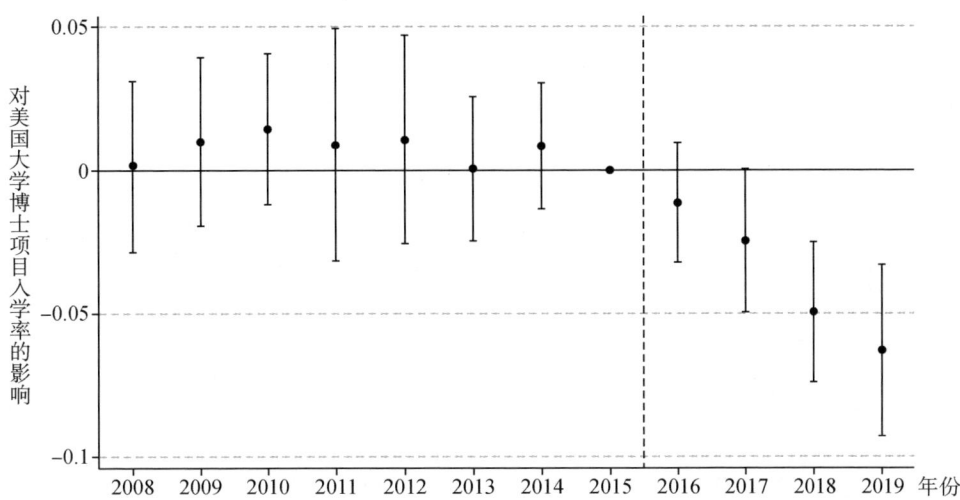

图1　2008—2019年地缘政治紧张局势对美国大学博士项目入学率的影响

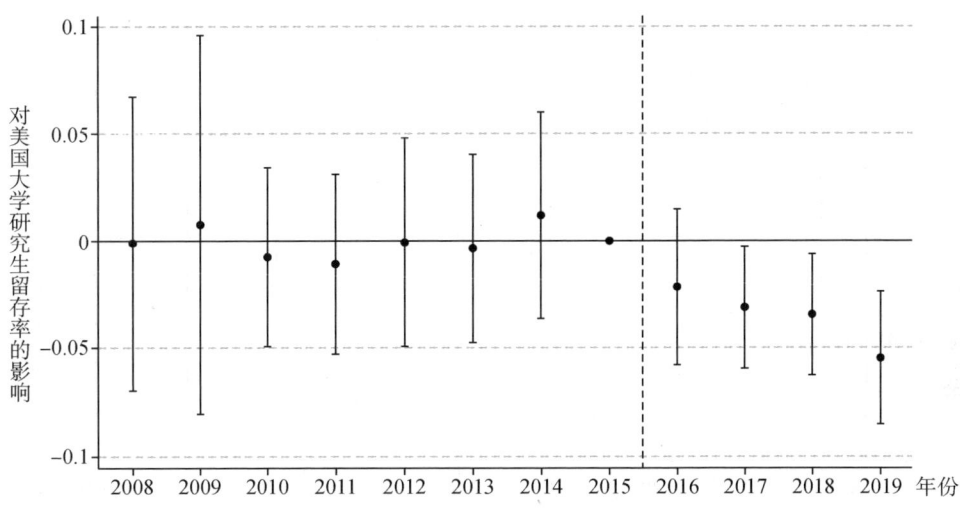

图2　2008—2019年地缘政治紧张局势对美国大学研究生留存率的影响

国的科学文献的引用没有显著变化(图4)。这表明,尽管中美两国间的紧张局势加剧,但美国科学家仍然高度关注来自中国的科学研究成果;中国科学家引用美国科学文献的减少,可能是由于美国对中国科学家的限制和排斥政策,使得中国科学家更倾向于引用本国或其他国家的科学研究。

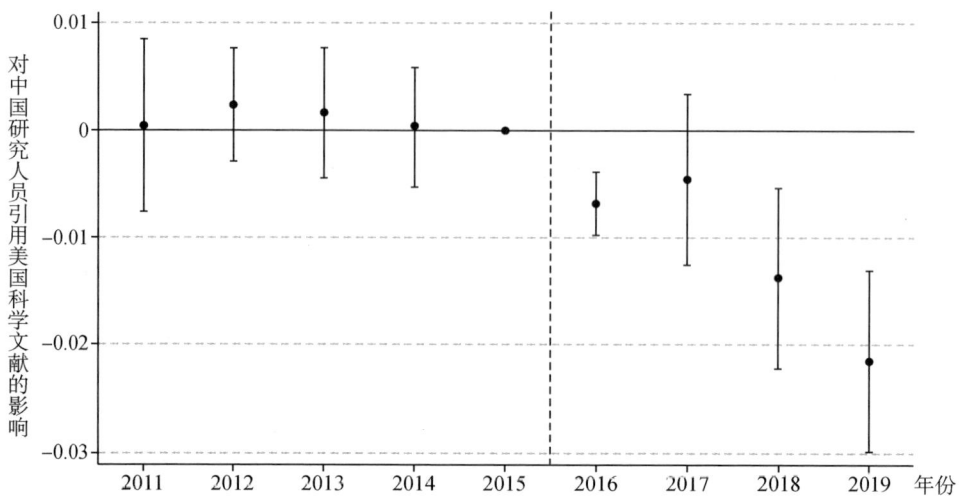

图3 2011—2019年地缘政治紧张局势对中国研究人员引用美国科学文献的影响

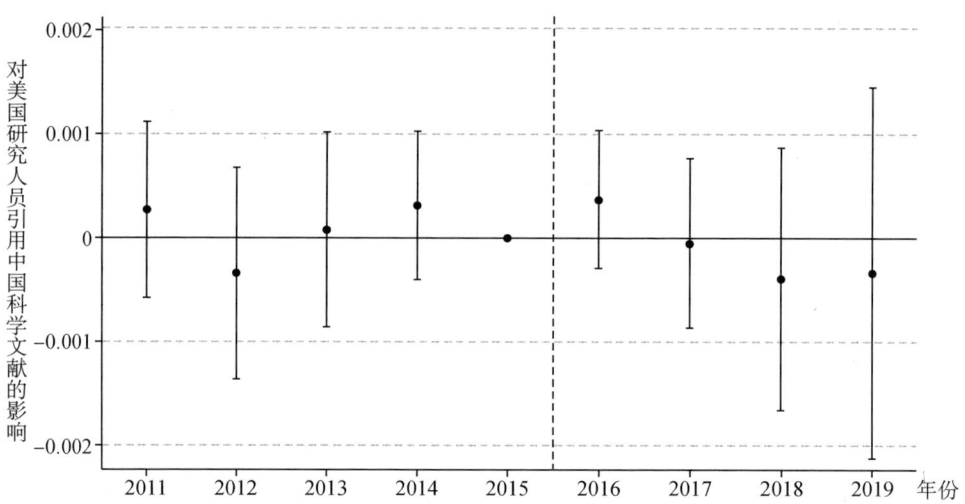

图4 2011—2019年地缘政治紧张局势对美国研究人员引用中国科学文献的影响

(3) 科学家生产力

地缘政治紧张局势对科学家生产力的影响呈现出明显的地域差异。在中国，对美国科学文献的引用减少并未显著影响中国本土科学家的平均生产力（图5至图8）。相比之下，美国的华裔科学家的生产力下降了2%~6%。这一结果表明，尽管中国科学家对美国科学文献的引用减少，但中国本土科学家的科

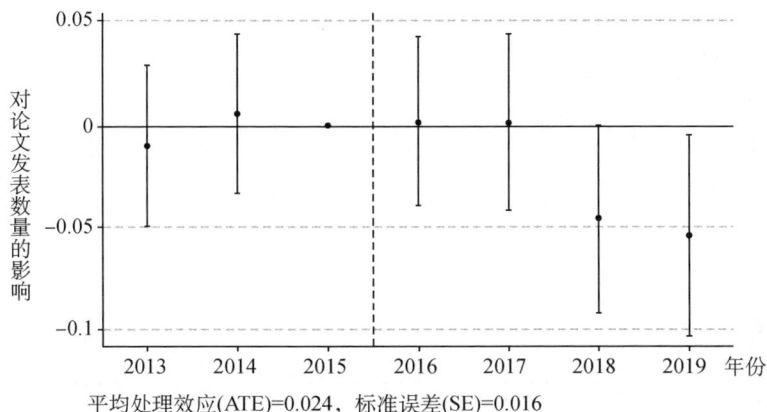

图 5 2013—2019 年地缘政治紧张对中国研究人员论文发表数量的影响

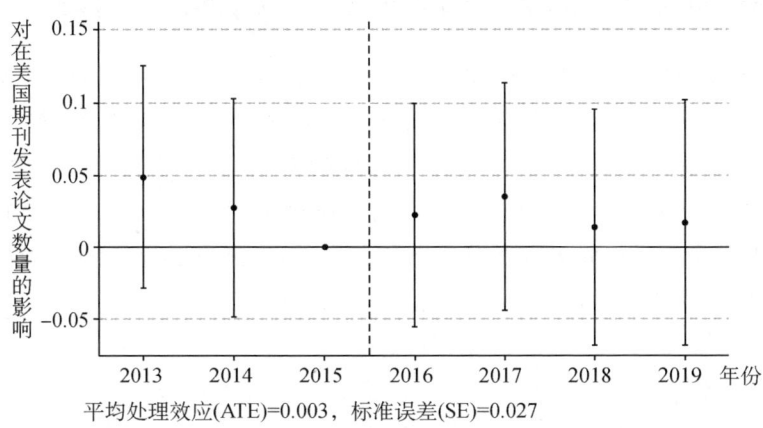

图 6 2013—2019 年地缘政治紧张对中国研究人员在美国期刊发表论文数量的影响

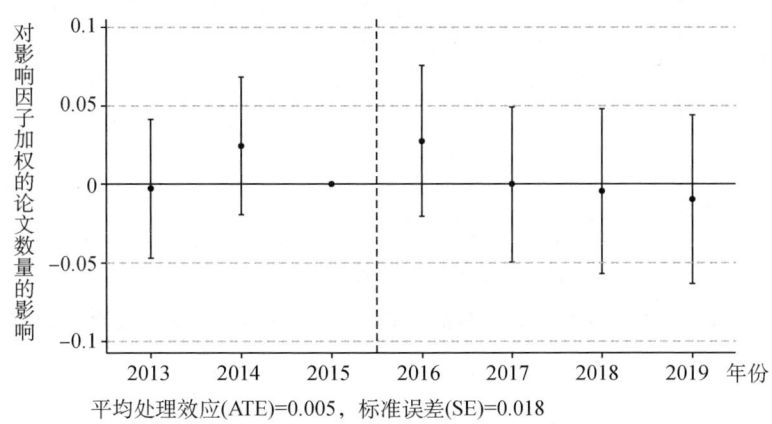

图 7 2013—2019 年地缘政治紧张对中国研究人员影响因子加权发表产出的影响

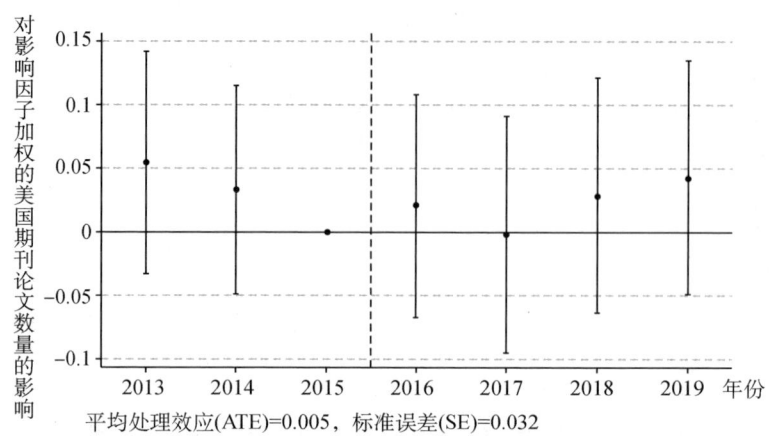

图 8　2013—2019 年地缘政治紧张对中国研究人员在美国高影响力期刊发表产出的影响

研产出并未受到显著影响,可能是由于中国科学研究的整体实力和自主创新能力的提升。而在美国,政府存在排华政策和社会反华情绪,华裔科学家的科研环境恶化,导致其科研生产力下降,产生了"寒蝉效应"(图 9 至图 12)。此外,论文还指出,地缘政治紧张所带来的干扰可能会对科学生产力产生长期影响。2019年以来,地缘政治紧张局势有所恶化,新冠疫情暴发激发的反亚洲情绪及国家间渐露锋芒的民族政策都可能进一步加剧这些影响。

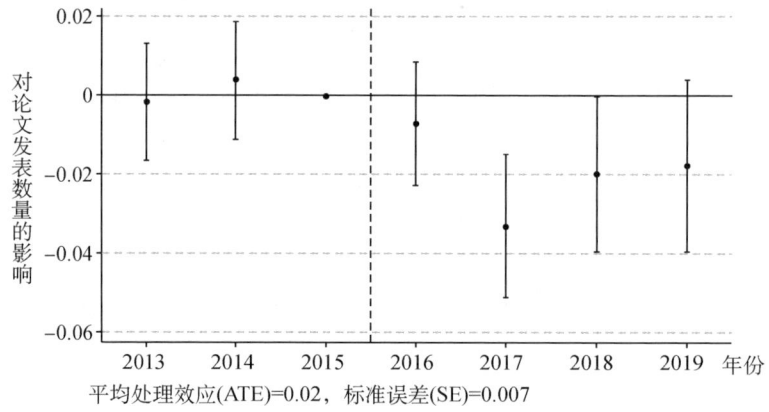

图 9　2013—2019 年地缘政治紧张对美国华裔研究人员发表论文数量的影响

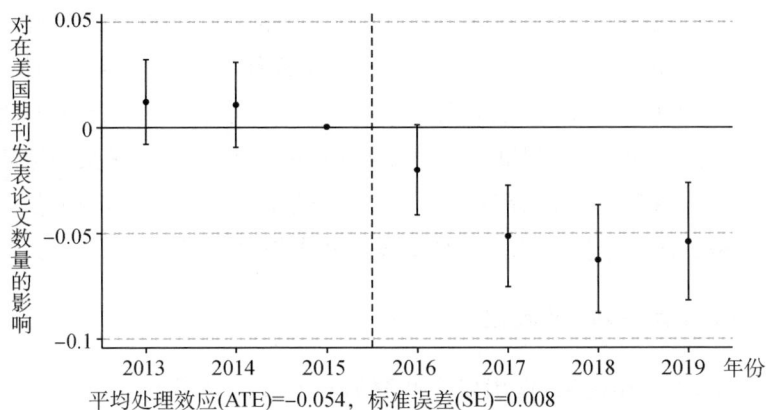

图 10 2013—2019 年地缘政治紧张对美国华裔研究人员在美国期刊发表论文数量的影响

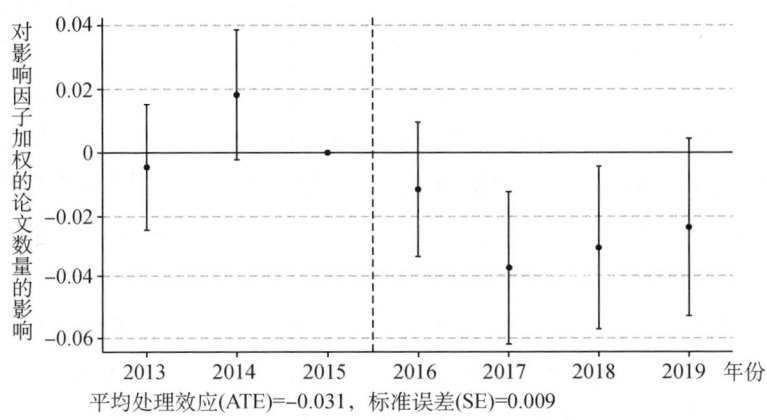

图 11 2013—2019 年地缘政治紧张对美国华裔研究人员高质量科研产出的影响

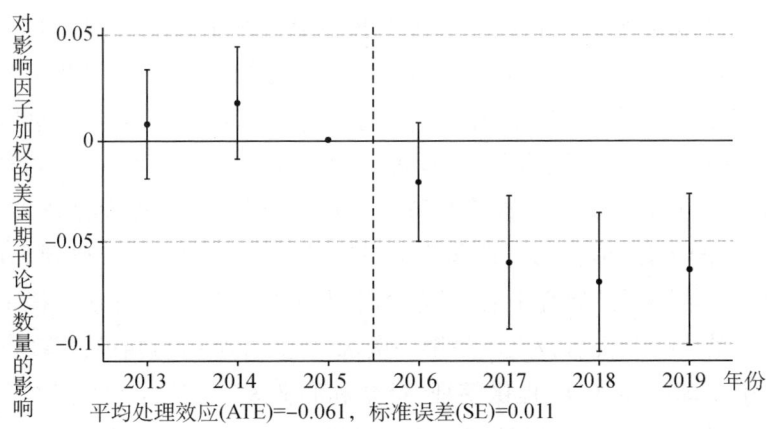

图 12 2013—2019 年地缘政治紧张对美国华裔研究人员在美国高影响期刊发表产出的影响

综上，论文指出中美紧张的地缘政治关系对中美双方均有不同程度的负面影响。中美紧张的地缘政治关系不仅减少了华裔研究生赴美深造的机会，还导致中国科学家对美国科学文献引用减少，在美华裔科学家的科研生产力显著下降，但对中国本土科学家的科研生产力的影响并不明显；中美紧张的地缘政治关系减少了科学人才跨境流动，阻碍了科学知识的交流，而这些影响不仅限于中美两国之间，还给全球科学研究的进展和国际合作带来了挑战。

三、研究启示和政策建议

基于 NBER 工作论文，得出以下研究启示并提出政策建议。

1. 研究启示

国际科技合作对推动科学进步和创新至关重要，合作受阻可能导致严重的负面影响。美国发起的地缘政治博弈必将显著影响 STEM 领域人才的流动性和留存情况，这提示政策制定者必须关注并采取措施，以吸引和保留顶尖科研人才。中美之间的紧张关系可能导致知识共享减少，这对于依赖前沿知识的科学研究尤其有害，这从最近中美围绕"嫦娥六号"采集的月球背面月壤分配产生的争议即可看出。此外，针对特定族裔科学家实施的歧视性科学政策都可能导致"寒蝉效应"，政策制定者应采取措施减轻这种效应，保护科研自由和学术诚信。同时，政策制定者应平衡国家安全与国际科技合作，特别是在考虑更新或制定新的科技合作协议时。紧张的地缘政治关系还可能导致全球科学格局变化，科研人才流向其他英语国家，影响全球科研重心重塑。

2. 政策建议

在当前中美科技博弈过程中，美国总体上处于攻方，属于规则制定者，中国处于守方，属于规则服从者。有效打破美国构筑的"科学围墙"，是我国当前一大重要任务，对此建议如下：①在国际合作与环境优化方面，应制定促进国际合作政策，以加强跨国界的科研合作，减少地缘政治紧张对科学界的不利影响，为所有科研人员（特别是外籍和少数族裔科研人员、发展中国家顶尖科技人才等）提供开放、包容的工作环境，通过政策和公共声明反对全球性种族歧视和偏见，中国倡议建设"全球南方"研究中心，发起国际大科学计划和大科学工程正是这方面的典型举措。②顶尖科技人才是第一资源，在人才吸引与知识共享方面，应实施策略吸引全球科研人才，提供签证、资金和职业发展支持，大力拓展实质性国际学术合作，包括会议、联合研究项目、国际出版物合作等，加强对年轻科研人员的教育和培训,帮助他们适应国际科研环境的变化。③在政策审查与科研支持方面,定期审查现有科技政策,避免不必要地限制科学发展与国际合作,更新中美、中欧等双边/多边科技合作协议,确保国际科技交流框架稳定,确保科研资金充足和公平分配,特别是对可能受地缘政治关系紧张影响的研究领域,建立监测地缘政治关系紧张对科研的影响的机制,并评估政策变化的长期效应,提升"以我为主、广泛合作"的科研"韧性"水平。

参考文献

[1] ROBERT FLYNN, BRITTA GLENNON, RAVIV MURCIANO-GOROFF, et al. Building a wall around science: the effect of US-China tensions on international scientific research[EB/OL]. [2024-07-09]. https://www.nber.org/papers/w32622.

打造人才"强磁场":青岛与武汉的经验启示

| 敦　帅

"国家发展靠人才,民族振兴靠人才。"推进中国式现代化,人才是战略性支撑。习近平总书记强调,北京、上海、粤港澳大湾区可充分发挥自身的区位优势、发展优势和竞争优势,努力建设高水平人才高地。一些高层次人才集中的城市也应加大人才投入、营造优良环境、创新政策措施,着力建设吸引和集聚人才的平台。通过优化战略布局,形成聚天下英才而用之的良好局面。加快建设世界重要人才中心和创新高地,为新时代人才强国战略锚定了新坐标、树立了新标杆、描绘了新愿景,对于壮大人才队伍、增强人才效能和人才比较优势,推动我国跻身创新型国家前列、建成人才强国,具有重要意义。

一、经验介绍

人才是第一资源,也是城市创新创业生态的核心。提供优质创新创业服务,激发创新创业人才潜力,发挥创新创业人才效能,是推动知识产业化、科技经济化和实现城市经济社会可持续发展的根本路径。青岛与武汉在人才引进、离岸创新、金融联动、深化改革、优化生态等方面的创新发展措施,为积极打造催生人才感召力、承载力和集聚力的城市创新创业生态,有力促进创新创业实践,提供了借鉴与启示。

1. 重奖伯乐,提升招才引智整体效能

2018年,中共青岛市委组织部联合青岛市人力资源和社会保障局、青岛市科学技术局、青岛市财政局设置了最高额度为50万元的人才引进"伯乐奖",旨在每年遴选奖励在人才引进工作中发挥关键作用的机构和个人。通过设置"伯乐奖",青岛对中介机构和个人分层分级,有针对性地引进高层次人才进行奖励,充分调动了社会力量引进高层次人才及团队的积极性,为青岛高质量发展提供了坚强的人才保障和智力支撑。截至2024年4月,青岛全市人才总量278万人,全职住青的顶尖人才38人,省级以上人才2 000余人,连续多年入选"中国最佳引才城市"及"外国专家眼中最具吸引力中国城市"前十。

2. 离岸创新,推行引才用才创新模式

一方面,青岛坚持"走出去"战略,积极打造离岸创新创业基地,"聚天下英才而用之"。2020年起,青岛推行支持和奖励措施,鼓励在青岛市登记注册的各类企业、科研机构等法人单位在青岛市辖区外注册成立(含控股)研发中心、实验室、产业项目孵化基地等机构,创新性地设立创新类离岸基地和创业类离岸基地,通过对两类离岸基地运行效能设置分级奖励,引导其重点引进青岛经济社会发展需要的外籍人才,以及具有海外背景的中国籍高层次人才和急需紧缺人才。另一方面,武汉坚持"引进来"战略,打造人才离岸工作联络站和"科创飞地"园区,提升招才引智效能。武汉充分利用中国科协海智计划及离岸中心海外科技团体的人才资源优势,成立国内离岸人才工作联络站和海外离岸人才工作联络站,建立与武汉人才政策、人才需求、产业发展、重大项目需求等相对接的优秀高层次海外人才库,开展离岸创业托管和海外人才项目预孵化,打造国际化综合性引才平台。2023年,武汉进入我国"海外留学人才城市分布前十城市"行列。同时,武汉在科创资源密集的光谷设立不同形式的离岸科创园、孵化园,源源不断地引入创新资源,有力激活了地方企业科技创新动力,实现区域协同和资源共享。目前,黄石、黄冈、荆州、鄂州、咸宁先后在光谷设立了"科创飞地"。

3. 金融联动,赋能人才全面创新发展

青岛针对创新创业人才发展,构建涵盖人才金、人才贷、消费贷、创业贷、人才板、人才险的多元化、联动性、全方位的金融链,从股权投资、信用贷款、质押担保、融资上市、人才保险等方面,为人才创新创业提供保障,不仅持续提升对创新创业人才容错容亏支持力度,而且通过打造集约化、便利化、智能化的人才金融赋能平台,为人才创新创业提供兜底金融保障,让人才无后顾之忧。武汉一方面通过设立创新发展基金,采取"人才+直投+母基金"投资策略,加快推动产业链、创新链、人才链深度融合;另一方面推行首只人才专项基金——人才发展基金,总规模达10亿元,重点支持武汉市高层次人才创新创业。

4. 深化改革,激发创新创业人才活力

武汉全面推进由"部门本位"向"人才本位""方便管理"和"方便"人才转型,逐步扩大人才管理授权规范试点改革,全面推行授权清单和负面清单制度。一是大力对创新创业人才进行授权松绑,通过推行"科研经费松绑""揭榜挂帅""赛马""包干制""军令状""无会日"等制度,赋予用人单位、领军人才及团队更大自主权、支配权、决定权；二是积极推行针对创新创业人才的科学评价改革，通过施行"注册制""积分制"等措施，突出贡献导向，加快立新标，引导人尽其才、才尽其用、用有所成；三是有效推进针对创新创业人才开展赋能激励，在科技成果权益配置、个税负担补贴、工资灵活分配和青年人才奖励等方面给予人才更多信任和支持。例如，武汉率先在全国推行科技成果使用权、处置权和收益权下放的优惠政策，明确科技人才或团队在成果转化收益中的分配比例可达70%~99%。

5. 优化生态，促进人才协调高效发展

一是武汉创新开展"专业人才智汇基层"活动，通过推出博士服务团、科技副职、院士专家企业行、科技副总和乡村振兴农业产业帮扶团等项目，引领人才下基层、进企业、入乡村，服务基层和地方发展。二是武汉通过政策精准推送、解决住房需求、满足子女入学、提供医疗照顾、完善政策法规等方式，建立人才诉求窗受理、人才服务一站供给、人才发展一帮到底的服务闭环，为人才提供全周期、全过程、全要素、全方位的优质高效服务。三是制定支持科研人员兼职兼薪、离岗创业、在职创业专项支持政策，解决人才兼职和创业的后顾之忧，推动人才跨部门、跨区域、跨行业的匹配、流动和共享，促进人才协调高效发展。

二、启示借鉴

2023年，习近平总书记来到上海考察时强调，要推进高水平人才高地建设，营造良好创新生态。上海要牢牢把握科技进步大方向、牢牢把握产业革命大趋势、牢牢把握集聚人才大举措，在充分借鉴兄弟城市人才引进与发展支持政策和自身有益探索基础上，率先实行更加开放更加便利的人才引进与支持政策，不断加强人才工作战略谋划和政策创新，加快高水平人才高地建设，让各类人才汇聚上海、扎根上海，在上海成就事业、实现价值。

1. 设立引才伯乐奖，激活社会力量引才荐才活力

由上海市委组织部牵头，联合市委人才办和市人才局共同设立人才引进"伯乐奖"，奖励在人才引进工作中发挥关键作用的机构和个人，充分激发高校院所教职工、社会中介机构和个人积极主动参与人才引进工作的主动性和能动性，制定建制性引才与社会化引才相统筹的长效机制，努力提高人才引进精准度和成功率。目前，上海对设立"海聚英才"全球引才奖进行了积极探索，在坚持全球视野、市场导向、真实原则的基础上，拟对推荐并成功引进高层次人才和优质项目的组织和个人进行分级奖励，激励和引导全社会参与挖掘并举荐各类优秀人才，

拓宽招才引智渠道。

2. 打造离岸科创地,构建精准高效人才共享网络

一方面,实施"走出去"战略,鼓励各类企业和科研机构在北京、深圳、合肥及长三角、珠三角等科创资源较丰富的地区打造离岸创新创业基地,充分利用当地的人力、物力、财力、智力、空间、平台等优势,为上海创新创业和城市发展助力。另一方面,实施"引进来"战略,通过打造高水平的科创飞地产业园和孵化园,吸引外地企业和科研机构来沪设立科创飞地,汇聚外地高素质人才和高质量科创资源,助力上海创新创业高质量发展。同时,在全球著名科创中心设立海外离岸人才工作联络站,构建全球高层次海外人才库,打造国际化、综合性引才平台。作为中国首个在自贸试验区内试点设立的离岸创新创业基地,上海自贸试验区对海外人才离岸创新创业进行了有益探索。基地探索"区内注册、海内外经营"的离岸模式,从政策、知识产权、技术、投资对接等方面提供整体前置服务。通过"海外预孵化",使海外人才在海外完善创业团队或创业项目,显著提高海外人才落地创业的成功率,减少海外人才来华创业的顾虑。对于基地内注册的企业,基地将导入优质服务机构,为人才创新创业提供全方位的托管式服务;对于海外创业项目,协助其注册企业后进行正式孵化,形成灵活便利的创业模式。

3. 构建安防金融链,赋能创新创业人才更好发展

首先,针对不同级别人才,在全市层面设置股权投资、人才贷款、人才消费、上市融资、人才保险等专项金融支持政策和金融产品,涵盖专业服务与安全防护,进一步提升金融赋能人才创新创业发展效能。同时,打造集约化、便利化、智能化的人才金融服务平台,为人才创新创业发展提供金融产品匹配、金企常态对接、金融知识培训、人才政策宣传等保障服务。其次,设立专项人才发展基金,重点支持高层次人才创新创业。上海大力促进科技与金融结合,逐步形成了各部门统筹推进、金融要素协同支撑,以科技信贷、科技保险、股权投资和多层次资本市场为基本架构的科技金融体系。特别是,市国资委积极推动国资基金参与"海聚英才"活动,成立"海聚英才"人才基金,参与符合上海战略性新兴产业发展导向的高质量项目投资,具体拟采用"海聚英才"支持基金群的方式,为"海聚英才"项目提供全周期的金融服务。截至2023年年底,市国资委监管企业发起设立和管理基金共366只,总认缴金额为5 279亿元,总实缴金额为3 384亿元。基金覆盖的投资领域广,投资阶段全面,包括VC基金、PE基金、母基金等,可以较好匹配"海聚英才"项目的融资需求。

4. 推行改革新举措，增强人才创新发展整体效能

必须破除人才培养、使用、评价、服务、支持、激励等方面的体制机制障碍，加快建立完善活力更足、动力更强的体制机制，把我国制度优势更好转化为人才优势、科技竞争优势。积极尝试推行针对人才授权松绑、科学评价、激励机制等方面的制度创新和先行先试，开展"科研经费松绑""揭榜挂帅""赛马""包干制""军令状""无会日""成果转化收益分配""破四唯""基础研究特区""年薪制""协议工资制""项目工资"等新举措，激发人才内生动力，增强人才创新发展整体效能。上海坚持"以事促改""上下结合""同题共答""落地见效"，出台《上海市人才管理综合授权改革试点方案》和年度人才管理综合授权改革清单，切实解决人才管理过程中面临的真问题。

5. 优化服务新生态，营造人才安身安心安业环境

一是通过设立人才特区，完善人才安稳落户制度体系；放宽用人主体土地使用限制，完善人才安居保障体系；简化人才子女入学办理程序，完善人才子女入学支持体系；提供生活照料和医疗保健等服务，完善人才家庭养老服务体系，优化人才服务生态。二是搭建科技创新平台，加强科学基金引领和社会创新资本激励，支持创新人才牵头组建团队承担国家重大科技专项和重点研发项目，建立健全"能者上、平者让、庸者下"的公平竞争机制，优化人才创新创业生态。三是立足长三角一体化发展，基于长三角一体化科创云平台，依托数字化信息技术，构建涵盖高校院所、各类企业和科研机构等建制性科创主体和社会科创主体协同的人才共同体，通过政策引导和支持，打破地域、行业、组织限制，促进人才在长三角范围内精准匹配和高效流通，推动人才真正到基层、进企业、赴乡村、在前线、瞻前沿，引领长三角一体化、高质量发展。一方面，上海依托"一网通办"平台，实现了人才政策"一网查询"、人才需求"一口受理"、人才服务"一码集成"，让各类人才线上线下的需求都能得到回应；另一方面，上海对高端人才、顶尖人才实行"量身定制、一人一策"，加大保障性租赁住房供给力度，更好提供教育、医疗等服务，提升了人才服务的个性化、差异化水平，让人才真正实现了安身、安心、安业。

国际经验与标杆

全球标准必要专利申请趋势及影响因素分析

安云梦　陈　强

标准必要专利(Standard Essential Patent，SEP)是指实施某项技术标准所必须采用的专利，是技术标准与专利的融合结果。技术标准指在一定领域内形成的一种须共同遵守和反复适用的，具有指导性和强制性的技术规范[1]，具有明显的公共产品属性，而专利权作为一种私权，具有排他性。将优势技术纳入标准是必然选择，而优势技术往往会寻求专利保护，标准必要专利由此产生。显然，标准的公共产品特征与专利的私权属性必定会发生冲突和碰撞，即便标准制定组织要求权利人作出"公平、合理、无歧视"(Fair，Reasonable，and Non-discriminatory，FRAND)的事前承诺，也依然无法杜绝实践中冲突的出现。

近年来，标准必要专利领域纠纷频发，因涉案专利行业影响大、索赔金额高、涉及地域广等原因而备受关注。索赔金额高的代表性案例包括：2018 年，高清公司以 OPPO 公司故意拖延涉案 6 件专利的许可谈判为由，向南京市中级人民法院起诉，合计请求法院判令 OPPO 公司赔偿高清公司人民币 3.42 亿元；2024 年，三星 Galaxy 5G 智能手机因侵犯 G＋Communications 公司的 2 项 5G 标准必要专利，被判赔偿支付 6 750 万美元(约合 4.84 亿元人民币)。涉及地域广的代表性案例包括：2016 年起，诺基亚公司在全球 11 个国家发起针对苹果公司的 40 桩专利诉讼；2021 年，诺基亚公司和 OPPO 公司同时在中国、英国、法国、德国、印度等 9 个国家的 19 家法院进行专利诉讼[2]。相关诉讼案件不仅涉及涉案企业本身、行业发展及社会公益问题，同时也引发了激烈的司法管辖争端及国际标准话语权争夺，标准必要专利对国际科技和产业竞争的影响日益加剧。

一、申请趋势

本文使用 incoPat 数据库进行检索分析，通过调查被宣告为 SEP 的专利申请情况来反映全球范围内的 SEP 活动规模及发展态势。图 1 展示了 1986—2023 年全球范围内 SEP 的申请规模及变化情况，总体上来看，全球 SEP 申请规模呈现波动上升趋势,受到标准信息公布延迟及新冠疫情影响,2020年及之后数据统计结果有所下降。从图1中可以看出,1998年之后,SEP活动规模进入快速上升阶段,2008年达到阶段高点,此后维持高水平状态,直到2017年达到新高点。图1中,2020—2023年全球SEP申请数量分别为21 039件、13 762件、6 829件、1 062件,SEP的选择和宣告需要一段时间,这种"标准信息公布延迟"导致2020—2023年SEP申请量的"减少"。

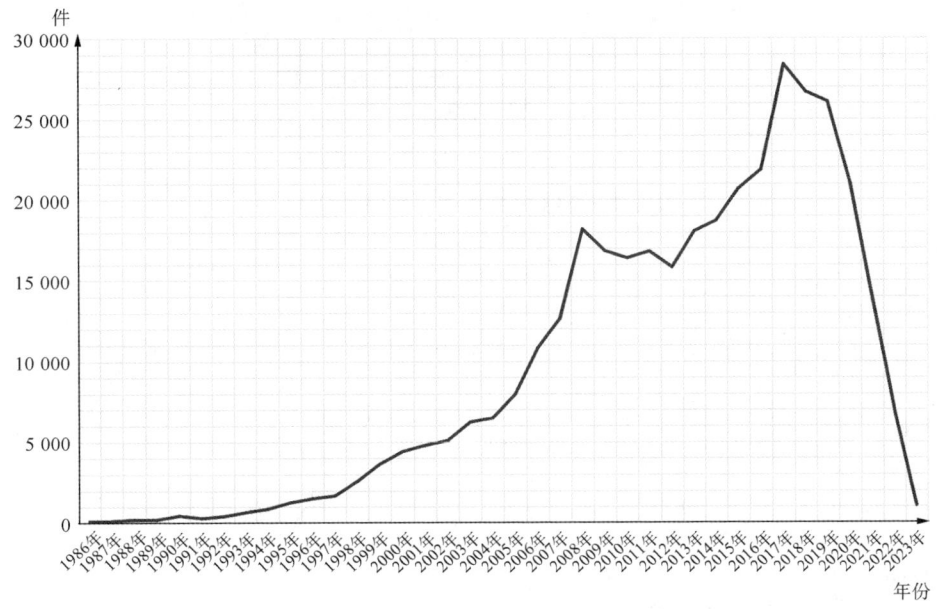

图1　1986—2023年全球SEP申请规模趋势图

从申请人来源国来看,美国、中国、韩国三国申请人的表现更为突出,占总体比重超过70%,日本、瑞典、芬兰位居其后(图2)。

进一步,通过分析五大知识产权局2014—2023年SEP申请情况来考察主要国家近年来SEP的动态发展情况。如图3所示,美国SEP申请量一直处于高水平稳定状态,年均申请量超4 000件。中国SEP申请量在2017—2019年发生了较大幅度的跃升,连续三年成为全球SEP申请量最多的国家,这也是中国SEP储备的重要阶段。另外,值得关注的是,受到标准信息公布延迟及疫情影响,从统计上看各国SEP申请规模多呈现上升或是波动状态,但日本SEP申请量自2014年达到巅峰之后便一直呈明显的下降趋势。2017年起,日本更是成为五大知识产权局中SEP申请量最低的,这一情况直至2023年也未改变。

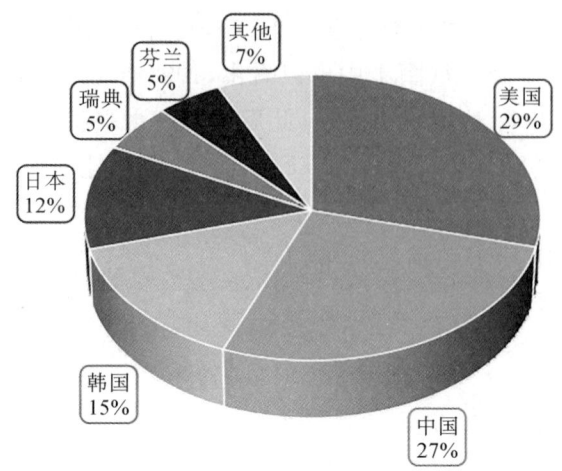

图 2 全球 SEP 申请人来源国分布

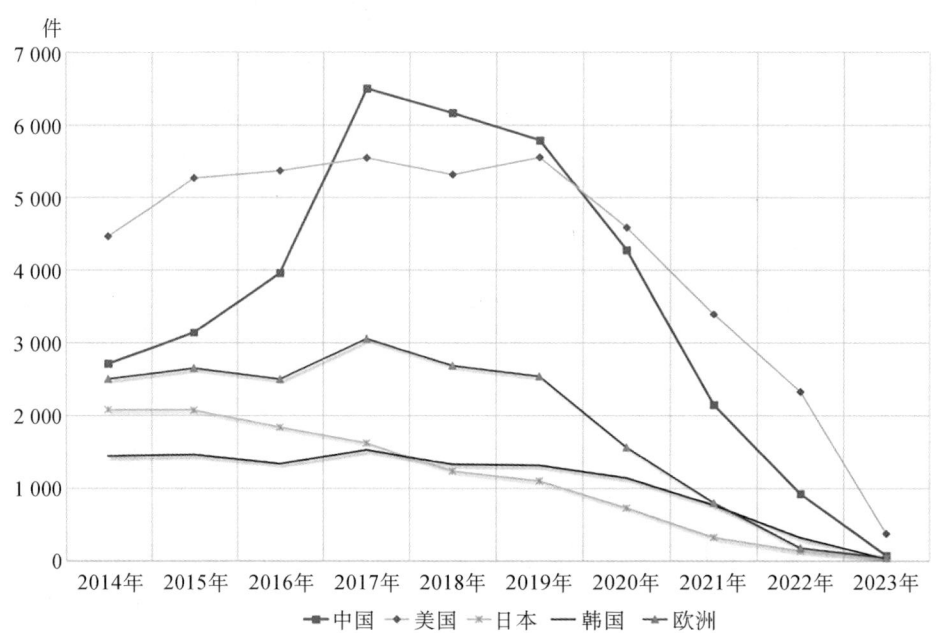

图 3 2014—2023 年五大知识产权局 SEP 申请情况

二、影响因素

SEP 活动的活跃程度受到多维因素的影响,包括专利制度确立时期、技术迭代及产业变革、国家政策导向等多个方面。

1. 专利制度

1997年以前，SEP的申请规模十分有限。仅有几个专利制度建立较早的国家和地区的标准化活动相对活跃，欧洲（欧洲专利局）、美国、德国及日本是SEP申请人比较集中的区域，其中，美国的SEP申请规模最为突出。进一步分析该时期的SEP申请人情况，同样发现美国申请人扮演了重要角色。具体来说，有38%以上的SEP申请人来自美国，约15%来自芬兰，约12%来自日本，各6%来自德国、瑞典。同样，根据incoPat数据库显示，SEP中最早的专利申请也来自美国，即美国发明人塞缪尔·霍普金斯（Samuel Hopkins）于1790年递交的一项"花盆灰和珍珠灰的制作"发明专利。

2. 技术迭代及产业变革

SEP主要分布在信息通信（Information and Communications Technology，ICT）产业，ICT相关技术迭代与产业变革同样对SEP申请规模产生了较大影响。1998年，美国高通（Qualcomm）公司提出第一个3G标准——CDMA2000，带领全球SEP活动进入了发展阶段。2008年，长期演进（Long Term Evolution，LTE）技术首个版本的系统技术规范（Release 8）完成制定，标志着移动通信技术逐步向4G时代过渡。2017年，在国际电信标准组织3GPP RAN第78次全体会议上，5G NR首发版本正式冻结并发布，这进一步推动了SEP声明数量达到顶峰。

3. 国家政策导向

一国政策能够体现出国家对于专利纳入标准的态度变化，以及国家对于公众开展SEP活动的支持情况，在一定程度上影响了国内企业的标准化活动。以我国为例，2002年，国家标准委发布的《国家标准涉及专利的规定》指出"强制性国家标准原则上不涉及专利"，2010年国家标准委发布的《国家标准涉及专利的处置规则（征求意见稿）》中允许标准中有条件的含有专利，2013年国家标准委、国家知识产权局发布的《国家标准涉及专利的管理规定（暂行）》对标准必要专利问题进行明确规定[3]，2021年中共中央、国务院印发的《知识产权强国建设纲要（2021—2035）》更是明确强调要推动专利与国际标准制定有效结合。2024年，中国信息通信研究院牵头制定的《标准必要专利认定方法》正式发布，为SEP认定的管理、实施与评价工作做出指引。在此期间，我国SEP的年均申请规模已经增长数十倍。再如，韩国2016年发布《标准必要专利指南》，用来帮助企业、大学和公共机构等领域的研究人员理解SEP的概念，并使用策略保护其SEP。

2021年,韩国知识产权局发布修订后的《标准必要专利指南2.0》,对标准化每个阶段的策略作出了细致说明,并补充了Wi-Fi、蓝牙等重要通信标准的信息介绍,以进一步指导公众的标准实践活动。

参考文献

[1] 张平,马骁.标准化与知识产权战略[M].北京:知识产权出版社,2005:14.
[2] 张惠彬,刘诗蕾.标准必要专利许可纠纷的管辖争端及策略选择[J].国际经济法学刊,2023(4):80-95.
[3] 崔维军,岑珊,陈光,等.标准必要专利产生背景、运行机制与影响:文献回顾与研究展望[J].科学学与科学技术管理,2020,41(5):140-158.

全球标准必要专利竞争格局分析

| 安云梦　陈　强

标准必要专利（Standard Essential Patent，SEP）是指实施某项技术标准所必须采用的专利，其形成与发展经历了"技术专利化、专利标准化、标准全球化"的阶段性过程。在全球科技治理体系变革及技术融合发展的背景下，SEP已然成为国际竞争的战略性资源。

一、国际竞争格局

本文使用incoPat数据库进行检索（按照申请号合并），通过分析不同国家或地区SEP的申请趋势，了解各国技术储备和标准化能力，以及SEP的全球主要布局情况，以便预测未来发展趋势，并为全球市场竞争战略的制定提供参考。

全球范围内，有效SEP数量排名前九的国家或地区如图1所示。优势国家

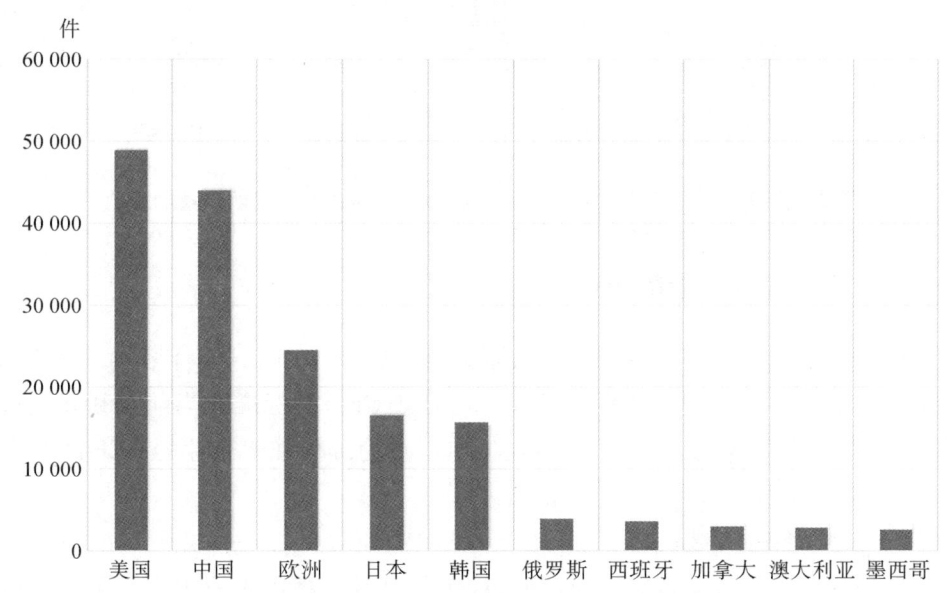

图1　全球有效SEP分布

或地区为美国、中国、欧洲、日本、韩国等,其有效 SEP 合计占比已达全球总量的80%。其中,美国位居第一,是全球最受青睐的 SEP 布局国家,中国紧随其后。这说明中美两国标准化能力在全球范围内处于绝对领先地位,同时也体现出中美两国拥有更为庞大的标准实施市场。

图 2 列示了五大知识产权局公开的有效 SEP 数量占有效发明数量的比例,来反映主要国家和地区的专利技术对于标准的贡献程度。有效 SEP 储备位列世界第二的我国在贡献程度排行中位居第四。不难看出,虽然近年来我国着重提升专利质量,发明授权数量也逐年增多,但对于技术标准的贡献仍然有限,这在一定程度上也折射出我国技术质量相对落后,或是在技术布局策略上存在缺漏的现实状况。

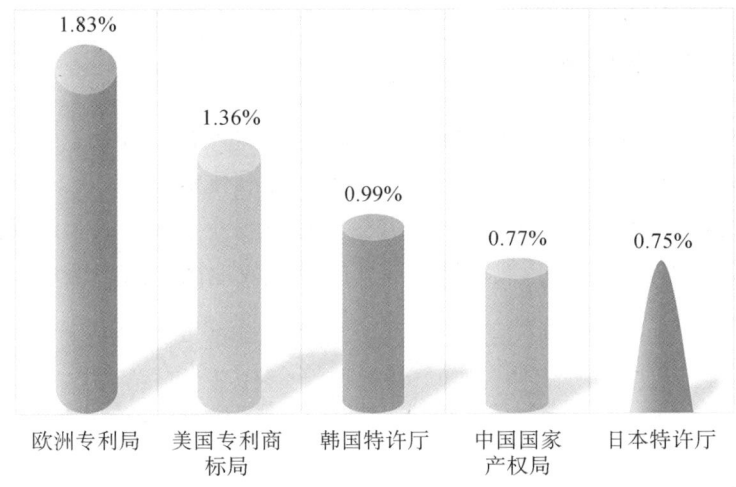

图 2　全球五大知识产权局受理的有效 SEP 数量占有效发明数量的比例

二、强势权利人战略布局

经济全球化背景下,企业从产品、服务竞争向技术标准竞争转变[1],专利标准战略已然成为企业竞争的高级形式。对有效 SEP 的标准化当前权利人进行检索,并按照 SEP 数量进行排序,再通过申请行为分析强势企业的 SEP 战略布局情况,如表 1 所示。

1. 数量储备:高通领先

从所属国别来看,全球前十权利人以美国、中国、韩国企业为主。从拥有有效 SEP 数量来看,前十名权利人占据了超 60% 的份额,SEP 在主体间的分布呈较为集中的状态。从个体上来看,高通公司是拥有有效 SEP 数量最多的权利人,其次是华为公司和三星公司。

2. 技术分布:通信为主

通过国际专利(International Patent,IPC)分类号来识别 SEP 技术布局领域,可以发现,强势权利人的 SEP 主要集中在 H04(电通信技术)大类下的 H04W(无线通信网络)及 H04L(数字信息传输)领域。各主体有不同的技术优势,普遍以提高效率和降低损耗为主。

3. 区域布局:美国占优

同族规模可以帮助识别权利人的区域战略布局情况。从总体上来看,强势权利人对 SEP 进行了更为广泛的地域布局,各企业平均有 40% 以上的 SEP 简单同族规模大于 10。更值得关注的是,交互数字(Inter Digital)公司约有 43% 的 SEP 同族规模超过了 30,其中甚至有 28% 的同族规模超过了 40,是前十名权利人中 SEP 战略布局最为丰富的企业。

在布局国家方面,企业所属国或美国是各强势企业 SEP 布局的首选,其中,韩国企业对于美国市场的青睐更加突出。事实上,其普通专利的布局策略亦是如此。据 IFI Claims 发布的 2023 全球领先专利权人排名[2],三星公司在美国专利授权 50 强中连续多年位居榜首,甚至超过美国本土强势企业高通公司,乐金电子公司也长期位居前十。

表 1　全球前十权利人 SEP 战略布局情况

权利人	国别	有效SEP数量(件)	首次申请年	IPC 分类号	技术优势	简单同族规模 10+	简单同族规模 30+	主要布局国家或地区	涉诉占比
高通	美国	25 144	1989 年	H04L5/00	提高频谱效率	60%	17%	美国、中国	7%
华为	中国	19 285	1997 年	H04W72/04	提高资源利用率	38%	6%	中国、美国	2%
乐金	韩国	13 408	1989 年	H04L5/00	提高传输效率	35%	5%	美国、韩国	3%
三星	韩国	12 428	1990 年	H04B7/26	减少信令开销	49%	9%	美国、韩国	3%
爱立信	瑞典	9 437	1987 年	H04L5/00	降低功耗	47%	10%	美国、欧洲	5%
欧珀	中国	8 136	2001 年	H04W72/04	提高传输效率	47%	3%	中国、美国	2%

(续表)

权利人	国别	有效SEP数量(件)	首次申请年	IPC分类号	技术优势	简单同族规模 10+	简单同族规模 30+	主要布局国家或地区	涉诉占比
中兴	中国	6 357	2002年	H04W72/04	提高资源利用率	30%	1%	中国、美国	3%
诺基亚	芬兰	4 785	1988年	H04L29/06	简单方式	52%	4%	美国、欧洲	9%
交互数字	美国	4 407	1985年	H04W72/04	丰富应用	70%	43%	美国、韩国	5%
苹果	美国	4 189	1992年	H04W72/04	确保延迟线总	26%	6%	美国、中国	2%

通过2017—2019年全球SEP申请情况来识别近年SEP活跃度较高的主体,中国企业表现卓越,如图3所示。活跃度前十的申请人中,除华为公司、高通公司、三星公司等标准强势主体,也出现了如维沃公司、小米公司等异军突起的企业。此外,华为公司和欧珀公司近年来的SEP活动处于高速发展期,二者的SEP申请规模已远超高通公司。进一步,通过分析标准化申请人的国别发现,活跃度前十位的申请人中,中国企业已占据6个席位,由此可见,近年来中国企业的标准化意识正在不断强化,标准竞争能力也在逐步提升。

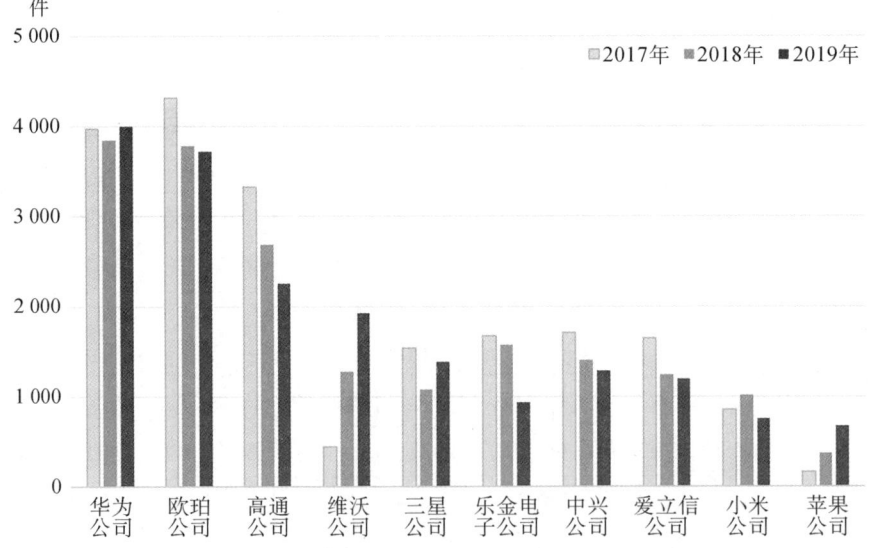

图3 2017—2019年全球SEP申请活跃度前十申请人

三、产业及技术领域布局

核心标准的制定不仅可以改变技术发展方向,也会影响行业的准入壁垒和效率。通过 incoPat 数据库中的知识密集型产业项统计全球 SEP 的产业分布情况,可以发现,通信设备、雷达及配套设备制造、通信和卫星传输等是当前有效 SEP 涉及最多的行业(图 4)。

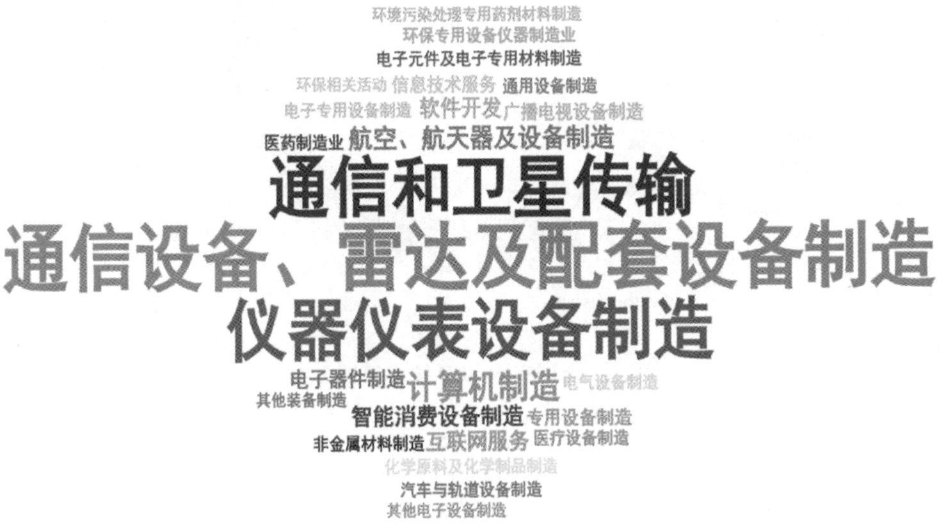

图 4 全球有效 SEP 行业分布

进一步,通过 IPC 分类号统计 SEP 布局的细分领域,分布情况如图 5 所示。当前,有效 SEP 超 95% 分布在 H(电学)部下的 H04(电通信技术),其中,H04W(无线通信网络)、H04L(数字信息传输)、H04B(电通信技术传输)等细分领域的技术布局更为密集。这是因为在"万物互联"成大势的背景下,物联网的信息功能发挥主要集中在信息获取、传输、处理、施效几个方面[3]。另外,考虑到信息通信相较于其他产业更需要统一技术标准以满足产品兼容性和互联互通要求,因此信息通信在此技术领域下的标准活动也更为活跃。

在技术功效维度,SEP 主要聚焦效率提高、成本降低、可控性提高、复杂性降低等应用特征的实现,如图 6 所示。一方面,这体现出 SEP 作为先进技术适于生产应用、简化生产流程的适用性和可实施性;另一方面,这也体现了 SEP 作为统一标准可以减少技术差异、实现产品兼容的必要性[4]。

228　◇创新生态与科学治理——爱科创 2024 文集

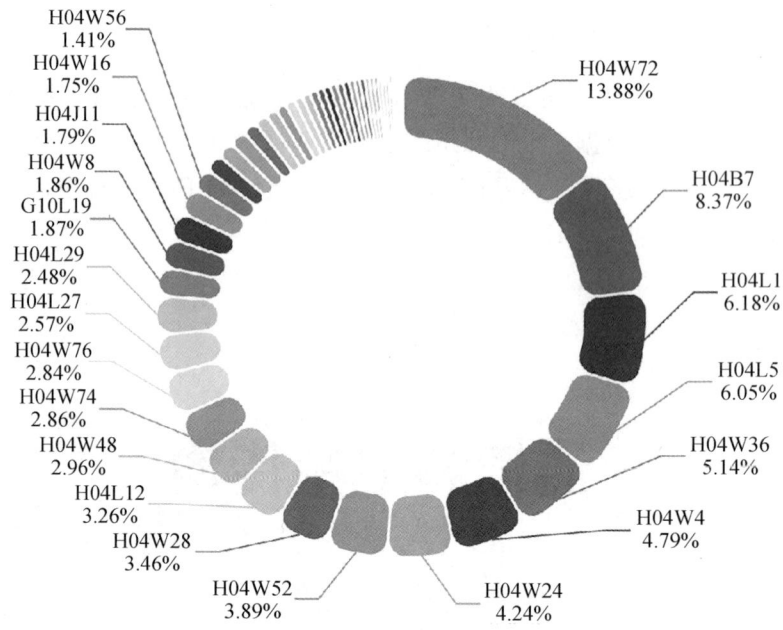

图 5　全球有效 SEP 技术领域分布

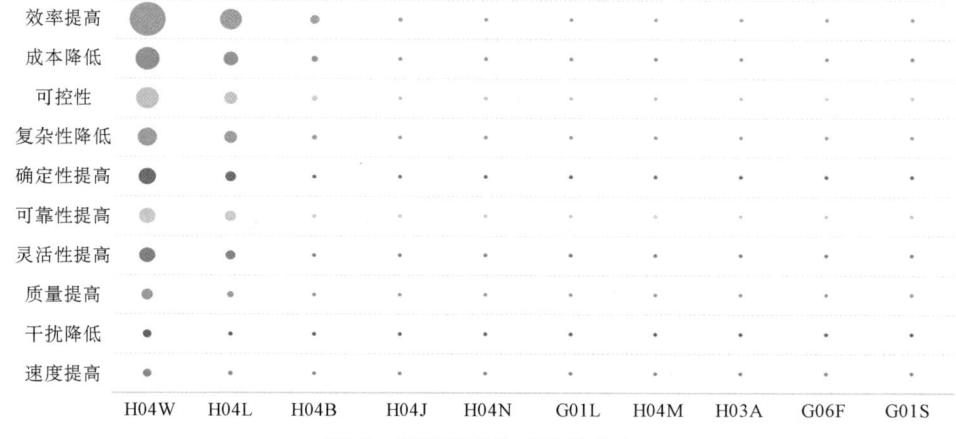

图 6　SEP 技术构成功效分布

技术标准的制定涉及多个标准项目，以实现不同的技术目标和职能。图 7 展示了有效 SEP 所属标准项目的分布情况，涉及第三代合作伙伴计划（3rd Generation Partnership，3GPP）、长期演进（Long Term Evolution，LTE）、第五代移动通信技术（5th Generation Mobile Communication Technology，5G）项目下的 SEP 活动更为活跃。其中,3GPP 作为目前全球最大、最重要的国际通信标准组织,为移动通信技术标准的制定和商业化进程贡献了重要力量。

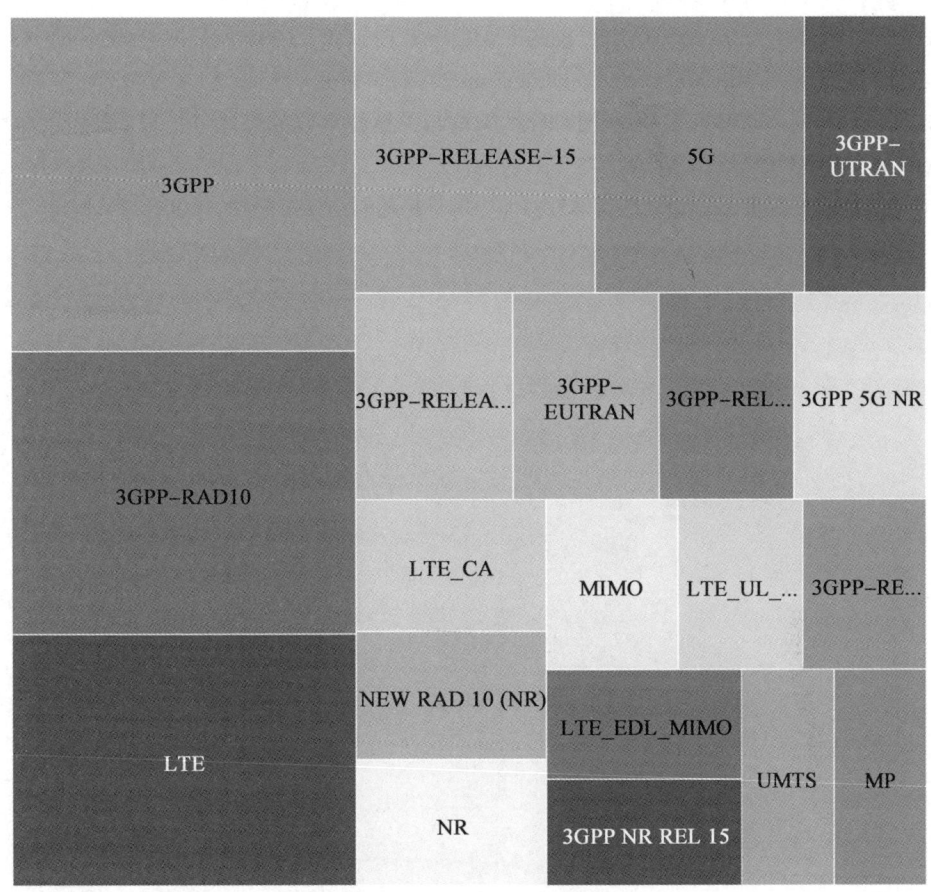

图 7　SEP 标准项目分布情况

综上所述,如今,美国、中国、韩国成为标准把控的强势国家。虽然我国在 SEP 活动方面的探索起步较晚,但已取得显著成效,不过仍存在质量偏低、参与度不足等问题。总而言之,既要肯定我国标准必要专利数量储备的迅速增长态势,也要正视 SEP 如同国内专利整体"大而不强"的现状。既要看到华为公司等大企业在行业标准制定中发挥的重要作用,也不能忽视众多企业仍然徘徊在标准制定活动之外的客观现实。

参考文献

［1］陈锐,周永根,沈华,等.技术变革与技术标准协同发展的战略思考[J].科学学研究,2013,31(7):1006-1012.

［2］IFI Claims 2023. Top 50 U. S. patent assignees[EB/OL].(2024-01-10)[2024-01-18]. https://www.ificlaims.com/rankings-top-50-2023.htm.

［3］孙其博,刘杰,黎羴,等.物联网:概念、架构与关键技术研究综述[J].北京邮电大学学报,2010,33(3):1-9.

［4］王晓晔.论标准必要专利的特殊性[J].中国价格监管与反垄断,2015(10):20-26.

《2023年全球未来产业指数报告》之中美对比

| 刘 笑 胡 雯

未来产业已成为全球主要国家塑造竞争优势的新焦点,其发展水平也成为衡量一个国家科技创新实力和潜力的重要标志。全球未来产业指数(Global Future Industry Index,GFII)在世界知识产权组织(World Intellectual Property Organization,WIPO)、经济合作与发展组织(Organization for Economic Co-operation and Development,OECD)和国际可再生能源机构(International Renewable Energy Agency,IRENA)等国际权威机构的支持下,由著名的科技咨询智库ICV Tank通过整合不同机构的多维数据开发形成,旨在通过持续的产业跟踪为全球决策者、商业领袖和投资者提供未来产业发展趋势的参考和见解。自2023年发布首个年度全球未来产业指数报告(GFII 2022)以来,GFII近日又发布了《2023年全球未来产业指数报告》。该报告基于全球技术热点,综合考虑产业技术创新与趋势、市场需求与趋势等多方面因素,重点选取了人工智能、量子信息、深空深海、生物技术、可控核聚变、人形机器人、神经科学和类脑智能、先进通信八大重点领域,对全球20多个国家和地区在未来产业布局、产业发展、创新投资和环境可持续方面的综合能力进行了评价。

一、未来产业内涵及评价指标体系

与战略性新兴产业相比,未来产业更准确地代表了未来技术和产业发展的新方向,具有颠覆性和前瞻性等特点,在主导全球社会经济变迁、提升国家竞争实力方面发挥着重要作用。基于以上内涵,报告从5个维度选取了15个二级指标构建了评价指标体系(表1)。

表1 全球未来产业指数评价指标体系

评价维度	评价指标	指标含义
1. 创新生态系统和技术能力	1.1 研发和技术投资水平	评估各国或城市在研究和技术创新方面的投资水平,包括政府和企业的研发支出

（续表）

评价维度	评价指标	指标含义
1. 创新生态系统和技术能力	1.2 技术人才的吸引和培养	考察吸引和培养高水平技术人才的能力，包括研究机构和企业所采用的人才战略
	1.3 创业活动	衡量初创企业的数量、投资活动及孵化器的发展，反映创新生态系统的活力
	1.4 创新生态系统发展	评估科技园、研究中心和技术创新孵化器的建设和运营状况
	1.5 数字基础设施建设	评估各国在5G、物联网等数字技术方面的投资
2. 产业多样性和新兴产业发展	2.1 新兴产业发展潜力	评估人工智能等未来产业的潜力和创新能力
	2.2 产业生态系统建设能力	评估各国或城市集群在建设未来产业生态系统方面的能力和水平
	2.3 行业多样性	评估各国或城市的产业结构多样性，避免过度依赖某一特定行业
3. 可持续性与环境发展	3.1 可再生能源利用情况	评估各国或城市在利用可再生能源（太阳能、风能等）方面的现状
	3.2 环境政策与生态保护措施	评估政府颁布的环境政策和生态保护措施，以确保可持续发展
4. 人才与教育	4.1 高科技人才培养	评估高等教育机构和科技培训的质量和数量，以确保充足的高素质人才供应
	4.2 创新教育与职业培训	评估符合行业需求的创新教育和职业培训项目，提升人才的创新和实践应用能力
5. 国际合作与趋势适应性	5.1 国际创新协作	衡量与其他国家或城市在创新协作方面的水平，包括研究协作和技术交流
	5.2 参与国际产业链程度	评估参与国际产业链和全球价值链的程度，以扩大市场和增强国际竞争力
	5.3 未来产业政策和趋势的适应性	评估相关政策是否有助于适应未来产业趋势，包括数字化转型和智能制造

二、中美未来产业指数比较

（1）总体排名分列榜首和次席

与 GFII 2022 中的排名相比，在《2023 年全球未来产业指数报告》中，美国和中国的总体排名保持不变，仍然位居前两位。其中，美国在创新生态和技术能力、产业多样性和新兴产业发展、人才与教育、国际合作与趋势适应性等多个维度保持全球领先地位，中国则在人才和教育维度排名第一，在产业多样性和新兴产业发展维度排名第二，在国际合作与趋势适应性、创新生态和技术能力、可持续发展和环境三个维度分别排名第 6、8、14 名，反映出中国在参与全球合作与适应新兴趋势的程度、创新生态系统营造、技术创新能力及促进环境可持续发展方面仍有提升空间（表 2）。

表 2 2023 年中美未来产业指数排名及得分

国家	整体情况		创新生态和技术能力		产业多样性和新兴产业发展		可持续发展和环境		人才与教育		国际合作与趋势适应性	
	排名	得分	排名	得分	排名	得分	排名	得分	排名	得分	排名	得分
美国	1	91.71	1	95.91	1	96.62	15	75.79	2	95.73	3	89.50
中国	2	88.55	8	84.60	2	96.44	14	76.15	1	97.15	6	86.29

资料来源：《2023 全球未来产业指数报告》。

（2）"未来之城 20"美国占据 8 席，中国以 4 席位居其后

城市的综合排名反映了未来产业的综合实力。《2023 年全球未来产业指数报告》选取了 20 个最具技术创新实力和未来产业发展潜力的城市（群），并将其命名为"未来之城 20"。其中，美国的旧金山、波士顿、纽约、洛杉矶、圣迭戈、西雅图、匹兹堡、华盛顿—巴尔的摩大都市区这 8 个城市（群）上榜，展示了全球区域创新模式的多样性，且旧金山在"未来之城 20"排名中位居榜首，其在人工智能、人形机器人、先进通信、神经科学与类脑智能、生物技术等方面处于世界领先地位，这与其拥有一流的研究机构和大量的创新技术人才密不可分，其他城市优势领域及排名见表 3。中国紧跟其后，北京、粤港澳大湾区、合肥、上海 4 个城市（群）进入前 20 名，分别位列第 3、9、12、17 名。其中，北京在先进通信、神经科学与类脑智能、深海航空、人形机器人等方面取得了显著成就，合肥在量子信息和

可控核聚变方面表现卓越,粤港澳大湾区在先进通信方面表现良好。

表3 中美"未来之城20"优势领域及排名

国家	城市(排名)	优势领域(排名)
美国	旧金山(1)	人工智能(1)、先进通信(1)、人形机器人(1)、生物技术(2)、可控核聚变(2)、神经科学与类脑智能(4)、量子信息(19)
	波士顿(5)	神经科学与类脑智能(1)、生物技术(1)、人形机器人(2)、人工智能(5)、可控核聚变(8)
	纽约(6)	人工智能(2)、量子信息(3)、人形机器人(3)、神经科学与类脑智能(8)、生物技术(10)
	洛杉矶(8)	人工智能(2)、神经科学与类脑智能(6)、深海和深空(10)、人形机器人(6)、可控核聚变(13)
	圣迭戈(9)	深海和深空(2)、先进通信(4)、生物技术(6)
	西雅图(14)	人形机器人(10)
	匹兹堡(16)	人工智能(3)、人形机器人(3)、深海和深空(19)
	华盛顿—巴尔的摩大都市区(19)	先进通信(9)、生物技术(9)、神经科学与类脑智能(14)
中国	北京(3)	先进通信(2)、神经科学与类脑智能(3)、深海和深空(5)、人形机器人(5)、人工智能(10)、量子信息(10)、生物技术(13)
	粤港澳大湾区(9)	先进通信(3)、人形机器人(11)、人工智能(12)、深海和深空(15)、神经科学与类脑智能(15)、量子信息(17)
	合肥(12)	量子信息(2)、可控核聚变(3)、深海和深空(13)
	上海(17)	量子信息(10)、神经科学与类脑智能(11)、人形机器人(11)、人工智能(12)、生物技术(19)

资料来源:根据《2023全球未来产业指数报告》整理。

(3)美国产业优势较为均衡,中国仍存在产业短板

从产业发展角度来看,美国在八大细分产业中展现出卓越的竞争力,尤其在人工智能、量子信息、生物技术、人形机器人等领域具有领先优势[图1(a)]。具体来说,美国目前处于全球量子信息发展前沿,特别是在量子计算领域表现卓越,涌现了谷歌、IBM和微软等头部公司;在人工智能大模型方面取得突破性进展,Open AI、谷歌、微软等公司相继推出了自己的大型模型产品,推动了人工智能生态系统和多模态创新的建立;在人形机器人这一领域占有显著优势,拥有特

斯拉的"擎天柱"、波士顿动力的"Atlas"、1X科技的EVE和NEO等知名的人形机器人；在类脑智能产业实现了从基础理论到工业应用的全面布局，拥有英特尔和惠普等硬件层优势企业，Numenta和Vicarious等软件层优势企业，以及以Neuralink为代表的应用层公司。除此之外，美国在生物技术、深空和深海产业中也处于全球领先地位，不仅拥有波士顿、旧金山全球生物技术产业中心，而且积极实施火星勘探计划、深海挑战计划等，经过多年的技术积累和研究，已成为该领域的佼佼者。而中国在八大细分未来产业领域的表现较为均衡且存在明显短板，在量子信息、先进通信、人工智能等领域处于跟跑状态，在生物技术、深空和深海等领域稍显落后［图1(b)］。

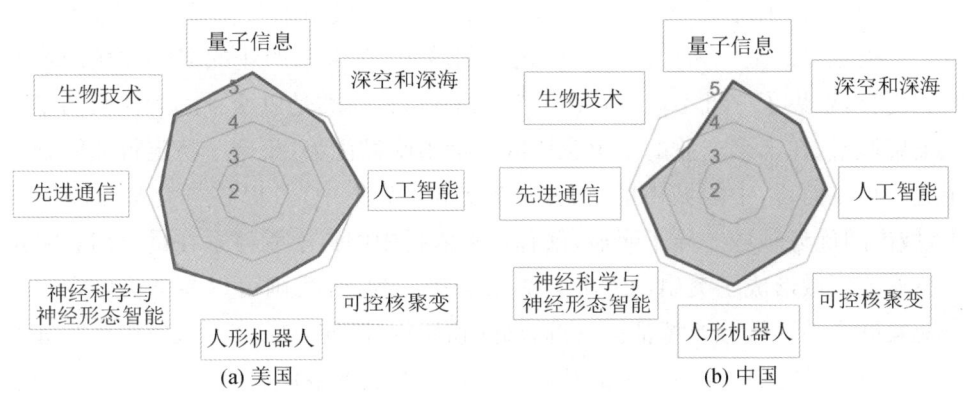

图1　中美八大细分产业得分

资料来源：《2023全球未来产业指数报告》。

三、启示

发达国家与新兴经济体在未来产业发展上的竞争日趋白热化，各国普遍制定了有针对性的产业政策和创新政策，以加快本国未来产业发展，培育经济新增长点，形成新动能新增量。通过对比中美两国在全球未来产业指数排名上的表现，本文提出以下几点启示。

1. 正确认识发展差距，以点带面寻求领跑机遇

尽管美国和我国在未来产业指数的总体排名中分列第一位和第二位，但我国应当深刻认识到在未来产业发展的绝大部分领域，自身仍处于跟跑状态，同时领域内基础研究"两头在外"现象严重。以近年来引起广泛关注的生成式人工智能领域为例，自OpenAI发布ChatGPT以来，中国AI大模型呈现井喷式发展态势,然而业内"冒名顶替""套壳变身"等问题层出不穷,使这场热潮已然由技术变革的狂欢窄化为资本收割的盛宴。因此,我国应当正确认识到,中美在未来产业领域中的发展差距仍然较大,需要有重点地寻求领跑机会,有针对性地补齐自身短板。一方面,以优势领域为突破点,带动创新链与产业链协同发展,加快推进量子信息、先进通信领域的研发与应用,为未来产业高质量发展提供新动能;另一方面,以补齐短板为支撑点,面向关键技术"断点"和供应链"卡点",鼓励以自主创新为主的创新驱动发展,尤其需要重视我国在生物技术、深空和深海领域的技术短板,为科技自立自强提供有力支撑。

2. 加强区域整体布局,培育多中心增长极和差异化增长点

从中美"未来之城 20"的分布情况来看,美国城市的优势领域分布各有侧重。一类是以旧金山为代表的多样化集聚城市,在未来产业的多个领域内均有明显优势,聚集了一批不同行业内的领先企业;另一类是以西雅图为代表的专业化集聚城市,在未来产业的某个领域内显示出明显优势,集聚了特定行业的领先企业。相较而言,中国城市的优势领域分布较为集中,且以多样化集聚城市为主,城市间优势领域差异不明显,仅有合肥依托中国科学院体系在量子信息和可控核聚变领域形成了突出的专业化集聚态势。为此,我国可以参考美国在未来产业发展中的区域分布特征,一方面加强顶层设计,充分结合区域资源禀赋和产业特点,在发挥区域协同作用的基础上,以京津冀、粤港澳大湾区、长三角等一体化发展区域为重点,培育多中心增长极;另一方面因地制宜,鼓励各类城市依托自身优势学科和优势产业实现错位发展,有针对性地培育多个差异化增长点,形成未来产业发展的多层次增长极体系。

3. 重视创新生态建设,鼓励市场主体积极参与新赛道发展

未来产业指数的指标设计,特别强调了创新生态系统功能和产业生态系统能力,将创业活动、创新系统发展、新兴产业发展潜力、行业多样性等作为重要评价指标,突出了市场主体在新赛道发展中的关键作用。对比中美未来产业发展的主体情况,中国市场主体的活跃度明显不足。为此,我国应当重视创新生态建设,处理好市场和政府的关系。促进新赛道发展要充分发挥市场在资源配置中的决定性作用,同时,政府需要在面临数字基础设施供给不足、环境和生态保护不够、国际创新协作困难等问题时有所作为,通过加大基础研究投入、强化人才培育力度和增加吸引力等手段为市场主体参与新赛道发展提供良好生态。

从 GSER 2024 看全球创业生态系统发展态势

| 鲍悦华

一、引言

2024年6月,美国创新政策咨询公司基因创业(Startup Genome)与全球创业网络(Global Entrepreneurship Network,GEN)共同发布《全球创业生态系统报告2024》(GSER 2024),该系列报告已连续12年对全球140多个主要城市的创业生态系统进行跟踪和分析,提供了关于全球领先创业生态系统的发展趋势及其面临的挑战等方面的信息与见解。本文主要介绍和梳理GSER 2024对全球创业生态系统最新发展的主要发现,为我国创业生态系统建设提供有益参考。

二、创业投资寒冬持续,复苏迹象初现

2023年,虽然大多数国家和地区的通货膨胀有所缓解,全球GDP增速超过预期,但创业投资的寒冬仍在持续,投资和退出活动没有恢复到新冠疫情前水平的迹象。与2022年相比,2023年全球A轮融资下降了46%。创投退出情况同样不容乐观,与2021年相比,2022年大型退出(高于5000万美元)总金额下降了86%,2023年与2022年相比又下降了47%(图1)。毋庸置疑,低迷的融资环境削弱了创业生态系统的增长潜力,创业企业在早期难以获得足够的资金,在后期则不得不考虑是否尝试新一轮融资,是否放缓退出的步伐,或者是否以较低的估值提前退出。

对于创投机构而言,当前融资环境导致资本和人才被锁定更长时间,难以快速流向下一个企业。这不仅给投资者带来了损失,也使得他们变得更加保守,进而对创业企业提出更高要求,从而进一步推迟了创业企业完成A轮融资的时间。2019年,只有18%的A轮融资创业企业成立时间为6～9年,但到2023年,该比例增加到31%。2019年获得A轮融资创业企业成立时间的中位数为3.4年,而到2023年增加到4.2年。

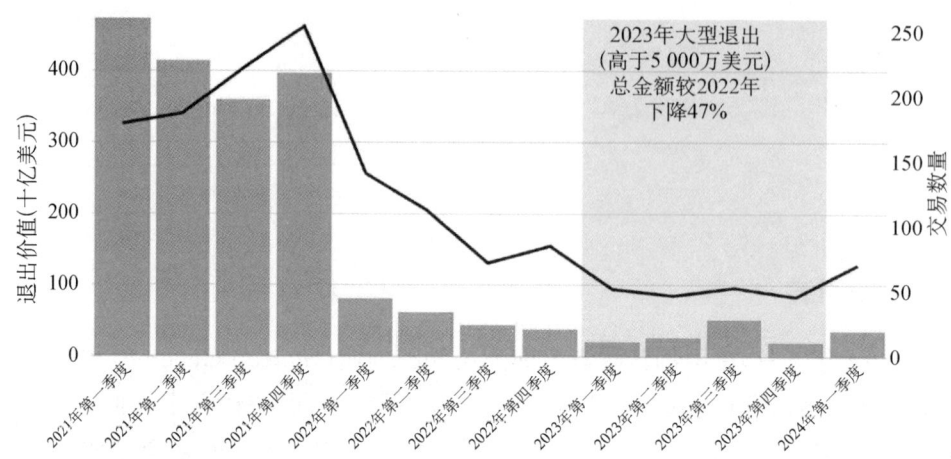

图1　2021年第一季度至2024年第一季度全球创投项目大型退出(高于5 000万美元)的价值与交易数量

来源:GSER 2024。

虽然融资环境在短期内难以恢复到原来的水平,但这并不意味着全球创业经济陷入持续衰退。GSER 2024认为,情况已经稳定下来,并开始出现改善的迹象。与2022年下半年相比,2023年下半年的平均A轮交易规模有所增加,达到2022年上半年以来的最高水平;2024年第一季度,A轮融资金额有望比2023年第四季度增长18%(图1)。考夫曼基金会(Kauffman Foundation)于2024年4月对200家公司(其中三分之二位于美国)进行的一项调查发现,53%的受访者计划在2024年增加投资数量,而只有6%的受访者预计会减少交易,这显示出投资者情绪似乎正在改善。

三、新增独角兽企业数量减少,行业集中

2023年,新增独角兽企业①数量较2022年减少了58%,比2021年峰值减少了87%。然而,2024年第一季度新增独角兽企业数量略有上升,达到25家,为2022年第四季度以来最多。

2023年,超过一半的新增独角兽企业来自生成式人工智能和深度科技

---

① 本文中,独角兽企业是指在退出前估值达到10亿美元的创业企业。

(Deep Tech)行业领域,该比例高于2021年。全球生成式人工智能行业的热潮提高了该行业新增独角兽企业的估值,推动了更大的交易。

2023年,美国新增独角兽企业数量仍然领先其他国家,占全球的57%,比2022年52%的比例有所上升。2023年,硅谷拥有15家新增独角兽企业,尽管比2022年减少了80%,但仍是全球所有创业生态系统中新增独角兽最多的地区。中国新增独角兽企业数量虽然有所减少,但在全球所占比重几乎翻了一番,从2022年的6%上升到2023年的11%(图2)。

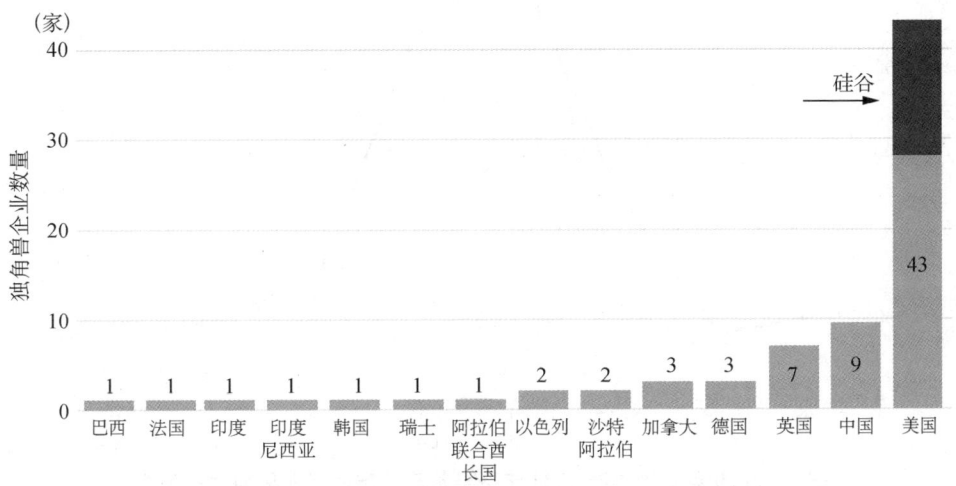

图2 2023年全球新增独角兽企业国别分布(根据总部所在地)情况

来源:GSER 2024。

四、生成式人工智能和清洁技术行业快速发展

虽然2023年全球创业投资市场表现低迷,但生成式人工智能和清洁技术行业表现优于其他行业,而且相对于软件等行业,这两个行业对资本有更高的要求。

与2020年第一季度相比,清洁技术行业在2023年第二季度的后期融资金额提高了2.5倍。欧盟于2005年推出的限额与交易排放交易系统为开发脱碳减排解决方案的初创企业创造了市场,欧洲地平线计划(Horizon Europe)从2021年到2027年通过资助计划支持清洁技术创业企业,这一系列活动取得了良好的效果,使欧洲在清洁技术行业的早期融资中处于领先地位。英国、法国、德国这三个欧洲清洁技术最活跃的国家在 2023 年清洁技术 A 轮融资的金额增长了近 50%,总量超过了美国和中国的总和。同期,美国和中国的清洁技术 A 轮融资金额分别减少了 20% 和 40%。在全球范围内,大约 15% 的清洁技术 A 轮融资流向了欧洲初创企业,而美国和中国的这一比例均仅为 4%。2023 年下半年,清洁技术行业创业企业在后期融资筹集的资金是 2020 年上半年的 2.5 倍,增幅大于先进制造和机器人技术(图 3)。

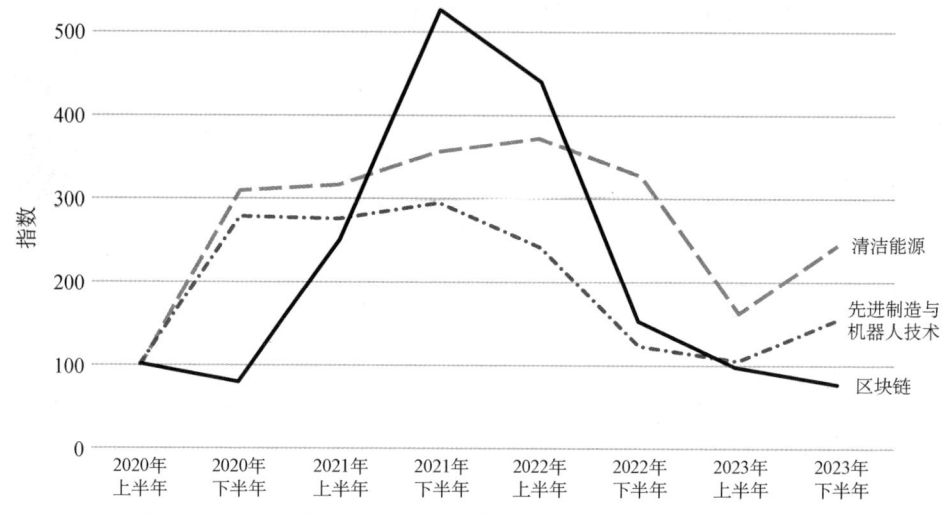

图 3 2020 年上半年至 2023 年下半年清洁技术行业后期融资情况

来源:GSER 2024。

尽管 2023 年全球创业投资总量下降,但对于生成式人工智能行业而言却是最好的一年。该行业的投资金额在 2023 年激增,较 2022 年增长了 3 倍,交易数量几乎翻了一番,占全球创业投资的 18%。美国生成式人工智能行业的创业投资交易比重从 2022 年的 57% 进一步上升到 65%,而中国在这一重要行业的投资份额处于较低水平(图 4)。

五、硅谷继续在全球创业生态系统中保持领先地位

GSER 2024 通过其评价指标体系确定了 2024 年全球前四十的创业生态系统。2024 年,排名前三的生态系统与 2020—2023 年相同:硅谷位居榜首,纽约和伦敦并列第二。特拉维夫和洛杉矶在榜单中并列第四。排名前五的创业生态系统价值合计 4.4 万亿美元,占排名前四十的创业生态系统总价值的 54%。

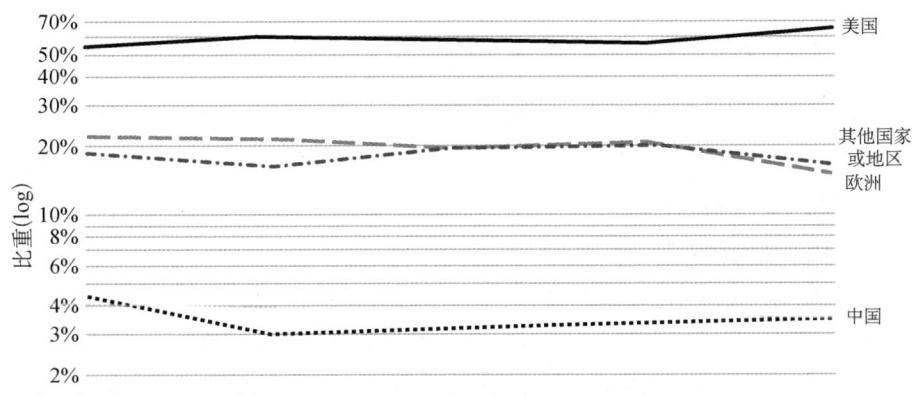

图 4　不同区域生成式人工智能创业投资情况

来源：GSER 2024。

在2024年全球排名前五的创业生态系统中，硅谷占了其总价值的59%，比2023年增长了3%，其创业投资交易数量约占全球的10%。相对活跃的后期融资成为硅谷持续保持领先的关键。与2023年相比，2024年全球后期融资金额下降了39%，但硅谷仅下降了6%，这使硅谷后期融资金额占全球后期融资金额的比重上升至26%（图5）。2022年以来，在世界顶尖创业生态系统中获得后期融资的创业企业越来越少，但那些获得更多金额后期融资的创业企业，如OpenAI、Inflection、Databricks和Anthropic等，总部都位于硅谷。

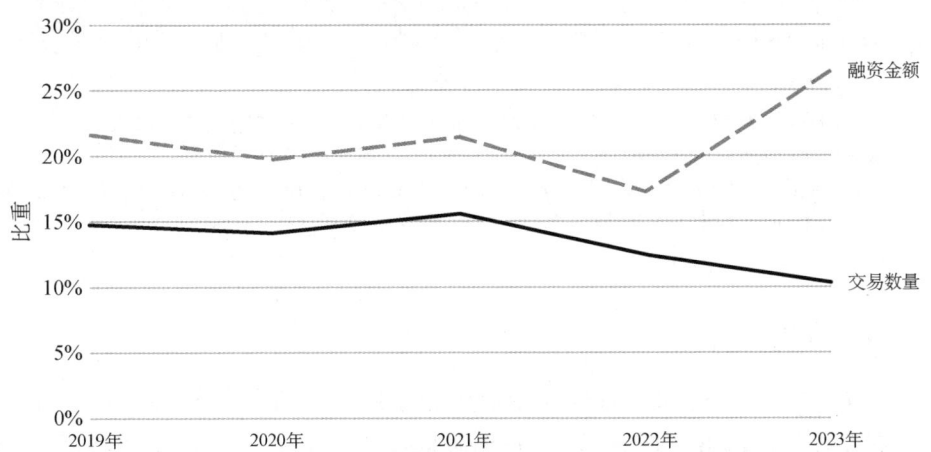

图 5　2023年美国硅谷在全球后期融资（B+轮）的融资金额和交易数量的比重情况

来源：GSER 2024。

六、深圳与北京、上海的差距有所缩小

根据 GSER 2024,2024 年,中国排名前两位的创业生态系统的全球排名都有所下降。北京从第 7 位下降至第 8 位,上海从第 9 位下降至第 11 位。深圳在 2023 年下降 12 位后,在 2024 年又上升 7 位,从第 35 位上升至第 28 位,与北京、上海的差距有所缩小。

图 6 展示了北京、上海和深圳在 GSER 评价指标体系各个维度上得分情况。从图中可以看出,深圳在"资金"方面的得分有了较大提升,但在"绩效""市场覆盖范围"维度存在较大上升空间;北京和上海在"绩效""人才和经验""知识"方面已经和硅谷等国际标杆接近,但在"资金""市场覆盖范围"等方面还需要进一步追赶。

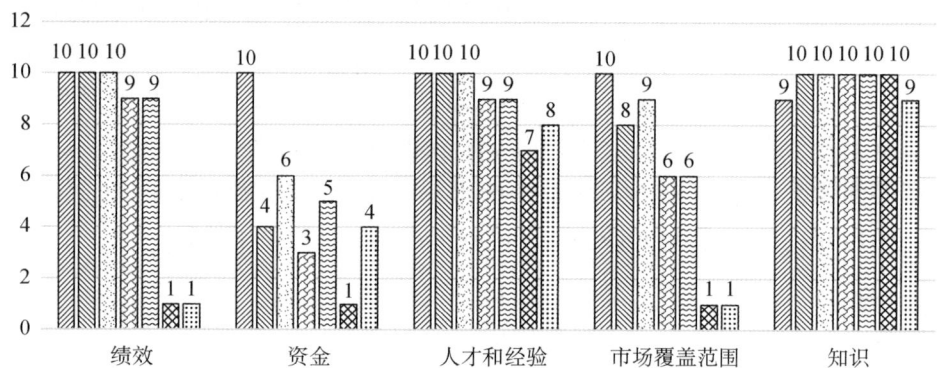

图 6　2023—2024 年北京、上海和深圳在 GSER 各个维度上得分情况

数据来源:GSER 2023,GSER 2024。

注:每个维度的得分最低为 1 分,最高为 10 分。GSER 2023 和 GSER 2024 在指标体系上进行了小幅调整,2024 年的评价体系取消了"连通性"(Connectedness)维度,本比较只涉及其他几个维度。

七、结语

本文依托 GSER 2024 对全球创业生态系统发展现状与趋势进行了介绍。全球创业投资市场继续低迷,导致创业企业面临融资轮次减少、估值降低、退出困难等方面的压力,但带来了投资初创企业的大好时机。生成式人工智能和清洁技术行业在逆境中的快速发展凸显了新的发展机遇。政府管理部门应注意到

中国在上述两个行业领域的创业投资与欧美国家的差距，加强对于生成式人工智能、清洁技术和其他高技术行业的策动力度，为上述行业的投资与发展营造良好的外部环境，拓宽其资本退出通道；同时，北京、上海、深圳等创业生态系统也应根据GSER评价结果反映出的问题，发现薄弱环节并精准施策，对标硅谷等国际顶尖创业生态系统，加快追赶步伐。

欧盟《关键原材料法案》核心要点、外溢效应及我国对策

任运琨　常旭华

关键原材料是欧盟经济不可或缺的组成部分,也是可再生能源、数字产业、航空航天和国防等战略性行业所必需的关键技术。欧盟历来高度重视关键原材料供应问题,早在2011年,欧盟就发布了第一份关键原材料清单,共包括14种物质,此后每三年欧盟会对清单进行一次更新。截至2023年,欧盟已先后发布了五份关键原材料清单。2022年9月,欧盟主席乌尔苏拉·冯德莱恩(Ursula von der Leyen)在发表年度欧情咨文时宣布,欧盟计划制定一部《关键原材料法案》(Critical Raw Materials Act,以下简称《法案》),以建立战略储备,减少对外依赖。2024年3月18日,欧洲理事会审议通过了由欧盟委员会提交的《法案》修正案。2024年4月11日,欧洲理事会与欧洲议会联合发布公报,公布最终版《法案》。2024年5月23日,《法案》正式生效。至此,欧盟历史上首部《关键原材料法案》诞生,为欧盟关键原材料战略的实施奠定了法律基础[1]。

一、《关键原材料法案》出台的背景与目的

在经济脱碳大背景下,关键原材料面临着不断增长的全球需求。到2030年,欧盟对稀土金属的需求预计将增长6倍,到2050年将增长7倍;到2030年,欧盟对锂的需求预计将增长12倍,到2050年将增长21倍。然而,现实情况是,欧洲关键原料严重依赖进口,且往往关键原料往往从单一的第三国进口,俄乌冲突、新冠疫情危机进一步加剧了欧盟的战略依赖。欧盟评估认为,欧洲关键矿产原材料供应存在重大风险,主要表现在以下几方面:①一系列非能源、非农业原材料由少数几个第三国供应,来源高度集中,在地缘政治紧张和资源竞争加剧的背景下,供应中断的风险增加。②关键原材料价值链具有复杂性和跨国性,其开采、加工、销售可能发生在不同的国家或地区,成员国不协调的行为可能破坏内

部市场的运作,产生重大跨境影响。针对这一情况,欧盟出台《法案》。《法案》的总体目标是建立一个共同的联盟框架,确保欧盟获得安全、有弹性和可持续的关键原材料供应,包括通过提高整个价值链的效率和循环性,改善内部市场的运作。为实现这一总体目标,《法案》提出了三个具体目标:①降低与可能扭曲竞争和分裂内部市场的关键原材料供应中断相关的风险,特别是通过识别和支持有助于降低依赖性、实现进口多样化的战略项目,并努力激励技术进步和资源高效利用,以缓和欧盟关键原材料消耗量预期增长的趋势。②提高欧盟监测和缓解关键原材料供应风险的能力。③确保欧盟市场上的关键原材料及含有关键原材料的产品能够自由流动,同时确保高水平的环境保护和可持续性,包括提高关键原材料的循环性[2]。

二、《关键原材料法案》内容与要点

欧盟《法案》共包括 9 章 49 条和 5 个附件。9 章分别为:总则、欧盟战略和关键原材料、强化欧盟原材料价值链、监控与减轻风险、可持续性、治理、授权与委员会程序、修正案、最终条款;5 个附件分别为:战略性原材料、关键原材料、战略项目认定标准的评估、认证体系的标准、环境足迹。

1. 制定材料清单,设定产能基准

《法案》制定了一份关键原材料清单(34 种)和一份战略原材料清单(17 种),如图 1 所示。战略原材料是应用于绿色、数字、国防和航空航天等领域的战略技术的最关键的原材料。这些清单指导和协调成员国为实现《法案》的目标而努力。此外,欧盟还会定期根据各种原材料的生产、交易、应用、回收和替代数据进行评估,更新关键原材料清单和战略原材料清单,以反映这些原材料在内部市场中的经济重要性和供应风险的演变。

同时,为了降低对外依赖度(表 1),《法案》基于欧盟战略原材料价值链及多样化的供应来源设定了以下基准:到 2030 年,欧盟年度战略原材料需求中本地开采比应达 10%,本地加工比例应达 40%,回收比例至少达到 15%,且单一第三国的进口量不应超过欧盟年消耗量的 65%。此举旨在提升欧盟在原材料开采、加工和回收方面的能力,确保欧盟在战略原材料方面的供应安全和自主可控,与欧盟气候和能源目标、数字目标相一致。

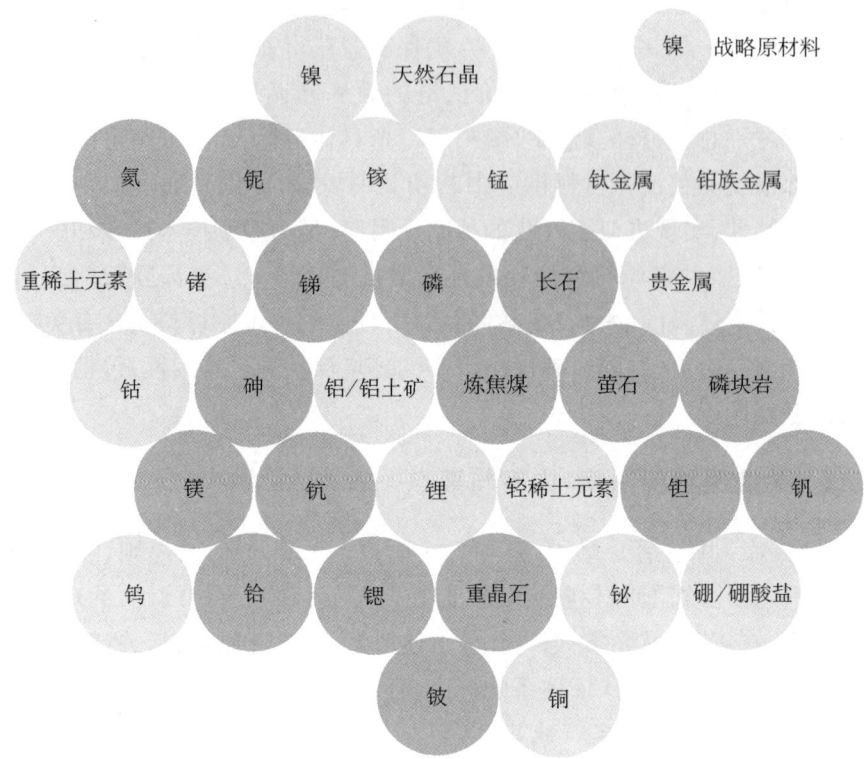

图 1　34 种关键原材料和 17 种战略原材料

资料来源：欧盟委员会，第一财经国际部翻译制图。

表 1　34 种关键原材料对外依赖度

原材料	阶段	进口依赖度	原材料	阶段	进口依赖度
铋	加工	71%	铝/铝土矿	开采	89%
硼	开采	100%	锑	开采	100%
钴	开采	81%	砷	加工	39%
铜	开采	48%	重晶石	开采	74%
镓	加工	98%	铍	开采	#
锗	加工	42%	炼焦煤	开采	66%
锂	加工	100%	长石	开采	54%
镁	加工	100%	氟石	开采	60%

（续表）

原材料	阶段	进口依赖度	原材料	阶段	进口依赖度
锰	开采	96%	铪	加工	0%
天然石墨	开采	99%	氦	加工	94%
镍	加工	75%	铌	开采	100%
金属硅	加工	60%	磷酸盐岩	开采	82%
钛金属	加工	100%	磷	加工	100%
钨	加工	80%	钪	加工	100%
铂族金属	加工	100%	锶	开采	0%
重稀土元素	加工	100%	钽	开采	99%
轻稀土元素	加工	100%	钒	开采	♯

注：进口依赖度＝进口量/国内生产量＋进口量；"♯"表示由于缺少数据而无法计算。
资料来源：欧盟委员会，兴证智库整理。

2. 简化许可程序，加强监测审查

《法案》允许任何战略原材料项目的发起人向欧盟委员会申请将其项目认定为战略项目，以在战略项目的申请和审批、采矿许可审批、权证颁发、项目环评及审批、融资协调、买矿协议、矿产开发等各个环节获得一系列的程序便利，如获得不超过 24 个月的开采许可，不超过 12 个月的加工和回收许可。欧盟及其成员国会保障战略项目的优先地位，为战略项目的所有原材料提供一站式服务。

《法案》设立欧盟关键原材料理事会，向欧盟委员会提供建议，协调与第三国在勘探、监测、战略储备等方面的合作，并推动战略项目融资。《法案》授权欧盟监测关键原材料供应链风险，进行压力测试，评估脆弱性和风险敞口；协调成员国战略库存，制定库存安全基准，并要求大型公司定期审查供应链。此外，《法案》还推动扩大战略伙伴关系，建立关键原材料俱乐部，并加强与世界贸易组织及自由贸易协定的合作。

3. 强调循环利用，核算环境足迹

如表 2 所示，鉴于目前关键原材料回收利用率普遍较低，《法案》要求欧盟成员国和相关企业必须调查评估从当前采矿活动中的尾矿及历史尾矿库中回收关键原材料的潜力，注重富含关键原材料废物的回收利用，提高关键原材料利用效率。同时，通过产品环境足迹核算与声明、战略项目的环境影响评估来减小对环境产生负面影响的风险。欧盟各成员国承担单一联络点的机构应为战略项目提供建议、协调等支持,并对特定项目的环境影响进行单独评估。此外,《法案》要求在欧盟市场上投放的关键原材料提供环境足迹声明,并确保运营商在将其产品或材料投放市场之前经过了评估,关键原材料的卖方应确保其客户可获得环境足迹声明。

表2 34种关键原材料回收利用率情况

原材料	回收利用率	原材料	回收利用率
铋	0%	铝/铝土矿	32%
硼	1%	锑	28%
钴	22%	砷	0%
铜	55%	重晶石	0%
镓	0%	铍	0%
锗	2%	炼焦煤	0%
锂	0%	长石	1%
镁	13%	氟石	1%
锰	9%	铪	0%
天然石墨	3%	氦	2%
镍	16%	铌	0%
金属硅	0%	磷酸盐岩	17%
钛金属	19%	磷	0%
钨	42%	钪	0%
铂族金属	10%	锶	0%
重稀土元素	4%	钽	0%
轻稀土元素	3%	钒	1%

注：回收利用率是指原材料循环利用满足的总体需求百分比。
资料来源：欧盟委员会,兴证智库整理。

三、《关键原材料法案》实施的影响与挑战

1. 对全球产业和技术的影响

《法案》的实施将加剧全球关键原材料竞争,对全球供应链稳定形成冲击。

第一,从竞争角度看,关键原材料的竞争已从单一的上游资源端扩展至全产业链和价值链。欧盟的《法案》作为全球主要经济体继美国《通胀削减法案》

($Inflation\ Reduction\ Act$，IRA)后的又一重要顶层设计，旨在全面布局关键原材料及其全产业链的竞争。同时，欧盟推动建立以自身为中心的关键原材料盟友体系，与美国、日本、澳大利亚、加拿大等国组建关键矿产俱乐部，强化跨大西洋联盟，抢夺亚非拉关键矿产资源。这一变化表明，大国间的竞争已不再局限于资源获取，而是涵盖冶炼加工、应用消费等全产业链的各个环节。因此，全球关键原材料市场的竞争将更加激烈和复杂。

第二，从供应链布局角度看，《法案》的实施将重塑全球关键原材料供应链格局。通过设定本土加工关键原材料占消费量比例大幅提升等目标，并采取政府宏观调控手段，如市场准入限制和关税等，欧盟加强了对内外部供应链的控制，以维护自身产业经济安全。这将导致全球关键原材料贸易和产业链上下游分工格局发生深刻变化，进而对全球供应链稳定造成冲击。

2. 给中国带来的挑战与机遇

关键原材料贸易受供需关系、比较优势和产业分工等因素影响。中国不仅拥有丰富的矿产资源，还是全球唯一具备稀土全产业链生产能力的国家，且是欧洲光伏组件和燃料电池的主要供应国。根据中国现代国际关系研究院的数据，中国向欧盟提供了大量稀土元素和其他关键矿产，且欧盟对这些关键矿产的依赖程度较高。尽管在法国、爱沙尼亚和德国等欧盟成员国具备稀土冶炼和生产能力，但总体上看，欧盟在采矿基础设施、技能和统一标准方面存在缺陷，短期内难以建立完整的供应链。

为降低在关键矿产方面对中国的依赖，欧盟正在推动《法案》实施，积极重构绿色产业/技术供应链，推行"去中国化"，以逐步实现"脱钩"，尤其是在关键和战略原材料方面。《法案》"影响评估报告"中提到，中国在关键原材料加工方面占据主导地位，欧盟多种关键原材料从中国进口的比例超过40%（表3）。与此同时，中欧在铜、钴、锂、镍等资源上需求重叠，且都高度依赖第三国供应，如刚果（金）、巴西、智利等国，这将加剧全球资源竞争[3]。

表3 欧盟依赖从中国进口的主要原材料

原材料	材料类型	从中国进口占比	原材料	材料类型	从中国进口占比
重稀土	加工产品	100%	铋	加工产品	65%
镁	加工产品	97%	锗	加工产品	45%

(续表)

原材料	材料类型	从中国进口占比	原材料	材料类型	从中国进口占比
轻稀土	加工产品	85%	钒	原矿	62%
镓	加工产品	71%	重晶石	原矿	45%
钪	加工产品	67%	天然石墨	原矿	40%

资料来源：欧盟委员会。

四、我国可行对策

欧盟短期内尚难以与我国完全脱钩,从宏观层面观察,欧盟《法案》对我国影响不大。2023年12月,第二十四次中欧领导人会晤同意探讨建立中欧关键原材料预警机制,构建稳定互信的供应链伙伴关系。但与此同时,欧美加强协作、大搞同盟圈子,促进进口来源多元化,拉拢亚非拉等矿产资源丰富的国家,围堵我国绿色产业和技术发展。我国应采取必要措施积极应对,以保障我国关键原材料供应链的稳定和安全。

1. 巩固关键原材料领域战略优势,应对多元化供应格局挑战

在国际市场上,关键原材料的供应格局日益多元化,这符合我国的战略利益。我国关键原材料产业链完备,但也面临着稀土资源短缺(镨、钕、镝等)和过剩(镧、铈等)并存的挑战。我国应加强对稀土永磁等产业链供应链安全的监管,构建全产业链监测系统,大力推进绿色开采、冶炼及循环利用技术开发,加大产业升级力度,实施出口管制等措施,巩固战略优势和战略地位。

2. 增强矿产供应链韧性,保障资源供给安全

我国虽然是全球锂、钴等产品生产大国,却不是锂、钴等矿产资源大国,生产原料80%以上依赖进口,资源保障面临较大压力。而且当前部分关键原材料未纳入国家战略性矿产清单,缺乏相关的支持政策。因此,我国应加强战略性矿产资源保障政策研究,确保国内资源供应,并推动企业多元化供应链布局,减少对单一国家或市场的依赖[4]。

3. 提升关键原材料高端应用技术储备,增强国际话语权

尽管我国稀土功能材料的生产规模处于全球领先地位,但在高端应用技术方面仍较为薄弱,特别是在高端永磁产品的性能、加工工艺、表面处理等方面。

为此,我国应鼓励对高端稀土材料的技术研发,支持技术人员开展国际交流;培育具有国际竞争力的大型企业,鼓励大型矿产企业技术升级和参与国际合作,打造商业联盟;参与制定关键原材料国际市场供应准则和行业标准,提升我国在关键原材料领域的话语权[5]。

4. 发展关键原材料回收产业,强化环境足迹管理

我国应增强对关键原材料回收利用的战略重视,提升从终端应用中回收关键原材料的比例,推动稀土永磁体的可持续回收、再加工和再利用。同时,我国应提高技术创新能力,加快发展循环经济和材料回收技术,以提升供应链的安全性和稳定性;强化碳足迹评价,评估关键原材料全生命周期的环境影响,量化各类含稀土产品和设备所承担的生态环境代价。

5. 强化国际合作,维护供应链安全与贸易公平

面对欧盟等全球主要经济体在矿产资源上的竞争,我国需要通过强化国际合作来维护供应链的稳定与公平。我国应加强在冶炼、加工等领域的优势,推动国际矿产合作,尤其是与资源丰富国家的合作。同时,探索与欧盟在绿色转型和数字化转型方面的合作机会,以促进国际贸易的公平与稳定。欧盟中国商会也呼吁欧盟避免采取非市场化手段扰乱供应链,希望中欧在关键原材料领域展开对话与合作,共同维护公平、非歧视的营商环境[6]。

参考文献

[1] 中国五矿化工进出口商会. 欧盟《关键原材料法规》主要内容与合规要点解读[EB/OL]. (2004-09-29)[2024-11-25]. https://mp.weixin.qq.com/s?__biz=MzAwOTA3Nzg0Mw==&mid=2650994941&idx=3&sn=cbc8ab8f9394d712304f4872ea989c79&chksm=81ae7a8307ca4651a673cc11d5a263296e1c518150f2494d8f74d4349d79b05cab92bf2828de&scene=27.

[2] European Commission. Critical Raw Materials Act[EB/OL]. [2024-11-25]. https://single-market-economy.ec.europa.eu/sectors/raw-materials/areas-specific-interest/critical-raw-materials/critical-raw-materials-act_en.

[3] 徐利,唐金荣,张伟波. 欧盟《关键原材料法案》的内容、影响及对策[J]. 中国发展观察,2024(9):55-59.

[4] 王涵,薛崴. 欧盟《关键原材料法案》的影响及应对[J]. 中国外汇,2024(9):22-25.

[5] 刘金森,李丽平. 欧盟《关键原材料法案》对我国影响分析[EB/OL]. (2024-05-13)[2024-11-26]. https://baijiahao.baidu.com/s?id=1798899201222462802&wfr=spider&for=pc.

[6]李丽旻.欧盟正式通过《关键原材料法案》 欧盟中国商会:勿把经贸议题政治化武器化[EB/OL].(2024-03-05)[2024-11-26]. http://paper.people.com.cn/zgnyb/html/2024-03/25/content_26049873.htm.

国外科技企业孵化器发展的经验与模式

——以以色列、法国、智利为例

薛奕曦　杜　强

随着全球科技创新的加速,各国对科技企业孵化器的发展模式愈发重视。以色列通过严格的筛选机制和优越的创新环境,重点支持生命科学与数字健康领域;法国侧重国际网络的构建和质量控制,推动特定行业的项目资助;智利则通过"启动智利"项目吸引全球人才,强化生物技术初创公司的发展。本文将总结上述国家的经验做法及典型孵化器企业的创新模式,从而为上海提供政策参考。

一、以色列

1. 严格孵化器及入驻企业筛选机制

以色列政府每年会为每家特许经营的孵化器提供20万美元,但目前仅有19家孵化器获此殊荣,且全部集中于生命科学与数字健康领域,由政府从几百家孵化器中选出。入驻企业也会通过严格筛选,例如,MindUP孵化器从390个项目申请中仅选定了8家企业入驻。

2. 具备良好的环境

以色列拥有较具独创性的互联网环境,每年成立的公司超过250家,且全球顶尖的新媒体跨国公司都在以色列设有研发中心。同时,以色列的孵化器在企业孵化期结束时对企业会进行综合评估:若企业孵化失败,创业企业无须对所获得的支持作出任何赔偿;若企业孵化成功,具备市场生存能力,则须按照规定分配方案进行股权分配。

3. 建立首席科学家办公室并发挥其引导作用

以色列建立了隶属以色列工贸部的以色列首席科学家办公室(Office of the Chief Scientist, OCS),目的是推动商业性研究与开发,促进高新技术发展。该办公室负责评估和管理国家产业开发基金,资助通用技术和企业高科技产品的研究开发;同时实施高科技孵化器项目,为科技人员将技术成果转化为产业化产品提供风险资助。

4. 坚持风险共担机制

以色列的孵化器一般隶属著名的大学、地方行政区域或工业集团。政府不仅对孵化器的数量和运营模式有严格的限制与规范,还对企业的进入和退出设有严格标准。在孵化器运营过程中,政府坚持"共担风险,但不分享收益"的原则,为进入孵化器的企业提供为期两年的低息优惠贷款。此外,政府还扮演"母基金"的角色,为种子阶段的科技创业公司提供资金支持。

二、法国

1. 注重打造国际网络,多方式创新孵化生态建设

法国主要侧重于孵化器之间的网络建立,实现信息互通和资源共享。创新领域的国际合作是法国政府和巴黎市政府的共同愿望,法国政府通过实施"法国科技之门"等支持政策,邀请全球有优秀创意的创新创业者到法国孵化和成长。

2. 聚焦特定行业与领域的项目资助

法国政府目前资助的孵化器约有 31 家,每个大区资助 1 家或 2 家。政府仅对孵化器内的生物工程、多媒体和通信与服务三个领域的项目提供资助,为每个项目资助 100～500 万法郎。

3. 注重对孵化器实施质量控制

法国标准化委员会及标准化认定机构对孵化器管理人员的资质、教育程度和职业经验均制订了相关标准,同时强调孵化项目的管理人员需要能够成为初创公司的投资商。

4. 提供多样化的服务

法国企业孵化器为孵化企业提供的服务包括:孵化场所和网络等一般性行政后勤服务,市场调查、战略咨询、企业管理培训等管理咨询,技术专长、初步可行性研究、原型试验等技术性服务,以及融资支持。孵化器为每个孵化项目配备 1～2 名顾问,全程跟踪并服务于孵化项目。

三、智利

1. 大力引进人才创业

2010 年,"启动智利"(Start-Up Chile)项目启动,智利开始改变传统的经济

结构,推动国家高科技创新企业的发展,率先推出移民签证,引进人才。智利国内国际"两手抓":在国内,加大创新创业方面的宣传,改变智利人的观念,推广创新创业理念;对国外,则砸重金吸引人才,如为人才提供无条件的 4 万美元补助金、一年工作签证、住宿优惠,等等。

2. 采取双重战略支持孵化器发展

智利在创新发展与人才吸引方面采取拉式与推式战略(Pull and Push Strategy),即由智利政府资助的创业孵化项目"启动智利"主导,吸引全球各地在创业早期、充满潜力的年轻企业家到智利创业并将业务全球化,以及由智利出口促进总局(ProChile)主导,促进智利本土创业公司成长,为他们的国际化做准备。

3. 注重国际化

例如,智利的孵化器 Ganesha Lab 专注于对拉丁美洲生物技术初创公司的投资。Ganesha Lab 的加速计划现已进入第七代,专注于解决方案的国际化。其投资组合中有 28 家初创公司,其中 50% 来自智利,其余 50% 来自其他拉丁美洲国家,主要是阿根廷和哥伦比亚。

美国培育量子信息产业的经验及启示

| 刘 笑 胡 雯

未来产业发展水平已成为衡量一个国家科技创新和综合实力的重要指标。当今世界,新一轮科技革命蓄势待发,不仅加快了未来产业生命周期流转速度,也为未来产业提供了跨越式发展机遇。量子信息是新一轮科技革命和产业变革的重要领域,是未来产业中的热门赛道,具有颠覆行业和市场的巨大潜力。美国自 2002 年发布《量子信息科学与技术规划》以来,高度重视量子信息产业发展,从多维度提出支持举措,这对中国培育未来智能产业具有启示意义。具体来说,美国围绕量子信息产业制定的主要政策如表 1 所示。

表 1 2000 年以来美国主要量子信息相关政策

部门	年份	政策	主要内容
美国国防部高级研究计划局	2002 年	《量子信息科学和技术发展规划》	明确量子计算发展的主要步骤和时间表,目标是若干年内在核磁共振量子计算、光量子计算等领域取得重大研究进展
	2004 年	《量子信息科学与技术规划》2.0 版本	
美国国家科学技术委员会	2009 年	《量子信息科学的联邦愿景》	对量子信息技术保持高度关注并资助具有发展潜力的基础研究; 培养未来的科学家
	2016 年	《发展量子信息科学:国家的挑战与机遇》	指出了美国在量子研发过程中遇到的障碍及其潜在解决方案
	2018 年	《量子信息科学国家战略概述》	明确了支持量子信息的关键政策:选择科学优先的量子信息科学方法、培养面向未来的量子人才、加强行业间联系、提供关键基础设施、维护国家安全、推进国际合作
	2021 年	《量子网络研究协同路径》	确定联邦机构实现量子网络战略可以采取的行动,以增进国家的知识基础和利用量子网络

(续表)

部门	年份	政策	主要内容
美国众议院科学、太空和技术委员会	2018年	《国家量子计划法案》	从国家法律层面落实国家量子计划,确定了为期10年的国家量子计划。一方面,确保量子信息发展的连续性;另一方面,进一步整合了政府、工业界和学术界的资源
	2023年	《国家量子计划重新授权法案》	将对量子技术的支持延长至2028年,并将重点放在量子技术在现代场景中的应用上
美国量子协调办公室	2020年	《美国量子网络战略构想》	开发量子网络的基础科学和关键技术,促进量子互联网发展,确保量子信息科学惠及大众
	2020年	《量子前沿》	指明了政府、企业和学术界未来要探索突破的八个优先领域
美国白宫科技政策办公室	2022年	《量子信息科学和技术劳动力发展国家战略计划》	旨在通过教育、培训、科普等多种举措培养下一代量子信息科学人才
美国量子计划咨询委员会	2023年	《更新量子计划:维持美国在量子信息科学领域的领导地位的建议》	开展了量子计划执行5年的审查活动,并对2023—2027年的量子计划提出发展建议

一、主要举措

1. 注重顶层引领,加强系统布局

(1) 注重顶层协调

为全面指导量子信息产业发展,美国专门成立了量子顶层协调机构,由总统直接领导,由白宫科技政策办公室和美国国家科学技术委员会等科技主管部门负责,直接统筹规划布局发展量子信息。其中,白宫科技政策办公室下设国家量子协调办公室和国家量子计划咨询委员会。国家量子协调办公室主要负责协调联邦政府、工业界和学术界的量子信息服务活动;国家量子计划咨询委员会由政产学研专家共同组成,主要负责对国家量子计划进行独立评估并提供建议。美国国家科学技术委员会下设量子信息科学小组委员会和量子科学经济与安全影响小组委员会,着眼于量子技术对美国国家经济与安全的影响,帮助研究组织向联邦政府提供量子发展信息,并协调相关政策。

(2) 注重政策的稳定性与迭代性

2002年以来,美国为培育量子信息产业,持续出台了人才、资金投入、基础设施等方面的多项政策,不仅从多维确保了产业发展所需的资源供给,而且定期对产业发展进行评估,在保障政策稳定性的前提下及时更新升级相关政策,确保政策能够真正助推产业发展。

2. 设立新型组织,契合未来产业发展

未来产业具有依托新科技、引领新需求、创造新动力、拓展新空间的"四新"特征,比传统产业更需要构建适应前沿产业科技创新生态的新型创新范式。

(1) 设立未来产业研究所

为解决科研体制内创新链上不同部门与环节的割裂、科研管理中的行政和监管负担过重两大问题,针对未来产业高风险等特点,美国总统科技顾问委员会(The President's Council of Advisors on Science and Technology,PCAST)提出设立未来产业研究所。该研究所聚焦量子信息、人工智能、先进制造、生物技术和先进通信网络五大领域中的交叉融合点,通过构建多部门协同参与、公私共建、市场化运营的独特科研组织模式,极大地促进从基础、应用研究到新技术产业化的创新链全流程整合。

(2) 设立区域量子技术和创新中心

为巩固和提升美国的量子计算优势,拜登政府在拥有较多世界领先的量子信息科学和工程研究机构的科罗拉多州和芝加哥分别设立了科罗拉多量子技术中心(Elevate Quantum Colorado)和布洛克科技中心(The Bloch Tech Hub)。这两个技术中心不仅可以充分利用区域顶尖实验室,而且可以获得联邦政府的资金、人才、技术援助等,并将政府、高校、企业、工会、非营利组织等伙伴协同起来,建立区域产学研合作网络,共同致力于量子计算、通信研究和制定相关问题的解决方案。

3. 注重人才培养,激发未来发展潜力

(1) 构建人才教育培育联盟

一方面,为了培养多元化的未来量子人才,美国科技政策办公室(Office of Science and Technology Policy,OSTP)和国家科学基金会(National Science Foundation,NSF)共同建立了包含行业协会、基础教育学校等在内的国家Q-12

教育合作伙伴关系,旨在让更广泛的主体参与不同阶段的量子人才培养,为构建更长期的量子人才体系奠定基础。另一方面,为了精准把握产业对人才的需求,美国构建产学研人才培养联盟,共同培养人才。例如,美国企业界通过推出量子计算机夏令营、在线量子教育课程、量子工程师资格认证、短期量子科技培训等方式,积极参与量子人才培养,提升人才的应用基础研究能力。

(2) 定期开展量子劳动力需求评价

2022年,美国专门发布了《量子信息科学和技术劳动力发展国家战略计划》,将中长期前瞻性、储备性人才培养与短期人才快速供给思路紧密结合,一方面定期评估量子信息生态系统对劳动力的阶段性需求,另一方面注重加强量子信息普及,挖掘公众潜力。

4. 加强研发前瞻布局,促进量子网络发展

(1) 持续加大政府投入,支持开展突破性创新与应用研究

虽然量子信息的发展仍处于早期阶段,但美国持续加大量子信息领域投入,以支持其发展过程中所需的各项资源。例如,《国家量子计划总统2024财年预算补编》显示,美国持续加大量子信息投入,2020—2023财年分别投入4.49亿美元、6.72亿美元、8.55亿美元及9.32亿美元,2024财年预计投入9.68亿美元。

(2) 加强基础设施技术建设,支持量子网络构建

2020年,美国众议院提出《量子网络基础设施法案》,通过推动国家重点研发计划,加强量子存储器、小型量子计算机等技术研发,旨在构建一个由量子计算机和相关技术连接而成的庞大网络。

二、启示

1. 加强顶层设计,谋划专项规划

立足量子信息前瞻性、高风险等特点,一方面,要加强顶层协调,可考虑从国家层面设立量子信息发展协调办公室,由科学技术部、工业和信息化部等主要部门组成,统筹规划系统布局,为量子信息产业发展做好战略引领;另一方面,要加强技术预见,定期组织相关机构绘制量子技术路线图,谋划出台国家层面的量子信息发展规划。

2. 要促进产学协同,构建教育联合体

以量子产业需求为导向,由政府牵头构建学校、企业、行业协会等高度参与

的教育合作机制,同时在学术机构、企业和行业协会间建立务实的交流机制,明确界定各类创新主体的角色和职能,并加强教育内容的衔接性。其中,学界应着力加强人才的前沿理论教育和研发创新能力培育,业界应跟踪产业和技术发展路线,为培养内容的动态调整与敏捷更新提供建议,从而实现"两界"协同的育人模式。

3. 丰富资金来源,探索建立专项基金

量子信息产业前瞻性、不确定性强,需要大量的多元化资金持续性投入以确保产业稳定发展并有效降低风险。一方面,要通过国家财政加大对量子信息的支持力度,设置量子信息培育专项发展基金;另一方面,要引导社会资本投向量子信息产业的各个研究领域及研发阶段,推动量子信息发展壮大。

4. 建立新型研发机构,探索适宜发展模式

一方面,要结合量子信息产业的特点及区域资源禀赋,探索建立政产学研量子信息产业联合共治的新型研发机构,强化协同发展动力,促进风险共担与利益共享;另一方面,要精准感知量子信息创新主体的制度需求,加快构建引领型产业创新生态系统的培育政策体系,充分发挥制度创新与产业创新"双轮并驱"的协同推动作用。

美国国防安全领域 AI 战略动向与主要举措

赵程程

2018 年 1 月,《美国国防战略》(U. S. National Defense Strategy)发布,首次将人工智能(Artificial Intelligence,AI)确定为"确保美国能够打赢未来战争的关键技术之一"。同年,美国人工智能国家安全委员会(National Security Commission on Artificial Intelligence,NSCAI)成立,标志着美国正式将 AI 融入国家安全战略,试图以 AI 技术赋能美国国防实力,用以维护美国国家安全、捍卫美国国际霸权地位。2018—2024 年,美国国防部正式发布的 AI 战略有 20 余项。通过研读美国 AI 国防战略,可将其归纳为"数字化国防技术—数字化军队—数字化国防生态"三个阶段(表 1)。

表 1 美国 AI 战略动向和主要举措(国防安全领域)

战略	战略动向	主要举措	备注
战略 1:数字化国防技术	国防部持续注资"下一代 AI 技术"研发,实现颠覆性技术突破	① 承诺将至少 3.4%的国防预算用于 AI 研发。 ② 实施重大国防采购计划(Major Defense Acquisition Program,MDAP),将 AI 技术全面引入军事系统,淘汰不良装备、无竞争力的遗留系统。 ③ 将国防部的技术投资战略与未来的作战需求相联系,制定国防战略 AI 技术路线图	—
	加速数字技术嫁接	① 将国防项目与商业 AI 产品进行整合,优先建设跨领域的核心数据集。 ② 全面实施网络数字创新计划。 ③ 拓宽 AI 产品或技术的国防收购途径。 ④ 创新国防项目承包模式和监管方式	—

(续表)

战略	战略动向	主要举措	备注
战略2：数字化军队	训练"AI＋士兵"	① 在军事决策中使用AI技术，弥补士兵的直觉和经验判断的不足。 ② 让AI执行士兵无法有效完成的计算和分析。 ③ 推进军队实现AI转型：将AI设置为优先任务，统筹资源构建并维护完整的AI技术体系	—
	建设"AI＋军事指挥团队"	① 指定联合人工智能中心（Joint Artificial Intelligence Center, JAIC）作为国防部的AI加速器。 ② 在每个战斗指挥部建立综合AI交付小组。 ③ 在每一个级别上，技术人员、操作人员和领域专家都应作为一个完整的团队来发挥作用，提高人们对AI系统的信任和信心	① JAIC不能识别出AI在国防建设领域的潜在用途，但能成为AI专业知识的中心枢纽。在这种"加速器"模式中，JAIC将与相关收购、技术和治理办公室协调，推进战略实施；开发AI应用程序，应对战斗指挥部的共同挑战；提供资源，实现军事部门的分布式AI开发。 ② 将AI交付团队嵌入每个战斗指挥部，并能够支持AI开发和部署的整个生命周期。团队应该包括可向前部署的组件，作为与作战单位的本地接口
战略3：国防范围的数字化生态系统	建设数字化的国防生态体系	该系统主要包括：① 数据架构，由一个安全的、联合的分布式存储库系统组成，有助于国防部查找、访问和移动所需数据。② 集成的AI环境：支持敏捷和迭代的AI功能	聚焦数字化基础设施建设、公私合作关系深化

(续表)

战略	战略动向	主要举措	备注
战略 3：国防范围的数字化生态系统	建设数字化的国防生态体系	开发、测试、部署和更新。③AI 资源共享市场：该市场的架构基于数据、软件和训练模型的统一存储库，并整合经认证的云服务提供商提供的计算与存储资源。④增强网络和通信通道，用以提供带宽，从而支持数据传输、数据融合、安全控制，以及部署 AI 应用。⑤加强公私合作关系	聚焦数字化基础设施建设、公私合作关系深化

美国在国防安全领域的战略部署具有以下几点特征。

1. 美国更加警惕 AI 进步引发的新型社会冲突和国家安全威胁

美国将赢得技术竞争与保卫国家安全放到同等重要的地位，最新的 AI 战略部署强调了新的着力方向——警惕"新型社会冲突和国家安全威胁"[1]。这包括 AI 赋能的新型信息战、以个人为目标的数据进攻、AI 赋能的网络攻击、恶意敌对 AI 系统攻击、"AI＋"生物技术（AI 设计下的病原体）。同时，美国意识到中国和俄罗斯的军事能力将逐渐超越美国[2]。美国要想维持霸权地位，就必须赢得 AI 技术竞争。"AI＋国防"战略中，美国将在军事指挥控制、武装和后勤方面引入 AI 系统和设备，实现人与 AI 的有机融合。

美国正在建立更为紧密的公私合作关系，将形成"企业＋政府"组合式竞争模式。一方面，美国正在建设一个由国防部统筹的数字生态系统，整合已验证的 AI 企业和 AI 商业产品，拓宽商业 AI 技术的应用场景。另一方面，美国一改以往"不干预"的政策传统，规划设计 AI 等战略性新兴技术的创新集群。通过提供税收优惠、增加研究资助等措施，引导集群内 AI 企业由民用向军用转型。在这一背景下，AI 的发展已然不是企业之间的竞争，而是"企业＋政府"组合式的竞争。

2. 数字基础设施建设、军队数字化发展和关键技术识别与资助是美国 AI 赋能国防安全的重点领域

建设数字化的国防生态体系，先进的数字基础设施是基础，数字化的军队是灵魂，领先的公私合作模式是途径。美国的"AI＋国防"战略，摒弃落后的指挥控制系统，构建一个安全的、联合的分布式存储库数据架构；强化网络和通信通道；设置公共接口，联合公共部门和私有部门进行 AI 赋能下的国防系统功能开

发、测试等。军队数字化,不仅是 AI 武器的开发与应用,更是作战思维的数字化变革。美国国防部将重点训练士兵在决策中如何使用 AI 技术弥补直觉和经验判断的不足;打造由技术人员、运营商、领域专家和士兵组成的 AI 战斗指挥部[3-4]。除此之外,美国国防部将持续资助下一代新兴技术和颠覆性技术的研发,承诺每年将不少于 80 亿美元的国防经费直接用于 AI 研发[5]。同时,绘制国防关键技术清单。将国防部的技术投资战略与未来的作战需求联系起来,该清单除了关键技术外,还包括设计、开发、部署和维持关键技术的路线图。

3. 探索更为灵活的公私合作范式,破除军民科技协同藩篱

作为一项高赋能性的技术,AI 各创新主体之间显性和隐性的研发合作关系错综复杂。除了企业,高校、科研机构在 AI 技术创新领域发挥着不可替代的能动力,军工研究所的创新潜能不容小觑。此外,AI 加速已有产业智能化转型,深度影响国家安全和社会稳定,使传统的学科边界变得模糊,产业的边界也不再清晰。在这一过程中,美国联邦政府在公私合作和行业监管方面的主导力将进一步加强,探索更为灵活的公私合作范式,形成涉及主体更为广泛的公私研发合作模式——"科研—军方—商业"新型模式。一方面,创新产学研融通的合作方式,聚合国家重点实验室、技术创新中心和军工研究所的科研资源,推动军民协同突破核心技术;另一方面,通过深化公私合作关系,将 AI 技术更深入地融入美国国防体系,以便后期"AI+军队""AI+国防"的建设。

4. 有机融合 AI 的技术赋能性和军民两用性,试图构建一套完备的 AI 国家创新生态系统

目前美国已经集聚了世界一流的 AI 创新的重要主体和关键要素,如何有机融合 AI 的技术赋能性和军民两用性,打造一套完备的 AI 国家创新生态系统是"关键一步"。美国《国家安全委员会人工智能最终报告》(*Nation Security Commission on Artificial Intelligence,Final Report*)从技术竞争和国防安全两方面进行了详尽的美国 AI 战略部署和政策论证,通过具体的策动行为和方案,促进资金、人才和标准在技术创新生态系统、产业创新生态系统与国防创新生态系统间流动,以技术赋能、技术转换构建完备的 AI 国家创新生态系统。

参考文献

[1] DEIBEL T L. Foreign affairs strategy:logic for American statecraft[M]. New York:

Cambridge University Press, 2007.

［2］ELLEN NAKASHIMA. With a series of major hacks, China builds a database on Americans[EB/OL]. (2015-06-05)[2023-10-01]. https://www.washingtonpost.com/world/national-security/in-a-series-of-hackschina-appears-to-building-a-database-on-americans/2015/06/05/d2af51fa-0ba3-11e5-95fdd580f1c5d44e_story.html.

［3］RICHARD H. SHULTZ, GEN RICHARD D. Clarke. Big data at war: special operations forces, project maven, and twenty-first-century warfare[R]. New York: Modern War Institute, 2020.

［4］CHERYL PELLERIN. Project maven to deploy computer algorithms to war zone by year's end[R]. Washington, D.C.: U.S. Department of Defense, 2017.

［5］National Defense Authorization. P. L. 116-92: National Defense Authorization Act (NDAA) for fiscal year 2020[EB/OL]. (2019-12-20)[2023-10-01]. https://www.aila.org/library/s1790-national-defense-authorization-act-ndaa.

美国先进制造业相关产业政策梳理和分析

| 宋燕飞

先进制造业是我国制造业转型升级的重要途径和参与国际竞争的先导力量。美国作为制造强国,其制造业发展历程及政策体系对我国有一定的借鉴和启示作用。未来我国进一步推动先进制造业创新发展,培育和提升先进制造业新质生产力对发展经济和国家安全都至关重要。梳理和分析美国先进制造业政策体系,能够为我国发展先进制造业提供一定的启示。

在先进制造产业政策方面,美国政府行动较早且形成了清晰的发展战略。美国先进制造产业相关政策主要随着 2009 年奥巴马就任总统后实施"再工业化"政策展开。2008 年金融危机给美国经济造成了较大影响,受不同时期内外部环境影响,美国历任政府先后出台了一系列先进制造业相关政策措施,旨在鼓励先进制造业发展,保持和稳固美国在先进制造业领域的全球领先地位(表 1)。

表 1 美国先进制造业相关政策梳理

时期	年份	政策名称	相关内容
奥巴马政府时期	2009 年 12 月	《重振美国制造业框架》	将制造业确定为美国核心产业,通过培育生物技术、风力发电、纳米技术、航空航天、下一代汽车及其他未来产业,实现美国制造业重新振兴
	2010 年 8 月	《美国制造业促进法案》	暂停征收或降低部分基础化学品等与制造业相关的原材料的关税,降低制造业成本
	2011 年 8 月	《美国先进制造伙伴计划》	强化关系国家安全的关键产业的本土制造能力、研发新型制造工艺
	2012 年 2 月	《先进制造业国家战略计划》	提出三项基本原则和五大发展目标

(续表)

时期	年份	政策名称	相关内容
奥巴马政府时期	2012年3月	国家制造业创新网络计划	出资10亿美元支持创建若干国家制造业创新中心
	2014年10月	《振兴美国制造业与创新法案》	通过支持创新、加强人才引进和完善商业环境等方式,确保美国在全球先进制造业领域占据主导地位
	2016年10月	《国家人工智能研究和发展战略》	提出美国优先发展人工智能的七大战略方向及两方面建议
特朗普政府时期	2018年	《美国先进制造业领导战略》	明确坚持发展先进制造业,强调对智能制造系统、先进材料加工、医疗制造产业及电子设计与制造等领域加强支持
	2018年12月	《国家量子计划法案》	设立国家量子协调办公室,提出加快基础研究与技术开发、加强基础设施建设、推动量子信息基础学科教育等举措,以期实现量子信息领域的重大突破
	2019年	《美国人工智能倡议》	维持美国在人工智能领域的绝对领先地位
	2020年	《关键和新兴技术国家战略》	明确通过推广美国国家安全创新基地来保护美国在先进制造、人工智能等20个领域的技术优势
拜登政府时期	2022年8月	《芯片和科学法案》	两项核心规定:一是禁止芯片基金受助人十年内在其他相关国家扩大半导体材料生产能力;二是限制受助人与相关外国实体开展某些联合研究或技术许可活动
	2022年8月	《通胀削减法案》	未来十年拟向能源气候领域投资3 690亿美元
	2022年10月	《先进制造业国家战略》	在此前基础上提出增强供应链弹性和生态系统韧性等新措施,同时明确强调美国要引领智能制造的未来
	2023年11月	《国家量子计划重新授权法案》	建立在科学委员会通过并于2018年签署成为法律的美国《国家量子倡议法》的基础之上,以确保美国量子科学持续实现突破,量子生态系统得到加强,从而保证美国在未来几十年内具有竞争优势

一、奥巴马政府时期

自 2009 年起,奥巴马政府启动"再工业化"和先进制造业发展战略,先后出台密集的政策支持和法案计划,重在推进先进制造业创新发展、加强相关人才培育和引进、完善营商环境、提升企业制造能力和构建创新生态等方面,通过税收减免、资金支持等手段促进美国先进制造业创新网络构建,推动美国制造业产值回升[1]。

二、特朗普政府时期

特朗普政府时期基本延续了奥巴马政府时期的政策方向,推出了一系列竞争性产业政策,在保证"美国优先"的原则下进一步复兴美国制造业。在政产学研合作模式方面,美国政府继续为企业和研究所提供资助,强调知识产权保护、人才培育等方面的重要作用;同时,将研究成果市场化列为政府主要目标之一,从前后两段助力先进制造企业全面发展[2]。这一时期美国政府走向"保护主义"路线,倡导和推行"美国优先",采取强制性手段迫使制造业回流。对国外产品征收关税,从而变相提升国内产品的竞争力,形成产业保护。

这一时期,美国在发展先进制造业的同时积极布局未来产业。"制造业回流"对全球制造业布局和政策带来较大影响,也对未来美国政府的"大国竞争导向"政策走向产生重要影响。

三、拜登政府时期

2021 年,拜登政府上任后,进一步强化美国保护主义政策措施,全面布局面向大国竞争的产业政策体系,遏制竞争对手。2022 年 10 月,美国科技政策办公室(Office of Science and Technology Policy,OSTP)更新《先进制造业国家战略报告》,提出通过三个支柱来实现美国先进制造业处于全球领导地位的愿景,该愿景将促进经济增长、推动高质量就业、增强环境可持续性、应对气候变化、加强供应链、确保国家安全、改善医疗健康。三个支柱包括:开发和实施先进制造技术、壮大先进制造业的劳动力及提升供应链弹性[3]。

在制造业领域,拜登政府不断谋求降低制造业产业链风险、推动供应链本土化,并设立了美国制造办公室。该办公室一方面监管美国企业购买美国"本土"产品,另一方面通过产业补贴等方式吸引先进制造业特别是芯片制造企业落户美国,限制芯片等先进制造企业在华投资和生产。

参考文献

［1］顾强,王瑞妍,董瑞青,等. 美国到底有没有产业政策?——从《美国先进制造业领导战略》说起[J]. 产业经济评论,2019(3):113-124.

［2］刘建丽,黄骏玮,金亮. 美国先进制造产业政策:演化特征与内在逻辑——兼论美国"新产业政策"的形成[J]. 国际经济合作,2024(1):46-58,87.

［3］Subcommittee on Advanced Manufacturing Committee on Technology. National strategy for advanced manufacturing[EB/OL]. [2023-05-20]. https://www.whitehouse.gov/wp-content/uploads/2022/10/National-Strategy-for-Advanced-Manufacturing-10072022.pdf.

"三网融合"：美国 DARPA 颠覆性创新培育的经验与启示

| 鲍悦华

一、引言

颠覆性创新是新质生产力的重要来源，2024 年 1 月 31 日，习近平总书记在主持中共中央政治局第十一次集体学习时强调："必须加强科技创新特别是原创性、颠覆性科技创新，加快实现高水平科技自立自强，打好关键核心技术攻坚战，使原创性、颠覆性科技创新成果竞相涌现，培育发展新质生产力的新动能。"

颠覆性创新并非空中楼阁。从科学研究规律上来看，它往往在现有知识领域基础上进行突破，创造新的知识节点，并带来新的范式。随后扩展性或跟踪性研究继续推动该领域知识发展，甚至开创出新的学科[1]。从产业发展路径来看，它往往需要经历搜索与涌现、识别、采纳、扩散等过程[2]，其中，产业创新生态发挥着至关重要的作用。本文重点介绍美国国防高级研究计划局（Defense Advanced Research Projects Agency，DARPA）"三网融合"颠覆性产业创新培育的主要经验，以为我国新质生产力发展提供有益启示。

二、DARPA 及其颠覆性产业创新生态

1. DARPA 简介

美国 DARPA 于 1958 年由美国国防部创建，旨在应对苏联发射第一颗人造卫星"斯普特尼克一号"给美国带来的威胁，并将资源投入到开发时间较长的有前途的概念上。DARPA 最初被称为"高级研究计划局"，直到 1972 年，该机构名称中才增加了"国防"一词，以强调其"对国家安全颠覆性技术进行投资"的使命[3]。自 DARPA 成立以来，众多广为人知的颠覆性技术在 DARPA 的资助下问世，如精确制导弹药、隐身技术、无人机和红外夜视技术等军事技术，以及互联网、全球定位系统、先进半导体制造工艺、自动语音识别等军民两用技术。

尽管 DARPA 高风险、高回报的资助方式也产生了一些失败项目,但并不妨碍它成为颠覆性创新促进领域的标杆。英国先进研究与发明局(Advanced Research and Invention Agency, ARIA)、日本颠覆式研究开发推进项目(Impulsing Paradigm Change through Disruptive Technologies, ImPACT)、法国国防创新实验室(Innovation and Defense Laboratory, IDL)、乌克兰通用高级研究与发展机构(GARDA)、德国飞跃式创新局(Bundesagentur für Sprunginnovation, SPRIND)、意大利创新与战略技术联合中心(Centro Interministeriale per l'Innovazione e le Tecnologie Strategiche, CINTES),以及美国前总统拜登呼吁建立的高级健康研究计划署(Advanced Research Projects Agency for Health, ARPA-H)、高级气候研究计划署(Advanced Research Projects Agency-Climate, ARPA-C)均模仿 DARPA 的组织构成与管理模式,在各自领域进行高风险、高回报的创新支持。

DARPA 拥有 200 多名政府雇员,其中包括 100 名项目经理。DARPA 的组织结构较为扁平化,仅有 3 个决策层级,即局长—技术办公室主任—项目经理。局长和副局长负责批准新计划和审核正在进行的计划,确定机构资金与研究重点的战略性规划和协调;技术办公室主任负责制定所属办公室的技术发展方向,聘请项目经理并监督项目执行;项目经理负责构建项目选题、设定项目里程碑、把控项目进度,拥有充分的项目决策权,是项目的首席执行官、运营官和财务官[4]。

2. DARPA 颠覆性产业创新生态

作为美国国防部的独立研发机构,DARPA 自身规模较小,几乎不具备管理职能,也没有实验室或基础设施需要维护,它主要通过构建一个完善的产业创新生态来实现其颠覆性创新策动的各项职能。该产业创新生态能够将最好的科学思想与最高水平的决策有效地联系起来,创建具有影响力的愿景和想法,并在预算充足的情况下高效、快速地执行。DARPA 的组织结构及其颠覆性产业创新生态如图 1 所示。

在 DARPA 颠覆性产业创新生态中,国防部相关部门直接为 DARPA 提供军事需求,并协助 DARPA 将技术转化到军事应用中;国防分析研究所(Institute for Defense Analyses, IDA)、国防科学委员会(Defense Science Board, DSB)、杰森国防顾问团(JASON Defense Advisory Group)等桥梁与支持机构为 DARPA 提供项目分析信息及咨询建议;由联邦政府实验室、学术界、产业界构成的技术社区既是 DARPA 的项目执行者,又能够为其提供技术想法

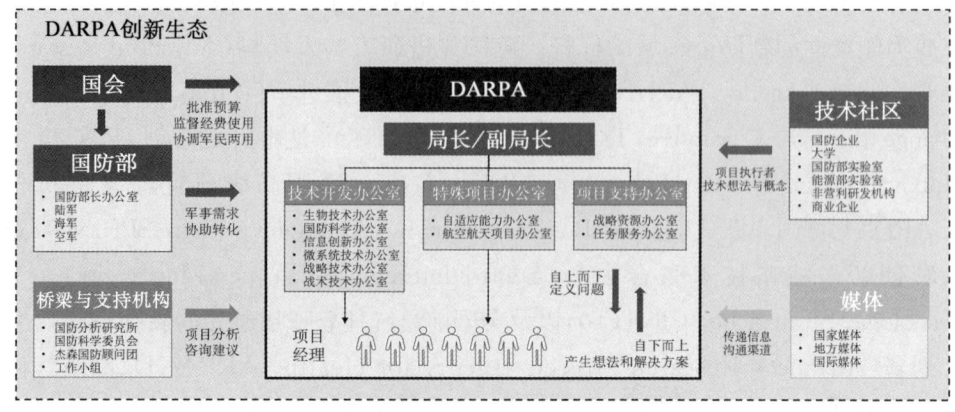

图 1　DARPA 组织结构与颠覆性产业创新生态

与概念,帮助其将技术转化到军事与商业应用领域;各种类型的媒体能够将信息准确传递给创新生态系统中的各个主体,并为各方提供开放的沟通渠道。

三、DARPA 颠覆性产业创新生态培育经验

颠覆性创新产业生态系统是实施和影响颠覆性技术创新活动的主体、要素、环境与机制的总和[5]。DARPA 作为其颠覆性产业创新生态系统的核心,在其创新生态系统内部通过研讨网络、人才网络、承包商网络"三网融合",有效促进了颠覆性技术的形成与发展。

1. 庞大的研讨网络:实现颠覆性创新项目发现

DARPA 在其颠覆性产业创新生态内部构建了庞大的研讨网络,与各网络成员保持极为紧密的交互联动,促进了颠覆性创新项目的识别与发现。

在项目选题阶段,除自上而下确定国防部和政府当局的需求外,DARPA 会通过发布广泛机构公告(Broad Agency Announcement,BAA)、举办提议人日(Proposers Day)活动等方式自下而上从产业界、学界、技术社区获得新思想和新理念。项目经理还会与学术界、产业界、支持机构交流,确定技术的关键问题和相关方法,完善和调整选题。

在项目立项阶段,DARPA 通过发布信息征询书(Request for Information,RFI)、举办研讨会、发布广泛机构公告、举行提案者日会议等举措公开征集项目提案,寻求选题可实现的技术方法及合适的合作伙伴。RFI 一般用于在 BAA 之前征求技术的相关信息,评估潜在技术的成熟度,并为项目构想寻求想法、方法

和途径。只有响应 RFI 的机构或个人才能受邀参加之后的提案人日等活动。发布 BAA 意味着 DARPA 开始正式征集项目提案。BAA 是 DARPA 全过程项目管理的核心要素。BAA 不能套用一般采招项目招标书，DARPA 专门对 BAA 的模板和撰写要求做了规范。可以说，BAA 体现了项目经理对整个项目的思考与设计。提案人日并非向外界正式征求项目提案，其目的是抛出项目整体构想，回答潜在提案人的问题。提案人日还可被视为一个促进潜在团队建立合作关系的论坛。在活动中，通常 DARPA 办公室主任介绍办公室概况，项目经理抛出项目具体构想。每一潜在提案人有不超过 10 分钟的时间介绍自身技术特长[6]。在一系列研讨活动的基础上，DARPA 项目经理通过评审和遴选提案，确定合作伙伴并签署合同。

2. 广泛的招聘网络：降低项目经理聘用难度

项目经理是 DARPA 最为关键的角色。他们在颠覆性创新研发过程中权力范围极大，拥有定义与实施项目、改变现有方向、选择或解雇执行者、分配项目预算等绝对权力。DARPA 每个计划预算都很高，并且大部分资金都被项目经理掌控。例如，隐形战斗机 F-117 的研发周期仅持续了 31 个月，而预算投入高达 82 亿美元。对于低于 50 万美元的预算，项目经理可以通过支票支付，无须繁琐的申报流程。而对于金额更大的预算，在 DARPA 主任审批通过后，就几乎没有对项目经理支出的监督。虽然 DARPA 内部设有财政管理小组监督和批准项目经理的经费使用情况，但总体而言，DARPA 的监督机制主要源于法律体系与科学共同体自律，这使得 DARPA 的项目经理注重自己的声誉及这段经历所带来的身份认同[7]。项目经理来到 DARPA 是为了实现其技术构想，而不是为了建立职业生涯，他们的任期通常为 3～5 年，据 DARPA 估计，每隔三年项目经理就会更新 80%。这一方面是因为 DARPA 项目的失败率高，研发方向不断变化，另一方面则是为了限制部分项目经理的权力。

DARPA 在招聘项目经理时不仅面向政府实验室和学术界，同时更多地面向企业界和非营利组织。DARPA 的项目经理薪酬低于私营部门，聘期较短，且必须迁移到 DARPA 总部工作，这导致项目经理招聘存在一定的难度。对此，DARPA 建立了一个相对固定但又不断扩大的招聘网络。DARPA 倾向于聘用与 DARPA 有过合作关系的人，如参与合作项目的科学家、企业高管或者曾在 DARPA 担任项目经理的人。尽管 DARPA 项目经理的任期一般为 3～5 年，但是许多项目经理在任期结束一段时间后会重返 DARPA 工作，可能是继续担任项目经理(在与之前相同或者不同的技术办公室任职)，负责新项目的运行，也可能被聘为技术办公室主任[8]。

此外，美国国会于1998年为DARPA建立了专门的雇用科学和技术人员实验计划。该计划授权DARPA直接从政府外部聘请科学和工程专家进行有限任期(最长六年)的任命。它还免除了DARPA遵守传统文职人员管理要求的义务，从而使DARPA能够简化其招聘流程，并提高其为科学家和工程师提供薪酬的水平。对于其他政府部门的雇员，DARPA能通过"政府间人事协议"(Intergovernmental Personnel Agreements，IPAs)，临时借调他们担任项目经理[8]。

3. 活跃的承包商网络：激活创新主体动能

DARPA不直接开展研发工作，而是通过与企业、大学等各种研发执行者(即"承包商")签订合同来执行其研发计划。DARPA每年经费预算约40亿美元，2020财年，DARPA研发经费中有23亿美元(62%)由企业执行，6.68亿美元(18%)由大学执行，3.96亿美元(11%)由联邦实验室执行[8]。DARPA采用"赛马制"资助模式创新，提升了颠覆性创新活动的成功率。如果发现有两名科学家同时在攻克同一问题，但采取的技术路线不同，DARPA项目经理会对他们分别给予资助。对于挑战性较高的课题，项目经理会邀请多个团队并行开展竞争性研究，同时允许未中标团队跟研，并请各个团队在研讨会上分享其研究思路和工作进展。当到达预设的里程碑评估节点后，项目经理会再次组织开展方案比测，择优支持其中一个或部分团队接续开展研究。此举有效刺激了新技术社区，甚至全新学术领域的形成与发展，典型案例包括计算机科学、合成生物学、工程生物学等。

DARPA还通过其灵活的采购机制有效提升了科技型中小企业的创新活力。1987年，美国国会授予DARPA"其他交易(Other Transactional，OT)权力"，并于1991年将DARPA的OT权力永久化。OT是一种获取机制，获得OT授权的政府机构可以不遵守政府采购法规来获得商品或服务。这使得DARPA能够更为灵活、快速地与入选的提案人签署量身定制的协议，并将合作对象扩展至通常不与联邦政府开展业务的实体，以及难以达到政府采购门槛的科技型中小企业，从而助力DARPA从外部获得尖端技术、产品与服务[8]。

四、研究启示

成熟的产业创新生态体系对于颠覆性创新活动而言至关重要，DARPA"三网融合"的相关举措为我国提供了有益经验。我国应充分整合战略科技力量、社会创新力量等各方力量，建立跨部门、跨行业的创新生态系统，汇集各界的新概念、新构想，确定颠覆性创新选题，开展颠覆性创新探索；建立高校与科研院所、政府部门、创新企业优秀人才的"旋转门"制度，通过简化招聘流程、提供有吸引力的薪酬，提高机构招聘与保留杰出科学家和工程师的能力，加速项目经理专业人才队伍的形成与壮大；加快对"赛马制"等新型项目资助方式探索，有组织地开展政府首购订购，激发战略科技力量的活力，鼓励中小企业探索颠覆性技术的不同路径，提高颠覆性技术的涌现概率。

参考文献

[1] 张晓旭,周文泳,胡雯."从0到1"的基础研究内涵、过程与关键问题[J].科技进步与对策,2024,41(8):1-10.

[2] 曲冠楠,陈凯华,陈劲.颠覆性技术创新:理论源起、整合框架与发展前瞻[J].科研管理,2023,44(9):1-9.

[3] 安妮·雅各布森.五角大楼之脑:美国国防部高级研究计划局不为人知的历史[M].李文婕,郭颖,译.北京:中信出版社,2017.

[4] BONVILLIAN W B, ATTA R V, WINDHAM P. The DARPA mode for transformative technologies perspectives on the U. S.：Defense Advanced Research Projects Agency[M]. Cambridge：Open Book Publishers, 2019.

[5] 中国社会科学院数量经济与技术经济研究所项目组.颠覆性技术创新生态路径研究[M].北京:中国科学技术出版社,2022.

[6] 开庆,窦永香,王天宇.生命周期视角下美国国防部高级研究计划局颠覆性创新项目管理机制研究[J].科技管理研究,2022,42(15):1-8.

[7] 智强,林梦柔.美国国防部DARPA创新项目管理方式研究[J].科学学与科学技术管理,2015,36(10):12-22.

[8] Congressional Research Service. Defense Advanced Research Projects Agency：overview and issues for congress[EB/OL]. (2021-08-19)[2024-07-05]. https：//crsreports. congress. gov.

国外氢燃料电池汽车发展的企业实践及启示

杜　强　薛奕曦

随着"碳中和"、能源转型逐渐成为全球共识,氢能产业正在成为世界各主要经济体竞相发展的新兴产业,以及全球能源技术革命和转型发展的重大战略方向。从全球范围来看,世界主要汽车生产国如日本、韩国、德国、美国等都已制定国家氢能发展战略,积极推动氢能及燃料电池技术攻关和产业发展;英国、德国、日本等进一步确定了传统燃油汽车退出新车销售市场的准确时间点,氢燃料电池汽车的研发与商业化应用在日本、美国、韩国、欧洲等国家和地区迅速推进。本文主要介绍丰田汽车公司氢燃料电池汽车的整体发展布局。

丰田汽车公司作为氢燃料电池汽车的主推者,其对氢燃料电池汽车的布局由来已久,其发展呈现以下特点。

一、组建全产业联盟打通产业链

丰田汽车公司非常重视联合其他巨头企业组成全产业链联盟,打通氢能产业链各环节,实现产业化发展。例如,2018年2月,丰田、日产、本田、新日本石油、日本银行等公司联合出资成立日本加氢站网络公司(Japan H2 Mobility,JHyM),旨在与维护和运营加氢站的基础设施公司、汽车制造商、金融投资者等合作,沟通政府和地方企业,挖掘需求,在全国推进燃料电池汽车加氢站建设[1]。其商业目标是:部署和运营燃料电池汽车加氢站;支持燃料电池汽车加氢站建设;拥有和维护氢燃料电池汽车加氢站;推广燃料电池汽车[2]。该联盟通过基础设施开发商、投资者、日本中央政府的投资和补贴来推动部署新的加氢站,打通产业链条。

二、明确氢燃料电池汽车战略

丰田汽车公司将氢视为未来有前途的能源,并提出燃料电池车是终极生态汽车,也是未来可持续社会的关键的概念。为了鼓励氢燃料电池汽车的推广并实现氢能源社会,丰田的计划是:利用燃料电池乘用车和商用车的协同效应,来刺激氢能源的需求。其具体做法如下:首先,在乘用车市场推出量产车,并持续提高性能和降低成本。其次,将乘用车市场成熟的燃料电池技术应用到商用车上。虽然商用车数量较少,但因为每辆商用车使用的能源量较大,有助于提高氢能源使用基数。最终,随着整个社会对氢能需求的扩大,氢的价格将下降,也将推动相关基础设施的建设[3]。在该战略指导下,丰田于2014年推出全世界首款量产燃料电池汽车Mirai(日语"未来"的罗马音),强调"快充3分钟""续航600公里""只排水不排碳""零下30摄氏度畅行无阻""避难野营时可作为移动应急发电站对外供电"等概念。

三、探索多元化应用场景

作为氢燃料电池技术引领者,丰田汽车公司在氢能应用场景上也持续开展多元化探索。目前,丰田已将氢能应用于巴士、卡车、叉车等商用车及乘用车领域,对氢能应用的探索还涉及家庭、工业等场景。一方面,丰田依托成熟的储氢罐、燃料系统等技术,拓展研发出更加便携的氢气储存和运输技术,尝试解决氢能在"储藏—运输—使用"过程中的安全性问题,进一步拓展氢能的应用范围。另一方面,丰田还研制了氢燃料电池发电机,该发电机的核心零部件运用了与Mirai相同的燃料电池电堆,氢气和氧气在电堆中发生化学反应产生的电,足够一家小型工厂使用[4]。丰田已经与法国制造商Hyliko合作,通过氢动力卡车共同关注欧洲卡车市场。丰田还与荷兰的VDL集团(VDL Groep)合作,计划使用VDL的氢动力卡车,为该汽车制造商的物流业务脱碳。丰田也与挪威储能公司Corvus Energy合作,将这项技术应用于航路上,并研究未来的船舶应用[5]。

四、成立欧洲氢能工厂促进发展

丰田汽车公司预估2030年欧洲、中国和北美将是最大的氢能市场,规模将达到5万亿日元水平[6]。2023年12月,丰田汽车宣布在欧洲建立一个专门的业务单元——欧洲氢能工厂(Hydrogen Factory Europe),以促进氢能源的发展、组装、销售和营销。该氢能工厂将负责生产越来越多的燃料电池系统,并支持不断扩大的商业合作伙伴关系,这符合该公司到2040年在欧洲实现"碳中和"的战略。欧洲氢能工厂将聚焦三个方向提升业务:一是在主要市场国家将研发和生产燃料电池本地化,通过在中国和欧洲等国家和地区建立本土化基地加快行动；二是加强与主要伙伴的合作，通过合作提升数量与规模，尽最大努力为客户提供价格合理的燃料电池；三是强化竞争力和技术，这一举措标志着丰田对氢能源的重视程度达到了新的高度，其在全球范围内实现"碳中和"目标的决心进一步强化[7]。

五、技术路线强调多样化和全球化

丰田汽车公司以适时、适地、适车为理念，长期以来从"节约能源"和"寻求燃料多样化"两方面出发，致力于全方位的技术开发，并将油电混合动力汽车（Hybrid Electric Vehicle，HEV）技术定位为通往全方位电动化的核心技术。通过普及HEV，丰田积累了电动化技术所共通的电池、电机、电控等技术，为推广普及插电式混合动力汽车（Plug-in Hybrid Electric Vehicle，PHEV）、纯电动汽车（Electric Vehicle，EV）和燃料电池电动汽车（Fuel Cell Electric Vehicle，FCEV）打下了坚实的基础[8]。2023年6月，丰田在以"改变汽车未来"为主题的丰田技术说明会（Toyota Technical Workshop）上公布了氢能与燃料电池技术，同时强调了未来电动化战略的两大核心点：全球化、多样化。多样化方面，丰田宣布成立了BEV Factory与氢能Factory两个组织，计划于2026年发布BEV Factory研发的纯电动车，2030年实现全球电动车销量350万辆；全球化方面，为满足不同市场需求，丰田在推进电动化的同时也不会放弃燃油车，从车型、排量、价格等多个维度保持车型的多样性，进一步完善全球化的产品矩阵[9]。

六、数字化助推"碳中和"交通

丰田汽车公司所倡导的智能化路线是软、硬件并重的，依托其独立开发的汽车操作系统Arene，通过云端，丰田公司生产的汽车将与其他汽车、城市基建，以及每一条街道相连接，为驾驶者提供更多的服务[10]。2023年，丰田与商业日本合作伙伴技术公司（Commercial Japan Partnership Technologies Corporation，CJPT）签署了一份谅解备忘录，以进一步加快合作，基于丰田汽车在泰国的使用情况引入"碳中和"交通，以促进泰国实现"碳中和"。丰田重点关注三个领域：数据解决方案、移动解决方案和能源解决方案。在数据解决方案方面，丰田利用泰国Charoen Pokphand Group（CP）和Siam Cement Group（SCG）公司零售和物流业务的大数据及交通流量和车辆数据，提高了装载效率并优化了交付路线。在移动解决方案方面，根据丰田汽车在泰国的使用情况，丰田推出了FC卡车、

Hilux Revo BEV 概念车、JPN TAXI LPG-HEV、小型商用轻型货车(Kei)等多种车型。这些车辆被用于物流和人流操作的演示。在能源解决方面，丰田首次在泰国引进了利用正大食品公司(Charoen Pokphand Foods，CPF)家禽养殖场粪便和丰田基地食物垃圾产生的沼气生产氢气的设备，以有效利用泰国特有的能源[11]。

参考文献

[1] 王琳杰. 日本氢能实践：建全球供应链，发挥企业联盟作用[EB/OL]. (2022-05-19)[2024-02-18]. https://mp.weixin.qq.com/s?__biz=Mzg2MzU3MzkxNw==&mid=2247504710&idx=1&sn=2427d4d98e612cfcf3559018c50457fe&chksm=ce7411b4f90398a2e6c9469c686e2a9f3fb3082f014de16af7748a1e7c088f025c5cc94f4442.

[2] Toyota Tsusho Corporation. Japan H2 Mobility, LLC established by eleven companies to accelerate deployment of hydrogen stations in Japan[EB/OL]. [2024-03-02]. https://www.toyota-tsusho.com/english/press/detail/180305_004133.html.

[3] 汽车与配件. 丰田氢燃料电池战略的背后[EB/OL]. (2020-03-19)[2024-03-02]. https://www.sohu.com/a/381493681_236016.

[4] 经济观察报. 丰田跨越2022："三十年磨一剑"的氢能引领者[EB/OL]. (2022-12-26)[2024-03-06]. http://www.eeo.com.cn/2022/1226/572388.shtml.

[5] CHC全球氢能. 丰田汽车宣布欧洲氢工厂计划[EB/OL]. (2023-12-08)[2024-02-19]. https://www.sohu.com/a/742456316_121824195.

[6] FC编辑组. 重磅！丰田公布下一代氢能燃料电池开发细节并计划在2026年商业化[EB/OL]. (2023-06-19)[2024-03-06]. https://mp.weixin.qq.com/s/H7CQGOIlj26FBuCj6PLCvg.

[7] 丰田宣布在欧洲建立氢能源业务单元，持续推动燃料电池技术发展[EB/OL]. (2023-12-05)[2024-03-05]. https://www.yoojia.com/article/9663252541355271101.html.

[8] 新华网. 丰田电动化技术是如何"炼"成的？[EB/OL]. [2024-03-13]. http://www.xinhuanet.com/auto/zt/ftddh/.

[9] 吕楚菲. 丰田，改革进行时[EB/OL]. (2023-07-14)[2024-03-13]. https://baijiahao.baidu.com/s?id=1771373555441994800&wfr=spider&for=pc.

[10] 汽车公社. 丰田，正在酝酿一场自我革命[EB/OL]. (2023-05-15)[2024-03-13]. https://www.163.com/dy/article/I4P1I5EG052787B0.html.

[11] MRHN. CN. 丰田汽车：氢能战略，再下一城！[EB/OL]. (2023-12-23)[2024-03-13]. https://mp.weixin.qq.com/s/TVQ64RqXBsHssJMzacx9CA.

日本主要氢燃料电池汽车相关政策分析

薛奕曦　杜　强

日本是全球最积极、最活跃推动氢燃料电池发展及其在汽车上的应用的国家之一。自20世纪70年代，日本政府就开始探索氢燃料电池技术，并将氢能发展提升为国家战略，重视氢能及燃料电池汽车产业的发展。政府将氢燃料电池视为氢能产业下游最重要的应用，并将其纳入国家能源战略的核心部分。日本氢能源发展大致可以分为三个阶段：技术储备期、技术实证期和产业化加速期。

1. 技术储备期（1973—2001年）

技术储备期始于1973年全球性石油危机，日本为应对能源危机，启动《月光计划》和《能源与环境领域综合技术开发计划》，加大对氢能和燃料电池领域的投资。

2. 技术实证期（2002—2011年）

技术实证期始于2002年，日本政府制定氢能源战略，成立新能源产业技术综合开发机构（The New Energy and Industrial Technology Development Organization，NEDO），并在2003—2010年三次推出《能源基本计划》，加强研发支持，通过示范项目验证技术产业化的可行性。

3. 产业化加速期（2012年至今）

受福岛核泄漏事故影响，2012年以来，日本加速转向清洁能源，发布《氢能与燃料电池战略路线图》及其修订版，促进氢燃料电池汽车的发展。2017年日本发布《氢能基本战略》，制定了2030年和2050年的氢能社会建设目标。2020年10月，日本政府宣布2050年实现"碳中和"，随后发布和修订《绿色增长战略》，并在2021年通过《第六次能源基本计划》，明确构建氢能社会是实现能源转型和"碳中和"的关键。2023年2月，日本确定《实现绿色转型基本方针》，强调发展氢能是实现"碳中和"的重要途径，同年6月，日本对《氢能基本战略》进行了新的修订。

日本氢能及氢燃料电池汽车政策发展历程如表1所示。

表1　日本氢能及氢燃料电池汽车产业政策发展历程

时间	政策规划	具体内容
1974年	《月光计划》	启动氢能与燃料电池开发
1993年	《能源与环境综合技术开发计划》	将氢能与燃料电池开发列为重点课题开展研究
2003年	《第一次能源基本计划》	首次提出构建"氢能社会"的构想
2013年	《日本复兴战略》	将发展氢能定为国策,提出2015年内实现建成100座加氢站目标
2014年	《第四次能源基本计划》	将复能定位于与电力、热能并列的核心二次能源
2014年	《氢能与燃料电池战略路线图》	确定了日本分三步走实现"氢能社会"、推进氢燃料电池汽车产业发展的战略蓝图
2016年	《氢能与燃料电池战略路线图》(第一次修订)	确立了2050年氢能社会建设目标及氢燃料电池汽车产业近中期具体行动计划目标,提出2020年内实现建成160座加氢站的目标
2017年	《氢能基本战略》	推动氢燃料电池汽车和加氢站应用,普及和扩大氢燃料电池公共汽车、船舶等的应用,建成加氢站900座
2018年	《第五次能源基本计划》	计划2020年氢燃料电池汽车产量达20万辆,到2030年氢燃料电池汽车产量达80万辆
2019年	《氢能与燃料电池战略路线图》(第二次修订)	着眼于燃料电池技术、氢能供应链和电解技术领域
2019年	《氢能和燃料电池技术开发战略》	聚焦燃料电池技术,氢制备、储运与发电相关产业链技术,水电解制氢技术三大领域,共分为十项关键技术
2021年	《第六次能源基本计划》	构建绿色氢能产业体系,推动氢能在制造业中的应用
2023年	《氢能基本战略》(修订)	明确氢能的战略定位和对象范围,制定了加速实现氢能社会发展的具体规划和目标

综合分析日本氢能相关政策,可以发现日本主要氢能政策具有以下几方面特点。

1. 设定长期战略规划与阶段性目标

日本极其重视建设"氢能社会",在新能源汽车领域押注"氢路线",为此放松管制,降低门槛,跨越各类制度性障碍,激活民间资本对氢能源汽车产业的投资,重点对燃料电池和加氢站给予财政扶持,如对加氢站的建设者给予50%以上的补贴力度,旨在推动氢能源汽车相关技术的发展和氢能源汽车的普及应用。日本通过《氢能基本战略》等政策文件,战略性划分各阶段,明确了至2030年和至2050年的氢能供给目标,如到2030年氢气供应量达到300万吨等。制定政策时可以设定清晰的中长期目标,比如氢能消费在能源消费中的比重、氢能汽车的普及率等,并设定阶段性的实现路径。

2. 注重政府引导

日本建立了政府统一规划指导、企业上下游互动的官民协同机制,发挥协调部门和行业联盟的作用。日本通过联合政府和企业建立"自治体联协会议",更好地解决中央与地方、地方之间沟通和协调不畅等问题,同时充分利用经济团体联合会等组织发展氢能产业。例如,在推进燃料电池车和加氢站布局方面,2018年丰田牵头日产、本田、东京燃气、日本政策投资银行等十余家企业成立日本加氢站网络公司(Japan H2 Mobility,JHyM),旨在与维护和运营加氢站的基础设施公司、汽车制造商、金融投资者等合作,沟通政府和地方企业,挖掘需求,在全国推广加氢站建设。

3. 实施全产业链发展战略

日本政府不仅关注氢燃料电池汽车,还关注氢气的生产、储存和运输。例如,推动氢气液化技术和氢能存储技术的发展。同时,日本在供给侧采取以"降本、增需、保供"为中心的策略,并采用"灰氢、蓝氢与绿氢并举,进口与国产并重"的方针。这种多元化的供给策略使得氢能战略更加灵活,更具有适应性,同时有助于降低成本。

4. 开展国际合作并制定相关标准

日本的氢能战略着眼于构建全球"氢能社会"目标,积极参与氢能国际技术标准制定,提前布局国际市场,为建设全球统一的大宗交易市场做好准备和规划。例如,日本与国际标准化组织(International Organization for Standardization,ISO)、国际电工委员会(International Electrotechnical Commission,IEC)等国际组织合作制定标准,并通过与其他国家合作开展项目促进技术交流和标准统一。

5. 实施技术创新和成本控制

日本通过持续的技术创新(如提升水电解制氢装置的效率)降低氢能成本,增强其市场竞争力。日本在技术开发中采取"优先利用既有基础设施和设备"的方针,并在条件成熟的领域或地区对氢能产品和技术进行先行先试,以此降低技术实施难度、提高技术的成熟度,有序推进氢能社会建设。为了突破关键技术,日本政府还组织高校、科研机构和龙头企业搭建产学研平台,积极与国外科研院所、企业展开合作。

6. 刺激市场需求与提升公众认知

日本政府通过建设示范项目、开展公众教育等方式,提高公众对氢能的认知和接受度。例如,京都市为提高公众对氢燃料电池汽车的了解,使其切身体会到氢燃料电池汽车的便利,于2016年8月开展了氢燃料电池汽车共享活动,同时在各期刊网站上大力宣传这一活动。日本福冈县以区域为基础开展普及和启发活动,与九州大学共同设立氢能社会共享教室,举办氢能相关学术交流,面向中小学生开展氢能相关知识宣教。

德国培育未来产业的行动举措及对我国的启示

刘 笑 张思涵

新一轮科技革命和产业变革加速演进,全球主要国家纷纷在人工智能、量子科技、生命健康等未来产业加强布局,以期在全球激烈竞争中占领制高点。德国一直注重提升科技产业水平,并将其作为国家发展战略。近年来,德国紧密围绕量子技术、清洁能源、人工智能等高技术领域密集布局未来产业,通过定期更新战略规划(表1)、布局前瞻技术、设计新型组织及拓宽创新面等举措推动未来产业发展,能够为我国培育未来产业提供参考和借鉴。

表1 德国未来产业战略部署

发布时间	报告名称	发布机构	部署领域
2016年3月	《数字化战略2025》	德国联邦经济与能源部	德国数字化战略任务的核心是发展物联网,充分实现物联网的经济价值
2018年9月	《首个量子技术框架计划"量子技术——从基础到市场"》	德国联邦教研部	重点研究量子卫星、量子计算和用于高性能高安全数据网络的测量技术等领域
2018年7月	《联邦政府人工智能战略要点》	德国联邦政府	将人工智能的研发和应用提升到全球领先水平
2020年12月		德国联邦政府	新版聚焦人工智能领域的人才、研究、技术转移和应用、监管框架及社会认同
2019年11月	《国家工业战略2030》	德国联邦经济和能源部	重点发展先进制造业,提升工业产值
2020年6月	《德国国家氢能战略》	德国联邦政府	为清洁能源未来的生产、运输、使用和相关创新、投资制定了行动框架

(续表)

发布时间	报告名称	发布机构	部署领域
2021年3月	《量子系统议程2030》	委员会向联邦教育与研究部提交	五大重点主题,分别为量子计算和量子仿真、量子通信、量子测量和传感器系统、集成量子平台和使能技术四大技术领域
2021年3月	《量子技术——从基础研究到市场的联邦政府框架计划》更新版	委员会向联邦教育与研究部提交	阐述了未来十年德国在量子系统领域的研究重点和面临的挑战,并明确了科学主导的量子物理研究向基于量子技术的新型应用转变过程中各主体的行动方针
2023年2月	《未来研究与创新战略》	德国联邦政府	量子技术、轻量技术、清洁能源、人工智能等高技术领域
2023年4月	《量子技术行动计划》	德国联邦教研部	制定了2023—2026年德国量子技术行动战略框架,推进量子技术研发及应用
2023年7月	《德国国家氢能战略》(新版)	德国联邦政府	确保氢能及其衍生品的充足供应和氢能应用技术的市场发展
2023年11月	《人工智能行动计划》	德国联邦教研部	计划规划了11个具体行动领域

一、主要发展举措

1. 注重战略规划顶层设计

未来产业具有高风险性、高前瞻性、高不确定性等特征,需要更具灵活性、开放性和敏捷性的战略规划与布局。因此,德国在对未来产业的特征、业态、模式等加强认识的基础上,更加注重顶层设计的连续性和渐进性,从而能够快速响应发展需求。例如,自2016年发布《数字化战略2025》以来,德国不断强化国家层面产业创新的顶层设计,不仅从多维度确保了产业发展所需的资源供给,而且定期对量子技术、人工智能、氢能等不同产业发展进行阶段性评估,在保障政策稳定性的前提下及时更新升级相关发展战略,确保发展规划真正成为产业发展的助推剂。

2. 加强前瞻技术布局

未来产业是面向人类发展新需求、探索未来发展新空间的关键新兴产业,主要依托颠覆性技术实现突破创新。为此,德国提出要加强数字技术、绿色技术、轻量技术等领域的前瞻性新兴技术研究。例如，在数字技术领域，大力发展人工智能、量子等技术；在绿色技术领域，发展绿氢技术，加强新型交通技术研究；在轻量化技术领域，将轻量化技术纳入《可持续产品生态设计条例》，加强其在循环经济中的应用。由此可见，依托数字技术、绿色技术、轻量技术等拓展虚拟空间、生态空间及生存空间，将是未来产业发展的重大趋势。

3. 设立契合产业发展的新型组织

（1）成立战略前瞻规划部门

由于未来产业会引发经济社会发生系统性变革，因此，未来产业政策需在技术早期阶段甚至更早时间制定，以在早期统筹科技、教育、金融等领域政策改革，给予产业更大支持，同时激发产业发展潜力。基于此，德国专门成立了战略前瞻规划部门，一方面，深入开发战略预见工具，做好风险预测与挑战应对，定期编制重点领域的中长期发展规划，形成清晰的产业引导方案；另一方面，通过以数据为基础的趋势预测，及早发现产业发展潜力与机会，从而谋划与创造新动能。

（2）成立联邦颠覆性技术创新资助机构（Die Bundesagentur für Sprunginnovationen，SPRIN-D）

未来产业具有高风险性、高不确定性，主要依托颠覆性技术实现突破创新。为此，德国联邦政府专门成立了颠覆性技术创新资助机构。该机构自身并不直接开展研究活动，而是秉持开放态度面向所有科学、技术、经济和社会话题，通过举办创新竞赛、为非军事的颠覆性创新项目提供资助等方式实现其运行目的，旨在为每一项颠覆性技术创新提供量身定制的资助政策。

4. 拓宽未来产业创新的参与面

科学和研究的多样性是德国未来创新能力的先决条件，也是塑造科学系统的关键要素。除了重视高校、企业、科研机构等创新主体的积极参与，德国还加强开放式创新，探索利用挑战赛、优化社会创新资助、构建社会平台等方式挖掘更广泛的社会力量参与创新。一方面，加大对社会创新的资助力度，优化资助领域和跨学科资助方向，鼓励公民积极参与研究与创新；另一方面，通过构建社会创新平台，鼓励公众参与创新交流、场景征集及咨询服务。

二、启示

1. 加强顶层设计，重视产业布局规划

加强技术预见，定期追踪关键技术领域的全球最新发展态势，并结合国内需求确定发展方向和重点领域。围绕人工智能、量子信息等重点领域,及时调整更新未来产业创新发展政策。

2. 建立新型研发机构,探索适宜发展模式

要结合未来产业的特点及区域资源禀赋,探索建立政产学研量子信息产业联合共治的新型研发机构,强化产业协同发展动力,促进风险共担与利益共享。

3. 构建新型劳动力培育体系,增强治理有效性

一方面,要加快构建面向社会的新型劳动力培育体系,培养一批具有未来产业技能的专业型人才;另一方面,要将公众等多方利益相关者纳入创新治理范围,增强公众对前沿技术与未来产业的认知,提高公众参与度,共同推动创新治理措施的贯彻落实。

德国国际科技开放合作战略转向研究

鲍悦华

一、引言

德国拥有卓越而有效的科技创新体系，支撑其经济社会可持续发展。根据世界知识产权组织（World Intellectual Property Organization，WIPO）发布的《2023年全球创新指数》（Global Innovation Index 2023），德国在全球创新排名中保持第八位[1]。根据欧盟委员会《欧洲创新记分牌2024》（European Innovation Scoreboard 2024），德国的综合创新指数属于"强劲创新者"，得分达到欧盟平均水平的117.8%，在公私合作出版物、博士毕业生、创新型企业就业等方面具有一定优势[2]。德国一直非常重视国际科技开放合作，认为经济社会发展面临的重大挑战只能通过欧洲和国际科学研究合作来应对。据统计，2020年德国大学雇用了约5.5万名外籍员工，占德国大学雇用全部人员的13.3%，其中包括3 558名外籍教授，占比7.2%。作为德国科技创新研究的中坚力量，德国四大学会外籍科研人员占比在27%左右，马克斯·普朗克学会（Max-Planck Gesellschaft，MPG）外籍科研人员的比重更是超过了50%，反映出德国在尖端基础研究、重大科研项目研究领域具有较高国际化水平。本文在简单介绍德国国际科技开放合作战略的基础上，重点梳理和总结其转向的背景和主要方向，从而为我国高质量国际科技开放合作提供支撑。

二、德国国际科技开放合作战略

2008年2月，德国联邦政府发布《加强德国在全球知识社会中的作用：科研国际化战略》（Deutschlands rolle in der globalen wissensgesellschaft stärken: Strategie der Bundesregierung zur Internationalisierung von wissenschaft und forschung）。该战略明确了德国参与国际科技合作的四大目标，即：加强与国际科研先进国家合作；在国际范围内开发创新潜能；加强与发展中国家的长期科技教育合作；承担国际义务，应对全球挑战。围绕这四大目标，该战略还制定了30条具体行动措施[3]。

随着欧洲研究领域和全球科研版图的进一步发展，以及新全球科创中心的涌现，德国联邦政府于2017年2月对该战略进行了更新，发布了新的《联邦政府教育、科学和研究国际化战略》（Strategie der Bundesregierung zur Internationalisierung von Bildung, Wissenschaft und Forschung），该战略以2008年版的科研国际化战略为基础，以"国际合作：网络化和创新"为指导原则，确立了三大核心维度及五大重点目标领域[4]，如图1所示。

图1 德国《联邦政府教育、科学和研究国际化战略》主要内容

来源：BMBF，2017。

为了实现图1中的五大重点目标，德国重点强化其对外科学政策和工具的连贯性和有效性，通过联邦外交部将以前分属于不同部门的教育、科学和研究职责捆绑在一起。除了对外科技政策，德国同样重视通过双边与多边对话论坛、联合国及经济合作与发展组织等国际组织等平台实现其对外科技创新合作目标，并调整其参与方式与深度，使之能更紧密地发挥协同作用。

德国还进一步在全球设立德国研究与创新中心，有针对性地传播有关德国科学、研究和创新目的地国家的信息，提高国际科研人员流动性；继续通过"在德国研究创意之国"（"Research in Germany-Land of Ideas"）等品牌和工具开展德国作为研发目的地国家的对外营销。

为保障国际科技开放合作战略顺利实施，德国还发展相关监测体系，制订评价指标体系，将广泛可靠的信息基础作为教育、研究和创新国际化政策制订的先决条件。德国联邦政府从 2017 年开始每两年向联邦议院报告一次国际教育、科学和研究合作状况。

三、德国国际科技开放合作战略转向的背景

德国联邦政府认为,科学和研究的结果构成了全球政治决策的基础——无论是在医学进步方面,还是在有关气候变化的复杂问题上。国际化仍然是政治、科学、研究和商业的主旋律之一,《联邦政府教育、科学和研究国际化战略》为德国的国际科技开放合作设定了正确的方向,但德国当前面临的各种挑战使德国需要进行战略转向,以更好适应当前环境,使国际科技开放合作网络在未来更加有效[5]。德国当前面对的挑战源于以下多个方面。

1. 德国内部执政党派的更迭

2021 年 9 月 26 日德国联邦议院选举后,社会民主党、绿党、自由民主党组成了德国历史上第一个三党联合政府,开启了"后默克尔时代"的序章。"红绿灯"执政联盟发布的题为"勇于进步"的《联合执政协议》[*Mehr Fortschritt wagen Bündnis für Freiheit, Gerechtigkeit und Nachhaltigkeit. Koalitionsvertrag 2021 - 2025 zwischen Der Sozialdemokratischen Partei Deutschlands（SPD）Bündnis 90/Die Grünen Und Den Freien Demokraten（FDP）*],明确提出"与国际合作伙伴协调,增加欧盟的战略主权""促进技术、数字、社会和可持续创新""在国内外捍卫学术自由,并在对话中进一步发展国际化战略""提升在亚洲和中国的竞争力""吸引国际人才和国际顶尖科学家""加速能源转型"等一系列目标任务[6],这些目标任务的实现有赖于新型国际科技开放合作关系建构。

2. 德国外部国际政治格局的变化

地缘政治和安全政策的变化为社会、经济和科学创造了新的框架条件。俄乌冲突迫使欧盟与德国调整国际关系、减少依赖,维护并不断扩大技术和数字主权。增加关键技术领域的研究活动和投资已成为当务之急,尤其在能源领域,出于气候和安全原因,向可再生能源过渡的任务非常紧迫[5]。2022 年 2 月 27 日,德国总理奥拉夫·朔尔茨（Olaf Scholz）在德国联邦议院特别会议上称俄乌冲突是欧洲历史上的一个"时代转折",并宣布德国外交与安全政策的重大转向。德国国际科技开放合作同样会根据朔尔茨描述的"时代转折"和德国国家安全利益需要进行战略转向[7]。

四、德国国际科技开放合作战略转向的重点

1. 强化欧洲一体化、跨大西洋合作伙伴关系

美国拜登政府上台后,德美关系回暖,双方高层互访日趋频繁。2021 年 7 月 15 日,默克尔对美国进行任期内最后一次也是 2019—2021 年首次官方访问,双方发表"华盛顿声明",重申双方在安全与防务、科技与创新等各领域紧密合作的政治意愿,宣布建立气候与能源伙伴关系、德美未来论坛和经济对话等新合作机制。2020 年,在担任欧盟理事会轮值主席国期间,德国主张重新调整欧洲研究区(European Research Area,ERA),以进一步改善研发和创新的框架条件。2021 年,欧盟成员国和欧洲委员会就"欧洲研究与创新协定"达成一致,德国也实现了将欧洲研究区行动计划与其《未来研究与创新战略》(*Zukunftsstrategie Forschung und Innovation*)相衔接。在"红绿灯"执政联盟上台后,朔尔茨总理首次外交访问选择法国、欧盟和波兰,贝尔伯克外长上任之后马上访问法国和欧盟,就欧洲一体化等地区与国际事务进行沟通,加强德国和欧洲的技术主权,避免片面依赖,重点在欧洲共同利益重要项目(Important Projects of Common European Interest,IPCEI)框架内加强氢能、微电子、通信技术等领域的科技创新合作。

2. 加强与印太地区合作,重新审视与中国合作关系

德国在非洲政策方面的成果有限,其战略视线日益从非洲转向印太地区,2020 年 9 月出台《印太政策指导方针》(*Leitlinien zum Indo-Pazifik*)后,德国政府完成了从观望到积极介入的转变,并推动欧盟于 2021 年 9 月出台"印太战略"[8]。"红绿灯"执政联盟重点拓展与澳大利亚、日本、东盟等价值观伙伴的合作深度与广度,开展"友岸外包"合作,减少对"非民主国家"的战略依赖。对于中国,德国早在 2019 年就率先提出"制度性对手"的定位。在 2023 年发布的《中国战略》(*China-Strategie*)中,德国将中国视为"全球问题合作伙伴""竞争者"和"制度性对手"。上述三重矛盾的战略定位导致德国在与中国的国际科技合作中出现分歧与割裂。一方面,中国已连续 7 年成为德国最重要的贸易伙伴,也一直是德国最大的国际学生来源国,自 2018 年起,联邦教研部就联手外交部提升德国整个教育与科研体系的"中国能力",将 2017—2024 年用于"中国能力"建设的资金投入翻番。在气候变化等全球挑战的研究方面,德国积极将中国视为合作伙伴。另一方面,德国与中国的竞争与分歧也在增大。德国希望欧盟作为一个

整体主导和参与对华国际科技合作，并将合作聚焦在对德国和欧洲具有附加值的项目。在关键技术领域，2021年，德国修订电信法，在技术安全外增加"可信度"评估标准，事实上禁止了中资企业在人工智能、半导体、量子技术、机器人等关键技术领域的技术并购，并将华为等中国企业排除在5G网络之外。在基础研究领域，德国对中国的军民融合政策设定了合作限制，甚至担忧基础、民用研究项目也可能被应用在军事方面。德国科学基金会（Deutsche Forschungsgemeinschaft，DFG）、马克斯·普朗克学会、莱布尼茨学会（Wissenschaftsgemeinschaft Gottfried Wilhelm Leibniz e.V., WGL）等国际科技合作管理与实施机构先后出台《应对国际合作中的风险》（Empfehlungen zum Umgang mit sicherheitsrelevanter Forschung）、《与中国合作指南》（LEITLINIEN zur Ausgestaltung internationaler Kooperationen der Max-Planck-Gesellschaft）等文件，旨在提高德方科研人员与中国伙伴组织合作的"风险意识"，并给予具体建议和指导。

3. 积极开展气候外交，加速能源转向

"红绿灯"执政联盟上台后，主动设置议程，拓展气候外交全新领域，将国际气候政策职能从环境部转移至外交部，由外长代表德国出席各类气候主题的国际会议，加强与其他国家和地区的气候伙伴关系[8]。在能源转向方面，氢能开发利用是德国国际科技合作的重点领域，德国联邦内阁于2023年7月通过新版《国家氢能战略》（National Hydrogen Strategy Update），加速氢能产业的发展，推进国际合作，目标是将德国的氢技术和产业设施提升至世界领先地位。在国内，德国开展了国际绿氢未来实验室项目，支持以追求卓越为导向的国际研究合作。在国际层面，BMBF已开展多项氢能国际合作项目，例如与澳大利亚合作开展的HyGATE、HySupply等系列合作项目，与南非等非洲国家开展的Potenzialatlas H2、CARE-O-SENE等合作项目，加拿大、荷兰和新西兰等国也是德国在氢能领域的重点合作对象。

4. 加强未来领域国际科技合作

德国联邦政府于2022年10月出台《未来研究与创新战略》，代替2018年发布的《高科技战略2025》（Hightech-Strategie 2025），作为德国科技创新的指导战略。该战略围绕六个"未来领域"设定了具体的任务，涉及资源可持续利用、气候保护和生物多样性维护、健康、数字和技术主权、太空和海洋研究及社会复原力等主题。每个任务都设定了更为具体的目标和时间表。这六个"未来领域"也成为德国国际科技开放合作的重点。例如，在空间探索领域，德国联邦内阁于

2023 年 9 月批准了新的太空战略，确定了加强欧洲和国际合作、将航天作为一个增长市场等九个行动领域。德国政府还于 2023 年 3 月宣布加入平方公里阵列望远镜观测（Square Kilometre Array Observatory，SKAO）大科学计划，于 2023 年 9 月正式签署《阿尔忒弥斯协定》（Artemis Accords），参加由美国主导的新登月国际科技合作。

五、总结

德国是中国重要的国际科技开放合作伙伴。自 1978 年两国签订中德政府间科技合作协定的 40 多年以来，两国已经建立起了可持续伙伴关系框架。在合作过程中，中德两国政府在创新交流方面开创了"创新对话模式"，在产学研合作方面开发出"2＋2"模式，在产业集群合作方面探索出"产业集聚模式"，这些最佳实践为全球国际科技合作提供了经验借鉴[9]。对于中国而言，要注意到德国国际科技开放合作的战略转向，对其转向趋势作出精准研判，以我为主，精准施策，依托双方扎实的合作基础，努力构建新型中德科技创新合作伙伴关系，进一步提升中国的国际地位，谋求更大发展空间。

参考文献

[1] WIPO. Global Innovation Index 2023：Innovation in the face of uncertainty[R]. Geneva：WIPO，2023.

[2] European Commission. European innovation scoreboard 2023[R]. Brussels：European Commission，2023.

[3] BMBF. Deutschlands rolle in der globalen wissensgesellschaft stärken：Strategie der Bundesregierung zur Internationalisierung von wissenschaft und forschung[R]. Bonn：BMBF，2008.

[4] BMBF. Strategie der Bundesregierung zur Internationalisierung von Bildung, Wissenschaft und Forschung[R]. Bonn：BMBF，2017.

[5] BMBF. Der Bundesbericht Forschung und Innovation 2022[R]. Bonn：BMBF，2022.

[6] SPD，BÜNDNIS 90/DIE GRÜNEN，FDP. Mehr Fortschritt wagen Bündnis für Freiheit，Gerechtigkeit und Nachhaltigkeit. Koalitionsvertrag 2021-2025 zwischen Der Sozialdemokratischen Partei Deutschlands（SPD）Bündnis 90/Die Grünen Und Den Freien Demokraten（FDP）[R]. Berlin：SPD，BÜNDNIS 90/DIE GRÜNEN，FDP，2021.

[7] BMBF. Weltweite Herausforderungen，gemeinsame Lösungen — Bericht der Bundesregierung

zur internationalen Kooperation in Bildung, Wissenschaft und Forschung 2021－2022[R]. Bonn：BMBF，2023.

[8] 郑春荣. 德国发展报告(2022)——开启"后默克尔时代"的德国[M]. 北京：社会科学文献出版社，2023.

[9] 中华人民共和国科技部. 科技创新共塑未来·德国战略[R]. 北京：中华人民共和国科技部，2016.

德国发展科技服务业的经验及对我国的启示

宫 磊 陈 强

科技服务业作为国家创新体系的重要组成部分,是培育发展新质生产力、建设具有全球影响力国际科技创新中心的关键支撑,在推动科技创新和科技成果转化、促进科技经济深度融合等方面发挥了重要作用。德国作为全球科技创新领先国家,其科技服务业发展经验具有高度的典型性和借鉴意义。

一、德国科技服务业的特点

1. 注重政策法律的体系化、长期化

德国科技服务业的高水平业态得益于政府对国家创新生态的规划布局和政策扶持。政府通过推行一系列体系化中长期战略规划和政策措施,为创新主体提供有利的生存发展环境,从而推动科技服务业的发展。如通过实施"工业4.0"战略、"高技术战略2025"等科技计划,推动制造业转型升级,以保持德国制造业处于国际领先地位[1]。

此外,科技服务业深入企业研发活动内部,不可避免需要共享研发与商业信息等。一方面,作为最早实施知识产权司法保护的国家之一,德国在知识产权司法保护领域建立了较为完善的法律体系和保护制度。《商标法》(*Marken G: Markengesetz*)、《专利法》(*Patentgesetz*)、《著作权法》(*Orheberrechtsgesetz*)、《反不正当竞争法》(*Gesetz gegen den unlauteren Wettbewerb*)都对侵权的惩戒作出了明确规定,并规定通过警告信、行政扣押、临时禁令等措施为被侵权的科技服务业市场主体提供相应的法律救济。另一方面,德国参与了欧盟《通用数据保护条例》(*General Data Protection Regulation*)的制定,并在此基础上进一步制定了《德国联邦数据保护法》(*Bundesdatenschutzgesetz*)、《信息自由法》(*Informationsfreiheitsgesetz*)等一系列法律,为数据保护和信息公开提供了法律保障。

2. 建立市场化运作的科技中介服务机构

德国拥有十分完善的技术转移体系,包括以德国技术转移中心、史太白技术

转移中心（Steinbeis Transfer Centers，STC）、弗朗霍夫协会（Fraunhofer-Gesellschaft，FhG）为核心的科技成果转化机构，以及为小微企业提供服务的各类商会、协会。此外，大型科研机构、高校等组织内部也普遍设立专业化的科技成果转化中心，共同构成德国高效完善的科技成果转化体系。与发展中国家依靠政府力量发展中介组织不同，德国的科技服务业植根于市场经济，大多以市场化形式运作。

以弗朗霍夫协会为例，该组织是以协会身份注册的独立社团法人，属于民办非营利性科研机构，采用市场化运作方式，为中小企业、政府部门等提供科研服务。通过"合同科研"等方式，依托协会雄厚的科研基础和高水平研发团队，为委托方提供面向企业创新全生命周期的定制化技术解决方案和科技中介服务。经费来源方面，协会每年研究经费达29亿欧元，约30%的研究经费来自中央及地方财政的基本投资，约70%则来自工业合同和由政府资助的研究项目[2-3]。人员管理方面，协会采用企业化的管理机制以确保人才流动的畅通性，根据所承担项目周期签订短期合同，员工期满后可以选择离职或与其他项目组继续签订合同。截至2023年12月，协会下设76家研究所和科研机构，雇佣员工3.1万余名，其中在读学生和实习生约占26.3%，也在一定程度上提升了协会人才的流通效率[2,4]。

3. 推行理论——实践双元服务人才培养机制

德国的"双元制"教育体系是其培养高素质专业人才、推动科技服务业发展的重要手段之一。如柏林斯泰恩拜斯大学作为德国实践"双元制"教育模式的典型高校，秉承产学研高度结合的"双元制"教学模式，为科技服务业培养并输送了一大批具有实战经验的管理人才和技术专家。在教育理念上，斯泰恩拜斯大学坚持理论学习与实际工作相结合，学生在学习过程中不仅要接受课堂教育，掌握专业理论知识，还必须在企业中承担实际工作任务，直接参与项目的实施，以确保在掌握理论的同时积累宝贵的实践经验。在培养模式上，斯泰恩拜斯大学通过"项目导向学习"培养学生的实际解决问题能力。每个学生在学习期间必须与所在企业合作，执行一个实际的商业或技术项目。这个项目不仅是学术评估的重要内容，也直接服务于企业的创新需求。通过项目导向的学习，学生能够真正深入理解企业的运作模式，并在具体项目中应用所学的管理和技术知识。在协同机制上，斯泰恩拜斯大学强调学生、企业和学校三方密切合作。学校与企业签订合作协议，企业为学生提供实践机会，学校则为学生提供理论支持和教育资源。通过紧密结合企业需求和人才培养，减少企业人才的供需脱节问题。

二、德国科技服务业管理启示

1. 健全科技服务业信用体系，加强知识产权司法保护力度

一方面，加强知识产权保护，可以激励创新，保护创新者的合法权益，促进科技成果的转化和应用。进一步加强知识产权司法保护，完善相关法律法规，明确侵权行为的法律惩戒途径，提升知识产权纠纷司法裁判的执行效率。建立快速反应机制，简化维权程序，提高司法救济的时效性，为创新主体提供更为有效的法律支持，降低知识产权纠纷中的风险。此外，积极参与国际知识产权规则制定，提升我国在国际知识产权领域的话语权。另一方面，信用体系的健全是保障科技服务业健康发展的重要基础。通过建立科技服务机构和企业的信用档案，形成信息共享的信用平台，提升科技服务机构的信息透明度和信用度，降低交易中的信息不对称性和信任成本。通过立法手段明确信用信息的采集、使用、共享及保护机制，确保信用评价的科学性、公正性和权威性。同时，建立失信惩戒机制，将知识产权侵权、虚假信息披露、研发机密泄露等行为纳入信用评价体系，推动守信激励与失信惩戒并行，保障科技服务业的健康发展。

2. 优化科技服务发展支撑体系，强化科技服务机构市场导向

优化科技服务发展支撑体系，有助于提升科技服务的质量和效率。强化市场导向，可以促进科技服务机构更加贴近市场需求，提供更加精准和高效的服务。建立以需求为导向的政策引导机制，鼓励科技服务机构根据市场需求调整服务内容和模式。增强市场导向，引导科技服务机构主动适应市场需求、创新商业模式。科技服务机构应主动加强与企业的合作，通过市场化的科技服务合同、成果转化项目等获得持续的资金支持，减少对政府资金的单一依赖，提升市场竞争力和自我造血能力。

3. 完善高端科技人才引育体系，建立更加灵活的人才流通机制

高端科技人才是推动科技服务业发展的关键，建立灵活的引育体系，可以吸引和留住高端科技人才，促进科技服务业的创新和升级。一是通过优化人才培养机制，推动高校、科研机构与科技服务业的紧密合作，形成产学研一体化的高端人才培养体系。二是建立多层次的科技人才激励机制，如科研成果转化奖励、股权激励、利润分成等。鼓励企业与高校、科研机构合作，共同培养高端科技服务人才，推动人才与市场需求相匹配。三是优化创新创业生态环境，为高端科技人才提供更多创新创业机会，如优化知识产权保护、提供更多资金支持、加强孵化器和科技园区建设等，吸引国内外优秀科技人才回流和创业。四是加快构建更加灵活的科技人才流通机制，减少体制内外、科研机构与企业之间的人才流动障碍，鼓励科技创新人才投身科技服务业，根据项目需求在不同领域和组织之间自由流动，发挥专业优势，促进科技服务创新能力的提升。

参考文献

［1］杨文硕，马娟，BERTRAM LOHMUELLER. 德国创新体系对科技服务业高水平建设的启示［J］. 科技中国，2022(1)：28-32.

［2］Fraunhofer-Gesellschaft. The Fraunhofer-Gesellschaft［EB/OL］.（2024-04-01）［2024-09-16］. https://www.fraunhofer.de/en/about-fraunhofer.html.

［3］袁铭扬，谢润彬，牛标，等. 弗劳恩霍夫模式对新型研发机构建设与运营的启示［J］. 新型工业化，2024，14(3)：5-13.

［4］王淑玲，吴宁. 德国弗朗霍夫协会系统与创新研究所运行特色初探［J］. 智库理论与实践，2020，5(1)：82-87.

落地与监管"双拳出击"：德国颠覆性创新策动实践与启示

| 鲍悦华

一、引言

颠覆性创新最早于 1995 年由美国哈佛大学克莱顿·M. 克里斯坦森（Clayton M. Christensen）教授提出，它有别于科研人员通过累积性知识增长来解决科技难题的渐进式科技创新范式，具有前瞻性、突破性、异轨性等特点[1]。正如互联网、GPS 等技术横空出世一样，颠覆性创新可能为人类的生存与发展带来革命性变革，可能创造全新市场或从根本上改变现有产业创新生态，也可能解决重大技术、社会或生态问题。掌握颠覆性技术在一定程度上意味着拥有了决定科技和产业变革的主动权，因此颠覆性创新受到科技大国的普遍关注。

德国是颠覆性创新竞速赛道上的重要选手。针对德国科技创新体系数字技术发展落后、企业创新投入疲软、行政流程烦冗、法律监管严格、缺乏风险投资精神等问题，德国联邦政府一方面通过实施现实实验室战略（Reallabore），对新技术应用落地对社会安全稳定、产业创新生态带来的风险，以及对传统监管工具带来的新挑战展开评估，发展合适的监管工具，确保颠覆性技术及其商业模式安全可控；另一方面借鉴美国国防高级研究计划局（Defense Advanced Research Projects Agency, DARPA）模式，设立飞跃式创新局（Die Bundesagentur für Sprunginnovationen, SPRIND），以加速颠覆性技术应用落地。本文主要介绍德国联邦政府在策动颠覆性创新发展方面，如何在加速落地和改进监管上"双拳出击"的实践情况，以期为我国颠覆性创新的发展提供借鉴。

二、强化顶层设计

德国"红绿灯"执政联盟上台后，对其科技创新政策进行了大幅调整。2023 年 2 月，德国联邦政府出台了《未来研究与创新战略》（*Zukunftsstrategie*

Forschung und Innovation），该战略已成为德国联邦政府最新的科技创新顶层战略规划。它取代了默克尔政府 2018 年出台的《高技术战略 2025》(*Hightech-Strategie 2025*)，实施以任务导向的创新政策，集合政府资源以应对重大挑战[2]。《未来研究与创新战略》一方面提出德国联邦政府将重点关注联合政府协议中规定的资源可持续利用、气候保护和生物多样性维护等六大未来产业领域，另一方面也强调继续加速颠覆性创新技术的应用与落地[3]。在这方面，"红绿灯"执政联盟仍然将默克尔政府时期建设的飞跃式创新局和现实实验室战略置于核心位置，体现出德国科技创新政策的"破"与"立"。

三、成立专业机构

考虑到颠覆性创新技术在形成路径、评价方式、管理机制、扩散过程方面与一般渐进式创新存在较大差异，德国联邦政府通过设立专业机构的方式建立起颠覆性创新机构策动体系，并较早开始布局。

1. 飞跃式创新局

在加快颠覆性创新技术研发、应用与落地方面，德国联邦政府在 2018 年的《高技术战略 2025》框架下设立了 SPRIND，为颠覆性创新技术提供专门支持[4]。SPRIND 于 2019 年 12 月 16 日在莱比锡成立，标志着德国科研资助体系的重要突破：在以竞争性项目资助为主的德国科学基金会（Deutsche Forschungsgemeinschaft，DFG）模式之外构建起一种面向未来的更为灵活和快速的创新支持机制，创造了一种全新的可能性。

在机构治理结构方面，SPRIND 以有限责任公司的形式运作，德国联邦政府是其唯一股东，由联邦教育与研究部（Bundesministerium für Bildung und Forschung，BMBF）作为代表履行股东职责，其 10 名监事会成员除了德国政府股东代表，还包括来自科学界、商界和政界的精英。SPRIND 的管理层目前由 2 名负责人组成，领导机构的日常管理与运营。顾问委员会由管理层任命，以咨询身份评估 SPRIND 的研究计划和项目。

SPRIND 扮演着颠覆性技术项目寻找者、资助者、实施与转化者三种不同角色。BMBF 和联邦经济事务和能源部（Bundesministerium für Wirtschaft und Klimaschutz，BMWi）是其支持机构，2019—2028 年为 SPRIND 提供约 10 亿欧元总预算，平均每年约 1 亿欧元预算。在具体运作方式上，SPRIND 与 DARPA 相似，通过聘用具备专业技能、签订固定期限合同的项目经理，并赋予这些项目经理非常大的权力空间来实现上述三种角色。

2. 现实实验室

在优化对颠覆性创新技术应用落地的监管工具方面，BMWi 于 2016 年底引入现实实验室工具，并于 2018 年 12 月推出"现实实验室作为创新和监管的测试空间战略"（Reallabore als Testräume für Innovation und Regulierung），为德国应对创新挑战提供新方法，在监管方面建立一种新常态[5]。BMWi 将现实实验室定义为一种"创新和监管的测试空间"，用于在真实条件下测试在时间和空间上与当前法律框架存在不兼容问题的技术和商业模式。其最大特点在于充分利用法律的回旋余地设置临时试验条款或豁免，以测试创新[5-6]，其概念图如图 1 所示。

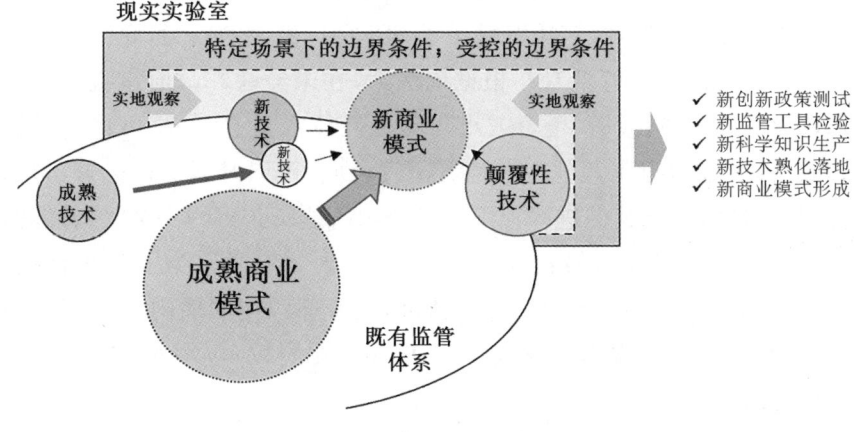

图 1　现实实验室概念图

为了更好地规范与加强对各地现实实验室项目的管理与支持，德国联邦政府正在着手为现实实验室建立一个一站式服务机构。该机构将拥有咨询、发起提案、项目后续支持等职能，能够集聚各方利益相关者与各类创新资源，为现实实验室项目提供更好的支持。此外，该机构还能够与各界分享各个获得临时试验条款或豁免的现实实验室信息，指明它们在实践中遇到的具体挑战，供相关主体学习。通过这些案例，相关主体可以获得临时试验条款或豁免"后续重签"，从而减少争取时间和精力，有效改变目前联邦、州、地方行政管理部门对现实实验室"九龙治水"的局面。

四、强化立法保障

颠覆性创新不仅需要稳定长期支持,还需要在过程管理、经费使用等方面减少行政干预,缩短审批时间,使项目经理人能够在实施过程中针对各种不确定性作出灵活快速响应,其项目管理和培育过程与传统渐进式创新项目存在较大差异。在这方面,德国联邦政府通过立法来强化符合颠覆性创新内在规律的制度支持。

2023年12月30日,由德国联邦议会通过的《联邦飞跃式创新局运作及其法律和金融框架灵活性法》(*Gesetz über die Arbeitsweise der Bundesagentur für Sprunginnovationen und zur Flexibilisierung ihrer rechtlichen und finanziellen Rahmenbedingungen*,SPRIND-Freiheitsgesetz,SPRINDFG,以下简称《飞跃式创新局自由法案》)正式生效,该法案赋予了SPRIND极大的权力,允许其自行开展颠覆性创新的资助与培育活动。根据该法案,在未经联邦政府审批同意的情况下,SPRIND可以自行投资、增资或出售颠覆性技术企业,最高可持有目标企业25%的股份;可以自行与其他企业签署研发合同;可以开展债权融资,包括债转股融资;可以自由分配其促进颠覆性技术应用落地所获得的一半收入;能够打破德国联邦雇员的福利待遇限制,以实现高水平人才激励。为了防止官僚主义,《飞跃式创新局自由法案》还规定,德国联邦政府部门在四周内未对SPRIND的投资申请提出异议,则视为同意该申请;即使提出异议,也须在三个月内对该申请作出最后决定。

对于现实实验室,德国经济部长会议在2021年6月17—18日的决议中要求联邦政府起草一部专门支持现实实验室的法案,为所有领域设立现实实验室建立统一的法律框架。"红绿灯"执政联盟在其联合执政协议里已经明确提出,要创建《现实实验室与自由实验区法》(*Reallabor-und Freiheitszonengesetz*),为现实实验室提供统一和创新友好的框架条件,并为测试创新提供更大的自由。在此背景下,德国联邦经济与能源部在与专家和各界交流基础上,已形成《现实实验室与自由实验区法》的架构,如图2所示。

五、开展丰富实践

SPRIND和现实实验室战略已在各自领域开展了大量颠覆性创新策动实践。

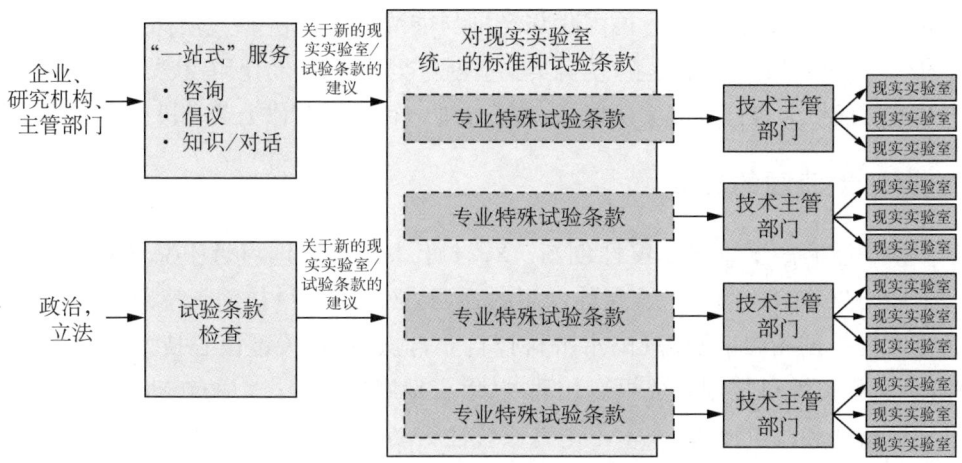

图 2 《现实实验室与自由实验区法》的架构

SPRIND 主要帮助被认为具有颠覆潜力的项目成立公司并进行资助,根据目标公司的需求,每年融资额为 400 万欧元至 1 500 万欧元。与 DFG 等传统政府科技创新资助部门不同,SPRIND 并没有项目指南,不根据标准化的项目资助计划开展工作。它面向所有主题领域,是否给予项目资助主要取决于对"人"和项目本身解决方案的判断。颠覆性创新本身罕见且难以预测,因此 SPRIND 只支持一小部分的项目申请,截至 2023 年 12 月,SPRIND 共收到了 1 450 份资助申请,仅有 1%的项目通过了审核。目前每个项目的评估平均需要 12 周。此外,SPRIND 还通过针对循环生物制造、新的计算概念、广谱抗病毒药物、全自动无人驾驶飞行等颠覆性创新应用场景举行挑战赛(SPRIND Challenges)和火花赛(SPRIND Funke)来征集和遴选颠覆性创新项目,为挑战赛获胜团队提供 50 万至 300 万欧元资金,为火花赛获胜团队提供 10 万欧元资金,这些资金都通过研发服务合同的形式提供。除了项目资助,SPRIND 还为颠覆性创新项目提供全方位支持,包括融资、为项目贡献其他技术和创业的专业知识、商业服务、团队建设、科学和商业网络拓展、定制协作模式等。

现实实验室战略目前已在德国不同地区和领域开展了大量项目实践,形成一系列典型案例。德国政府还积极为现实实验室项目创造直接资助机会。例如,德国政府在第七期能源研究计划中增加了"能源转型现实实验室"这一新的资助支柱,在真实环境和工业规模上测试技术创新,2019—2022 年每年提供约 1 亿欧元经费。德国政府从 2019 年起资助智能城市示范项目,预计十年内有约 50 个项目将获得约 7.5 亿欧元支持。德国联邦经济与能源部和经济和气候保护部于 2020 年和 2022 年先后两次开展了"现实实验室创新奖"评选活动，所有获奖项目将在德国政府层面作为最佳实践案例展示，获奖企业也可以将其作为荣誉进行宣传。

六、对我国的启示

中国政府高度重视颠覆性创新。2024 年 1 月 31 日，习近平总书记在主持二十届中央政治局第十一次集体学习时强调，必须加强科技创新特别是原创性、颠覆性科技创新，加快实现高水平科技自立自强，打好关键核心技术攻坚战，使原创性、颠覆性科技创新成果竞相涌现，培育发展新质生产力的新动能。德国通过加速落地和改进监管"双拳出击"，系统性策动颠覆性创新发展，对中国形成了许多有益启示。一是在颠覆性创新技术识别阶段，除了从科学自身的角度来对项目进行识别与评价，还可以尝试从颠覆性创新应用场景等视角对颠覆性创新进行构思与谋划；二是在颠覆性创新技术培育阶段，可以设立专职机构，并通过立法来强化颠覆性创新制度供给，解决现行竞争性项目资助与颠覆性创新不兼容的问题；三是在颠覆性创新技术扩散阶段，可以探索开展"现实实验室""监管沙盒"等试验项目，并在国家层面加强对各地的统筹协调、信息交互，确定颠覆性创新技术及其商业模式带来的变革效应，确定监管障碍并开发合规的解决方案。

参考文献

[1] 刘笑,胡雯,常旭华.颠覆性创新视角下新型科研项目资助机制研究——以 R35 资助体系为例[J].经济体制改革,2021(2):35-41.

[2] BMBF. Bericht zur Umsetzung der Zukunftsstrategie Forschung und Innovation[R]. Bonn:BMBF, 2023.

[3] BMBF. Zukunftsstrategie Forschung und Innovation[R]. Bonn:BMBF, 2023.

[4] BMBF. Forschung und Innovation für die Menschen: Die Hightech-Strategie 2025[R]. Bonn:BMBF, 2018.

[5] BMWi. Freiräume für Innovationen - Das Handbuch für Reallabore[R]. Berlin:BMWi, 2019.

[6] BMWi. Reallabore als Testräume für Innovation und Regulierung Innovation ermöglichen und Regulierung weiterentwickeln[R]. Berlin:BMWi, 2018.

法国 PUI 计划对我国科研创新机制的启示

——以法国蒙彼利埃大学为例

刘春路　钟之阳

一、PUI 计划简介

大学创新中心（Poles Universitaires d'Innovation，PUI）计划起源于"法国 2030 投资计划"（France 2030）。2021 年，法国政府宣布了一项 5 年内投资 540 亿欧元的投资计划，与其他战略投资计划相比，该投资计划重点关注颠覆性技术创新。2021 年年底，法国政府在该投资计划的框架下正式提出了 PUI 计划，旨在以大学为创新场所，充分发挥高等教育院校与研究机构的创新优势，联合当地企业，推动产学研合作。法国《研究规划法》（Loi de programmation de la recherche）提到，PUI 计划的目的在于制定统一的创新战略，以整合多方科研参与者，从而提升知识转移与技术转让服务的信息透明度，最终达到激发生态系统创新活力的目标。具体来看，通过开展伙伴研究、知识产权和技术转让、企业初创等创新战略，并在项目构想、发明创造、技术熟化、创业培训、企业创建等全链条中提供支持，以构建良性创新生态系统，最终服务于经济发展与社会进步。

申请成为"大学创新中心"的条件主要包括：至少需要依托两家公立研究机构，且主要依托单位必须是大学或隶属高等教育与研究部的高等教育集群，评审委员会将从多元主体协作水平、项目管理质量、战略目标、战略前景四方面评估候选院校[1]。2021 年 11 月，PUI 计划在 5 所大学（诺曼底大学、索邦大学、克莱蒙—奥佛涅大学、蒙彼利埃大学、斯特拉斯堡大学）内的试点实验取得了初步成功[2]，依据试点经验，法国政府于 2022 年 12 月增加 20 个试点名额，并再次投资 1.6 亿欧元以帮助通过选拔名单的高校建设创新中心。2023 年 4 月，共有 29 所院校通过一轮选拔阶段。

二、蒙彼利埃大学的建设实践

2023年7月,法国高等教育和研究部宣布,将蒙彼利埃大学列入PUI名单,并拨款900万欧元以资助其建设大学创新中心。与其他高等教育研究机构相比,蒙彼利埃大学具有良好的科研协作基础:一方面,蒙彼利埃大学拥有奥克西塔尼大区三分之一的高校教师与科研人员,并与许多社会经济团体有着密切的合作关系,形成了地区性科研集群;另一方面,早在2017年,蒙彼利埃大学即启动了I-SITE卓越计划,整合了校内外16个科研机构[3],有效提升了学校整体科研水平,这种对资源的有效整合为PUI项目的生根落地奠定了良好的科研协作基础。作为大学创新中心,蒙彼利埃大学主要通过以下三方面推进创新能力的提高。

1. 推进BIM等创新奖项,鼓励创新项目落地

蒙彼利埃创新助推器(Booster Innovation Montpeller,BIM)于2020年成立,是PUI建设中的重要组成部分,截至2023年,BIM已经为19个创新项目提供了476 900欧元资金,用于开发和支持获奖项目[4]。BIM的筛选标准更侧重考查创新落地的可能性。所有申请BIM资助的项目须参加一个为期2天的培训。在培训期后,项目负责人须在评审委员会前路演3分钟,并接受5分钟的答辩,同时将申请文件提交给BIM,BIM的投资和创新委员将依据项目申请书选出获奖项目。BIM获奖者的受资助金额依项目需求而定,最长期限为2年。

除BIM项目,蒙彼利埃大学为鼓励实验室开发创新项目,设立了PEI创新奖(I-SITE Program of Excellence Innovation Awards),主要用于表彰在以下5个领域内作出突出贡献的科研团队:①AEB:农业、环境、生物多样性;②BS:生物学、健康医学;③MIPS:数学、信息学、物理学、系统学;④C:化学;⑤SOC:人文与社会科学。

2. 构建校企合作平台,培育创新项目孵化器

为推进PUI的建设,蒙彼利埃大学建立了名为INITIUM的学术孵化器,围绕"养育—治理—保护"三大支柱及其交会领域,为创新项目的发起者提供支持(图1)。无论是博士生还是I-SITE的研究人员,INITIUM都能为他们处于初期阶段的创新项目提供结构化的指导和支持。根据项目的性质与成熟度,INITIUM提供两种不同的支持计划:①为期6~12个月的预孵化计划。②为期1~2年的孵化计划。

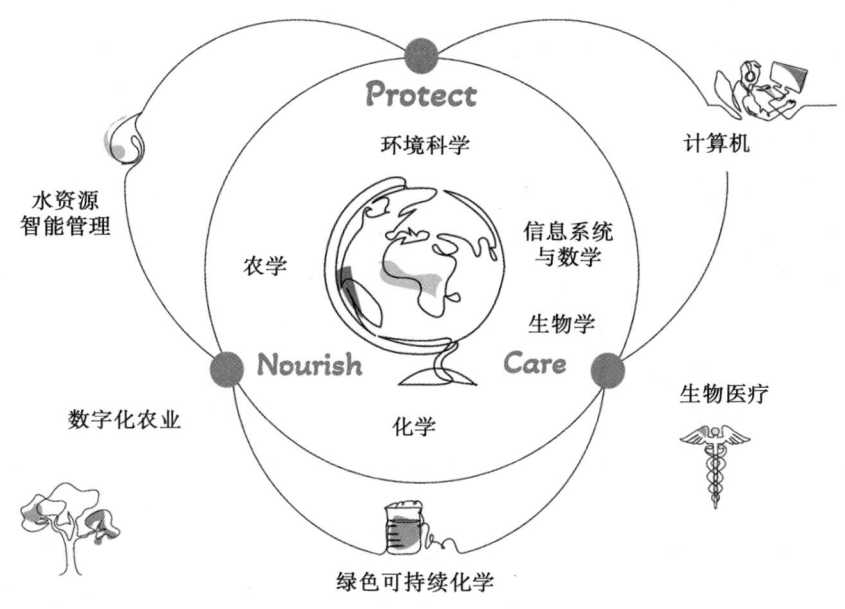

图 1　INITIUM 孵化器支柱领域

3. 举办校企联合创新交流会，创新能力培训项目

作为 PUI 项目的参与者，蒙彼利埃大学同样致力于为科研人员与行政人员提供创新培训。2020 年，蒙彼利埃大学划出每年 5 万欧元的专项资金，推出了名为"能力建设"（Capacity Building）的创新培训计划。该培训计划包括知识产权、软件保护、创新项目融资、人工智能、设计方法、路演答辩六方面的内容，所有 I-SITE 卓越计划的科研人员均可免费申请参与。

此外，蒙彼利埃大学会举办各种创新研讨会，为创新项目提供个性化的支持。为鼓励学术研究参与者与公司建立结构性伙伴关系，蒙彼利埃大学会定期举办名为"联合实验室"（Je monte un labcom）的创新研讨会。该创新研讨会会邀请部分中小型企业与中型企业的管理人员参与，鼓励他们代表企业参加多个个性化会议，从而与学术研究机构组建联合实验室，以实现互利共赢。

三、PUI 计划对我国的启示

1. 加强多方协作与科研资源整合

（1）规划综合性创新战略

推动高校、科研机构、地方政府和企业建立综合性创新平台，搭建多方协作机制。通过这种平台，汇聚各方资源，提升科研创新产出率与科研成果转化率。同时鼓励跨区域的高校和科研机构之间的合作，打破区域限制，共享资源和研究成果，形成全国范围内的创新网络。

（2）政策支持与协调

政府应出台政策，鼓励和支持多方合作，提供必要的资金和政策保障。同时，设立协调机构，确保各方在合作中的角色明确，责任分担合理，共同推进创新项目的实施。

2. 完善创新项目支持与孵化机制

（1）设立专项基金

设立专门的创新基金，提供从研发到市场推广的全过程资金保障。可以参考蒙彼利埃大学的创新奖，设立不同类别和领域的专项奖项，以鼓励各类创新。

（2）建立专业孵化器

在高校和科研机构内建立专业的创新孵化器，提供从初期预孵化到后期孵化的支持。同时，参考蒙彼利埃大学孵化器的实践，为科研项目提供场地、设备、技术、市场对接等多方面的支持，帮助创新项目顺利落地。

3. 推动创新能力培训与科研创新交流

（1）系统化的创新培训

针对科研人员和行政人员，开展系统化的创新能力培训。可以借鉴蒙彼利埃大学的做法，设立专门的培训项目，涵盖知识产权保护、项目融资、技术转移、路演答辩等内容，提高科研人员的创新能力和项目管理水平。

（2）举办创新交流活动

一方面，定期组织校企联合创新交流会，搭建企业与科研机构之间的交流平台，促进双方的互动合作。通过这些活动，推动企业与高校共建联合实验室，实现科研成果的产业化。另一方面，鼓励高校开展国际合作研究和人才交流，借鉴国际先进的创新理念和技术，提升国内的科研水平和创新能力。

参考文献

[1] Ministère chargé de l'Enseignement supérieur et de la Recherche. Pôles universitaires d'innovation：24 projets lauréats et 5 projets complémentaires financés pour une phase d'amorçage[EB/OL]．(2023-07-10) [2024-06-15]. https://www.enseignementsup-recherche. gouv. fr/fr/poles-universitaires-d-innovation-24-projets-laureats-et-5-projets-

complementaires-finances-pour-une-91733.

[2] Ministère chargé de l'Enseignement supérieur et de la Recherche. Pôles universitaires d'innovation: 5 établissements pilotes retenus pour la phase d'expérimentation[EB/OL]. (2021-11-16)[2024-06-15]. https://www.enseignementsup-recherche.gouv.fr/fr/poles-universitaires-d-innovation-5-etablissements-pilotes-retenus-pour-la-phase-d-experimentation-82030.

[3] University of Montpellier. I-SITE excellence program[EB/OL]. (2023-02-23)[2024-06-15]. https://www.umontpellier.fr/en/universite/projets-emblematiques/programme-dexcellence-i-site.

[4] University of Montpellier. Booster Innovation Montpellier[EB/OL]. (2024-03-12)[2024-06-15]. https://www.umontpellier.fr/en/innovation/pole-universitaire-dinnovation/booster-innovation-montpellier-b-i-m.

美国一流大学教师评价制度比较
——基于教师手册文本的分析

| 钟之阳　吕　娜

大学教师绩效评价是对教师的职称升等、薪酬分配等活动进行管理的重要依据,它针对教师在所在学科领域的知识生产、传播、应用等多方面的学术贡献的价值进行评判,对大学的知识生产力、声誉和影响力等具有重要意义,因而也是推进"双一流"建设中值得关注的重要问题。本文选取哈佛大学、麻省理工学院、斯坦福大学及加州大学伯克利分校等四所美国世界一流大学,从美国高校的教师手册的文本角度分析与探讨教师评价制度。

美国每所大学基本上都有教师手册。教师手册不仅详细说明学校概况、资源等内容,而且明晰了教师的权益和义务这一核心的法律关系,并对与教师切身利益密切相关的聘用与晋升考核标准都作出了明确规定。也就是说,美国大学教师手册并不是一般意义上的新教师上岗指南,它在美国大学教师管理与实践中具有一定的法律地位及普遍约束力。

四所案例大学的教师手册包括哈佛大学的《FAS 任命和晋升手册》(*FAS Appointment and Promotion Handbook*)[1]、麻省理工学院的《MIT 政策与程序》(*MIT Policies & Procedure*)[2]、斯坦福大学的《教师手册》(*Faculty Handbook*)[3]和加州大学伯克利分校的《学术人员手册》(*Academic Personnel Manual*)[4]。本文对四所案例大学的教师手册的梳理与挖掘聚焦手册中的"绩效管理或绩效评价"(performance management/performance review, performance evaluation)相关章节,此外重点摘录分析与大学教师绩效评价直接相关的内容,主要包括教师的聘任、晋升和续聘及年度考核等有关规定。

一、多元化的评价主体

在美国一流大学教师评价体系中,不同的评价主体扮演着不同的角色,共同完成教师评价工作,为教师的专业发展提供意见。评价主体可以分为教师自身、学生及校内管理者和校外同行。

教师评价作为教师管理的一项内容,最主要的评价主体来自校内管理者。如表1所示,美国一流大学在进行教师的聘任、晋升、续任等评价时,评价主体呈现多元的特点。评价主体从形式上可分为个体和群体,系主任属于个体,同行专家和委员会属于群体;从权力主体上可以分为院长、委员会、校长三方,且形成了"三权分立"的模式。[1]也就是说,院长能够行使人事任免上的自主权,在一定范围内搜索能够达到晋升标准的教师;委员会负责审查教师提交的文件,具有投票表决权;校长有权对院长和委员会提名的教师进行否定,具有最终表决权。

表1 美国四所一流大学教师职称晋升评价主体

学校	评价主体
哈佛大学	校外专家(external evaluations);系主任(department chair)、系审查委员会(review committee);院长(dean)、任命和晋升委员会(committee on appointments and promotions);校长或/和教务长(president and/or provost)
麻省理工学院	校外专家(external evaluations);教务长(the provost);学术委员会的学术任命小组(the academic appointments subgroup of the academic council);校长(president)
斯坦福大学	院长(dean);校外专家(external evaluations);教务长(the provost);学术委员会任命的咨询委员会(the advisory board of the academic council);校长(president)
加州大学伯克利分校	系主任(department chair);校外专家(external evaluations);学术人事委员会(the committee on academic personnel);校长(chancellor)、特设审查委员会(ad hoc review committee)

资料来源:根据四所案例学校教师手册整理。

教师自我评价是教师对其工作的回顾与总结。在教师评价的过程中,教师需要向学院提交可供评价的材料,自我陈述表是其中一项重要内容,这一过程正是教师自我评价的过程。不同高校对自我评价的重视度不同。哈佛大学比较重视自我评价,其教师手册中规定教师提交的档案清单里包括教师的教学陈述与研究陈述;麻省理工学院在进行绩效评估时,自我评价(self-assessment)是其中一个重要环节,包括述职、描述已获得的成就及未来发展目标和计划。加州大学伯克利分校及斯坦福大学对自我评价的重视程度相对较弱。

学生作为评价主体常常在教师的教学评价领域发挥作用。斯坦福大学在进行职称评审时,所需证明材料包括4~6封来自所教本科生的学员信函(trainee letters);哈佛大学则是要求系主任与被评价教师的学生(或博士后研究员)交谈或写信,以评价教师的教学表现;麻省理工学院的教师支持办公室(office of faculty support)[5]负责收集和整理学生的教学评价数据;加州大学伯克利分校对教师教学水平的评价不仅参考学生的意见,还可以将大学毕业后取得显著成就的毕业生的意见作为重要依据。这些都是学生参与教师评价工作的体现。

二、评价指标体系的要素分析

通过对要素进行分析比对可以发现,四所案例大学的教师绩效评价虽然都围绕教学、科研与服务三个维度展开,但在对指标的说明与评价标准上表现出差异性。[6]

在科研维度,麻省理工学院更加注重教师科研成果创造出的价值,考察其对学科知识领域及社会公共领域的实际贡献;哈佛大学除了将教师现有学术水平作为评价标准外,还关注教师未来发展的潜力。斯坦福大学和加州大学伯克利分校则鼓励教师通过科研合作发挥自身在团队中的作用。具体如表2所示。

表2 四所案例大学教师科研评价的科研维度指标要素比对

学校	具体标准					
	学术产出	学术影响力	在科研团队中发挥的作用	未来发展潜力	对本研学生研究的指导	社会公共效益
哈佛大学	√	√	—	√	√	√
麻省理工学院	√	√	—	—	—	√
斯坦福大学	√	√	√	—	√	—
加州大学伯克利分校	√	√	√	—	—	√

在教学维度,哈佛大学注重教师授课门数、指导的本研学生的数量、相关教学奖励等教学记录的呈现;加州大学伯克利分校非常注重教师教学的效果,尤其注重对学生能力的提升;麻省理工学院注重教师的教学研究能力,体现了对"教学学术"的重视;斯坦福大学对教师的教学绩效评价综合体现了专业性和向生性。具体如表3所示。

表 3　四所案例大学教师教学评价的教学维度指标要素比对

学校	具体标准					
	专业知识技能	教学方法的贡献	教学研究成果	有效的师生互动	提升学生能力	教学和学习热情
哈佛大学	√	√	√	√	—	—
麻省理工学院	√	√	√	√	√	—
斯坦福大学	√	√	√	√	√	—
加州大学伯克利分校	√	—	—	√	√	√

在服务维度,哈佛大学的社会服务指向社会服务,并强调社会服务要符合个人责任、诚信和道德的规范;麻省理工学院、斯坦福大学与加州大学伯克利分校的服务偏向学术内部,强调服务活动的学术性,而这三者之中,斯坦福大学对社会服务活动评价的重视度相对较低,并在教师手册直接表述:"主要根据教师在科研和教学领域的成绩进行评估,服务活动虽然相关,但不是一个主要标准。"具体如表 4 所示。

表 4　四所案例大学教师服务评价的服务维度指标要素比对

学校	具体标准				
	符合道德规范	重要性/价值	同行认可	提升自身水平	与大学公共使命融合
哈佛大学	√	—	√	√	√
麻省理工学院	—	√	√	√	√
斯坦福大学	—	√	√	—	—
加州大学伯克利分校	—	√	√	√	√

三、美国一流大学教师评价制度的特点

1. 多元评价主体共同参与

美国一流大学主要采取的教师评价方式是同行评议,其公信力依赖公平公正的评价主体。评价主体多元化(包括教师自身、学生、系主任、院长、审查委员会、外部评价专家、校长等)已成为美国一流大学进行教师评价的趋势。不同的主体发挥着不同的作用,不同的权力分立制衡,以保证评价过程的公平公正。系

主任在教师评价活动中起到重要作用,其不仅要为教师提供支持,同时也有责任参与教师的教学、科研、社会服务评价活动,对本系教师的熟悉度能够减小陌生感带来的评价误差;外部评价专家通常是被评价教师所在学科领域有声望的教授,用专业的眼光评价教师在学科领域的实际贡献;学术委员会发挥着认证资格、审查材料、评议结果等作用,其组成人员范围广泛,各大高校的教师手册都明确了剔除利益相关者的规定,以保证评价的公平公正。

2. 评价标准多样且灵活

美国一流大学教师评价标准是以学术水平为核心的综合评价标准。教师的聘任、晋升、奖励等不仅依据教师在科研和教学上的业绩,还特别强调教师在行政管理、社区服务、政策咨询等社会服务活动中的表现,呈现多样化的特点。此外,科研、教学、社会服务的内涵十分广泛,标准的弹性化程度非常高。现代管理学认为,弹性管理的意义在于其合理的可变化性,弹性是避免组织机构内部因刻板固执而对组织或组织成员造成伤害,并使组织或组织成员灵活地适应内外部环境刺激与影响的能力[7]。美国一流大学不同学科的教师评价标准有不同的侧重点,如加州大学伯克利分校要求"从事理论性研究的教师的科研评价证明材料是以书籍、文章、报告为核心的出版物;发表的专业文献或完成的专业实践对教学、促进机会平等和教育多样性等方面具有贡献;实践性较强学科(如艺术、建筑、舞蹈、音乐、文学和戏剧等)的教师评价以作品的原创性、范围、丰富性、创意表达的深度等为标准"[4],同时,几所高校的《教师手册》规定"此标准只用作参考,可根据实际情况进行调整",这种弹性的评价标准,增强了教师工作的积极性,降低了他们的职业倦怠感。

3. 正当的评估程序加强教师的公平感知

Folger、Konovsky 和 Cropanzano 以"正当的程序评估"来总结公平的系统特点,该特点建立在"充分通知""公正听证"和"基于证据的判断"三个基本准则的基础上[8]。在美国一流大学教师评价的程序中,"充分通知"是第一个步骤,即系主任有责任保证教师完全了解评价的过程与标准。哈佛大学规定,系主任需要与被评教师讨论评价过程;加州大学伯克利分校还将教师检查上交文件作为评价过程的一环,充分保障了教师的知情权。"公正听证"是指给予教师表达意见、解释行为、陈述绩效事实的机会,美国一流大学对教师自我评估的重视,表明美国一流大学给予了教师一定的对评价结果的控制力,充分保障了教师的发言权;"基于证据的判断"则表明,评价者必须依据教师实际业绩的证明材料作出评价,且能够对其作出的决策进行客观解释,此外,美国一流大学完善的申诉机制可以帮助教师纠正评价的偏差。由此可见,美国一流大学教师评价程序不仅能够加深教师的公平性感知,也体现出学校对教师地位的重视。

4. 奖惩性评价与发展性评价有机结合

奖惩性评价是一种终结性评价,注重评价的结果,主要发挥评价的区分和筛选作用,方便高校管理者对教师进行管理;发展性评价以被评价者的发展过程为对象,以促进被评价者的发展为目标,强调面向未来和促进增值。美国一流大学的教师评价在为学校人事部门管理教师的升职加薪等活动提供有效的依据的同时,更加注重发挥发展性功能,及时将评价结果反馈给教师,让教师清楚认识自己的不足及未来发展的潜力,表现出奖惩性评价与发展性评价有机结合的特点。例如,加州大学伯克利分校在对博士后教师进行年度评价的内容主要是"迄今为止科研工作的进展,自身的优势,需要改进的领域及研究的潜力"[9],并计划下一年的期望和活动。可见学校为教师日后的发展提供了支持。

参考文献

[1] Harvard University. FAS appointment and promotion handbook[EB/OL]. [2020-03-22]. https://academic-appointments.fas.harvard.edu/internal-promotion-tenured-professor-tenure-track-position.

[2] Massachusetts Institute of Technology. MIT policies[EB/OL]. [2020-03-20]. https://policies.mit.edu/policies-procedures/30-faculty-appointment-promotion-and-tenure-guidelines.

[3] Stanford University. Stanford faculty handbook[EB/OL]. [2020-03-18]. https://facultyhandbook.stanford.edu/2-appointments-reappointments-and-promotions-professoriate#2.7.

[4] University of California. Academic personnel and programs[EB/OL]. [2020-03-20]. https://www.ucop.edu/academic-personnel-programs/_files/apm/apm-210.pdf.

[5] DIANA HENDERSON. The office of faculty support:what can we do to help you?[EB/OL]. [2020-05-27]. http://web.mit.edu/fnl/volume/252/henderson.html.

[6] 钟之阳,吕娜,高桂娟. 美国大学教师绩效评价指标体系分析[J]. 高教发展与评估,2022,38(2):50-58,119-120.

[7] 扈亚红. 美国研究型大学教师绩效评价研究[D]. 曲阜:曲阜师范大学,2018.

[8] 陈丽芬,吴佩莹.绩效评估公平感及其影响因素研究述评[J].工业技术经济,2018,37(5):48-55.

[9] University of California. Academic personnel and programs[EB/OL]. [2020-05-14]. https://www.ucop.edu/academic-personnel-programs/_files/apm/apm-610.pdf.

美国大学教师手册在教师发展中的定位和作用

| 钟之阳　吕　娜

美国大学教师手册（Faculty Handbook）是美国高等教育管理中的重要工具，它不仅是教师指南和政策手册，而且在教师评价制度中发挥着至关重要的作用。本文旨在通过详细分析教师手册的内容、结构及在实际应用中的功能，探讨其如何影响教师的职业发展和学术发展。

一、美国大学教师手册的内容和结构

美国大学教师手册是面向教师的全面的指南，不仅详细介绍了学校概况等内容，还按照一定逻辑呈现了校内与教师切身利益密切相关的政策、规章、资源等信息，这些内容为教师的日常教学和研究工作提供了明确的标准和指导。其目的是为教职员工提供必要的信息和指导，以帮助他们理解和履行其职责。

虽然美国各大学教师手册的内容和结构有所不同，但其内容一般包括大学组织结构、平等权利政策、教师管理政策、学校服务等，教师评价制度作为教师管理政策的重要内容，通常在教师任命、晋升和连任等相关章节中展开说明。除此之外，教师手册的教师职责模块一般会详细列出教师在教学、研究和服务三大领域负有的职责。聘任条件和期限模块阐明不同类型聘任（如终身教授、助理教授等）的条件、期限及相关的评审和续聘程序。晋升与评估模块则详述晋升的条件、程序和需要的材料，包括如何评估教师的教学、研究和服务。教学质量和评价模块解释学生评教的方法、教师评审的程序及其他相关的教学质量评估工具的使用。研究和学术标准模块列明研究活动的期望标准、学术诚信政策和可能的研究支持。服务与社区参与模块描述教师在学校和社区中应承担的服务职责。手册的结构旨在提供一种逻辑清晰、易于查找的信息布局，使教师能够快速找到相关政策和程序的详细说明。

二、美国大学教师手册的定位

美国大学教师手册在高等教育管理中扮演着多重角色。它不仅是教育政策和教学指导的汇编，更是确保教师权利、职责和评价标准一致性的关键工具。同时，它也桥接了大学管理层与教师之间的信息沟通，在一定程度上确保了政策执行的透明度和公正性。具体来说，美国大学教师手册的定位主要包括以下三方面。

1. 提供明确的规则和指导原则

在教师评价体系中，教师手册发挥着核心作用。首先，手册设定了明确的评价标准。它详细列出了评价教师的各项标准，如教学效果、学术成果和社会服务贡献等，为评价过程提供了明确的量化和质化标准。其次，手册规范了评价过程。通过设定具体的评价流程，如自我评估、学生评教、同行评审等，手册确保所有教师按照统一的标准和程序被公正评估。

2. 提供反馈和沟通的平台

美国大学的教师手册由大学行政部门和教师组织共同制定，体现了行政权力和学术权力的平衡[1]。教师手册的编制遵循科学的原则和方式，并有着复杂的编制过程。例如，加州大学的《学术人员手册》(Academic Personnel Manual，APM)的制定遵循了三项原则：①过程明确定义、透明并得到广泛理解。②遵循从起草到审查再到批准的标准流程。③政策的制定以参与和广泛协商为基础。编制人员通过征求、分析、整合来自各方利益相关者的意见和反馈，以完善政策的概念和表述。政策制定程序包括启动、制定、审查、批准及实施和维护五个关键阶段[2]。可见，教师手册反映了美国大学共同治理结构及其教师管理上的问责制和较高的透明度。

由此可见，手册充当着重要的沟通工具，一方面提供一套明确的规则和指导原则，另一方面也帮助教师了解其职责和权利，协助管理层与教职员工之间的信息流通，确保政策的透明度和一致性。

3. 强制性的契约

关于美国大学教师手册是否具有法律效力，不同大学的情况各不相同，并应结合大学所在州的相关法律综合判断。美国大学教授协会（American Association of University Professors）法律办公室发布的《教师手册作为强制性的契约：一本全国指南》(*Faculty Handbooks as Enforceable Contracts: A State*

Guide)明确指出,教师手册可以帮助教师在面临解雇或不合理的人事行为时维护自己的权利[3]。该指南介绍了各州的教师和学校利用教师手册处理法律事务的一些案例,以供各方判断教师手册的法律地位。从这些案例来看,大多数州的法律认可教师手册建立了隐含的教师与大学之间的契约关系。

三、美国大学教师手册在促进教师发展中的作用

教师手册对教师的职业生涯影响深远,其作用不仅仅是帮助教师晋升和续聘,更是通过对改进措施提出建议、提供支持,指导教师的专业成长和教学质量的提升。

1. 教师手册提升了教师评价制度的实施效应

美国大学教师手册是美国大学教师的工作指南,汇编了教师在教学、科研等工作中面对的各项政策,可以帮助教师了解学校教师管理相关制度及运行机制。教师评价制度又是教师手册中的重要内容,主要包括教师的聘任、晋升和续聘,以及年度考核等有关规定。教师可以通过教师手册了解教师评价制度和政策,并根据相关内容在考核期内合理安排各项工作任务。此外,对高校而言,教师手册提高了教师评价工作的开展效率。教师手册对大学对教师评价开展的流程、参与主体、所需材料等做了详细说明。指南性的说明材料让参与教师评价的每个主体很容易就能了解每个步骤及其要求,并有条不紊地参与其中。

2. 教师手册明确了教师评价制度的权责框架

首先,教师手册保证了教师评价基于同一个框架开展。教师手册的内容通常由学校行政管理者与教师组织共同制定,并在学校各项规定下开展。教师手册内容的制定能够让参与评价的各方主体在一些问题上达成共识,从而避免后续在教师评价过程中各方由于认知偏差而产生误解和摩擦。其次,教师手册提高了教师评价工作的透明度。手册不仅罗列了教师的权利和义务,还明确了行政人员在评价过程中的权责边界,规范了管理人员的行为,便于教师对管理人员进行监督。此外,教师手册还强调了教师在教师评价过程中享有的权益,几乎所有教师手册都对评价结果产生异议时的教师申诉环节做了详细说明和指导。

3. 教师手册增强了教师的职业安全感与满意度

在美国大学教师手册中,关于聘任、续聘和晋升的透明政策不仅为教师的职业生涯提供了清晰的道路图,还大大增强了教师的职业安全感。这些政策确保了所有教师都能在公平且一致的标准下被评估,这对于建立信任和预期管理至

关重要。例如,手册会详细说明晋升到终身教授所需的具体成就和评审过程,从而减少了不确定性和潜在的偏见。同时,明确的评价和反馈机制,如定期的绩效评审会议和开放的沟通渠道,使教师能够收到建设性的反馈意见,从而持续改进他们的教学和研究工作。这种反馈文化不仅提升了教师的工作满意度,还鼓励了教师对自己的职业生涯持续投资,增强了教师在学术界的被承认感和自我价值感。

总之,美国大学教师手册是美国大学教师职业生涯中不可或缺的参考资料。它不仅能够规范和指导教师的日常工作,而且是教师职业发展和评价的重要基石。通过不断更新和完善教师手册,可以更好地满足教育发展的需求,促进教师和学术机构共同成长。

参考文献

[1] 叶信治. 美国大学教师手册的性质、内容和功能[J]. 西南交通大学学报(社会科学版),2010,11(3):35-41.

[2] University of California. Academic personnel and programs[EB/OL]. [2020-05-11]. https://www.ucop.edu/academic-personnel-programs/academic-personnel-policy/policy-development-process/index.html.

[3] AAUP. Faculty handbooks guide[EB/OL]. [2020-05-11]. https://www.aaup.org/our-programs/legal-program/faculty-handbooks-guide.

积极学习策略在数字化人才培养中的应用
——以法国 Ecole 42 学校为例

| 刘春路　钟之阳

　　随着信息技术的飞速发展,数字化已经成为推动社会进步和经济发展的重要力量。为了应对数字化时代的挑战,培养高素质的数字化人才是各国教育体系的重点任务之一。在这一背景下,积极学习(Active Learning)策略作为一种以学生为中心的教学策略,得到了广泛关注和应用。积极学习最早由英国学者雷格·瑞文斯(Reg Revans)提出,旨在让学生积极主动地参与学习过程,其核心思想是要求学习者自己承担学习责任,且运用分析、合成及评估等较高层次的思考方式完成学习[1]。积极学习策略不仅关注学生如何学习,更深层次地探讨了教师如何开展教学。教师设计教学活动时应强调学生通过认真参与所能获得的学习成果[2],创造条件激发学生积极动机与情绪,使学生可以主动持久地学习[3]。这种相对整合的教学策略不仅强调学生的自主学习和实践操作能力,还通过多样化的教学方式激发学生的学习兴趣和积极性,让学生能够在实践中显著提升自主学习、实践操作、创新思维和团队合作能力等多方面的能力。本文将结合法国 Ecole 42 学校案例,探讨积极学习策略在数字化人才培养中的应用及其对我国的启示。

一、Ecole 42 学校数字化人才培养模式

　　Ecole 42 学校成立于 2013 年,是一所私立计算机科学培训学校,总部位于法国巴黎,并在世界多个国家和地区开设了分校。Ecole 42 学校被法国 CodinGame 网站誉为世界上最好的编程学校,学校创始人泽维尔·尼尔(Xavier Niel)认为,当下的教育系统没有完全挖掘出具有数字技术天赋的人,而这成为"未来数字领域面临人才短缺困境的原因之一"。考虑到一些学生的天赋因为辍学、失业、行业壁垒等而被埋没,因此 Ecole 42 的建校宗旨是通过提供免费的数字化培训,挖掘参与培训者的计算机编程天赋,从而为整个社会的 IT 行业提供

人才支持[4]。

在 Ecole 的诸多分校中，美国加利福尼亚州的弗莱蒙分校的教学模式最具代表性，目前仿效该校模式的学校已经在南非、罗马尼亚等多个国家或地区出现。弗莱蒙分校规定，报名者需要首先完成一个线上测试，主要测试基本逻辑能力，通过后可参加一个为期四周的预备培训，主要学习使用计算机语言并完成一系列编程项目。如果完成预备培训，则可转成正式学生，进入正式学习阶段。正式学习的时间为 3～5 年。正式学习阶段的任务较重，每个学生要完成约 40 个项目，每个项目需要的时间从 48 小时到 6 个月不等。类似通关游戏，项目一经开始便不能停止，直到完成。在项目中遇到困难时，可向同学请教，若是团队项目，则需要自己组织团队或加入他人团队。在这一阶段中，学生可以按照自己的学习进度、兴趣开展个性化的学习。为了帮助学生获得创业或就业经验，学校会定期邀请毕业学员来分享经验，并会为每个学生安排两次实习机会。在完成全部学业后，毕业生可达到软件工程专业本科毕业生水平。Ecole 42 学校约 80%的学生在毕业前找到了工作，而毕业后的就业率则是 100%。

二、积极学习策略在 Ecole 42 学校的应用

1. 教学内容：游戏化的"通关"项目设计

Ecole 42 学校不局限于单一的编程语言和技术知识的教授，而是采用"流程＋项目"模式，将整个课程体系设计成不同级别，每个级别安排若干项目，并采用"通关游戏"的方法，设置适度挑战来激励学生在不断解决问题中完成相应等级的项目，同时掌握该等级所要求的知识和技能[5]。在这些游戏化的项目中，教学研究员及技术支撑团队设计了不同难度层级的项目关卡。学生在确定自己的学习方向后，选择相应的项目进行学习。当每个项目完成后，学生就会自动解锁下一等级的新项目。每个项目对学生个人和团队而言都是一次全新的挑战，学生需要主动学习新技能以应对挑战。在实习过程中，学生有机会与专业人士会面，展示自己创建的网络系统或新技术，同时接受企业和市场的真实反馈，确保自己设计的作品更贴合市场需求。游戏化的实习课程促使学生利用现实中的数字网站和工具，调动所有资源解决贴近现实的复杂项目问题，促使学生在短期内掌握一定的编程技能，团队合作能力、批判性思维能力和追求卓越能力等大幅提升。

2. 教学方式：同伴互教制学习和评价

在数字化时代，知识迭代速度不断加快，计算机相关行业从业者一般通过自

学和相互交流的方式来学习,Ecole 42学校正是借鉴了行业中的这一点,大胆推行同伴互教制度。Ecole 42学校搭建了众多社区联盟,学生入学后可以选择加入不同的社区联盟,在以网络为依托的"友谊赛"的课程学习和项目完成过程中为联盟获得积分,从而在年末的评选中获得荣誉。

为了保障同伴互教制度的质量,Ecole 42学校在学习社区中采用了"积分"(correction point)制度。学生在学习过程中如果需要帮助,可以用积分进行悬赏,以求获得他人的帮助,其他学生可以通过完成悬赏任务获得积分。此外,积分也可以通过为他人批改项目获得。在每次项目互助期间,接受帮助的人对帮助者进行评分,若被认为态度敷衍,帮助者会受到相应的"惩罚",如参加义务劳动。表现优异的学生可以获得钱包积分(wallet point),这些积分在校园内可被兑换为货币使用[6]。Ecole 42学校通过构建实行积分制度的虚拟学习社区平台,提升学习者的知识共享动机,充分调动学习者的主观能动性,帮助学习者提高学习质量[7]。

3. 学习方式:"以学生为中心"的个性化教育

Ecole 42学校的教育改革创新是一种"以学生为中心"的个性化教育模式。学生能够根据自己的兴趣和职业目标,自主选择学习内容和路径,制定个性化的学习计划。这种教育模式的核心在于尊重每个学生的独特性,通过提供丰富的学习资源和灵活的学习平台,满足学生的个性化学习需求。

Ecole 42学校利用信息技术为学生定制个性化的学习路径,通过大数据分析学生的学习行为,提供定制化的教学内容和反馈,确保学生以适合自己的方式有效学习。同时,Ecole 42学校让学生在教育过程中发挥主动性,使自我探索和实践操作成为学生学习的主要方式。与此同时,Ecole 42学校强大的数字平台和社区为学生构建了一个开放、灵活的学习环境,激发了学生的学习动力和创造力。学生在这个环境中获得的不只是知识和技能,更包括独立思考和终身学习的能力,为未来的职业生涯和个人发展奠定了基础。这种教育模式为培养适应社会变化的创新人才提供了有力支持。

三、Ecole 42学校教育模式的启示

1. 创新的教学模式

Ecole 42学校的"无教师、无教材、无课程"模式,以项目驱动的方式,强调学生自主学习和自主探究,这种积极学习策略在培养学生解决实际问题的能力方

面发挥着重要作用。随着全球的数字化转型,知识的迭代不断加速,我国教育机构在教学内容设计中应增加项目实践和团队合作的比重,促进学生在真实情境中主动探索和应用知识,提升其实际动手能力和创新能力。

2. 个性化学习路径

Ecole 42学校重视学生的个性化发展,通过灵活的课程设置和自由的学习节奏,让学生根据自己的兴趣和职业规划选择学习内容。这种"以学生为中心"的方法体现了现代教育对个性化学习的重视。在培养数字化人才过程中,可以更多地考虑学生的个性化需求,提供多样化的课程选择和灵活的学习路径,鼓励学生在学习过程中主动参与、自主决策,以激发他们的学习兴趣和主动性,培养其自主学习能力。

3. 构建数字教育生态系统

Ecole 42学校通过建立强大的数字平台和社区,促进学生之间的互助与合作,形成了良好的学习生态系统。这种学习生态系统不仅提升了学生学习的积极性,还增强了协作学习和社会互动。我国教育机构应利用数字技术和平台,促进学校、企业和学生之间的紧密联系,支持学生之间的协作学习和知识共享,共同打造开放共享的教育生态系统,从而提升数字化人才的培养质量。

参考文献

[1] BONWELL C C, EISON J A. Active learning: creating excitement in the classroom. ERIC digest[J]. ERIC clearinghouse on higher education, 1991.

[2] PRINCE M. Does active learning work? A review of the research[J]. Journal of engineering education, 2004, 93(3): 223-231.

[3] 赵炬明. 聚焦设计:实践与方法(上)——美国"以学生为中心"的本科教学改革研究之三[J]. 高等工程教育研究, 2018(2): 30-44.

[4] An unrivaled concept[EB/OL]. [2023-09-18]. https://42.fr/en/what-is-42/42-program-explained/.

[5] 杜剑涛. 数字化何以支撑技能型人才的自主学习?——源自法国Ecole 42学校的范例[J]. 中国职业技术教育, 2023(36): 27-35,44.

[6] 这可能是法国最酷的学校:没有老师教课的Ecole 42[EB/OL]. (2020-07-17)[2023-09-28]. https://www.sohu.com/a/408299693_.

[7] 李海峰,王炜. 为什么要共享知识?——基于系统文献综述法的虚拟学习社区知识共享影响因素探析[J]. 中国远程教育, 2021(11): 38-47,77.

新经济、新产业、新模式、新技术与创新治理

数智制造：重塑供需，追求卓越

尤建新

在当今"互联网+"快速发展的大环境下，数智制造的发展正成为产业转型升级和高质量发展的关键驱动力。

一、数智制造：发展与挑战

数智制造是传统制造业与现代信息技术和数智技术的深度融合，不仅依赖云计算、边缘计算和机器学习等前沿技术的进步，还带来了生产效率的极大提升、成本的降低及产品质量的改善。然而，数智制造的发展也面临着一系列挑战。

1. 技术成熟度不足

尽管数智制造涉及的技术正在迅速发展，但数据安全、算法模型成熟度、伦理问题、知识产权保护和个人数据隐私等方面仍存在诸多不足，限制了这些技术在实际应用中的推广和效果。

2. 资金需求巨大

推进数智制造需要巨额的资金支持，包括购置或租用先进的智能设备、构建高效的数字化基础设施等，这对企业的财务状况提出了更高的要求。

3. 人才短缺

成功实施数智制造离不开拥有深厚专业知识和技术背景的人才队伍，但当前人才培养的速度远远滞后于行业发展的步伐，形成了人才缺口。

4. "数据孤岛"与安全

行业内普遍存在"数据孤岛"现象，即不同系统之间的数据无法有效流通与共享，阻碍了资源的优化配置。但是，随着联网设备数量的增长，如何保障网络信息安全成为一个亟待解决的新问题。

二、供应链发展：重塑供需理念

"互联网+"背景下，数智制造所带来的技术进步也促使供应链发生了深刻变化。数智制造不是一个孤立事件,其背后是 PEST 的系统性改变,特别是"互联网＋大数据"和 AI 的发展导致了各类重构,包括供需关系重构。由此,传统的供需关系需重新定义。

数智制造带动了整体社会和市场生态的改变,特别是供需边界被打破。传统认知下的供应商管理、供应链管理、客户关系管理、客户满意管理在发展中产生了新的关注焦点,如"数智制造＋客户管理""数智制造＋客户链管理""数智制造＋供应商关系管理""数智制造＋供应商满意管理",等等。"客户是上帝"的角色被"卡脖子"难题转换了角色,从而不得不改变人们对供需管理原有的思维定势——重塑供需理念。除此之外,数智制造还带动了客户参与和"制造＋服务"的改变。

客户参与:"互联网＋"的支持下,客户不再仅是产品的接受者,也可以参与产品的设计、生产和推广等全过程,实现价值共创。供需共生的过程中,供需角色被动态转换。

"制造＋服务":在"互联网＋"的支持下,制造商向"微笑曲线"两端发展,丰富其服务产品。例如,通过 AIoT 实现远程运维,同时促进供需间制造服务化与服务制造化的协同和动态发展。

三、与时俱进:"质量 4.0"的发展

在数智制造的大潮中,质量管理也在经历着深刻的变革,逐步迈向"质量4.0"时代。[1]

1. 广义质量概念

"质量 4.0"不仅关注产品本身的性能和可靠性,更强调整个生命周期内的持续改进,涵盖从研发设计、生产到售后运维服务的全过程。同时,广义质量还包括企业在社会责任、环境保护等方面的承诺,体现了可持续发展的理念。

2. 数据驱动的质量管理

通过大数据分析、人工智能等技术手段,企业可以实时监控生产过程,预测潜在的质量问题,并及时采取措施纠正。这种方式不仅提高了质量管理的效率,还减少了不合格产品的产生,降低了成本。

3. 客户导向的质量提升

"质量 4.0"强调以客户需求为中心,通过深入了解客户的期望和反馈,不断优化产品和服务,提高客户满意度。重塑供需进一步提高了企业与客户之间的

互动频率，形成了一个良性循环，促进了产品的迭代更新和市场竞争力的增强。

显然，数智制造不仅是技术的进步，更是一种全新的商业模式和管理理念。数智制造下，供需的巨变和发展不只是单一环节的改进，而是构建了一个全方位的资源共享和互利共赢的创新生态体系。数智制造的迅猛发展正在深刻改变供需关系、重塑供需理念，并由此带来了质量管理发展的新视角和新挑战。"质量4.0"作为质量管理理论与实践的发展需求，是企业维持竞争优势、实现可持续发展的必然选择。但是，就目前而言，理论研究滞后于实践发展，而"质量4.0"的实践仍然在探索的过程中，理论研究和实践探索有着巨大的发展空间。

参考文献

[1] 刘虎沉,王鹤鸣,施华,等.质量4.0:概念、基础架构及关键技术[J].科技导报,2023,41(11):6-18.

可持续理念和AI视角下管理学者的社会责任

| 尤建新

21世纪以来,高校的管理学者肩负着一个责无旁贷的社会责任,即学习和传播可持续理念,以积极推动学校、企业和社会的健康可持续发展。然而,觉悟"贫困",即思想上的局限性已经成为践行可持续发展的首要挑战。

一、解放思想

管理学者首先要解放思想,不断深化对联合国可持续发展目标的认知,突破知识爆炸时代由于AI的出现凸显的知识和觉悟"贫困"屏障,不忘初心,与时俱进,进而赋能高校的健康可持续发展,并为社会进步和繁荣昌盛作出积极贡献。

二、教学相长

学生是高校的主角,通过可持续理念赋能学生健康成长,是学者的主要职责。新时代下,随着AI的迅猛发展,社会生态和要素结构发生了改变,进而推动了知识体系和传播方式改变。"未来已来"的现实冲击和"过去未去"的觉悟滞后,成为高校发展的矛盾,促进了高校对"教学相长"的深刻反省,这将有助于提升学者尤其是管理学者践行可持续理念的觉悟和能力水平,消除目前存在的种种"内卷"困扰。

三、提高觉悟

作为实践性科学,管理学的理论与实践维度相互融合,但又存在差异。哲学和政治综合体现了理论和实践维度下管理者的觉悟水平,构成了管理者的"格局",并成为其领导下组织发展的"天花板"。如觉悟"贫困"将是组织健康可持续发展的绊脚石。因此,借力可持续理念和AI的发展浪潮消除管理者觉悟"贫困"并提高其觉悟"维度",是新时代管理学者极为重要的社会责任。

(本文摘录改编自作者2023年在"中国管理50人"论坛上的讲话)

AI 辅助 ESG 管理的"载舟"与"覆舟"

| 尤建新

近年来,随着可持续发展理念深入人心,环境、社会与公司治理(Environmental, Social and Governance,ESG)已经成为衡量企业长期价值和社会影响力的重要标准。[1-3]然而,随着企业纷纷宣称其 ESG 成就,也出现了一些试图通过不正当手段美化自身形象的行为,这种行为被称为"漂绿"。[4]随着 AI 技术的进步,"漂绿"行为有了新的手段,尤其是上市公司,其"漂绿"行为对于资本市场的影响巨大,这给监管者和公众带来了新的挑战,不可忽视。[5-7]

一、AI 对企业 ESG 管理的积极支持

AI 在企业建立和完善 ESG 管理发挥着积极作用,主要体现在以下几个方面。

1. 构建 ESG 管理体系

AI 技术在构建 ESG 管理体系中发挥着关键作用。特别是对于上市公司来说,AI 有助于对照相关文件为企业 ESG 管理体系提供决策支持。同时,通过自动化收集和处理大量的环境和社会数据,AI 能够识别出这些数据中的模式和趋势,为企业构建 ESG 管理体系和相关策略提供依据。例如,AI 可以自动化收集碳排放量、水资源利用情况、员工满意度等数据,并通过机器学习算法分析这些数据中的模式和趋势。

2. 运营 ESG 管理体系

AI 在 ESG 管理体系的运营中也扮演着重要角色。通过建立动态的风险评估系统,AI 可以实时监测可能影响 ESG 表现的因素,包括供应链及利益相关者的沟通,并及时发出预警。此外,AI 还可以优化企业内部流程,减少能源消耗,提高效率,从而改善 ESG 表现。

3. 健全 ESG 内控管理

AI 能够通过数据驱动的方式增强企业的 ESG 内控管理。通过自然语言处理(Natural Language Processing,NLP)技术,AI 能够从非结构化文本中提取

有价值的信息,帮助企业识别关键的 ESG 指标。同时,AI 还可以通过大数据分析揭示隐藏的趋势和模式,帮助企业更好地理解其 ESG 表现,并据此完善内控体系。

4. 审核 ESG 管理体系

AI 技术在确保企业遵守相关法律法规方面同样发挥了重要作用。它可以自动检查文档是否符合规定的标准,从而减少因合规问题引发的风险。此外,AI 还能够生成清晰、一致的 ESG 报告,使外部审计变得更加容易。

5. 改进 ESG 管理体系

AI 不仅能够帮助企业识别现有体系中的不足,还能提供改进建议。例如,AI 可以通过模拟不同情景下的企业行为,帮助管理层作出更加明智的决策。同时,AI 还可以帮助企业识别最佳实践,并推荐给企业,以提高其 ESG 绩效。

二、AI 可能被企业用于 ESG"漂绿"

尽管 AI 在 ESG 管理中发挥了重要作用,但它也可能被用于掩饰企业真实的 ESG 表现。以下是 AI 可能被用于"漂绿"的一些方面。

1. 数据操纵与伪造

伪造或篡改数据:AI 可以被用来生成看似真实但实际上是伪造的数据,以夸大企业在环境保护、社会责任履行方面的成绩。

选择性报告:AI 可以帮助企业筛选出对其有利的数据,忽略或隐藏不利的信息,从而营造出更好的 ESG 形象。

2. 自动化生成虚假报告

利用 AI 自动生成 ESG 报告,这些报告可能包含不实或夸大的信息,而读者可能难以区分真伪。例如,通过 AI 生成的图表和报告,可视化方式强调某些正面成果,同时忽略其他关键问题,导致整体 ESG 表现具有误导性和欺骗性。

3. 情感分析与信息过滤

利用 AI 的情感分析功能,企业可以选择性地呈现正面信息,而忽视或隐藏负面的社会或环境影响。例如,AI 可以被用来管理复杂的供应链数据,但如果故意忽略某些供应商的不良记录或选择性地呈现信息,则可能掩盖供应链中存在的 ESG 问题。

4. 预测模型与虚假承诺

AI 可以用来创建预测模型,如果这些模型被不当使用,可能会生成与实际状况不相符的未来 ESG 表现预测，误导利益相关者。

5. 社交媒体与公众舆论操控

利用 AI 技术在社交媒体上制造正面舆论，例如使用聊天机器人(bots)来增加正面评论的数量，或者压制负面反馈，以此来误导公众和投资者。

6. 合规性声明的虚假性

企业可能利用 AI 来生成或包装虚假的合规性声明，但实际上并未达到践行 ESG 的合规要求。

三、对策建议

面对 AI 助力下的 ESG"漂绿"现象，可以从以下几个方面着手应对。

1. 加强监管与立法

制定更为严格的 ESG 信息披露法律，要求企业提供真实、完整的信息，并对违规行为施以重罚。同时，还应该积极推动第三方机构的独立审计，确保 ESG 报告的准确性。

2. 提高公众意识

通过媒体宣传、公共讲座等形式普及 ESG 知识，提高消费者对企业 ESG 表现的关注度。全社会要积极倡导理性消费，鼓励公众支持那些真正履行社会责任的企业。

3. 技术创新

应用区块链技术，确保 ESG 相关信息的透明度和不可篡改性。同时要鼓励开发更先进的 AI 算法，用于检测和预防"漂绿"行为。

4. 多方协作

加强政府、非政府组织、企业和公众之间的合作，共同监督企业的 ESG 表现。尽快建立共享数据库，方便各方获取和验证企业的 ESG 信息。

四、结论

AI 技术为企业的 ESG 内控管理带来了革命性的变革。通过智能化的数据分析、风险管理和流程优化，企业不仅能够更好地履行社会责任，还能实现可持续发展目标。然而，AI 技术也可能被用来掩饰企业在 ESG 方面的不足，正所谓"水能载舟，亦能覆舟"。为了防止 AI 成为"漂绿"行为的帮凶，我们需要从立法、技术、教育等多个层面入手，构建一个全面的监管体系。只有这样，才能确保 AI

技术真正服务于可持续发展目标，促进社会经济的健康发展。为此，如何平衡技术进步与道德责任，以及如何构建一个健康、透明的 ESG 生态系统，值得我们继续深入研究。

参考文献

［1］财政部,外交部,国家发展改革委,等.企业可持续披露准则——基本准则［EB/OL］.（2024-11-20）［2024-11-21］.https://www.gov.cn/zhengce/zhengceku/202412/content_6993358.htm.

［2］何李聊 ESG.必看！香港 ESG 信息披露政策梳理［EB/OL］.（2024-06-20）［2024-09-05］.https://mp.weixin.qq.com/s/7fYtKSlToCD4mQMGu52INg.

［3］郭博昊.《上市公司可持续发展报告指引》发布 强化可持续发展相关信息披露提升 A 股国际影响力［EB/OL］.（2024-04-12）［2024-09-05］.https://finance.eastmoney.com/a/202404123042480111.html.

［4］水木 ESG.ESG 披露造假？SEC 开始动真格了［EB/OL］.（2022-07-21）［2024-09-05］.https://mp.weixin.qq.com/s?__biz=MzI1MDA2ODgxMw==&mid=2655624870&idx=1&sn=57f18613e1f427e9dfcf37e7f246206a&chksm=f23ad484c54d5d92e728ab71fcb70017fa52d60ae106f7346533b641758d81402c4fac78b0c6&scene=27.

［5］普华永道.ESG 战略：领航企业可持续转型和价值创造［EB/OL］.［2024-09-05］.https://www.pwccn.com/zh/services/issues-based/esg/sustainable-transformation-and-value-creation-leading-enterprise-jan2024.html.

［6］匡继雄.理性看待 AI 在 ESG 评级中的作用［N］.2023-05-19（A3）.

［7］王芳.ESG 评级如何在正面和负面因素间做出正确的权重平衡［EB/OL］.（2022-07-01）［2024-09-05］.https://stock.10jqka.com.cn/20220701/c640186774.shtml.

ESG"漂绿"与规制思考

尤建新　曾彩霞

环境、社会和公司治理(Environmental, Social and Governance, ESG)"漂绿"是指企业或投资机构夸大其在环境保护、社会责任等方面的积极影响，或者虚假地声称其产品或服务具有更高的可持续性或环保特性，以此来吸引投资者或消费者[1]。这种行为会误导投资者和社会公众，并且可能会损害真正致力于可持续发展的企业的利益，应予以规制。本文基于《AI辅助ESG管理的"载舟"与"覆舟"》对当前ESG评级中存在的"漂绿"问题及对策展开思考，以供进一步展开研究。

一、ESG"漂绿"行为的成因

1. 披露和评级制度不健全

当前多数情况下，ESG信息的披露仍然是基于自愿原则。自愿披露机制会导致信息不对称和透明度不足。在该机制下，企业会选择性地披露信息，因而投资者和其他利益相关者会面临信息不对称的问题。这种不对称性可能会导致投资者作出错误的投资决策，因为他们无法获取完整和准确的信息来评估企业的ESG表现。自愿披露机制还可能导致企业只关注表面的公关效果，却忽视了实际的改进措施。企业可能会投入资源去制作精美的ESG报告，却没有制定改善其环境、社会和治理表现的实质性的行动计划。这种做法虽然可能在短期内提升企业的公众形象，但从长远来看并不利于企业的可持续发展。

此外，ESG信息的真实性往往依赖第三方评估机构审核和认证。然而，在现实中，第三方评估体系尚未完全成熟，存在着评估标准不一、评估过程透明度不足等问题。不同评级机构采用不同的指标和权重来评估企业的ESG表现，这可能导致同一家公司在不同评级体系中得到截然不同的分数。这种差异性使得投资者很难找到一个客观的标准来衡量企业的ESG表现，同时也为企业选择性披露信息留下了空间。即使是那些愿意披露ESG信息的企业，在缺乏统一标准的情况下，也可能采用不同的量化方法来呈现其 ESG 成果。这种不一致性不仅增加了报告之间的比较难度，也降低了报告的整体可信度，使得投资者难以比较不同企业的 ESG 表现，从而影响了市场的有效性。

2. 相关法律法规和惩戒机制不健全

尽管有些地区已经开始尝试通过立法来要求企业强制披露 ESG 信息，如 2023 年美国加利福尼亚州颁布《气候企业数据责任法案》(*Climate Corporate Data Accountability Act*)，强制要求企业披露气体排放数据[2]。但这样的法规在全球范围内并不普遍。许多国家和地区仍然缺乏类似的强制性报告法规，这使得"漂绿"行为有机可乘。目前，在很多国家和地区，针对 ESG"漂绿"行为的法律责任相对薄弱，存在法律依据不足、执行力度不够、惩罚措施有限等问题。

首先，ESG 信息披露态度和行为存在显著的地区差异。一些发达国家和地区已经意识到 ESG 的重要性，并开始采取措施来要求企业披露 ESG 信息。然而，在许多发展中国家或新兴市场，这类法规尚未建立，使得企业在这些地区更容易进行"漂绿"行为。即使在已经认识到 ESG 重要性的地区，相关法律的制定和实施也可能滞后于市场需求和社会期望。立法程序往往较为复杂和耗时，从草案提出到最终成为法律需要经历多个阶段，其间还需要开展广泛的讨论和协商。

其次，缺乏有效的惩戒机制。即使有了相应的法律法规，如果没有足够的执行力度和支持措施，这些法规也可能流于形式。有些企业即使被揭露存在"漂绿"行为，其所面临的法律后果也可能不足以起到震慑作用，这降低了"漂绿"的成本。当企业发现"漂绿"的成本低于遵守 ESG 标准所产生的成本时，它们可能会倾向于夸大或虚构其 ESG 表现。

3. 投资者教育与认知不足

市场参与者对 ESG 的理解和认识水平参差不齐。普通投资者可能不具备足够的专业知识来鉴别哪些 ESG 声明是真实的，哪些可能是夸大的或虚假的。普通投资者可能缺乏足够的专业知识来理解复杂的 ESG 报告，也无法有效地评估企业 ESG 声明的真实性和可靠性。这种认知上的差距使得普通投资者更容易相信那些表面上看起来很好的 ESG 表现，而不去深究背后的真实情况，从而为"漂绿"行为提供了生存土壤。

二、ESG"漂绿"行为的应对之策

针对"漂绿"行为相关问题，可采取如下应对措施。

1. 采取强制性披露制度

为了克服自愿披露的局限性,可以考虑建立强制性披露制度[3]。通过立法或行业自律等方式,要求企业在特定领域内披露ESG相关信息,提高信息的全面性和透明度。同时,建立第三方审计和认证机制,鼓励企业聘请第三方机构独立审计其ESG报告,以提高报告的准确性和可信度。在此基础上,建立ESG认证体系,充分利用大数据和人工智能等技术来记录和分析企业的ESG活动,提高数据的不可篡改性和可追溯性,识别可能存在的"漂绿"行为,只有通过认证的企业才能声称自己符合特定的ESG标准。

2. 推动标准化建设

倡导并支持建立统一的ESG报告标准,减少差异性,提高信息的可比性和透明度。加强国际关于ESG标准的对话与合作,力求在全球范围内达成共识,形成更加统一和普遍接受的ESG标准。为了克服第三方评估体系的不足,可以考虑加强推广国际标准,鼓励采用国际公认的ESG相关标准,包括全球报告倡议组织(Global Reporting Initiative,GRI)、可持续会计准则委员会(Sustainability Accounting Standards Board,SASB)相关标准等,以提高评估的一致性和可比性。

3. 完善立法,建立有效的惩戒机制

通过立法明确企业披露ESG信息时应承担的法律责任,确保任何虚假或有误导性的ESG声明都能受到法律的追究;制定具体的惩罚条款,明确规定"漂绿"行为的法律责任,包括但不限于罚款、赔偿损失、恢复名誉等。通过国际组织和多边会议,推动各国政府开展关于ESG立法的合作与交流,加速立法进程。鼓励地方政府或城市率先制定地方性的ESG信息披露法规,作为国家层面立法的试点和参考。同时加强法规执行,建立有效的惩戒机制,确保有专人负责查处"漂绿"行为。提高罚款额度,引入其他惩罚措施,如吊销营业执照、禁止参与政府采购等,以此来增加"漂绿"的成本。

4. 提高公众ESG素养,强化社会监督

首先,鼓励公众参与ESG信息的监督工作,利用电视、广播、报纸等传统媒体及社交媒体等新型传播工具,报道ESG相关的话题,提高公众的关注度;组织ESG主题的公益活动,如讲座、展览等,通过亲身体验的方式增进公众对ESG的理解。其次,建立健全举报奖励机制,保护举报人的合法权益;允许消费者、环保组织等提起集体诉讼,对涉嫌"漂绿"的企业进行法律追责,利用媒体的力量,及时曝光企业的"漂绿"行为，形成舆论压力，促使企业改正错误。最后，鼓励行业协会制定行业内部的ESG披露指南，引导成员企业主动履行ESG责任；鼓励企业内部建立严格的自律机制，加强对ESG信息披露的审查和管理，提升企业管理层的社会责任感，使其认识到诚信经营的重要性，自觉避免"漂绿"行为。鼓励银行、投资基金等金融机构在其客户群体中开展ESG教育活动，确保他们在为客户提供咨询服务时，客户能够准确理解ESG相关信息。

参考文献

[1] 和众泽益志愿服务. 透视"漂绿"现象"ESG领域的道德风险与企业担当[EB/OL]. (2023-11-02)[2024-07-05]. https://zhuanlan.zhihu.com/p/664761280.

[2] California Legislative Information. SB-253 Climate Corporate Data Accountability Act [EB/OL]. (2023-10-09)[2024-07-05]. https://leginfo.legislature.ca.gov/faces/billTextClient.xhtml?bill_id=202320240SB253.

[3] 黄宗彦. 中央财经大学绿金院高级学术顾问施懿宸：识别ESG基金"漂绿"，流程和结果同样重要[EB/OL]. [2024-07-05]. https://finance.sina.cn/esg/elecmagazine/article.d.html?docID=mxxfqxm4875407.

"人工智能＋"："＋"什么，怎么"＋"

| 敦 帅 林 强

《2024年政府工作报告》在部署2024年政府工作任务时强调，"深化大数据、人工智能等研发应用，开展'人工智能＋'行动"。"人工智能＋"作为一个新关键词，引发了广泛热议。"人工智能＋"首次被写入《政府工作报告》，这个新提法为发展数字经济、推进数实融合指明了新路径。值得注意的是，"人工智能＋"并非人工智能与其他事物简单相加，而是通过新技术催生新质生产力，为经济社会各个领域带来新产业、新模式、新动能，发挥人工智能与产业、治理、生活等方面的乘数效应。

一、"人工智能＋"，"＋"什么

"人工智能＋"代表了一种新的范式，即将人工智能技术与其他行业或领域有机结合，以实现更多创新和价值。这种整合不仅将现有的人工智能技术应用于特定领域，更通过结合不同领域的专业知识和数据，实现互补性和协同效应，推动技术和行业的进步，培育新质生产力和经济增长新动能。

1. "人工智能＋产业"＝新质生产力

人工智能与产业融合，可以对传统产业生产过程中的数据进行实时监测和分析，优化生产流程，提高生产效率；可以助力传统企业采用自动化生产线，降低人工成本和企业运营成本；可以通过深度挖掘大量数据，帮助传统企业提供更个性化的产品和服务解决方案；可以依托大数据分析，使传统产业更好地了解市场需求，提前布局，提高产业竞争力。作为新一轮科技革命和产业变革的重要驱动力量和战略性技术，人工智能的技术赋能引领了传统产业全方位变革创新和优化升级，催生了新时代的新质生产力。如"人工智能＋医疗"，正在改变诊断、治疗和研究的方式，提高了医疗保健的效率和准确性；"人工智能＋教育"，带来了个性化学习、智能辅助教学和学生评估等方面创新，促进了知识的获取和应用；"人工智能＋金融"，实现了更精准的风险管理、欺诈检测和投资决策，提升了金融业的运营效率；"人工智能＋制造"，促进了智能制造、预测性维护和自动化生产，使制造企业更具竞争力和灵活性。

2. "人工智能＋政府"＝治理能力现代化

人工智能与政府融合，一方面可以助力政府构建智能政务服务平台，实现政务服务线上化、智能化，提供智能化咨询、引导及办理服务，提高政务服务效率和质量；另一方面，政府利用大数据技术，可以实现对政策实施效果开展实时评估，为政策调整提供科学依据。同时，基于区块链技术，政府可以加强政务数据的安全管理和隐私保护，确保政务数据的安全性和合规性。人工智能的技术赋能通过优化政务服务流程，提升政府智能化水平，加强政府数据共享与互通，提升政府决策的准确性和效率，推动政府治理体系和治理能力现代化。如12345智能热线，充分运用CT、IT、AI等先进技术，推出政务专属客服机器人，为政务热线提供智能问答、智能受理、智能填单、智能派单、智能质检、智能回访、智能知识库、大数据分析与监控等智能化服务，显著提升了热线服务水平，优化了服务流程，统一了服务标准，提高了服务效率，真正做到了实时、便捷、高效、智能、可控。

3. "人工智能＋民生"＝人民群众美好生活

人工智能与民生融合，具有以下几方面重要意义。

（1）实现智能化，助力生活便捷

智能家居系统可以通过语音或手机 App 控制家中的电器，实现智能化管理，让人们的居住环境更加舒适和安全；智能助手可以帮助人们高效地管理时间，安排日程，提供各种实用信息，让生活更加有序和高效。

（2）实现个性化服务，提升生活品质

通过大数据分析和算法优化，音乐、电影、书籍等推荐系统可以帮助人们发现更符合自身口味的作品，智能购物推荐系统可以让人们找到更适合自己的商品，个性化服务让人们的生活更加多样化、丰富多彩。

（3）化解难题，增进社会关怀

智能化的城市交通管理可以缓解交通拥堵问题，智能化的环境监测可以帮助人们更好地保护环境，智能救援、自然灾害预测可以保障人们的生命安全。

（4）激发潜能，助力创新发展

智能驾驶的普及、人机交互方式的创新及更多领域的智能化革命，将进一步提升人们的生活质量，让美好生活成为现实。

二、"人工智能＋",怎么"＋"

开展"人工智能＋"行动,将推动人工智能有序赋能重点领域,加快重塑产业生态,培育经济发展新动能。人工智能是形成新质生产力的重要引擎,需要加快前瞻性基础研究、不断推进源头核心技术创新,构筑强有力的数字技术底座、努力打造一体化算力体系,推进源头化科技伦理治理、提升人工智能治理效能。

1. 加快前瞻性基础研究,不断推进源头核心技术创新

人工智能发展离不开源头核心技术创新。一方面,要加快脑科学与类脑智能、量子计算等领域和人工智能关键研究的协同攻关,实现交叉学科的突破,助力人工智能技术持续高质量发展。另一方面,推动大模型与科学研究的深度结合,培养一批具备专业科研能力及高水平通用人工智能理解能力的人才。同时,发挥新型举国体制优势,引导和组织优势力量打好关键核心技术攻坚战,整合不同区域的创新资源,打通"硬件—系统—产业"全链条,构建分工明确、优势互补的人工智能创新生态系统,在人工智能领域实现高水平科技自立自强。

2. 构筑强有力数字技术底座,努力打造一体化算力体系

算力是人工智能发展的基础和支撑。一是要从全局考量,以系统设计为核心,围绕算力的生产、聚合、调度、释放形成完整体系,进一步提升算力效能。二是要从国家层面动态把握算力产品与服务的需求量、需求结构及算力相关产业结构匹配和协调的规律。三是要抓住大模型发展的契机,建设自主创新的算力底座,提升算力效率,通过软件硬件协同创新,支撑行业智能化发展。四是要积极推进算力互联,探索打造智能感知、高速弹性、安全绿色、先进普惠的算力互联网,构建全国统一算力服务大市场。

3. 推进源头化科技伦理治理,提升人工智能治理效能

科技伦理治理是人工智能发展的保障。一方面,积极促进学术界、产业界和政府部门之间的合作与交流,注重理论研究与实践经验的结合,更加注重从跨学科共生、跨国别共生、跨主体共生视角探索人工智能治理共同体构建,开展理论与实践互动、供给与需求匹配、过程与结果兼顾的人工智能治理方略,推动人工智能治理略、术、道的统一;另一方面,进一步拓宽研究视野,在智慧城市、金融科技、创意产业、数据安全、基础研究、可控武器等各领域推行人工智能治理机制,制定相应领域的监管政策和法律框架,以确保人工智能的应用发展可信、可控并符合社会利益和公共利益。

"人工智能＋"涉及千行百业,涉及经济社会各个领域,有着无限可能。用好"人工智能＋"是个系统大工程,夯实技术底座是基础,推动行业智能化升级是重点,提升重点产品和装备智能化水平是关键,强化科技伦理治理水平是保障。人工智能要走进企业行业,深入千家万户,与具体的业务流程、产品功能等相结合,在不同场景中锤炼升级,才能提升现实生产力,进而推动技术、产业、要素变革,发挥乘法效应。人工智能只有赋能千行百业,结合各种场景,才能发挥出更大价值。

推动新兴产业和未来产业加快发展的几点思考

| 邵鲁宁

习近平总书记强调:"要及时将科技创新成果应用到具体产业和产业链上,改造提升传统产业,培育壮大新兴产业,布局建设未来产业,完善现代化产业体系。"新兴产业和未来产业都是经济发展中的前沿领域,是现代化产业体系的重要组成部分,代表着技术和产业的新方向,在推动经济增长、促进产业结构优化升级及应对全球科技革命和产业变革方面发挥着极为重要的作用。一般意义上说,新兴产业是指在科学技术进步和市场需求变化的推动下,新近出现或正在快速发展的产业,通常具有较高的技术含量、较大的市场潜力和较好的经济效益,如随着电子、信息、生物、新材料、新能源、海洋等新技术的发展而产生和发展起来的一系列产业形态。未来产业则是指具有前瞻性、战略性、颠覆性特征,暂时处于孕育阶段,具有巨大的发展潜力和变革现有产业格局的可能,有望在未来几十年内成为经济增长新动力的产业,如量子信息、深空深海探索、人工智能、可控核聚变、人形机器人、神经科学和神经形态智能、先进连接技术和生物技术等领域取得突破而产生的产业形态。新兴产业和未来产业都建立在先进的科技基础上,依赖不断的技术创新和研发投入;在产业发展的早期阶段都需要政策扶持和引导,尤其是跨学科专业人才培养;都具有巨大的市场潜力,能够带来新的经济增长点,会对社会经济结构、就业模式和生活方式产生深远的影响,等等。

尽管新兴产业和未来产业有许多相似之处,但二者在发展阶段、技术特点、技术演进、成熟度等方面存在明显区别。

1. 发展阶段

新兴产业通常指当前已经出现并正在快速发展的产业,其往往基于现有的技术进步和市场需求,已经具备一定的产业基础和商业模式,在市场上取得了一定的立足点。而未来产业着眼长远,与国家发展战略紧密相关,往往基于对科技发展趋势、国家经济安全和竞争力需求的预判,可能通过引入全新的技术突破或商业模式,导致现有产业发生颠覆性的变革或推动全新的产业的产生。

2. 技术特点

新兴产业的技术已经从研发阶段过渡到应用和产业化阶段,相对较为成熟,如新能源、新材料、生物技术等;未来产业往往涉及颠覆性技术或跨学科创新,如量子计算、合成生物学、深地深海深空等,具有高度的不确定性和变革潜力。

3. 技术演进

新兴产业可能基于未来产业的技术演进和应用,为未来产业提供技术验证和市场反馈;而未来产业中相对成熟的技术有可能促进新兴产业发展或成为新兴产业,为新兴产业带来新的增长点。

4. 成熟度

新兴产业的产品或服务开始进入市场并获得一定的认可,正在逐步替代或改造传统产业;未来产业的技术可能还处于实验、原型或小规模测试阶段或初期发展阶段,需要进一步的探索和孵化,需要时间来培育市场和消费者认知,不断形成完整的产业链和市场体系。

无论是新兴产业还是未来产业,实现高质量发展都需要找准并抓好着力点,采取一系列战略性和系统性措施。

1. 加强顶层设计,聚焦国家目标

坚持聚焦"四个面向",以形成新质生产力为目标,系统规划布局新兴产业和未来产业,加强中央和地方之间、部门之间、区域府际之间的协同。

2. 加强技术攻关,掌握关键技术

围绕核心技术突破和卡点堵点,发挥新型举国体制优势,推动技术多样性和互补性,为新兴产业发展和未来产业培育提供强有力的科技创新支撑。

3. 加强前瞻布局,守住安全底线

面向产业链韧性和安全,前瞻谋划和动态评估整个产业链的结构、竞争力态势和技术创新轨道趋势,加强科技治理、数据治理和伦理安全监督,确保技术的发展符合社会伦理和安全标准。

4. 加强生态建设,引导全面合作

制定并实施支持新兴产业和未来产业发展的政策,加强知识产权保护和防止造假骗补,确保政策的适应性和灵活性,以应对快速变化的市场和技术趋势,鼓励民营企业加大科技创新投入,参与国家重大科技项目和工程,推动市场各种力量合作,共同投资未来产业的研发和商业化,分担风险、共享收益,建立有利于新兴产业和未来产业培育发展的良好创新生态。

5. 加强人才引育，推动人才有序流动

围绕科技创新驱动产业发展的规律，根据科技发展和产业需求，鼓励跨学科、跨领域的研究合作，为科技人才提供研发、交流、合作的空间，建立以产为主、学研用紧密结合的人才培养模式，建立更加开放和灵活的人才机制，鼓励和促进人才流动。

6. 加强国际交流，促进国际合作

在保护国家安全的前提下，积极参与国际科技合作与交流，引进国外先进技术和管理经验，同时推动国内创新成果"走出去"，参与国际产业链，提升国际竞争力和影响力。

科技领军企业:全球比较与中国现状

| 郭明昊　任声策

科技领军企业是国家战略科技力量的重要组成部分,《中华人民共和国科学技术进步法》明确指出:"国家构建和强化以国家实验室、国家科学技术研究开发机构、高水平研究型大学、科技领军企业为重要组成部分的国家战略科技力量,在关键领域和重点方向上发挥战略支撑引领作用和重大原始创新效能,服务国家重大战略需要""国家培育具有影响力和竞争力的科技领军企业,充分发挥科技领军企业的创新带动作用"。2024年,党的二十届三中全会发布的《中共中央关于进一步全面深化改革、推进中国式现代化的决定》强调,"加强国家战略科技力量建设,完善国家实验室体系,优化国家科研机构、高水平研究型大学、科技领军企业定位和布局""要强化企业科技创新主体地位,建立培育壮大科技领军企业机制"。那么,当前我国科技领军企业的国际影响力和竞争力如何?本文以《2023年欧盟工业研发投入记分牌》(2023 EU Industrial Research and Development Investment Scoreboard)的数据比较分析全球科技领军企业创新能力的发展趋势与挑战,主要截取榜单中排行前1 000的企业作为主要科技领军企业进行分析研究。

一、科技领军企业:主要国家比较

根据2023年数据,科技领军企业主要国家为中国、美国、英国、日本、德国和法国等。本文分段(排名前10、前50、前100、前200、前500与前1 000)比较各国科技领军企业数量、研发投入总额、平均研发投入总额与平均研发投入强度,并比较各国的科技领军企业研发投入最高值与最低值情况。所得结果如图1至图5所示。

在科技领军企业数量上,在排名前10的分段中,美国的科技领军企业有6家,占据了主要部分,中国仅有华为这一家公司。在排名前50的分段中,中国仅有4家公司,少于日本和德国,与美国相比更是有很大的差距,说明中国目前仍比较缺少世界尖端水平的科技领军企业。随着分段逐渐向后,中国科技领军企业所占比例逐渐增大,超越了其他主要国家,仅次于美国(图1)。

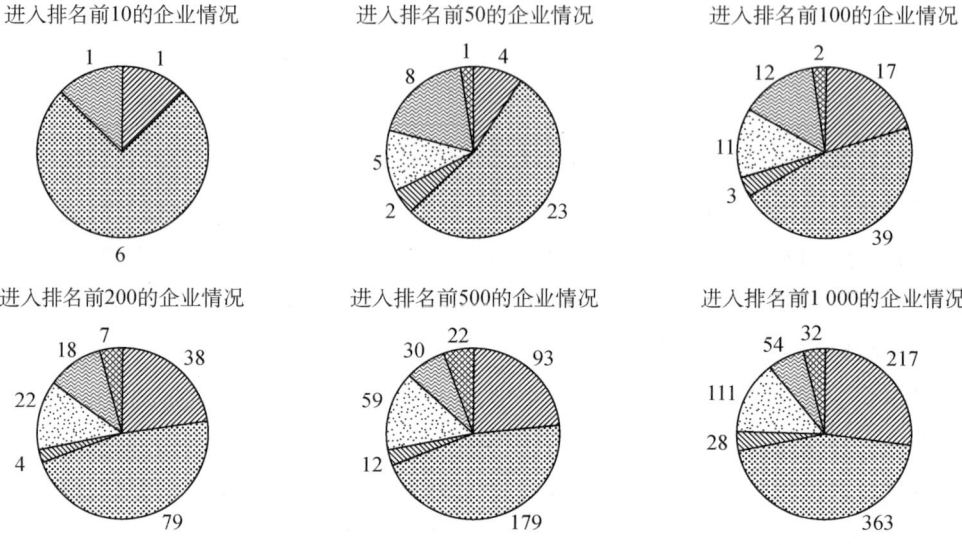

图1 主要国家科技领军企业数量对比(单位:家)

研发投入总额的统计特征与领军企业数量十分相似。在排名前10与排名前50的分段中,中国科技领军企业研发投入总额所占的比例较小,小于德国和美国;随着分段逐渐向后,中国科技领军企业所占比例逐渐增大,超越其他国家,但与美国相比仍有较大的差距(图2)。

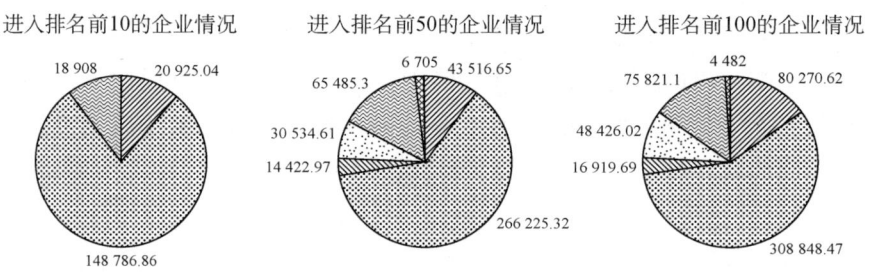

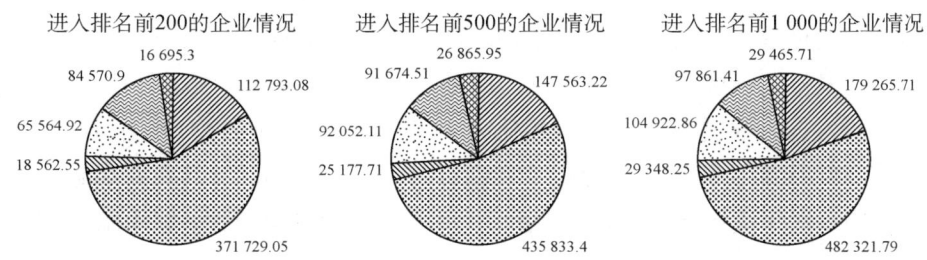

图2 主要国家科技领军企业研发投入总额对比(单位:百万欧元)

在平均研发投入总额上,中国科技领军企业表现出了与科技领军企业数量、科技领军企业研发投入总额截然相反的统计特征。在排名前10的分段中,凭借华为这一家科技领军企业,中国平均研发投入总额占据了约三分之一的比例,略逊于美国。而随着分段逐渐向后,中国科技领军企业所占比例逐渐减小,在排名前1 000的分段中,中国平均研发投入总额所占比例甚至位于六大主要国家之尾(图3)。

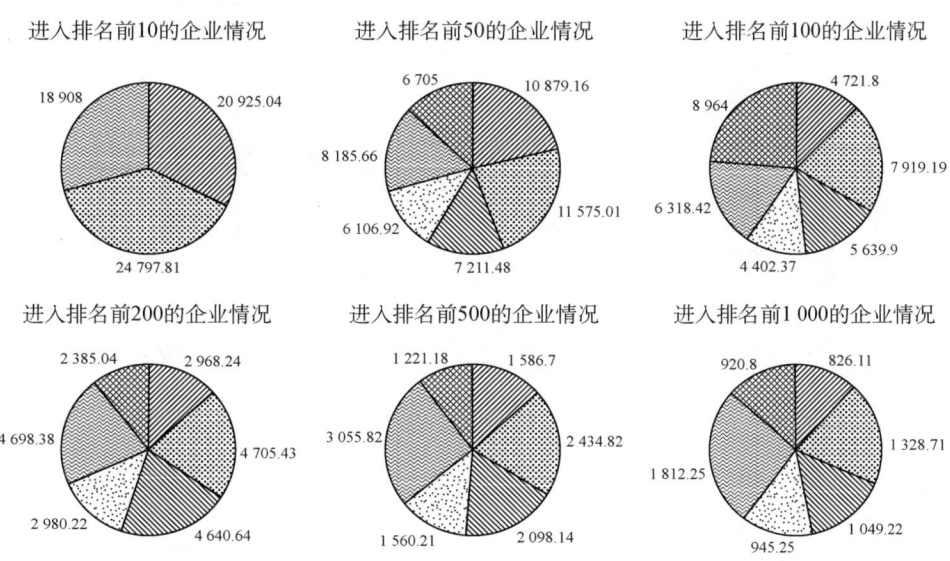

图3 主要国家科技领军企业平均研发投入总额对比(单位:百万欧元)

在平均研发投入强度上,其统计结果没有随着分段的逐渐向后而表现出特别明确的变化趋势。在排名前 10 的分段中,凭借华为这家科技领军企业,中国的平均研发投入强度位列六国之首。而随着分段逐渐向后,中国科技领军企业的平均研发投入强度与其他国家相比失去了优势:其在排名前 50、排名前 100、排名前 200 及排名前 500 的分段中均处于中等偏下的水平;其在排名前 1 000 的分段中仅次于美国,但与其他国家相比并没有显著优势,且与美国的差距较大(图 4)。

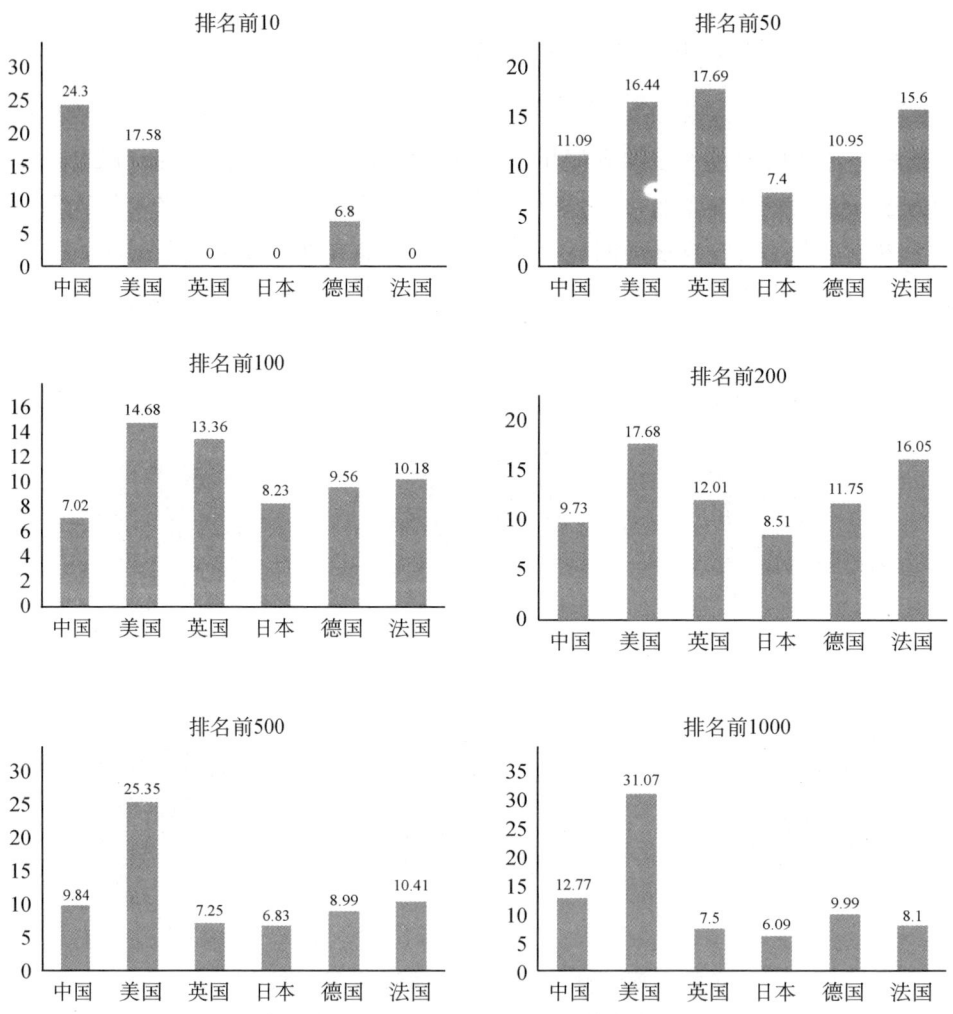

图 4 主要国家科技领军企业平均研发投入强度对比

在研发投入最高值与最低值上,中国科技领军企业与其他主要国家基本持平,但与美国相比差距十分明显(图5)。

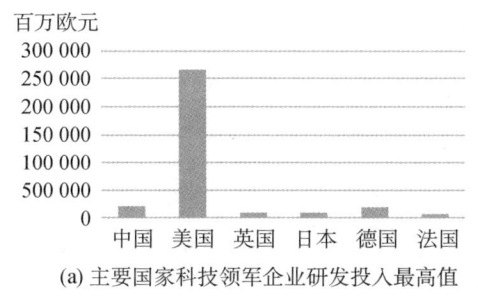
(a) 主要国家科技领军企业研发投入最高值

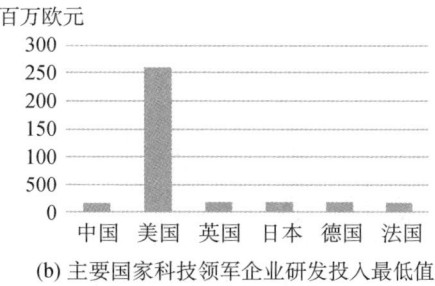
(b) 主要国家科技领军企业研发投入最低值

图5 主要国家科技领军企业研发投入极值对比

综上,与其他主要国家相比,中国科技领军企业数量较多、研发投入总额较高,具有体量优势。但中国目前仍缺乏具有世界尖端水平的科技领军企业,且整体创新强度不高,对科技创新的投入程度与其他主要国家仍存在差距。此外,中国科技领军企业在各个指标上的表现均不及美国科技领军企业,即便是引以为傲的体量优势仍与美国科技领军企业存在着一定的差距。

二、主要行业科技领军企业:主要国家比较

《2023年欧盟工业研发投入记分牌》榜单中有五个行业包含的企业数量超过了90家,而其余行业包含的企业数量均不及50家,这五个行业分别为:制药和生物技术(Pharmaceuticals & Biotechnology)、软件和计算机服务(Software & Computer Services)、技术硬件和设备(Technology Hardware & Equipment)、汽车和零部件(Automobiles & Parts),以及电子和电气设备(Electronic & Electrical Equipment)。此外,建筑和材料(Construction & Materials)行业虽然上榜企业数量不多,却是我国科技领军企业涉及行业的重要组成部分,故也被列入研究对象。本文重点比较上述6个行业,对比不同行业的科技领军企业数量、平均研发投入总额与平均研发投入强度,所得结果如图6至图10所示。

1. 制药和生物技术行业

在制药和生物技术行业,中国科技领军企业数量超越其他主要国家,但与美国存在较大差距;中国科技领军企业平均研发投入总额远低于其他主要国家,中国科技领军企业研发投入强度略高于其他主要国家的平均水平(图6)。由此可

见,中国科技领军企业在制药和生物技术行业中的整体创新强度较低,虽有一定的体量优势,但远不如美国,且整体营收状况较差。

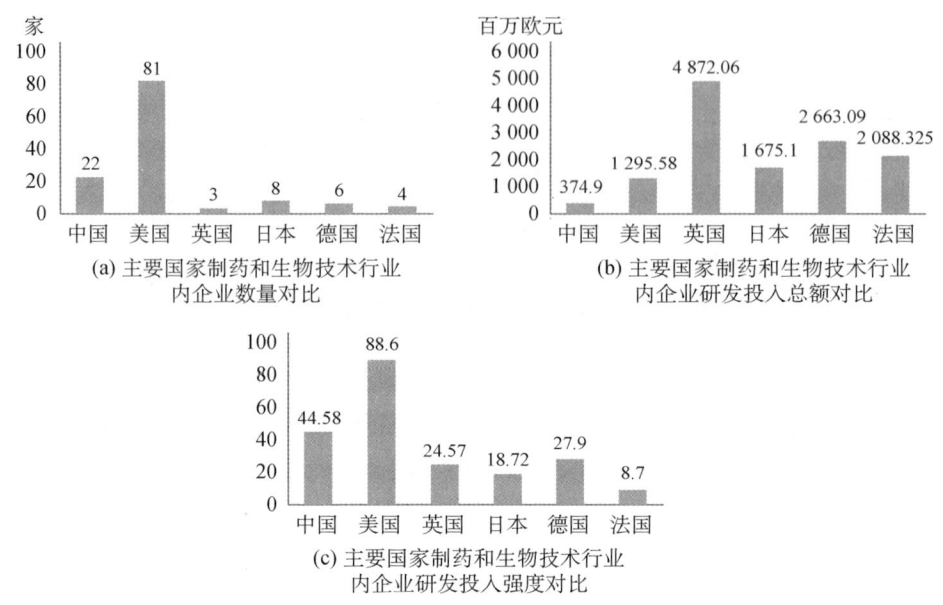

图6 主要国家制药和生物技术行业创新能力状况对比

2. 软件和计算机服务行业

在软件和计算机服务行业,中国科技领军企业数量超越其他主要国家,但与美国存在较大差距;中国科技领军企业平均研发投入总额与平均研发投入强度在6个主要国家中处于中等偏上的水平,虽均次于美国,但差距不明显(图7)。总之,中国科技领军企业在软件和计算机服务行业中整体表现不错,创新强度尚可,拥有一定的体量优势,但与美国存在差距。

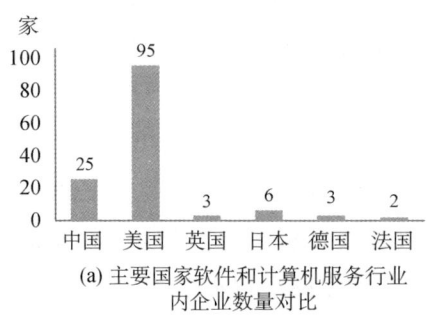

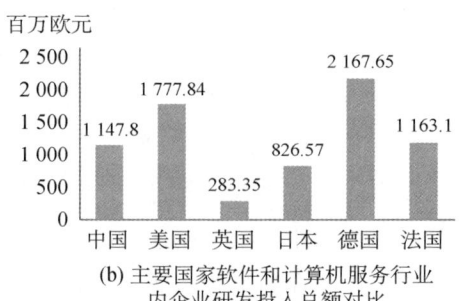

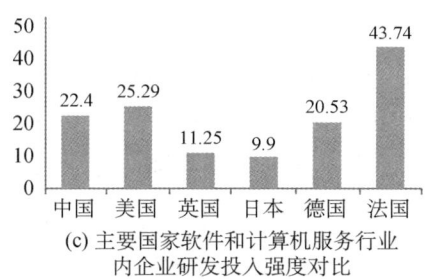

(c) 主要国家软件和计算机服务行业
内企业研发投入强度对比

图 7 主要国家软件和计算机服务行业创新能力状况对比

3. 技术硬件和设备行业

在技术硬件和设备行业,英国和法国没有上榜的科技领军企业。中国科技领军企业数量依旧超越其他主要国家,但与美国存在较大差距;中国科技领军企业平均研发投入总额与平均研发投入强度虽均次于美国和德国,但整体差距不大,且远高于日本(图8)。总之,中国科技领军企业在技术硬件和设备行业中创新水平较高,充分体现出自该行业被"卡脖子"以来我国努力追赶的态势,但与美国相比仍存在着体量与创新强度上存在双重差距。

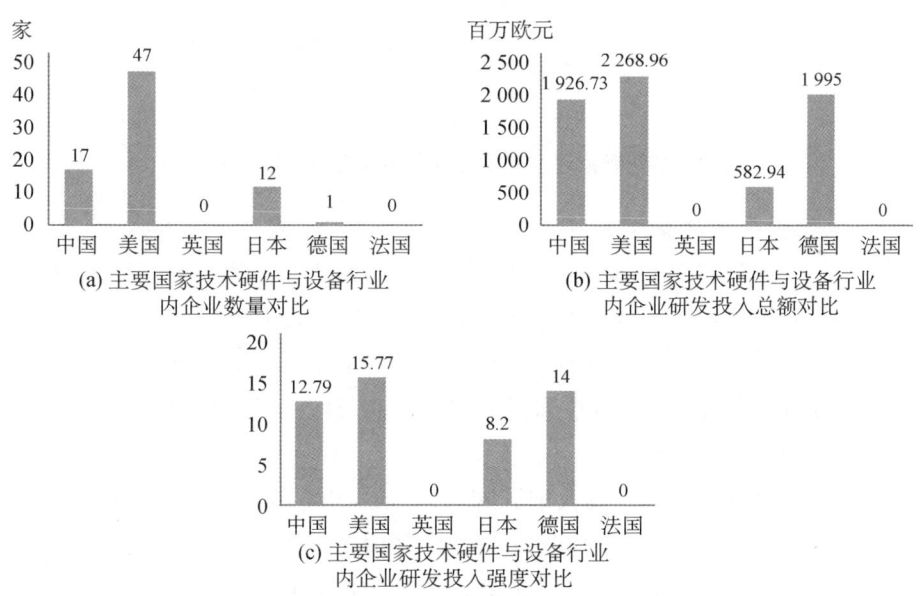

图 8 主要国家技术硬件与设备行业创新能力状况对比

4. 汽车和零部件行业

在汽车和零部件行业,中国科技领军企业的数量优势并不明显;其平均研发投入总额仅略高于英国,处于较低的水平;其平均研发投入强度则大约处于中等偏上的水平(图9)。总之,中国科技领军企业在汽车和零部件行业上的发展比较一般,体量优势不明显,创新水平不高;在平均研发投入总额较低的情况下,平均研发投入强度却较高,说明我国汽车和零部件行业的营收情况不容乐观。

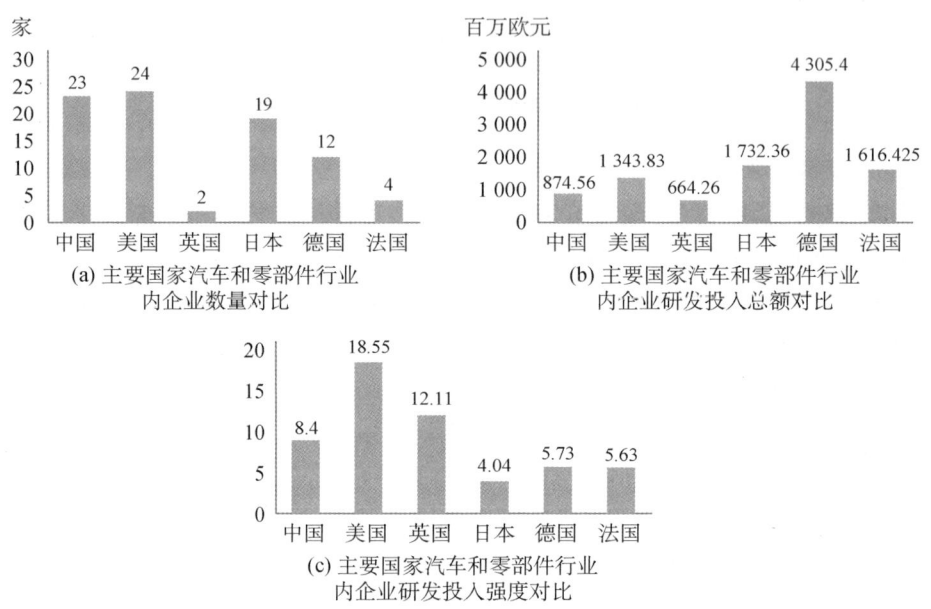

图9 主要国家汽车和零部件行业创新能力状况对比

5. 电子和电气设备行业

在电子和电气设备行业,中国科技领军企业的数量优势十分明显,位列六国之首;但其平均研发投入总额水平较低,与德国存在较大差距;其平均研发投入强度则仅次于美国(图10)。由此可见,在电子和电气设备行业,中国科技领军企业具有明显的体量优势,但整体创新强度偏低,且营收情况同样不容乐观。

6. 建筑和材料行业

2023年《欧盟工业研发投入记分牌》排行前1 000的科技领军企业全世界共25家,其中,中国的科技领军企业有18家,其他主要国家的科技领军企业数量极少或没有,无法进行统计分析。由此可见,在建筑和材料行业,中国科技领军企业整体创新能力和发展情况较其他国家具有压倒性优势。

综上,在建筑和材料行业,中国科技领军企业具有绝对优势。在制药和生物技术行业、汽车和零部件行业与电子和电气设备行业,中国科技领军企业虽有一

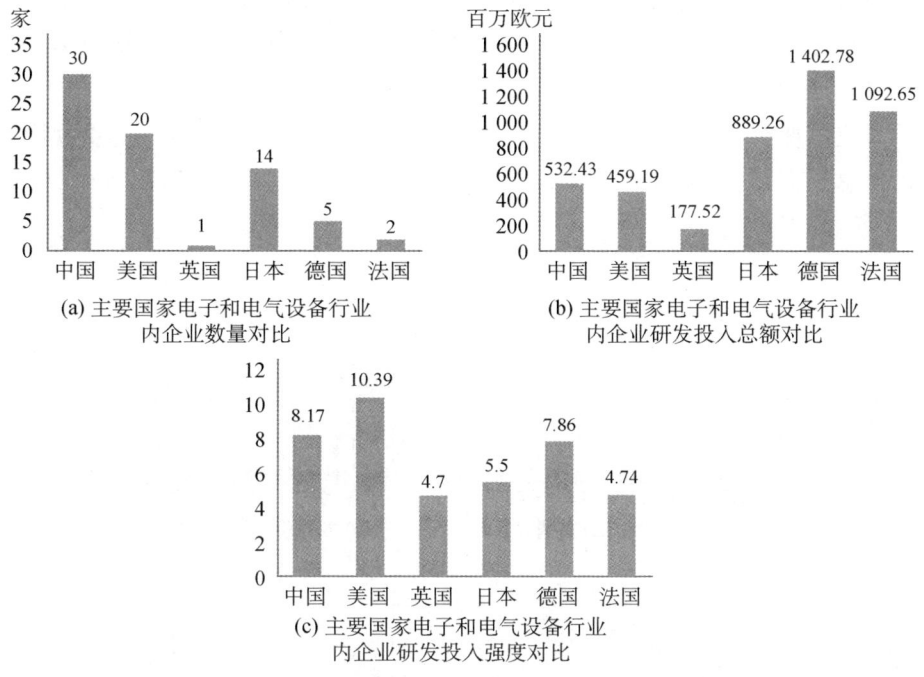

图10 主要国家电子和电气设备行业创新能力状况对比

定的体量优势,但创新强度不佳,与其他国家存在较大差距。在软件和计算机服务行业、技术硬件和设备行业,中国科技领军企业不仅具备一定的体量优势,还具有一定的整体创新水平,但与美国仍存在一定的差距。

导致中国科技领军企业国际对比现状的主要原因可能为:①我国许多行业起步相对较晚,与其他国家存在较大的核心技术差距,许多核心部件受制于人、长期依赖进口,"卡脖子"现象时有发生。部分行业虽然企业数量多、规模大,但整体附加值不高、长期处于价值链低端,科创水平不足。近年来,我国逐步加强企业创新能力,鼓励知识产权保护和技术升级,但这些仍需要长期的坚持和努力。②技术密集型产业的创新发展离不开人才的培养与配备。目前,我国人才培育仍需加强,许多产业仍面临着尖端技术人才与复合型人才缺乏的问题,在研发人员配备上与发达国家仍存在较大差距。

三、中国科技领军企业:区域比较

除港澳台地区外,全国共有21个省份(北京、广东、上海、江苏、山东、浙江、安徽、福建、河北、四川、湖南、湖北、江西、新疆、河南、吉林、重庆、辽宁、山西、陕西、天津)有科技领军企业进入全球 1 000 强,10 个省份缺乏全球科技领军企业,包括黑龙江、海南、贵州、云南、甘肃、青海、内蒙古、广西、西藏、宁夏。

对我国拥有全球 1 000 强科技领军企业的 21 个省份科技领军企业数量、研发投入总额、平均研发投入总额及平均研发投入强度进行比较,得到的结果如图 11 所示。

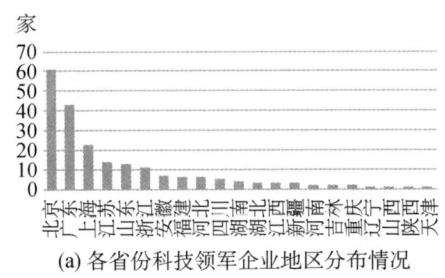
(a) 各省份科技领军企业地区分布情况

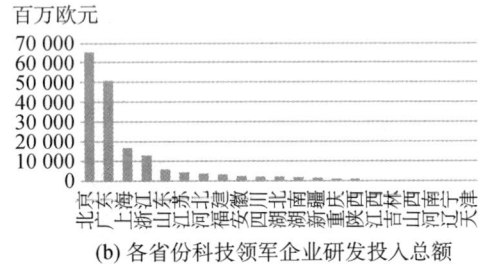
(b) 各省份科技领军企业研发投入总额

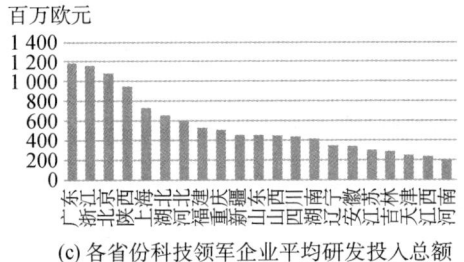
(c) 各省份科技领军企业平均研发投入总额

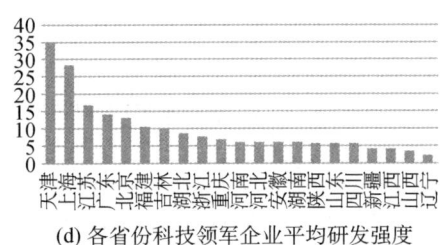
(d) 各省份科技领军企业平均研发强度

图 11 中国科技领军企业地区对比

各省份科技领军企业的数量分布情况与各省份研发投入总额的分布情况相似,这两个指标都能反映出各省市科技领军企业的体量。北京和广东两地的科技领军企业数量最多,研发投入总额也最高,远超其他省份;山东和以上海为核心的长三角地区的科技领军企业数量较多,研发投入总额也较高。山西、辽宁、天津的科技领军企业数量较少,研发投入总额也相对较低。

平均研发投入情况反映了各省份科技领军企业的整体创新强度。北京和广东两地的平均研发投入总额依旧处于较高水平,反映出这两地不仅科技领军企业数量多、研发投入总额高,整体的创新强度也较高。此外,位于长三角地区的浙江与上海两地的平均研发投入总额也较高,但江苏与安徽的平均研发投入总额却相对较低,反映出长三角地区科技领军企业的创新强度参差不齐。陕西仅有一个科技领军企业,即隆基绿能,其高水平的创新研发投入使得陕西在各省份领军企业平均研发投入总额排行中位列第四。天津、江西与河南的科技领军企业平均研发投入总额位列榜单末尾,整体创新强度不高。

平均研发投入强度反映了各省市科技领军企业对科创的重视程度。天津仅有一家科技领军企业,即海光信息,其重视技术与研发的运营状况使得天津在各省份科技领军企业平均研发强度排行中位列第一。除天津外,上海的平均研发投入强度最高。在平均研发投入总额较低的情况下,江苏的平均研发投入强度却较高,仅次于上海,这反映出江苏拥有一批营收规模偏小的科技领军企业。广东与北京的平均研发投入强度也处于较高的水平。而江西、山西、辽宁三地平均研发投入强度最低,反映出这三省科技领军企业的科技创新能力尚比较弱。

全球主要地区战略性新兴产业融合集群发展分析

| 宋燕飞

战略性新兴产业代表着科技创新和产业发展方向,对我国经济社会全局和长远发展具有重大引领带动作用。2020年国家发展改革委、科技部、工业和信息化部、财政部联合发布的《关于扩大战略性新兴产业投资培育壮大新增长点增长极的指导意见》将战略性新兴产业作为构建现代化产业体系和推动经济高质量发展的主要抓手。党的二十大报告进一步提出,"推动战略性新兴产业融合集群发展,构建新一代信息技术、人工智能、生物技术、新能源、新材料、高端装备、绿色环保等一批新的增长引擎"。因此,战略性新兴产业融合集群发展对于中国应对激烈的国际竞争、解决"卡脖子"问题及实现第二个百年奋斗目标具有重要意义。本文梳理美国、欧盟、亚洲等国家和地区战略性新兴产业融合集群发展情况,为我国区域战略性新兴产业融合集群发展提供经验借鉴和参考。

一、美国

美国战略性新兴产业融合集群主要包括三条以工业城市为依托的分布带。一是美国东北部工业区,以底特律、匹兹堡、芝加哥等工业城市为代表,分布有汽车、机器人、生物医药等产业融合集群。二是美国南部沿海工业区,以休斯敦为代表,随着墨西哥湾石油的开发而逐步兴起,形成了石油化工、航空航天和电子工业等产业融合集群。三是美国西部沿海工业区,以洛杉矶、旧金山、圣迭戈等工业城市为代表,依托高校及科研机构形成了一批高科技产业融合集群。

1. 市场化共同培育产业融合集群发展

创新性企业集聚、资本市场的成熟和风险投资的引入形成了高效的市场化共同培育模式,驱动美国战略性新兴产业融合集群持续创新。一方面,以企业为主导,激发集群的创新活力。另一方面,集群组织机构以市场运营实现自我造血。集群内的研究机构多数为一流高校及国家实验室,如曾被评为"世界最创新大学"的华盛顿大学、美国国家航空航天局下属最大的太空研究中心约翰逊航天中心等,基础设施完备,支撑集群技术成果创新。

2. 政策服务技术创新,引领集群发展

美国以制定创新政策为核心,设立专项计划,实施引导、支持集群发展的措施,其产业政策多次提出要开发和转化领先的制造技术,注重对基础科学和尖端前沿技术予以资金支持,同时,以市场为导向,保持集群的创新活力和科技竞争力。

3. 专项计划为集群发展提供政策指引

美国联邦政府不断推出协助具有创新活力的小型企业发展的专项计划,如"小企业研发创新计划"(Small Business Innovation Research Program)"小企业技术转移计划"(Small Business Technology Transfer Program)"小企业投资公司计划"(Small Business Investing Company Program)等。专项计划能够有针对性地为集群提供支持,更高效地整合资源,形成集群竞争优势。

二、欧盟

欧洲各国战略性新兴产业融合集群基础雄厚,品牌性特征突出。例如,德国保持着全球领先的工业实力,其制造业占GDP的比重在1995年以后长期保持在20%～23%。

1. 完善创新生态网络,营造良好的融合集群发展氛围

欧洲拥有世界一流的生物医药研究院所、医疗中心和医院,在2023年QS世界大学生命科学专业排名前十的大学中,位于欧洲的有4所,机构密集的创新生态网络为实现学科交叉、临床创新、产学研医用等方面的融合集群发展奠定了坚实基础。例如,欧洲的诺华(Novartis)集团、罗氏(Roche)集团、阿斯利康(AstraZeneca)公司等跨国企业和大量高度专业化的中小企业利用所在区域的竞争优势,实现了快速扩张与集聚。

2. 跨国协同合作,促进产业融合集群组织共同发展

欧洲将融合集群视为促进经济持续增长、打破区域"政策孤岛"的有效工具,通过一系列的举措,将生态系统中的利益相关方整合为"命运共同体",推动集群跨区域合作,培育集群发展促进组织,为融合集群发展提供支持和帮助。例如,欧盟发布"地平线2020"(Horizon 2020)计划,提出"支持跨部门、跨区域合作"等措施,整合各国的科研资源;启动"欧洲战略集群伙伴关系",鼓励欧盟内部的跨

区域合作,共同支持研究和创新计划的制定和实施,提升欧盟产业融合集群的竞争力。

三、亚洲

亚洲战略性新兴产业融合集群发展速度快,新兴性特征突出,重点分布在中国、日本和韩国。通过政府引导,加速产业融合集群发展,抢抓以信息通信、新能源为代表的新一轮科技革命和产业变革机遇,围绕全球产业链中的关键核心环节打造未来产业体系,营造优良的产业创新环境。

1. 政府引导产业融合集群创新发展

一方面,国家统一部署规划融合集群政策以引导集群发展。例如,日本文部科学省和经济产业省根据国家发展战略目标制定一系列产业集群计划;中国从国家层面提出打造产业融合集群计划、明确培育重点,区域层面则出台相关规划或方案并具体落实。另一方面,政府支持建立融合集群促进机构,为集群提供指导性服务。在中国,集群发展促进组织是在政府的指导下,由集群企业、协会、研究机构共同成立的,提供规划、咨询等指导性服务;在日本,由文部科学省和经济产业省共同组建区域集群促进联合会,并建立了会商协调机制,以指导集群发展。

2. 产学研合作体系促进集群发展

强化产学研合作关系,支持共同研究、委托研究、提供奖助学金等模式,能够有效促进战略性新兴产业融合集群发展。例如,日本发布"研究综合体计划",提出通过支持产业界、政府、学术界和金融部门之间的研发合作来促进创新。中国在国家层面、省市级层面充分利用相关政策机制,加大对政产学研协同发展的支持。

3. 跨越式转向创新性融合集群发展

发达国家在传统产业技术研发设计领域依然保持着优势,随着全球产业转移调整,以中国为代表的亚洲战略性新兴经济体工业水平不断提升,实现了持续较快增长。中国抓住了近二十年来电子信息、材料和汽车等行业高速发展的机遇,形成了具有较大规模优势的生产性产业融合集群,并逐渐向创新性产业融合集群转变。近十年来,中国电子信息制造业营业收入增长120%,新材料产业产值总规模增长近6倍,年复合增长率超过20%,新能源汽车全球销量从1.28万辆增长至688.7万辆,实现了战略性新兴产业的跨越式发展。

数字化转型压力下市场监管变革迫在眉睫

| 卢　璐　尤建新

随着互联网、大数据、人工智能等新兴技术迅猛发展,数字化转型已成为当今时代发展的主流趋势,对企业、政府和社会各个领域产生了深远影响,促使市场经营主体日益多元、业务范围不断拓展。企业之间竞争不再局限于传统的产品和服务,而是涉及数字化技术创新、数字产品拓展、虚拟交易等多个方面。这使得市场监管的任务更加繁重,对其能力提出了更高的要求。

数字化转型改变了原有的市场生态,而作为市场生态中重要角色之一的市场监管却明显滞后。这种滞后性凸显了市场监管自身数字化转型的迫切需求,更揭示了监管效能与市场发展之间的深层关系:唯有通过自我革新提升监管效能,才能为构建健康的市场生态提供有力保障。因此,必须加快市场监管的变革步伐,与时俱进推进高质量发展。

一、数字化转型下市场监管面临的挑战

1. 市场监管法律法规滞后

在数字化转型背景下,市场监管正面临法律法规落后的问题。

数字化转型导致很多新型业务模式与市场行为的出现,一些现行的法律法规已经很难满足市场发展的需要。在数字化环境中,很多传统规定已不能适应市场新形态,致使市场监管盲点与短板渐露端倪。例如,对于互联网低俗广告、互联网灰色直播和互联网金融洗钱交易的规制,现行法律法规通常很难涵盖全部,致使部分企业或个人得以"钻法律的空子",从事不正当竞争或违法违规行为。同时,市场监管执法有一定的掣肘和约束。数字化转型中的市场违法行为越来越隐蔽、复杂,但市场监管部门日常的执法工作,很难对违法违规行为产生有效威慑。

2. 数据安全与隐私保护不足

数字化转型使海量数据不断生成,数据的传输及存储变得更加便捷,然而也

会引发数据安全、隐私保护等问题。

在实际监管中，市场监管部门的数据收集工作规模庞大而又难以甄别，要深入掌握市场状况，及时发现违法违规行为并制定相应的政策，就必须大量采集、整合与分析数字化转型中的海量数据。同时，为了保护消费者的隐私权，监管部门无法采集未经消费者同意的数据，这给市场监管带来了极大难度。此外，数据存储与传输的安全性不足，市场监管部门需要把海量数据储存到云端以便于分析处理。但当前市场中数据存储与传输的安全问题依然非常突出，数据安全管理不到位，导致数据泄露、篡改的风险增加，极易被黑客攻击而引发数据篡改问题，这不仅会使消费者蒙受损失，还会侵害市场主体的商业秘密及消费者隐私。

3. 监管平台建设和技术应用落后

数字化转型为市场监管引入了大数据分析、云计算、人工智能等全新技术与手段。这些技术与手段有助于市场监管部门更有效、更准确地认定与打击违法行为，从而提升监管效果。但市场监管部门在运用这些新技术、新手段时，却面临着技术更新迅速、监管平台建设不足的问题。一方面，监管设备与信息化水平落后，一些市场监管部门的设备与技术落后，如硬件设备不到位，信息系统不健全，这使得监管过程出现了技术手段的盲点，难以对市场行为实施全面有效的监督。部分部门监管平台建设不完善，没有建立统一的市场监管部门平台，对于正在兴起的网络经营模式、智能终端设备及其他方面的规制，目前还缺乏行之有效的技术手段。这使得市场违法行为更容易滋长，增加了数据安全与隐私保护的难度。另一方面，市场监管工作人员新技术应用能力不强，区块链、大数据、人工智能等新兴技术层出不穷，但市场监管部门对这些新技术的应用存在着能力上的不足，很难发挥新技术在市场监管中的作用。

4. 跨界融合与协同监管不足

新兴产业与业态通常会涉及多个监管部门职责，给市场监管带来了协同监管的难题。

以互联网金融为例，互联网金融涵盖金融、互联网、电信等诸多领域，单靠一个监管部门难以整体把握其经营状况，极易造成监管盲区与短板。由于缺乏统一监管平台，协同管理的过程中产生了很多问题。一方面，市场监管过程中缺乏统一的管理制度，监管部门之间缺乏协同，市场监管部门、行业协会和企业各参与方在信息沟通、资源共享等方面都有阻碍，由此导致部分跨界融合领域的监管困境难以有效破解，给市场监管带来了巨大挑战。市场监管部门与相关部门信息共享、协同监管机制不够健全，极易造成监管盲区、重复监管等问题。另一方面，市场监管社会共治体系尚不完善，市场监管部门在推进社会共治工作中存在着与行业组织、企业、消费者及其他主体缺乏互动等短板，很难形成全方位、多层次的监管格局。在跨界融合市场环境中，市场监管部门的职责划分还存在着一些模糊地带，这会导致监管责任不明，部门之间对市场监管工作相互推诿，导致延误，从而影响监管效果。

二、市场监管应助力健康市场生态

市场监管的本质是助力健康市场生态，因而，市场监管在数字化转型的压力下应积极变革，推进高质量发展。

1. 积极推进法律法规体系的完善

完善法律法规体系是提高市场监管能力的前提。国家应加强对数字化转型下市场监管的立法工作，加大在网络安全、知识产权、市场竞争等多个方面的立法力度，针对互联网领域的不正当行为作出规定，加大法律法规宣传与培训力度，利用互联网新媒体加大市场监管相关法律法规宣传，增强市场主体法律意识并指导其依法经营，强化市场主体培育，提升市场主体法律素养，以更好适应数字化转型市场监管环境。通过制定、宣传有关法律法规，重视新兴业态发展并及时修改完善现行法律法规，使之符合市场发展要求。在完善相关法律的基础上，要强化执法，强化市场违法行为查处，如市场监管部门要建立和完善市场主体信用管理制度，开展市场主体信用评价工作，并将信用评价结果作为市场监管工作的重要依据，加强对信用不良市场主体的监管，严厉打击违法违规行为。

2. 强化信息数据收集及安全保护

为了更好地运用大数据，市场监管部门要健全数据信息收集体系，强化市场主体数据信息采集工作。主要采集企业经营状况、财务数据和行业发展数据，保证数据信息准确、完整、及时。第一，要强化分类管理，增强数据整合和分析能力，增强员工操作数字化平台的能力，以便在市场监管中更好地利用数字化平台。第二，要强化各类数据整合与分析，建立统一数据池，有力支撑市场监管，并借助大数据、人工智能技术手段挖掘数据价值，为监管决策提供科学依据。第三，要强化数据共享。由于数据具有分散、碎片化等特点，常规市场监管手段很难对其进行有效运用。因此，政府部门应搭建统一数据平台，实现各部门与企业数据的融合，形成全面、精准的市场数据。此外，还应鼓励企业间数据共享，以推动数据的流通与使用。

3. 持续优化数字化监管手段和平台建设

为了提高数字化监管的手段，市场监管部门应加大技术研发与应用力度。具体而言，要推进大数据和云计算的技术研发和运用，实现对市场的实时监测。市场监管部门可以增加人工智能、智慧大脑等技术的应用，并借助这些技术手段实现市场实时监测，及时识别市场异常情况，为市场监管工作提供强有力的支撑。同时，要建设智能化监管平台，通过集成多种监管系统、建设统一的智能化市场监管平台、实现信息共享和业务协同等措施来提升监管效率，在人工智能和大数据技术的支撑下，提高市场监管的效率与准确性。此外，要创新监管手段，探索将无人机、物联网、虚拟现实等新技术运用到市场监管领域。针对市场主体风险等级和行业特点，采取差异化监管策略，加强对高风险行业的监管。借助互联网技术，将市场监管和互联网深度融合，通过线上线下相结合的监管方式，扩大监管范围、增强监管效果。

4. 率先消除市场监管的地域壁垒

为了使市场监管与时俱进并发挥积极作用，应该加强区域间的交流与合作。为此，可以加强跨区域监管合作，学习和借鉴国际先进经验。市场监管部门应加强与各国各类社会组织、各行业、各部门之间的协作交流，认真学习和借鉴先进地区市场监管方面的先进经验做法。在此基础上，构建跨部门、跨地区的协同监管机制，加强同其他部门和区域的交流与合作，形成维护市场秩序的合力，提高协同治理水平。同时，促进社会共治。市场监管部门可以增强与行业组织、企业、消费者之间的互动，激发社会力量共同参与市场监管的积极性。引入第三方评估机构开展市场监管工作评估，从而提升监管质量与成效。

"五位一体"助力专精特新企业高质量发展

敦 帅

专精特新企业作为专业化（主营业务专注专业）、精细化（经营管理精细高效）、特色化（产品服务独具特色）和新颖化（创新能力成果显著）的企业，是高质量发展的重要动力源、新发展格局的关键稳定器、产业链供应链创新链的核心强化剂和创新型国家的生力军。引导和培育专精特新企业的发展，是建设制造强国的有效方式，是构筑就业保障的高能途径，是激发企业活力的关键举措，有利于提升企业产品和服务的质量，提高企业资源利用的效率，实现经济增长新旧引擎的更替，推动质量变革、效率变革和动力变革。一方面，作为改革开放的排头兵、创新发展的先行者，上海是国内最早探索培育专精特新中小企业的城市之一。截至2024年，上海共有市级专精特新企业8 288家，入选国家级专精特新"小巨人"企业713家，在国内各省市中名列前茅。另一方面，上海专精特新企业发展面临着高端企业较少、可持续融资困难、人才吸引力不强、创新效率较低、发展环境有待优化等制约因素。因此，如何通过制定相关政策增强专精特新企业的创新突破力，提升现代化产业体系的韧性，成为下一步引导和培育专精特新企业高质量发展的重中之重。

一、政府支持，加快培育专精特新"小巨人"企业

专精特新"小巨人"企业作为专精特新企业中的佼佼者，兼具经济效益好、市场份额大、专业程度强、创新能力强、特色优势显、研发投入多、经营管理优、营业收入高等特征，是专精特新高端企业的典型代表。从各省份国家级专精特新"小巨人"企业培育情况（图1）看，上海拥有国家级专精特新"小巨人"企业713家，数量全国排名第6位，不及广东、江苏和浙江的一半，与北京相比也有一定差距，培育和集聚高端专精特新企业的能力较弱。

上海应制定和实施适宜的政策，营造良好的政策环境，提升专精特新"小巨人"企业的培育和集聚能力。一是创新政府职能，通过优化评选流程和创新政策

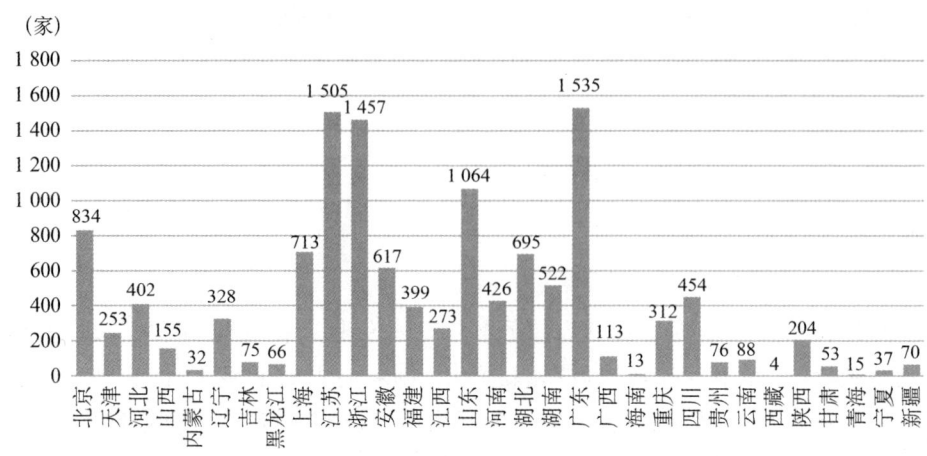

图1　各省份国家级专精特新"小巨人"企业培育情况

内容的方式,提高创新政策的创新性,注重对企业发展理念的引导,同时尽可能弱化政府背书和对市场的干预,确保培育机制既长期稳定又与时俱进。二是加大减税降费力度,全面清理专精特新中小企业的各类行政性、事业性、服务性费用,落实涉企收费清单管理制度和创新负担举报反馈机制,优化中小企业的制度环境。三是进一步提升政务服务水平,提高政府部门的业务水平和服务意识,强化相关工作人员的能力素质,聚焦市场主体关切,持续推进"放管服"改革,真正做到"有求必应,无事不扰"。

二、金融联动,加大专精特新企业融资支持

上海市近八成专精特新企业来自国家战略性新兴产业,涵盖上海市构建的"3+6+新赛道"新型现代化产业体系的发展方向。然而,上海市专精特新企业融资面临诸多困境:一是从研发到产品投入市场,周期长、原始资金需求量大,融资起步难;二是产品站稳市场后,需要提高占有率,市场和研发费用进一步增加,再融资渠道拓展难;三是产业链涉及的关键技术点多,"卡脖子"难题多,持续研发投入可能导致长期亏损,而资本市场包容度不够,企业做强难。从相关数据看,一方面,2020—2024年专精特新"小巨人"企业省份融资活跃度前三名为江苏、广东和北京,融资额度分别为2 431.94亿元、2 251.24亿元和2 119.95亿元,而上海未进入前三名;另一方面,在2021年10月1日至2022年10月12日的一年时间里,上海市专精特新企业共发生融资事件55起,涉及专精特新企业

49家,仅占比1.63%(按当时上海市市级专精特新企业总量计算)。

上海应加强金融联动,从融资方面为专精特新企业纾困。一是延长企业贷款还本时间,如推出5年期或更长期贷款,银行每年评估偿还能力。二是推动保险公司和银行合作定制开发专精特新专属信贷产品,由保险公司提供贷款保证保险,化解银行贷款坏账风险,提高银行推广专属信贷产品的积极性。三是设立专精特新专项投资基金,由国有资本和优质的社会资本共同组成,让专精特新企业真正成为创新突破和科技自立自强的生力军。

三、筑巢引凤,加强专精特新企业人才吸引力

稳定就业是专精特新企业的一项重要任务。截至2022年6月,已公示的9 279家专精特新"小巨人"企业累计创造了224.5万人次就业规模,平均每家专精特新"小巨人"企业平均员工人数达242人。分省份看,专精特新"小巨人"企业平均员工人数排名前五的省份依次为广西、海南、江苏、重庆、内蒙古,平均员工人数分别为349人、335人、330人、319人、318人。上海专精特新"小巨人"企业平均员工人数仅为约210人,不及全国平均水平,与排名靠前的省份差距较大,企业人才吸引力不足。

上海要打造于斯为盛、尽情驰骋的人才生态,筑牢人才"引凤巢"。一是提升人才引进待遇,使人才"来得了"。加大对人才引进的重视,给予优秀人才富有吸引力的人才补贴,在生活和工作中给予人才适当的物质激励和精神激励,激发人才活力。二是完善人才服务体系,使人才"留得下"。设立人才特区,完善人才落户制度体系、安居保障体系、子女入学支持体系和父母养老服务体系,让优秀的海内外人才安心生活和工作。三是强化人才支持体系,使人才有发展。搭建科技创新平台,建立健全"能者上,平者让,庸者下"的公平竞争机制,助力人才充分发挥潜能,提高工作满意度,增强归属感和责任感,更大程度地实现自身价值。

四、精准定位,提升专精特新企业创新效率

创新是专精特新企业的关键特征。截至2022年6月,已公示的9 279家专精特新"小巨人"企业累计拥有15.16万件授权发明专利,平均每家专精特新"小巨人"企业拥有发明专利数为16.33件。分省份看,企业平均发明专利数排名前五的省份依次为海南、北京、江苏、上海、天津,平均有效发明专利数分别为24.67件、24.08件、23.56件、23.22件、20.88件。虽然上海专精特新"小巨人"

企业平均发明专利数高于全国平均水平,但排在全国第四位,与海南、北京和江苏仍有一定差距,企业创新效率较低。

上海专精特新企业要保持适宜的企业规模,提升技术创新效率,驱动企业高质量发展。一方面,企业要调研梳理企业所处产业链的发展现状,全面掌握产业链中的重点企业、重点项目、重点平台、关键共性技术及瓶颈问题,制定做优做强企业的工作计划,立足产业链统筹推进企业发展、招商引资、项目建设、人才引进、技术创新等重大事项,充分发挥企业规模效益。另一方面,企业要把握技术创新的方向和重点,选取具有战略意义的重要领域和关键环节,做好规划并加强攻关;增加对创造性环节的资源配置,避免盲目加大研发投入,做到超前部署、集中攻关;遵循技术和产业发展规律,针对不同类型技术研发的特点,结合企业实际分梯次、分门类、分阶段推进,促进技术创新效率提升。

五、优化生态,营造专精特新企业良好发展环境

良好的生态环境是促进专精特新企业可持续、高质量发展的保障。从创新生产者、创新分解者、创新消费者和创新环境角度解构上海创新生态可知:(1)上海创新生产者排名仅位居全国第六。一是上海的高等院校有 63 所,仅为江苏(167 所)的三分之一多一点;二是上海的研究与开发机构有 134 家,较北京(384 家)少 250 家;三是上海开展研发活动的规上企业有 2 498 个,仅为江苏(26 161 个)的不到十分之一。(2)上海创新分解者排名仅位居全国第五。一方面,上海拥有的国家级技术转移机构总数为 24 个,仅为北京(54 个)的不到一半;另一方面,上海的国家技术转移机构促成项目成交总数 9 384 项,仅为江苏(24 241 项)的 38.7%。(3)上海创新消费者排名仅位居全国第六。在规上企业新产品销售方面,上海的收入为 101 592 157 万元,仅为广东(443 130 513 万元)的 22.9%;在规上企业新产品开发方面,上海的项目数为 22 755 项,仅为广东(166 140 项)的 13.7%。(4)上海创新环境排名位居全国第三。在基础设施方面,以科技馆建筑面积为例,上海为 21 万平方米,北京为 26 万平方米,广东为 35 万平方米;在创新资源方面,以专利授权数为例,上海仅拥有 139 780 件,北京拥有 162 824 件,广东拥有 709 725 件;在创新文化方面,以省科协举办科普宣讲活动为例,上海仅开展活动 18 次,北京开展活动 406 次,广东开展活动 211 次;在制度环境方面,以研发费用享受税收优惠政策效果明显的企业占比为例,上海为 53%,北京为 55.7%,广东为 57%。

上海要打造良好的营商生态、塑造良好的创新生态、构建良好的创业生态，为专精特新企业发展营造良好环境。一是要加强跨区域、跨层级营商环境的协同建设，建立营商环境诉求处理和分级办理协同机制，构建跨区、跨省的"互批、互准、互认"一张网，实现异地可办、"一网通办"和"最多跑一次"，进而实现全国通办。二是要深入推进政产学研合作，全方位促进中小企业与政府、高校和科研单位间的协同发展，打造技术创新集群、完善知识创新网络，为中小企业营造良好的知识生态。三是要放开资金、技术、信息、土地、人才、数据等创新资源要素的行政垄断和束缚，推动这些要素在企业间的开放共享、高效流通和精准匹配，优化企业的市场环境。

人工智能生态系统全景图及逻辑分析

| 赵程程

2024年8月16日,谷歌前总裁埃里克·施密特(Eric Schmidt)在斯坦福大学的演讲中深入剖析了人工智能(Artificial Intelligence,AI)领域的现状与挑战。他明确指出,在AI的全球竞争版图中,美国已经确立了相对于中国的领先优势,尤其是在微电子制造、人才集聚、资本流入等关键领域。

施密特的见解引发了学术界的广泛关注。众多学者纷纷提出各自的对策建议,涉及AI高端人才的引进与培养、高质量数据的管理和利用,以及AI技术的安全伦理问题。然而,这些对策建议往往各自为战,缺乏系统性的整合,有时甚至可能因局部的专注而忽略了整体的视角。

为了克服这种零敲碎打的局限,笔者通过广泛阅读国内外AI技术创新领域的文献,综合考量了AI在技术创新、产业赋能、国防安全等多个维度的特征。在此基础上,笔者绘制了一幅全面的AI生态系统全景图(图1),旨在提供一个宏

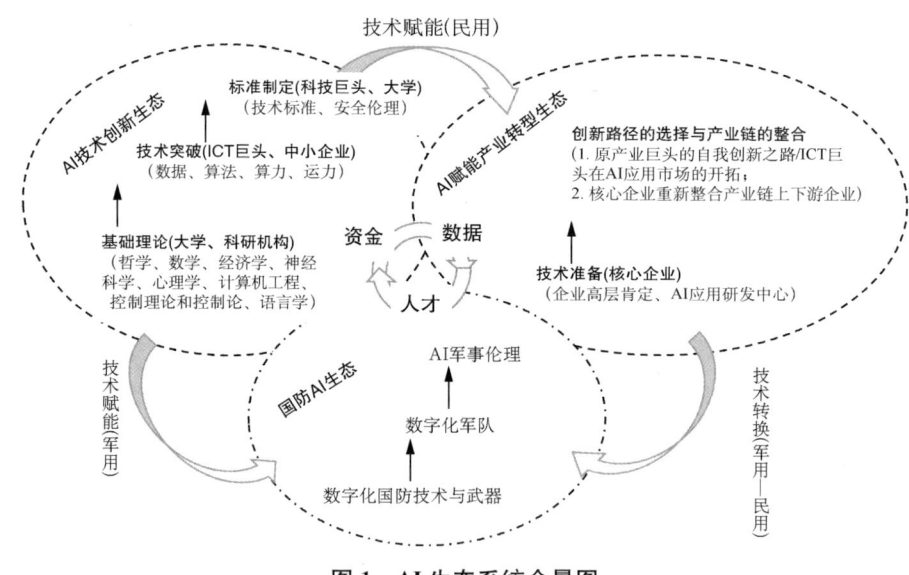

图1　AI生态系统全景图

观的视角,更全面地分析 AI 领域的复杂性和多维性。

这幅全景图不仅展示了 AI 生态系统的各个组成部分,还揭示了它们之间的相互作用和依赖关系。通过这种系统性的视角,我们可以更清晰地识别 AI 发展的关键驱动力,更有效地应对可能出现的挑战,从而推动 AI 技术的健康发展和广泛应用。

一、AI 技术创新生态系统构成及逻辑分析

AI 技术创新生态系统是一个多元化、协同合作的网络,它由大学、科研机构、信息与通信技术(Information and Communications Technology,ICT)巨头及中小企业等多方参与者共同构成。这一生态系统专注于三个核心层面的发展。

1. 科学理论层

科学理论层是 AI 生态系统的基石,涉及基础研究和理论探索,旨在推动 AI 领域的科学原理和知识体系的深化与创新。目前认可度较高的 AI 科学理论体系涉及八大领域:哲学、数学、经济学、神经科学、心理学、计算机工程、控制理论和控制论、语言学。

通过分析美国人才流动数据,发现越来越多的 AI 人才从大学(理论研究阵地)流向科技巨头(应用场景)。联邦资助拨款申请成功率年年下滑和官僚程序越发复杂,致使大学的专家和学生逐渐被大型科技公司吸引。长此以往,美国在 AI 理论领域积累的研发优势势必减弱。同时,基于神经网络理论的 AI 算法和技术不断渐进性创新,会导致研发成本不断上升,"内卷"性竞争愈演愈烈。这也意味着 AI 初创公司在美国的增长路径越来越窄,削弱美国在 AI 研发方面的创新能力和全球竞争力。这说明,只有在理论研究上实现颠覆性创新,才能为 AI 技术赋能产业转型带来可持续的、外卷性的良性竞争。综上,将 AI 科学理论上的突破视为赢得 AI 技术竞争的根基,需要联邦政府坚持对 AI 理论研究的持续性投入。然而,科学理论的重大突破具有高风险性,少有企业愿意"注资"该领域,这需要政府承担这一风险,强化对该领域的持续性"赌徒式"注资。

2. 技术体系层

在技术体系层面,科研机构和企业共同致力于技术开发和集成,构建起一套完整的技术解决方案和应用框架,以实现 AI 技术的实用化和商业化。技术体系涵盖三个关键要素:数据、算力和运力。其中,数据是经过精心处理和组织的信

息资源,为AI系统提供了训练和学习的原材料。算力代表数据处理能力,是推动算法运行和复杂计算的引擎。运力即网络和通信通道,它们构成了数据传输的高速公路,确保信息流动的高效性。以庞大的数据体系和强大的数据处理能力(算力)为核心的信息机构,构成了AI信息机制与智能决策机制的基石。这些海量、精准且有效的数据信息流,为计算机模拟、预测和决策提供了坚实的科学基础。

遵循这一逻辑,美国的AI国家战略在关键领域进行了重点部署。这包括深入投资微电子领域,以促进算力的发展;探索量子计算,以推动算法的革新;以及扩建国家AI研究基础设施(National Artificial Intelligence Research Infrastructure,NAIRI)计划,以创建海量的AI数据资源库。此外,高速的网络和通信通道(运力)被视为连接海量数据与运算终端的关键桥梁。美国国防部在此方面也进行了重点部署,强化网络和通信能力,以提供必要的带宽支持,不仅促进了数据的传输和融合,还确保了各级软件系统的有效集成。综上所述,美国在AI技术体系的构建上完成了全面而深远的战略布局,旨在通过技术创新和基础设施建设,巩固其在全球AI领域的领先地位。

3. 标准推广层

为了确保技术被广泛采纳和行业的健康发展,生态系统中的各方积极参与制定和推广行业标准,确保技术的兼容性、互操作性和安全性。尤其是,当科技巨头、顶尖大学和科研机构掌握着关键技术和前沿产品时,它们实际上已经拥有了对AI技术标准和安全伦理的主导权与话语权。

在国际A类AI顶级会议如CVPR、NeurIPS、ICML、ICCV、AAAI、ACL、IJCAI的组织委员会成员中,美国大学和企业的比例超过80%。这一现象不仅凸显了美国在AI领域的前沿研究中的先发优势,而且也意味着美国在全球AI研究的舞台上扮演着至关重要的"裁判员"角色。这种地位赋予了美国在制定行业标准、引领技术趋势、推动伦理规范等方面的巨大影响力。

二、AI赋能产业转型生态构成及逻辑分析

AI的高赋能性预示着AI将给现有产业布局带来颠覆性变革,并深刻推动核心企业的转型与发展。AI的这一特性引发了众多学者的研究兴趣,成为研究的热点领域,但也给企业界带来了实践上的挑战。

AI技术准备是AI赋能产业转型的基础。在企业与AI技术融合的进程日

益加速的今天,AI不仅逐步加深了企业与各利益相关者的联系,还显著提升了企业的运营效率,并进一步增强了企业的创新能力。因此,企业在AI技术方面的准备程度,已经成为决定其转型成功与否的关键因素。为了确保AI技术准备的有效性,首先需要企业高层的坚定支持。高层管理者的远见卓识和战略规划能够为企业的AI转型提供方向和资源。同时,基层员工的理解与参与同样不可或缺。员工的积极参与和对AI技术的正确理解,是确保AI技术顺利融入日常运营并发挥最大效能的实践基础。此外,企业还需要构建一个全面的AI技术框架,包括但不限于数据管理、算法开发、系统整合及技术伦理等方面。通过这一框架,企业能够系统地评估和提升自身的AI技术成熟度,确保在转型过程中灵活应对各种挑战。

创新路径的选择或将颠覆现有产业布局。AI赋能下的产业转型路径可分为两类。其一,"异军突起"。这是ICT巨头利用其在AI技术和数据资源方面的优势,向新能源汽车、无人驾驶等新兴应用领域扩展的路径。例如,华为将其在ICT领域30多年技术的积累和在消费电子领域的经验注入智能汽车行业,推动传统汽车产业向智能网联汽车转型。同样,美国的ICT巨头也在积极探索AI技术在应用层面的新业务机会。其二,"核心企业AI转型"。现有产业链中的核心企业通过利用其在产业技术和数据积累方面的优势,运用AI技术来提升产品功能、生产效率和管理水平,从而引领整个产业链的转型和发展。这一转型过程需要企业高层的坚定支持和具有前瞻性的决策。同时,企业不仅要与ICT企业和高等教育机构建立紧密的合作关系,以实现在AI领域的核心技术突破,还需要重组现有的业务流程,优化供应链管理,并调整与上下游供应商的协作模式。

三、国防AI生态系统构成及逻辑分析

AI军事化应用可能会打破既有国家间力量均衡,各国技术水平的差异将会大大加剧国家军事与战略竞争。透过美国"AI+国防"战略部署,AI国防创新生态系统发展可分为"数字化国防技术""数字化军队"和"AI军事伦理"三个阶段。

数字化国防技术和武器系统的建设标志着"技术对抗"在现代战争中取代了传统的"军事对抗"。AI技术正逐步描绘出全新的战争图景,其中"以人为核心"的作战体系被重新解构,智能机器和智能系统逐步取代人类作为战争的直接参与者。

以美国"AI＋国防"战略为例,"国防研发持续投入"和"数字技术广泛采用"是数字化国防技术实现的重要途径。"国防研发持续投入"专注于投资那些高风险、高回报的颠覆性技术。通过将技术投资战略与未来作战需求紧密结合,美国致力于在国防科技创新领域保持领先地位。"数字技术广泛采用"涉及对国防部门(公有部门)与商业部门(私有部门)之间合作关系的深化和重塑。通过这种合作,可以更有效地利用私营部门在数字技术领域的创新成果,加速这些技术在国防领域的应用。

在军事战争领域,AI的影响不单取决于行为主体对AI军事化应用的意识,更在于行为主体对技术应用能力的理解与掌握。

以美国的"AI＋国防"战略为例,数字化军队建设聚焦两个关键方面。一是"士兵AI化训练"。这一概念旨在利用AI执行那些士兵难以有效完成的复杂计算和分析任务,从而辅助士兵作出更加精准和高效的决策。通过AI的辅助,士兵能够更快地处理战场信息,优化战术规划,并提高对复杂战场环境的适应能力。二是"军队AI化协同作战"。这涉及技术人员、操作人员和领域专家共同构成一个完整的作战指挥部。在这个体系中,各参与主体借助先进的AI国防系统,实现公共参与和协同作战。AI系统在此过程中起到信息整合、实时分析和决策支持的作用,提升了作战指挥的效率和响应速度。

AI军事伦理的核心在于构建一个负责任的人工智能(Responsible AI,RAI)生态系统。这一生态系统在美国国防部首席数字和人工智能官(Chief Digital and Artificial Intelligence Officer,CDAO)的领导下,汇聚了政府机构、学术界、工业界、盟友及合作伙伴的共同努力。在这一生态系统中,所有参与者共同致力于RAI系统的设计、开发、部署和实施。这不仅涉及技术层面的创新和完善,更包括确保AI技术的应用与发展符合道德伦理标准,以及推进基于美国民主价值观的全球AI军事伦理规范。

"主体—目标—工具"三维框架下我国人工智能政策区域差异比较

| 赵程程

我国央地两级政府陆续出台了一系列人工智能（Artificial Intelligence，AI）政策，积极布局AI发展。为了更深入地把握央地AI政策内容，明晰不同区域AI政策布局特点，本文采用文本挖掘及内容分析方法，对中央层面11份AI政策进行量化分析，挖掘我国AI政策主体、政策工具和政策目的；基于"主体—目标—工具"三维分析框架，对地方层面84份AI政策进行量化分析，比较我国东部地区、中部地区、西部地区、东北地区AI政策在参与主体、政策目标、政策工具方面的差异性。

在数据收集上，通过北大法宝检索AI相关政策文本，检索到覆盖省市（含直辖市、副省级市和地级市）的地方性法规2条、部门规范性文件82条。参考《中国统计年鉴》，将我国行政区域划分为东部地区、中部地区、西部地区和东北地区，并对四个区域的地方性法规和部门规范性文件进行归总，如表1所示。

表1 我国地方性AI政策的区域分布

地区	东部地区 （A=2，B=43）	中部地区 （A=0，B=17）	西部地区 （A=0，B=14）	东北地区 （A=0，B=6）
行政法规A 部门规范性文件B	北京（0,2）	安徽（0,8）	甘肃（0,1）	黑龙江（0,2）
	上海（1,14）	河南（0,1）	广西（0,2）	吉林（0,2）
	福建（0,2）	湖北（0,4）	贵州（0,3）	辽宁（0,1）
	广东（1,10）	湖南（0,3）	宁夏（0,2）	内蒙古（0,1）
	江苏（0,2）	山西（0,1）	四川（0,5）	—
	山东（0,11）	—	新疆（0,1）	
	浙江（0,4）		云南（0,1）	

在研究方法上，运用crosstab交叉关联分析、Word Association词关联分

析，挖掘东部地区、中部地区、西部地区、东北地区 AI 政策参与主体角色和功能、政策目标导向、政策工具组合的差异性，具体如下。

一、从参与主体维度来看，"企业"是地方政府 AI 策动的主要对象

东部地区以龙头企业为牵动力，以平台为纽带，联合高校、科研机构等多元主体，通过建联盟、建平台、建实验室等措施，构建充满活力的 AI 生态体系。中部地区、西部地区以"引龙头"为重任，特别注重引驻国内百强企业或独角兽企业，同时鼓励高校、科研机构与企业合作，开展 AI 学科建设、技能培训、平台共建等。东北地区倾向"育本土"，引导省内优质企业、高校、行业组织、科研机构等组建产学研联盟。同时，推动军民融合协同创新，鼓励本土企业与军工企业单位多模式合作。

二、从政策目标维度来看，"技术领先"成为各地政府推动 AI 发展的首要目标

东部地区、东北地区地方政府大多并行推进多个目标，在实现 AI"技术领先"的同时，兼顾"理论突破""产业转型"和"创新体系构建"。中部地区地方的政府在一定程度上忽视了"理论突破"和"伦理安全"。西部地区的地方政府在一定程度上忽视了"创新体系"。

三、从政策工具维度来看，地方政府综合运用了供给型、需求型和环境型三类政策工具，但使用比例不均衡且内部结构不合理

各地方政府使用供给型政策工具最为频繁，尤其是人才引培和资金投入是我国东部地区、中部地区、西部地区、东北地区地方政府的常用工具，但人才和资金匹配存在一定程度的不合理性。此外，东部地区偏好运用网络基础设施建设为 AI 技术创新提供硬件基础，同时鼓励平台建设以汇聚数据资源。中部地区支持 AI 应用平台搭建，为 AI 技术场景开拓提供基础性支撑。西部地区和东北地区侧重网络基础设施建设，鼓励 AI 应用平台搭建。

在需求型政策工具中，试点示范和重大项目是我国东部地区、中部地区、西部地区、东北地区地方政府的常用工具。这反映出政策倾向于调动政府、企业和其他社会力量的积极性，以不断地研发和推广 AI 应用，促进 AI 产业的发展。但在产业化推广阶段，由于缺乏具体可行的措施，需求型政策工具未充分发挥其正向激励作用。有学者强调，政府应该加强需求型政策工具的使用，发挥产业导向作用。相比之下，政府采购这一工具使用较少，可能由于AI处于产业初期阶段，技术和伦理安全尚未得到充分保障。随着AI产业不断发展与成熟，政府将会更有效地开展需求引导，并提供具体可操作的措施。

在环境型政策工具中，目标规划和法规伦理是我国东部地区、中部地区、西部地区、东北地区地方政府的常用工具。这表明我国政府虽然已经认识到AI这一新兴产业所带来的巨大推动力和潜在风险，但配套政策支持不足，整体激励作用和安全保障力度不够。此外，东部地区和西部地区政府组织鼓励多元主体参与国内国际标准化工作，完善行业技术标准体系，同时增强AI国际话语权；并加强知识产权保护力度，优化创新环境和营商环境，进而激发市场主体的创新动力。

基于以上发现，本文提出以下几点对策建议。

第一，加大国家层面的政策制定力度，强化央地政府间合作。当前，AI政策多为各省市以《新一代人工智能规划》（以下简称《规划》）为蓝图设计的地方性政策。我国AI的发展尚处于初级阶段，各地政府处于尝试探索阶段。因而，中央政策应与时俱进，加快制定更为科学的导向性政策。同时，我国也要加强央地两级AI政策的有机承接与延续，综合运用供给型、环境型与需求型政策工具，推动政策快速落地。

第二，因地制宜，分阶段、多目标持续性推进。当前我国地方政策目的较为雷同，"技术领先"和"产业转型"成为各地政府推动AI发展的首要目标。中部地区一定程度上忽视了"理论突破"和"伦理安全"，西部地区在一定程度上忽视了"创新体系"。然而，AI"技术领先"的实现以"理论突破"为知识基石，以"产业转型"为市场反馈，以"创新体系"为造血机制，以"伦理安全"为保障措施。因此，地方政府要因地制宜，结合各地区的优势与特征，以《规划》为蓝图，分阶段、多目标并行推进政策执行，实现各地区AI特色发展。

第三，优化三类政策工具组合结构，强化需求型和环境型工具的使用。当前我国地方层面AI政策工具结构失衡，供给型工具使用较为广泛，而需求型工具和环境型工具的应用相对有限。地方政府不能过度依赖单一的政策工具，应优化三类政策工具的比例结构。例如，在强化环境型工具的应用时，组织和鼓励多元主体参与国内国际标准化工作，完善行业技术标准体系，增强AI国际话语权；同时加强知识产权保护力度，优化创新环境和营商环境，进而激发市场主体的创新动力。

探索完善先进制造业体系,加快培育新质生产力

| 宋燕飞

党的十八大以来,我国科技创新取得历史性成就,科技实力不断积累、创新能力稳步提升,进入创新型国家行列。2023年9月,习近平总书记在黑龙江考察时指出:"整合科技创新资源,引领发展战略性新兴产业和未来产业,加快形成新质生产力。""以科技创新引领现代化产业体系建设"是2023年12月召开的中央经济工作会议中九项任务中的第一项,是下阶段经济工作的重要任务,也是培育经济增长新动能的核心驱动。目前,我国正处于迈向高质量发展的关键时期,制造业正向高端化、智能化、绿色化转型,加速迈进"制造强国",先进制造业的发展起到了基础性支撑作用。探索完善先进制造业体系,加快培育新质生产力,是推动我国新型工业化高质量发展的有效动能。

一、先进制造业发展现状

1. 先进制造业

先进制造业是指制造业不断吸收电子信息、计算机、机械、材料及现代管理技术等方面的高新技术成果,并将其综合应用于制造业产品研发、制造、营销和管理全过程,从而实现"智能化+绿色化"的高效生产模式。先进制造业主要分为两类:一类是传统制造业通过吸纳先进制造技术、信息技术形成的先进制造业;另一类则是新兴技术成果产业化后形成的具有基础性和引领性的新兴产业(图1)。

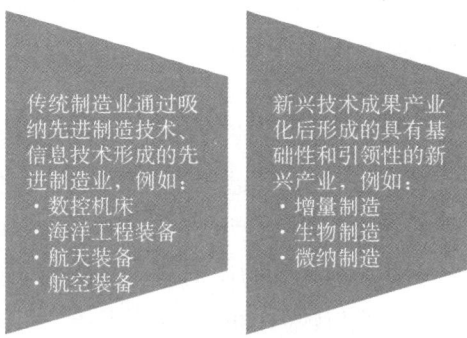

图1　先进制造业类型

2. 先进制造业集群

先进制造业集群,是指在先进技术、工艺和制造业领域,地理相邻的大量企业、机构通过相互合作与交流共生形成的复杂网络结构和产业组织形态,是产业分工深化和集聚发展的高级形式,是制造业高质量发展的主要标志。

2022年11月,我国工业和信息化部公布45个国家先进制造业集群名单,涵盖新一代信息技术、高端装备、新材料、生物医药及高端医疗器械、消费品、新能源及智能网联汽车六大领域。具体分布为:新一代信息技术领域13个集群,高端装备领域13个集群,新材料领域7个集群,生物医药及高端医疗器械领域5个集群,消费品领域4个集群,新能源及智能网联汽车领域3个集群。

从全球范围来看,具有影响力的先进制造业集群主要集中在三大制造中心,即以美国和加拿大为核心的北美洲,以德国为核心的欧洲,以中国、日本、韩国为核心的亚洲。从产业领域来看,欧美地区的高端装备制造业集群、生物医药及高端医疗器械产业集群、消费品制造业集群等基础雄厚。亚洲地区制造业集群则主要集中在新一代信息技术、新能源及智能网联汽车、新材料等新兴制造业领域。

二、与新质生产力相适应的先进制造业体系发展的制约因素

生产力的三要素包括劳动者、劳动对象和劳动资料。新质生产力是指由质变产生的具有新性质、新特征、新功能和新规律的符合新一代科技革命和生产革命要求的生产力。新质生产力代表着新技术,能够创造新价值、适应新产业、重塑新动能,是新型生产力的代表。培育和发展新质生产力是夯实全面建设社会主义现代化国家物质技术基础的重要举措。因此,高端科技人才和新型生产要素是影响先进制造业体系完善的关键因素。

1. 高端科技人才

与传统制造业对劳动者的要求不同,参与先进制造产业技术创新的劳动者应是能够利用现代技术、适应现代高端先进设备、具备知识快速迭代能力的复合型人才。高端科技人才从来都是稀缺资源,是未来产业竞争的核心,也是培育先进制造业新质生产力的关键力量。

2. 新型生产要素

生产要素资源是生产力的基础,也是形成产业竞争优势的核心。与先进制造业新质生产力相适应的新型生产要素包括硬件物质形态和创新技术资源两方

面。硬件物质形态方面,推动数字经济与实体经济深度融合,离不开新型基础设施和高端智能设备,例如虚拟现实和增强现实设备、自动化制造设备等。创新技术资源包括高效的互联网资源、人工智能及数据资产要素。如何有效利用这些新型生产要素资源,提升产业效率效能,对构建和培育新质生产力具有重要影响。

三、发展路径

1. 强化人才支撑

完善先进制造业体系,加快构建与培育新质生产力,需要构建与新质生产力发展需求相适应的人才结构,推进产业链创新链资金链人才链的深度融合。优化长效激励机制,探索更加合理全面的人才聘用和长效激励制度机制,为高素质"高精尖缺"科技人才的成长和发展提供宽松环境和广阔空间,为科研人员"减负松绑",进一步激发其创新创造活力。

2. 推动制度创新

随着我国新型工业化的不断推进,在新一轮科技革命和产业变革过程中,为加快构建与培育新质生产力,需要持续深化科技体制改革,吸收借鉴世界各国有益于生产力发展的制度创新成果,加强国际科技交流,深度参与全球创新网络,加强产业链供应链战略设计和精准施策,增强供应链稳定性,推动产业链优化升级,适配产业需求,引导企业强化科技创新主体地位。

3. 发挥资本赋能

完善先进制造业体系、培育新质生产力的关键在于技术创新,但资本市场的支持对技术创新产业化及进一步引领产业转型升级具有重要影响。资本赋能可以拓展先进制造创新企业的融资渠道,缓解企业创新活动的融资约束,实现创新资源的有效配置,为先进制造企业技术创新注入不竭动力。

数智时代生成式人工智能的科技伦理风险及应对建议[*]

| 姜 南 李鹏媛

2024年2月，OpenAI发布的文字转视频模型Sora在智能影像生成领域取得重要突破，被视为具备"世界模拟"能力。Sora在展示其应用潜力的同时，进一步提升了辨别真实视频与虚假视频的难度。2024年3月13日，欧盟议会正式通过了《人工智能法案》（Artificial Intelligence Act），标志着全球人工智能领域监管迈入全新时代，也说明欧盟在对人工智能这一颠覆性技术的监管方面走在了世界前列。随着生成式人工智能的快速发展，科技伦理风险和知识产权保护问题日益凸显，相关伦理挑战及知识产权保护成为业界研究和讨论的焦点。生成式人工智能对现有数据、算法、算力分而治之的治理范式提出了严峻挑战，网络安全、数据安全、个人信息保护、数据跨境流动等现有制度还存在不相融之处，治理范式、现有理论均存在缺失，亟须完善制度以促进产业发展。

一、生成式人工智能引发的风险

1. 信息捏造的风险

生成式人工智能在信息生成方面的强大能力导致了虚假信息的滋生。客观数据的偏差和主观需求的操控，使得生成的信息具有极高的迷惑性，对社会公众的认知构成了严峻挑战。如何有效应对信息捏造问题并保障信息的真实性和可信度，已成为当务之急。

2. 数据隐私的风险

生成式人工智能服务的普及导致用户不可避免地将个人或企业内部数据上传到相关系统中，存在较大的数据及商业机密泄露风险。2023年3月，韩国三

---

[*] 本文为中央高校基本科研业务费专项"人工智能生成物知识产权保护伦理问题及对策研究"（项目编号：2022-1-YB-23,2022-2023）的阶段性研究成果。

星集团发生了三起 ChatGPT 误用导致设备信息和会议内容泄露的事故。同年 5 月,美国科技巨头 Meta(脸书母公司)因违反《通用数据保护条例》(*General Data Protection Regulation*)被爱尔兰数据保护委员会开出 12 亿欧元的巨额罚单,创下该条例生效 5 年来罚款金额的新纪录。由此可见,生成式人工智能对数据的敏感性和影响力呼唤着对数据隐私安全性更为严格的管理和监管。

3. 信息垄断的风险

生成式人工智能的算法和数据瑕疵可能导致严重后果,且其在市场上可能形成信息垄断,增加信息甄别成本。算法的共谋和推荐可能导致企业进一步扩大垄断,甚至通过算法预警方式扼杀其他生成式人工智能企业。一旦形成信息垄断,人类将无法真正辨别生成式人工智能所产生的结果是否真实,从而加剧数字鸿沟。

4. 责任机制的风险

生成式人工智能仍然是数据驱动型产品,OpenAI 的相关协议可作为生成式人工智能治理范式的良好借鉴。基于数据生命周期对相关协议进行责任分析,发现责任承担机制不明确。过度收集数据、未明确数据挖掘原则及缺失数据共享与传输规定,给生成式人工智能产品方带来了数据合规、数据挖掘可责性等方面的挑战。

5. 知识产权的风险

生成式人工智能的高智能化程度对知识产权的归属提出了新的挑战。虽然 OpenAI 公司在 ChatGPT 的共享和发布政策(Sharing & Publication Policy)中提到生成内容归属于用户,但仍然存在一系列知识产权争议。如果研发机构在训练人工智能时未能获得训练材料提供者的充分授权,就很可能引发知识产权纠纷。

二、政策启示与建议

1. 强化生成式人工智能治理的顶层设计

(1)构建软硬法结合的规范体系

在法律法规后续的配套规定中,仍需加强安全平等理念的价值引领,建立灵活且反应迅速的治理框架。在责任承担方面,可由服务提供者承担主体责任,用户承担部分责任。建立符合训练数据性质、结构和特征的新型数据财产权制度,健全各类技术规范和技术标准。

(2) 依托政府与行业监管

上海市应当制定全面的伦理准则,或倡导发起全球领先的伦理框架。相关部门应加强行业监督,督促企业落实伦理审查及信息披露义务,根据使用场景、安全级别、私密程度、敏感程度对数据进行分类分级,并动态更新底层数据。

2. 完善生成式人工智能科技伦理审查体系

(1) 强化全生命周期审核管理

搭建涵盖人工智能算法、数据、模型的全生命周期审核管理体系。建立认知风险"识别—监测—研判—预警"机制,在事前治理上,警示潜在风险;在事中、事后治理上,精准评估技术危害,采取多样化手段最大程度减轻生成式人工智能技术异化对主体造成的不良影响。

(2) 构建算法伦理审计机制

制定清晰的算法伦理审计标准和指南,设立独立的机构负责算法伦理审计,培养具有伦理素养的技术专业人才。建立定期的审计周期,重点评估算法的决策透明度,加强个人信息保护的法律和伦理意识。

3. 推进生成式人工智能健康长远发展

(1) 健全科技伦理治理平台

通过多方参与共同讨论和解决伦理问题,定期举行会议,讨论当前热点问题,分享最新研究成果,探讨技术发展趋势。针对特定的伦理问题成立专门的工作组或专项小组,通过在线平台、公共咨询和公众论坛等方式,鼓励公众参与生成式人工智能伦理问题的讨论。

(2) 积极推动生成式人工智能的应用

引导企业将生成式人工智能应用于实际的业务场景,充分发挥上海科教资源、人才资源、产业资源丰富的地域优势,吸引和培育更多的人工智能企业和创新团队,全面跟进生成式人工智能发展趋势。

综上所述,政策的制定应该充分考虑技术创新的推动力,同时确保伦理和法律框架的健全性。通过规范、标准和监管机制,进一步平衡社会公共利益、用户和企业的权益,从而促进生成式人工智能的健康发展。

科技创新要伦理先行　生成式人工智能伦理与知识产权问题述评

| 姜　南　尹上音

2022年以来,美国人工智能公司OpenAI推出的跨时代新产品ChatGPT颠覆了传统分析式人工智能的技术路径,标志着生成式人工智能时代正式到来。生成式人工智能的飞速发展,引发了人们在法律和伦理层面的诸多思考。生成式人工智能正在成为具有一定自主道德行动能力的主体,通过识别、分析、输出信息和塑造人的观念与认知体系,可能引发"人工智能控制人类"的担忧。与以往的人工智能相比,生成式人工智能对知识产权制度的伦理冲击是史无前例的。它打破了一元主体伦理秩序,致使知识产权人本主义伦理基础和以自然人为原点建立的知识产权法律体系遭受强烈冲击,引发一系列伦理冲突和风险。"生成式人工智能的迭代式发展,离不开技术的开拓者,更离不开价值的守望者。"[1]本文即对生成式人工智能伦理与知识产权问题展开剖析,吸收各国最新实践经验,将人类的价值观和法律的目的性纳入人工智能的实现过程,使其更好地为法律服务。

一、生成式人工智能所带来的知识产权伦理风险

1. 权利主体的知识产权伦理风险

生成式人工智能能否作为知识产权主体,不仅涉及法律层面的技术安排,更触及知识产权制度以自然人为原点的伦理基础。即生成式人工智能的飞跃发展引发了对其主体资格的激烈讨论,以及对知识产权主体制度伦理基础的冲击。当前,国内外学界和司法实践依旧普遍认为知识产权主体制度设计应严格遵循以自然人为原点的伦理原则,维护既有的以自然人为主体、以法人或者其他组织为补充主体的知识产权主体制度体系。但也有论述主张以发展的眼光看待这一问题[2],认为人工智能生成物的知识产权保护与人工智能的主体资格不存在必然联系,未来既可以选择肯定其主体资格,也可以否定其主体资格,但应保证人

工智能在各个领域从事活动的主体资格标准统一。

2. 权利客体的知识产权伦理风险

不同于传统人工智能,技术的跃进导致了对高效率的无限追求和对自身惰性的过度放任。由此,人们在知识调用和内容输出时很可能会对生成式人工智能产生越来越深的依赖,从而在不知不觉中被驯化成知识的"搬运工"和机器的"传声筒",并通过不断循环进一步加剧陈词滥调的生产。长此以往,人类必将陷于话语旋涡,无法创造出具有新的高度和思想的优秀作品,导致个体意识趋同化,以及人脑思考功能的惰化甚至是退化。针对该问题,吴汉东教授指出,应结合生成式人工智能的运行机理,从产业发展需要出发,对知识产权授权标准予以必要的改良,形成专门的授权规则,即首先应将人工智能生成内容与人类智力成果相区别,仅从权利外在表现形式着手展开客观要件的考察。在此基础上,对于衍生内容作为作品之独创性,以及作为发明之新颖性和创造性的判断,则应结合生成式人工智能的技术特征,以目前通用性人工智能的数据挖掘与运算处理能力为基准予以衡量,避免授予人工智能仅通过简单的数据内容替换生成新成果及获得知识产权授权。也就是说,对生成式人工智能衍生内容的知识产权授权,应采用不同于人类智力成果的技术标准[3],当前学界主流观点多支持"实质性贡献"观点。

3. 产业发展的伦理考量

生成式人工智能强化机器学习能力离不开对既有作品的大规模获取与利用,可能涉及侵害复制权、改编权、汇编权、信息网络传播权等权利。而对于生成式人工智能的侵权责任承担,应结合具体侵权行为的发生原因进行判断。此时,应重新考虑生成式人工智能法律主体资格的伦理维度。此外,若生成式人工智能以实现机器学习功能为目的而获取和利用作品,由于没有对相关作品市场价值造成实质性影响,应获得合理使用的版权侵权豁免。因此,也亟须通过伦理衡量构建合适的生成式人工智能的版权侵权豁免制度。[4]

二、生成式人工智能伦理规制发展现状

1. 美国

美国既鼓励生成式人工智能等新技术的发展,同时也以政府命令的方式对其开展跟踪监管,采取鼓励与监管并行的伦理治理模式。2023年11月,美国参议员提出《人工智能研究、创新和问责法案》(*Artificial Intelligence Research*

Innovation, and Accountability Act of 2023）,旨在鼓励人工智能创新,建立问责制,提高人工智能应用的透明度和安全性。该法案为高风险人工智能系统制定了测试和评估标准,要求使用高风险人工智能系统的公司提供透明度报告,并授权国家标准与技术研究院发布针对特定行业应用高风险生成式人工智能的建议来对高风险生成式人工智能进行监管。

2. 欧盟

欧盟在 ChatGPT 问世前就一直在推动基于风险分层规制的人工智能伦理治理模式。2021 年 4 月 21 日,欧盟委员会提交了一份独特的、迄今为止第一份关于人工智能监管的全面法律提案,即《人工智能法案》($Artificial\ Intelligence\ Act$)。2023 年 3 月 13 日,欧洲议会投票通过了《人工智能法案》,对 ChatGPT 等生成式人工智能工具提出了新的透明度要求,这是全球首个关于人工智能的综合法律框架。法案明确了适用于所有人工智能系统的一般原则及禁止的人工智能行为,并划分风险等级,为通用人工智能模型设置专有规则,并对高风险人工智能系统提出了具体细化的要求。

3. 亚太地区

日本聚焦研发与产业化,重视伦理规范与国际合作。2016 年 6 月 6 日,日本人工智能学会伦理委员会就人工智能研究汇总了一份研究人员应遵守的指针草案;2018 年 12 月 27 日,日本内阁府发布《以人类为中心的人工智能社会原则》;2023 年 6 月,日本文化厅与内阁 AI 战略部门发布《关于人工智能与著作权的关系》解释性文件;2023 年 12 月 20 日,日本文化厅召开了第五次法律制度小委员会会议①[5],会议中明确了生成式 AI 侵犯著作权的具体场景。韩国科学技术信息通信部与韩国信息通信技术协会、信息通信政策研究院于 2023 年 12 月 12 日举行"2023 人工智能伦理政策论坛公开研讨会"。研讨会涵盖伦理、技术和教育三个方面,集中讨论了如何在法律和教育领域应用生成式人工智能的伦理问题,以及人工智能伦理影响评估体系的构建等内容。此外,研讨会还强调了韩国需要在制定《人工智能法》、评估人工智能伦理影响和推进信任认证制度方面发挥主导作用,并积极参与全球人工智能治理。

---

① 小委员会指进行更专业性讨论的预备审查机关,通常由产业结构委员会委员组成完善政策领域的委员会。如日本产业结构委员会下设若干分委员会,其中的知识产权分委员会负责知识产权相关政策和实施情况的讨论和审议。在知识产权分委员会下,还设有若干"小委员会",负责讨论和审议知识产权体系中某个具体领域的问题。

4. 中国

我国为应对人工智能新技术给法律伦理与秩序带来的冲击,发布了《新一代人工智能发展规划》并成立了国家科技伦理委员会。2023年8月15日起,国家互联网信息办公室、国家发展和改革委员会、教育部、科学技术部、工业和信息化部、公安部、国家广播电视总局联合发布的《生成式人工智能服务管理暂行办法》(以下简称《办法》)正式施行。《办法》强调提供和使用生成式人工智能服务,应当遵守法律、行政法规,尊重社会公德和伦理道德,尊重知识产权、商业道德,保守商业秘密,不得利用算法、数据、平台等优势,实施垄断和不正当竞争行为。2024年3月16日,"AI善治论坛 人工智能法律治理前瞻"专题研讨会发布了《中华人民共和国人工智能法(学者建议稿)》,总则部分开篇即提出法治与德治的结合,强调科技伦理审查的重要性。

三、生成式人工智能知识产权伦理风险应对建议

1. 坚持"以人为本"导向,修正知识产权正当性基础

明确"以人为本"的导向及背后的价值取向,将其融入知识产权法律制度的构建并将其作为基本原则。在此基础上,理顺知识产权伦理逻辑,寻求一种能够有效平衡创新激励与公共利益保障的正当性路径。

2. 加强法律法规体系化规范

我国可借鉴欧盟相关经验,在知识产权制度不同实施环节中划分不同的人工智能风险等级,确立恰当的伦理价值指引。对于风险等级最小的人工智能,要求其遵守普适性科技伦理规范即可。而对于高风险等级的人工智能,则应要求其建立伦理风险管理制度、制定技术文件。对于人工智能产业链的不同参与者,应细化义务性要求,例如,提供者应履行保障系统安全、标明相关信息等义务;基础模型提供者应确保系统满足使用要求,开展适当的系统设计、测试和分析并遵守透明度义务,采取足够的保障措施防止生成违法内容;部署者应采取适当的技术和组织措施,并开展人为监督,确保定期监测系统的稳健性和网络安全措施的有效性等。

3. 以人工智能应对人工智能,推动数据分类分级制度

进一步在数据分类分级保护制度中明确数据主体、数据处理程度、数据权利属性等方面的规定,同时建立与数据类型和安全级别相配套的数据保护标准、伦理标准与共享机制,并参与制定合理的跨境数据安全执法及知识产权保护规则,

以推动数字技术的可持续发展。

4. 借鉴多领域跨学科的伦理规制实践经验

知识产权相关制度的覆盖领域是极广泛的,只要是存在人类创造性活动的地方都存在着知识产权问题。因此,在生成式人工智能对社会各领域产生伦理冲击的当下,知识产权伦理及相关理论制度应有所改进,积极借鉴各领域(如医学、生物医药、教育、传媒等领域)的实践经验,最终完成适用于多领域的完善的生成式人工智能知识产权伦理规范的构建。

参考文献

[1] 姜野.算法的规训与规训的算法:人工智能时代算法的法律规制[J].河北法学,2018,36(12):142-153.

[2] 石冠彬.论智能机器人创作物的著作权保护——以智能机器人的主体资格为视角[J].东方法学,2018(3):147-148.

[3] 吴汉东,刘鑫.生成式人工智能的知识产权法律因应与制度创新[J].科技与法律(中英文),2024(1):8.

[4] 冯晓青,沈韵.生成式人工智能版权问题研究[J].中国版权,2023(2):20-21.

[5] 张虩.日本专利局审查质量管理小委员会的启示[J].中国科技信息,2017(18):17.

金融促进科技：知识产权"牛鼻子"为何难以抓住

| 任声策

当前，我国需要加快实施创新驱动发展战略，加快实现高水平科技自立自强，建设科技强国，因此，必须发挥金融对科技创新体系的全面、充分支持作用，不断强化科技金融体系。2022年4月，中央深改委会议审议通过《"十四五"时期完善金融支持创新体系工作方案》；同年11月，中国人民银行、发展改革委、科技部等八部门印发《上海市、南京市、杭州市、合肥市、嘉兴市建设科创金融改革试验区总体方案》，顶层设计和关键行动业已展开。2023年10月，中央金融工作会议将科技金融作为金融"五篇大文章"之首加以强调，金融支持科技创新的强度持续提升。2024年年初，国家金融监督管理总局发布了《关于加强科技型企业全生命周期金融服务的通知》，紧锣密鼓地开展行动。科技金融体系的强化，需要抓住一个枢纽，即知识产权这个"牛鼻子"。然而，当前知识产权市场体系中"牛鼻子"概率偏低，困扰着金融市场资源配置。解决这个问题，需要大幅度提高知识产权"牛鼻子"概率，反思知识产权制度体系，加强确权审查，提高授权门槛，并完善市场生态和科创生态两大制度基础设施。

一、知识产权是科技金融的"牛鼻子"

知识产权是科技金融的"牛鼻子"。要高效推动科技金融发展，须找准科技与金融的结合点，推动"科技—经济—金融"良性循环，而知识产权正是遵循市场化、法治化推动科技与金融良性互动发展的关键结合点。在金融市场上，资本具有逐利的本性，资本对风险与回报的预期是高度相关的。在创新链上，风险分布不同，这与金融市场中的资源可匹配，而匹配的枢纽正是知识产权。2023年11月，中国人民银行、科技部、金融监管总局、中国证监会四部门联合召开科技金融工作交流推进会，提出要"进一步健全国家重大科技任务和科技型中小企业两个重点领域的金融支持政策体系，组织开展科技金融服务能力提升专项行动"。

2024年1月，国家金融监督管理总局发布《关于加强科技型企业全生命周期金融服务的通知》，旨在推动银行业保险业进一步加强科技型企业全生命周期金融服务。可见，当前金融支持创新链，重点在于两个方面：一是支持重大科技项目研发；二是支持科技型企业发展，这两个方面均指向知识产权。

首先，金融支持重大科技项目研发，目的是加快实现关键技术突破，推动前沿技术进步，其成果直接体现为自主创新和知识产权，进而促进科技自立自强，形成科技优势及其背后的创新策源能力。此时，金融投入的对象是研发项目，投入的结果则是知识产权。这种知识产权必须具有更高价值，能带来更好的回报，从而吸引更多资金投入。

其次，金融支持科技型企业发展，从创业孵化到成长，再到成为领军型科技企业，目的是促进科技成果转化，加快技术创新扩散，持续开展技术研发。其成果直接体现为新技术转化为新产品，新产品不断扩大市场份额，科技企业建立持续竞争优势。此时，金融投入对象是企业，更是企业所掌握的知识产权，投入的结果是知识产权价值的市场实现。

可见，科技金融的目的一方面是创造知识产权，一方面是解放知识产权；知识产权是科技与金融的结合点，是科技金融的"牛鼻子"。

二、当前发展科技金融的挑战在于难以抓住知识产权"牛鼻子"

随着我国金融体系发展和科技创新能力发展，我国科技金融工作已取得巨大进步，围绕创新创业、科技成果转化、资本市场等逐渐形成债、股、投资、保险和担保等全方位多层次的科技金融服务体系，但是，当前金融支持科技创新的潜力远未得到充分释放，进一步发展科技金融工作挑战巨大，其核心是难以抓住知识产权"牛鼻子"。

之所以难以抓住知识产权"牛鼻子"，是因为在当前的知识产权市场中知识产权"牛鼻子"出现的概率低，更多的则是"纸鼻子""羊鼻子"，甚至是"沙鼻子""实（心）鼻子"。理论表明，当一个市场中充斥着劣质商品时，高质量商品就会从市场中消失，市场会萎缩甚至消失，有效市场难以形成。因而，在当前知识产权市场体系中，投资人通常只能退而求其次，从知识产权的出处，即靠谱的科学家那里寻找"牛鼻子"。

知识产权"牛鼻子"之所以为"纸鼻子"，是因为大量的知识产权只是一纸证明，其权利的有效性如一层窗户纸，一捅即破。大量事实表明，当前专利体系中产生的很多专利很容易被无效。

知识产权"牛鼻子"之所以为"羊鼻子",是因为大量知识产权创新高度宽带狭小,一件发明专利很可能是同比例缩小版,保护范围狭窄,实际价值低。这样的知识产权就是缩小版"牛鼻子",实则是"羊鼻子",没有了"牛鼻子"后的那股"牛劲"。

少量的知识产权"纸鼻子""羊鼻子"并不会明显降低寻找知识产权"牛鼻子"的难度,但当其比例过高时,知识产权市场的效率必然受到威胁,知识产权的估值和交易变得困难,金融推动科技创新的基础遭遇动摇。

三、推进科技金融的根本在于提升知识产权"牛鼻子"可见度

因此,进一步推进科技金融的基础是凸显知识产权"牛鼻子",大幅提升知识产权市场中知识产权"牛鼻子"的概率。这需要分析当前知识产权市场中知识产权"牛鼻子"出现概率偏低的原因,反思知识产权制度体系。知识产权制度作为人类进步历程中的一个伟大发明,是为促进创新而诞生的,是市场经济的产物。然而,知识产权制度在发展中一直存在争议。例如,《创新及其不满:专制体系对创新与进步的危害及对策》(*Innovation and Its Discontents: How Our Broken Patent System Is Endangering Innovation and Progress*, *and What to Do About It*)一书指出,由于美国联邦巡回上诉法院成立,美国专利商标局不再从政府处获得运行经费等改革,美国专利申请量上升、质量下降,诉讼量剧增,损害了美国创新和生产率发展。这表明知识产权体系的发展需要把握好度,与国情现实相匹配。我国知识产权制度体系不断完善,创新能力不断增强。数据显示,截至2023年年底,我国国内(不含港澳台地区)发明专利拥有量达401.5万件,成为世界上首个国内有效发明专利数量突破400万件的国家。在这一背景下,我国须反思知识产权"纸鼻子""羊鼻子"问题。我国已持续打击非正常专利申请行为,在一定程度上遏制了知识产权"纸鼻子""羊鼻子"问题,但非正常专利申请行为并非导致知识产权"纸鼻子""羊鼻子"产生的主要原因,更重要的是要反思知识产权审查确权体系。如果审查过程不够严格,容易让不符合要求的专利获得授权,容易被无效;如果门槛要求不够高,则容易让小创新获得授权,实际意义小。

提升知识产权"牛鼻子"可见度,基本对策是提升知识产权市场中知识产权"牛鼻子"的密度。一方面,要通过完善知识产权申请确权体系审查淘汰大量不

合格的专利申请,大幅降低知识产权"纸鼻子""羊鼻子"的出生率。另一方面,要促进知识产权本质作用回归,引导对知识产权在各种评价中的滥用做减法,打击非正常专利申请,降低知识产权"纸鼻子""羊鼻子"的备孕率。

提升知识产权"牛鼻子"可见度,更基本的是建设好市场生态和科技创新生态。首先,营造健康的市场生态。因为科技金融不是"科技＋金融",其背后是市场的力量。在健康的市场生态中,创新能带来竞争优势,竞争激励创新,金融必然支持真正的创新者,不同的金融产品和服务会与创新链的不同环节双向奔赴。此时,知识产权制度的策略性运用减少,科技金融的知识产权"牛鼻子"得以归位。其次,完善科技创新生态。在健康的科技创新生态中,真正的科技贡献是评判科技成果的核心标准,也是创新者追求的核心目标,知识产权创造只是实际科技贡献的伴随品,此时知识产权"牛鼻子"自然而生。

总之,强化科技金融体系,加强金融对科技创新体系的全面充分支撑,知识产权是"牛鼻子"。当前,知识产权体系中"牛鼻子"概率偏低,知识产权"纸鼻子""羊鼻子"比例过高,制约了科技和金融的高效结合。因此,必须加快净化知识产权市场,大幅度提高知识产权"牛鼻子"概率,显著降低知识产权"纸鼻子""羊鼻子"比例,反思并改造知识产权体系,构建有效的知识产权市场。当然,更深层次的优化在于完善市场生态和科创生态两大制度基础设施,当前特别需要警惕二者的不进则退问题。

国有企业数字化转型的现状、挑战和建议

| 宋燕飞

党的十八大以来,习近平总书记以高瞻远瞩的发展眼光和坚如磐石的战略定力,牢牢把握数字化、网络化、智能化发展趋势,为引领中国经济从高速增长阶段转向高质量发展阶段指明了前进方向、提供了根本遵循。随着科技不断进步与全球经济结构调整,2024年中国数字经济发展迎来前所未有的新机遇。国有企业作为国民经济的主导力量和社会主义经济的重要支柱,其数字化转型已成为推动中国数字经济发展、实现产业升级和高质量发展的重要引擎。在数字经济发展推动下,数字化赋能国有企业将实现更加高效、智能、可持续的发展,为中国数字经济的蓬勃发展贡献更大的力量。

一、国有企业数字化转型相关政策

我国数字经济保持快速增长态势,数字经济规模持续扩大,对经济增长的贡献率不断提升。国有企业作为国民经济的主导力量,其数字化转型不仅关乎企业自身发展,更对推动整个国民经济的数字化转型具有重要意义。近年来,国家陆续出台了相关政策支持国有企业数字化转型,主要文件及相关内容如表1所示。

表1 近年来国有企业数字化转型文件及相关内容

时间	机构	名称	相关内容
2023年6月	中办、国办	《国有企业改革深化提升行动方案(2023—2025)》	优化国有经济布局,加快建设现代产业体系;完善国有企业科技创新机制,加快实现高水平自立自强;强化国有企业对重点领域保障,支撑国家战略安全;以市场化方式推进整合重组,提升国有资本配置效率;推动中国特色国有企业现代化公司治理和市场化经营机制长效化;健全以管资本为主的国资监管体制;营造更加市场化、法治化、国际化的公平竞争环境;全面加强国有企业党的领导和党的建设

（续表）

时间	机构	名称	相关内容
2023年2月	中共中央、国务院	《数字中国建设整体布局规划》	数字中国建设按照"2522"整体框架布局，即夯实数字基础设施和数据资源体系"两大基础"，推进数字技术与经济、政治、文化、社会、生态文明建设"五位一体"深度融合，强化数字安全屏障和数字技术创新体系"两大能力"，优化数字化发展国内国际"两个环境"
2021年3月	国资委	《关于发布2020年国有企业数字化转型典型案例的通知》	遴选出100个国有企业数字化转型的典型案例，涵盖不同行业和领域，展示了国有企业在数字化转型方面的最新实践和成效，以便各国有企业学习借鉴，深入推动数字化转型工作
2020年8月	国资委	《关于加快推进国有企业数字化转型工作的通知》	对国有企业数字化转型工作作出全面部署：提高认知，深刻理解数字化转型的重要意义；加强对标，着力夯实数字化转型基础；把握方向，加快推进产业数字化创新；技术赋能，全面推进数字产业化发展；突出重点，打造行业数字化转型示范样板；统筹部署，多措并举确保转型工作顺利实施

二、国有企业数字化转型现状及面临的挑战

企业数字化转型价值主要体现在助力企业降本增效、优化业务价值链、为企业创造新的产业模式及重塑企业生产力等多个方面。当前我国国有企业在关键经济领域的数字化转型的活跃度与成熟度逐渐提升，能够较充分认识到做好数字化转型工作的重要性和紧迫性，并积极推进数字化转型工作，取得了一定成效。然而，仍有部分企业在数字化转型过程中面临诸多挑战。例如，战略层面转型目标不清晰、组织层面缺乏有效抓手、技术层面数据要素作用未能有效释放及资源层面投入效率有待提升等。

1. 战略层面转型目标不清晰

数字化转型目标不明确是企业数字化转型失败的最主要原因。如果没有清晰的数字化转型目标体系，企业转型过程中会受到各方因素制约，导致企业数字化转型失败。当前，国有企业数字化转型过程中普遍存在战略目标不明确的问

题,战略层面决策缺乏全面、及时、准确的客观数据支持,进而导致对竞争态势和目标市场判断失误,价值效益难以显现。

2. 组织层面缺乏有效抓手

国有企业体量较大,在数字化转型实践过程中可能存在"船大难掉头"的问题,牵一发而动全身。集团内各企业间跨部门协作有一定难度,决策链条较长,参与主体较多,组织层面缺乏有效的集团管控抓手,导致转型决策效率较低。

3. 技术层面数据要素作用未能有效释放

受制于传统硬件技术设备的局限,以及国有企业特别是央企数据安全的敏感性,数据难以实现标准化、规模化,在流通方面也存在一定难度,无法低成本与其他系统互通。因此,数据要素驱动的作用未能充分发挥和释放。

4. 资源层面投入效率有待提升

国有企业在数字化转型过程中需要投入大量的资金和人力来建设数字化基础设施,以及推动数字化技术落地和应用。但目前许多企业的数字化基础较为薄弱,难以满足转型需求。另外,人才培养和引进的激励机制无法满足数字化转型在人力资源方面的新需求,国有企业在资源投入层面的效率有待进一步提升。

三、国有企业数字化转型建议

1. 对标典型实践

在企业数字化转型的过程中,涌现出多个转型成功实践。国有企业在数字化转型过程中应保持开放心态,学习行业先进案例,获得数字化转型的成功经验。观察其他典型实践能够帮助国有企业应对转型中的挑战,激发国有企业内部创新思维和动力,增强国有企业内部对转型成功的信心,减少转型过程中变革带来的不安感和抵触情绪。

2. 完善评估体系

2024年6月,国家标准《信息技术服务 数字化转型 成熟度模型与评估》(GB/T 43439—2023)正式实施。该标准是我国数字化转型领域一项重要的通用性标准,对于引导企业利用数字技术优化服务流程、提升服务质量及加速整体业务数字化转型具有深远意义。国有企业在数字化转型过程中所面临的问题不尽相同,数字化转型重点也不一样。因此,国有企业在实施数字化转型之前或实施数字化转型过程中对自身数字化转型成熟度进行评估,能够明确企业当前所处数字化发展阶段,厘清转型关键因素及影响转型推进的因素,进而采取相应措施,提高转型效率。

3. 把握未来趋势

数字化技术的发展日新月异。国有企业在推进数字化转型过程中需要持续对新兴市场趋势保持敏感。未来绿色经济、数据经济和年轻一代的消费需求将会为市场带来新的机遇。只有把握好未来发展趋势,利用数字化技术给国有企业带来效益,提升企业生产力,促进创新,才能保证国有企业在数字经济新赛道上持续高质量发展。

专精特新中小企业数字化转型难点与对策

| 宋燕飞

党的二十届三中全会提出"构建促进专精特新中小企业发展壮大机制"。习近平总书记提出:"中小企业联系千家万户,是推动创新、促进就业、改善民生的重要力量。"中小企业是国民经济和社会发展的生力军,在稳增长、促改革、调结构、惠民生、防风险中发挥着重要作用。专精特新中小企业是指在某一专业领域具有较强创新能力和市场竞争力的中小企业,其与一般的创新型中小企业相比更注重专业化、精细化、特色化和新颖化。自 2011 年专精特新概念首次被提出以来,国家和地方政府出台了一系列政策支持专精特新中小企业的成长和发展,这些政策成为推动专精特新中小企业高质量发展的重要举措,取得了积极成效。截至 2024 年 6 月底,我国已累计培育专精特新中小企业超 14 万家,其中专精特新"小巨人"企业 1.2 万家。

专精特新中小企业作为我国经济的重要组成部分,在经济增长、创新激活、就业吸纳、人才培养等方面发挥着不可替代的作用,是推动我国产业不断转型升级、构建新发展格局的重要力量。然而,随着信息技术和数字经济不断发展,专精特新中小企业在数字化转型过程中面临着诸多难点和挑战,如何有效破解这些难题,成为推动其进一步高质量发展的关键。

一、专精特新中小企业数字化转型难点

1. 生存压力大,转型意愿不强

专精特新中小企业在资金融通和使用方面的需求较为迫切,需要将大量资金投入研发、生产、营销等方面。在当前全球经济增长整体放缓的大环境中,企业生存压力普遍加大,投资意愿受到冲击。大多数专精特新中小企业更加关注短期财务回报,对数字化转型的长期效益认识不足,导致转型意愿不强。此外,由于数字化转型需要较大的初期投入,且效果显现周期较长,许多专精特新中小企业因资金压力对数字化转型望而却步。

2. 行业覆盖广，转型需求各异

专精特新中小企业分布在各行各业，不同行业的企业在数字化转型的场景、范围和深度上存在显著差异，且普遍处于较为复杂和不稳定的市场竞争环境中。这种差异性和不稳定性使得企业难以形成统一的转型模式和解决方案，增加了转型的难度和成本。同时，中小企业规模较小，难以承担高昂的定制化开发费用，导致其转型需求难以得到满足。

3. 转型资源差，内部关系复杂

专精特新中小企业普遍面临人才、资金及数字化转型技术和支持等资源缺乏的困境。专精特新中小企业在数字化转型过程中缺乏专业的技术团队和人才支持，难以独立完成复杂和长期的转型进程。同时，由于市场上缺乏针对中小企业的有效供给和适用产品，中小企业在转型过程中难以获得必要的资源和服务。另外，许多专精特新中小企业的管理较为粗放，缺乏系统化的管理思维，内部关系错综复杂，利益交织，难以开展有效的转型工作。

二、专精特新中小企业数字化转型对策

1. 强化政策引导和支持，打造行业标杆

加大对专精特新中小企业数字化转型的政策支持力度，通过财政补贴、税收优惠、贷款贴息等方式降低企业转型成本。同时，建立健全数字化转型服务体系和平台，推动服务网络互联互通，为专精特新中小企业提供咨询、培训、技术支持等全方位的数字化转型个性化定制服务，满足不同企业的转型需求。加强行业标准的制定和推广，引导企业按照统一的标准进行数字化转型。同时，打造一批数字化转型的标杆企业和典型案例，通过示范引领和经验分享带动更多专精特新中小企业开展数字化转型工作。通过举办论坛、展览等活动加强数字化转型宣传推广力度，提高全社会对数字化转型的认识和重视程度。

2. 推动产业链协同转型，降低转型成本

鼓励和支持行业内数字化基础较好的龙头企业和产业链核心企业开展数字化集成应用创新、构建产业链协同平台，牵引上下游配套专精特新中小企业开展"链式融合转型"。通过打造供应链协同平台，实现与上下游企业在供应计划、生产过程等方面的密切配合，带动相关企业共同转型；组织专精特新中小企业实现网络化协同生产，提升产能利用率和盈利能力，进一步降低专精特新中小企业数字化转型及应用成本。

3. 加强人才培养和引进，优化管理流程

数字化转型的关键是人才和管理模式。专精特新企业的人才需求较为特殊，需要具备专业技能、创新精神、团队协作等方面能力的人才，但当前这类人才的供给相对不足，人才匹配难度较大。因此，专精特新中小企业应进一步加大高层次复合型人才的引进力度、丰富培养模式，通过与高校和科研机构建立合作关系，共同开展技术研发和内部人才培训等多种方式，提升员工的数字化技能。此外，政府也应出台相关政策支持企业引进高层次人才和团队。同时，专精特新中小企业应优化管理流程和组织结构，打破部门壁垒和"信息孤岛"，实现数据的全面流通和共享。通过引入先进的管理理念和方法，提升企业的管理水平和运营效率，加强内部沟通和协作机制建设，从而确保数字化转型工作的顺利推进。

《信息技术服务 数字化转型 成熟度模型与评估》解读及应用分析

| 宋燕飞

近年来,各行业数字化转型如火如荼,那么转型程度到底如何?转型效率如何?企业在数字化转型过程中所面临的问题不尽相同,数字化转型重点也不一样。因此,企业在实施数字化转型过程中对自身数字化转型成熟度进行评估,能够明确企业当前所处数字化发展阶段,厘清转型关键因素及影响转型推进的因素,进而采取相应措施,提高转型效率。2024年6月,《信息技术服务 数字化转型 成熟度模型与评估》(GB/T 43439—2023)(以下简称"标准")正式实施[1]。该标准是我国数字化转型领域一项重要的通用性标准,对于引导企业利用数字技术优化服务流程、提升服务质量及加速整体业务数字化转型具有深远意义。

一、数字化转型发展历程

数字化转型与数字经济的发展密不可分。数字经济最早由唐·塔斯考特(Don Tapscott)提出,他将以数字方式呈现的信息流称为数字经济,随后该概念逐步被用来形容由信息技术引发的企业、科技、经济和社会变革。随着专家学者对数字经济的密切关注和深入研究,其探索方向逐渐由数字经济本身转向信息技术对人类社会经济带来的系统性、颠覆性影响和变革,其中广受学者和企业专家关注的就是数字化转型。

21世纪之前,随着计算机的普及,信息技术通过网络连接,以搜索引擎为代表的互联网企业成为数字化转型的探索者。进入21世纪,以"共享"为理念的"共享经济"不断发展,数字经济在服务业中的渗透速度不断加快。在此期间,为进一步实现"共享",制造业和服务业深度融合,数字技术相关基础设施和硬件产品不断完善。随着大数据、云计算、人工智能技术持续发展,企业分析数据和应用数据的能力不断增强,"平台经济"成为最新发展趋势,围绕平台形成了众多数字产业生态,实体经济和数字经济进一步融合发展。

二、标准解读

标准中确立了数字化转型的成熟度模型构成，规定了成熟度等级要求，并描述了对应的成熟度评估方法。

1. 数字化转型成熟度等级

数字化转型成熟度分为五个等级，自低向高分别为一级、二级、三级、四级和五级。数字化转型成熟度等级中的各级特征如下。

（1）一级：组织应具备转型意识，开始对实施数字化转型的基础和条件进行规划，在运营、生产、服务等业务领域基于内外部需求开展数字化转型探索工作。

（2）二级：组织应对数字化转型的组织、技术、数据和资源进行规划，完成局部业务的数据收集、整合与应用，初步具备基于数据的运营和优化能力。

（3）三级：组织应具备数字化转型总体规划并有序实施，完成关键业务的系统集成和数据交互，在运营、生产和服务领域实现基于数据的效率提升。

（4）四级：组织应将数据作为支撑运营、生产和服务关键领域业务能力提升优化的核心要素，构建算法和模型为业务的相关方提供数据智能体验。

（5）五级：组织应基于数据持续推动业务活动的优化和创新，实现内外部能力、资源和市场等多要素融合，构建独特生态价值。

2. 数字化转型能力域

标准提出数字化转型成熟度能力域包括七方面：组织、技术、数据、资源、数字化运营、数字化生产及数字化服务。

（1）组织：涉及组织建设、转型战略、流程管理和变革管理，关注组织结构、战略规划、流程优化及变革的领导与管理。

（2）技术：包括研发管理、技术创新和信息安全，关注技术的研发、创新应用及保障信息安全。

（3）数据：由业务数据化、数据管理、数据资产和数据业务化构成，涉及数据的收集、管理、资产化和业务化应用。

（4）资源：包括基础设施、应用支撑资源、资金和知识，关注资源的配置、管理和优化使用。

（5）数字化运营：涉及数字化营销、数字化财务和数字化供应链，关注运营过程中的数字化应用和优化。

（6）数字化生产：包括产品设计、工艺设计、计划调度、生产作业、质量管控、设备管理和仓储配送，关注生产过程中的数字化技术应用和管理。

（7）数字化服务：包括服务产品、服务交付、服务能力和服务运行，关注服务的数字化创新和交付。

3. 数字化转型成熟度评估及判定方法

数字化转型成熟度评估流程包括预评估、正式评估和发布评估结果。

在预评估阶段，评估方会对受评估方提交的申请资料进行审核，根据受评估方申请的评估等级和其他影响因素判断是否受理评估申请，并围绕受评估方的需求，了解受评估方数字化转型建设基本情况等。在正式评估阶段，评估方和受评估方须先确认评估计划安排，进而通过适当的方法收集并验证相关证据。最后，对照评估准则，将采集的证据与其满足程度进行对比形成评估发现，并进行打分，最终形成评估报告。在完成评估活动后，评估组应将评估结果与受评估方代表进行通报，并由评估组确认最终结果。

当评估对象在某一成熟度等级下的成熟度得分超过评分区间的最低分视为满足该成熟度等级要求；反之，则视为不满足该成熟度等级要求。在计算数字化转型成熟度总分时，已满足的成熟度等级的成熟度得分取值为1，不满足的成熟度等级的成熟度得分取值为该成熟度等级的实际得分。如表1所示，结合成熟度等级实际得分S，判断企业当前所处的成熟度等级。

表1　分数与成熟度等级对应关系

成熟度等级	对应评分区间
五级	$4.8 \leqslant S \leqslant 5$
四级	$3.8 \leqslant S < 4.8$
三级	$2.8 \leqslant S < 3.8$
二级	$1.8 \leqslant S < 2.8$
一级	$0.8 \leqslant S < 1.8$

三、应用分析

标准给出了一套描述企业数字化转型成熟度的方法论，适用于数字化转型的战略制定、业务规划和工作实施，以及对转型过程开展成熟度评估，为评价企业数字化转型当前成效提供依据和工具。

1. 集团公司

（1）规模化应用：大型集团通常具有更复杂的业务结构和更大的规模，因此可以利用标准来协调和统一各个子公司或部门的数字化转型工作。

（2）需求识别和战略规划：集团公司的需求较为复杂，应用标准可以帮助集团识别数字化转型需求，进而辅助集团制定长远战略规划，包括投资决策、资源配置和业务重组等。

（3）风险管理：集团公司在数字化转型过程中可能面临更多的风险。标准的应用可以帮助它们更好地识别和管理转型风险。

2. 中小企业

（1）快速响应：中小企业通常需要更快地响应市场变化，标准可以帮助它们快速地进行自我评估和制定转型计划。

（2）资源优化：中小企业通常资源有限，标准可以帮助它们更有效地利用有限的资源，实现最佳转型效果。

（3）增强竞争力：通过标准的应用，中小企业可以提升其产品和服务质量，增强竞争力。

3. 独角兽企业

（1）稳固地位和保持领先：独角兽企业作为行业内的先行者和领导者，可以应用标准来保持其数字化领先地位。

（2）创新加速：应用标准来加速其数字化创新过程，包括产品创新、服务创新和业务模式创新等。

（3）扩大影响力：通过应用标准，独角兽企业可以扩大其影响力，面向上下游数智协同融合发展，进一步提升企业生态能级。

参考文献

[1] 国家市场监督管理总局,国家标准化管理委员会.信息技术服务 数字化转型 成熟度模型与评估:GB/T 43439—2023[S/OL].北京:中国标准出版社,2023:1-25[2024-06-01]. http://c.gb688.cn/bzgk/gb/showGb?type=online&hcno=E53380EC54007AB717483765BB32A93E.

完善数据安全治理体系 推动企业数据资产化发展

| 徐 涛 沈超平 洪 钢

近日,微软视窗系统及微软的其他部分应用和服务发生大规模宕机,影响850万台使用视窗操作系统的设备,造成多国航空、金融、医疗、酒店等行业无法正常运转[1]。尽管微软宕机事件未对中国的设备和系统造成实质性影响,但这一突如其来的"数字灾难"也为我国信息技术和数据安全敲响了警钟。在网络信息技术迅速发展及数据资产化不断发展的背景下,如何保障信息技术和数据安全至关重要。

一、数据安全治理体系缺失成为制约企业数据价值实现的短板

在数字经济时代,数据作为一种核心资产,具有巨大的潜在价值[2]。然而,若缺乏完善的数据安全治理体系,不仅难以充分挖掘和利用数据价值,反而会面临诸多风险和挑战。

首先,数据安全治理体系缺失会导致数据泄露和丢失风险增加。企业收集和存储的大量数据中,包含商业机密、客户信息和敏感数据等。研究指出,我国大部分中小企业采取的数据保护措施仅限于安装杀毒软件和防火墙,在数据安全防护能力方面存在严重不足[3]。如果没有健全的安全治理体系,数据在传输、存储和处理过程中极易遭受黑客攻击、内部人员违规操作或意外丢失。这不仅会直接造成经济损失,还可能严重损害企业声誉和客户信任。

其次,数据安全治理体系的缺失使企业难以合规运营。当前,各国针对数据保护和隐私的法律法规日益严格,如欧盟的《通用数据保护条例》(General Data Protection Regulation,GDPR)和我国的《中华人民共和国数据安全法》和《中华人民共和国个人信息保护法》。企业若没有建立符合法规要求的数据安全治理体系,将面临巨额罚款和法律诉讼风险。这些法律风险不仅增加了企业的合规成本,还可能导致企业在市场竞争中处于不利地位[4]。

最后，数据安全治理体系的缺失会阻碍数据共享和创新。在安全保障不足的情况下，企业数据难以与合作伙伴、供应链上下游及其他外部机构进行安全共享和协作。"数据孤岛"的产生将限制了数据的跨部门、跨企业流动，阻碍了数据驱动的创新和商业模式的探索。

二、数据安全治理体系的构建是企业数据资产化的重要保障

大数据、人工智能和物联网等前沿技术的广泛应用，进一步加速了数据资产化进程，保障数据资产安全也成为企业发挥数据价值的关键。结合全面质量管理理论中的"人机料法环"五个要素，本文提出构建企业数据安全治理体系的关键要点。

1. 加强数据安全意识教育和专业人才培养

影响数据安全的首要因素是人力资源的安全意识和技能水平。企业应定期开展数据安全培训，提高员工对数据安全的认识，增强员工在日常操作中的安全意识。同时，企业要引进和培养专业的数据安全人才，建立专门的数据安全管理团队，确保在技术和管理层面都有足够的专业支持。通过强化员工的安全意识和技能，企业可以有效减少人为因素导致的数据安全风险。

2. 引入先进的数据安全技术和设备

随着信息技术的不断发展，黑客攻击手段也在不断升级。因此，企业需要不断更新和升级安全技术，以应对复杂多变的安全威胁。具体而言，企业可以采用数据加密、访问控制、防火墙、入侵检测和防御系统等先进技术，构建多层次的技术防护体系。此外，企业还应部署数据备份和恢复系统，确保系统在数据丢失或损坏时能够迅速恢复，减小业务中断的影响。通过引入先进的技术设备，企业可以显著提升数据安全防护能力。

3. 注重数据资源的分类和管理

数据安全治理体系的有效实施依赖于对数据资源的精细化管理。企业应根据数据的重要性和敏感性，对数据进行分类分级管理，并制定相应的保护措施。例如，对核心数据和敏感数据应实施严格的访问控制和加密措施，确保这些数据在传输和存储过程中不被泄露或篡改。同时，企业应建立完善的数据管理制度，保障数据在整个生命周期内的安全性和可控性。通过精细化的数据管理，企业可以有效保障数据资源的安全。

4. 建立健全的数据安全管理制度和流程

制度和流程是数据安全治理体系的基础,企业需要制定系统化的数据安全政策和操作规程,确保各项安全措施的有效实施。具体而言,企业应明确数据安全管理的责任和权限,制定数据访问控制策略和审计机制,建立应急响应和灾难恢复计划,并定期开展安全评估和演练。通过制度化和流程化的管理,企业能够确保数据安全工作有章可循,有效防范和应对各种安全风险。

5. 构建良好的数据安全生态

企业数据安全不仅需要内部治理,还需要与外部生态协同配合。企业应积极参与行业数据安全标准的制定和推广,借鉴国际先进经验,提升自身的数据安全管理水平。同时,与合作伙伴、供应链上下游及相关方建立数据安全合作机制,确保数据在跨企业、跨部门流动中的安全性。此外,企业还应加强与政府监管机构的沟通和合作,确保数据安全管理符合相关法律法规的要求。通过构建良好的数据安全生态,为企业数据安全的提供全方位保障。

参考文献

[1] 新华社. 大规模宕机影响全球 850 万台微软视窗系统设备[EB/OL]. (2024-07-21)[2023-08-23]. http://www.news.cn/world/20240721/04f9d14bbe0b42bea71ed313ee54a286/c.html.

[2] 徐涛,尤建新,曾彩霞,等. 企业数据资产化实践探索与理论模型构建[J]. 外国经济与管理,2022,44(6):3-17.

[3] 达钰鹏. 中小企业数据安全治理体系研究[J]. 网络安全和信息化,2022(9):53-60.

[4] 杨玉春. 数字化转型中的数据安全合规与风险防控研究[J]. 工业信息安全,2023(5):44-50.

全国一体化数据市场建设的现状、挑战与实施路径

| 姜　南　马艺闻

随着数字经济的蓬勃发展,数据已成为各国的重要战略资源和关键生产要素。数据要素价值的充分释放和数据安全高效流通,关系到我国在大数据时代的总体布局。随着国家在数据市场建设上的不断推进,全国一体化数据市场有望成为推动我国数字经济发展的重要引擎。当前,我国数据交易总体规模增长迅速,且在数据存量、数据增量、数据总量和潜在市场等方面具有天然的规模优势和巨大的发展潜力。市场是全球最稀缺的资源之一,拥有超大规模且极具增长潜力的数据市场是我国发展的巨大优势和应对变局的坚实依托。

党的十八大以来,习近平总书记多次对建设全国统一大市场作出重要指示。党的十八届三中全会、十九大和十九届五中全会均对此作出相应部署。2022年中共中央、国务院印发的《关于加快建设全国统一大市场的意见》和党的二十大都进一步强调要构建全国统一大市场,全国统一大市场的建设旨在建立市场基础制度统一、设施联通、资源市场高水平一体化的综合市场体系。数据市场作为全国统一大市场的有机组成部分,主要面向数据资源和资产的合理流通和配置。2023年国家数据局、中央网信办、科技部等十七部门印发的《"数据要素×"三年行动计划(2024—2026年)》及党的二十届三中全会明确提出建设全国一体化数据市场,以促进我国数据资源的合理流通与高效利用。我国数据市场进入全新发展阶段,全国一体化数据市场建设受到广泛关注。下面将围绕全国一体化数据市场建设现状、面临的机遇与挑战,以及未来发展的优化路径展开讨论。

一、全国一体化数据市场的发展现状

当前,我国一体化数据市场的发展现状可以用"迅速崛起、潜力巨大、挑战严峻"来概括。全国一体化数据市场正处于快速发展阶段,市场规模不断扩大。各

地方政府积极推动数据交易和数据共享平台等数据基础设施的建设和运营，部分地区已初步形成跨部门、跨行业的数据流通机制。《2023年中国数据交易市场研究分析报告》预计，到2025年我国数据交易市场的规模有望增至2 046亿元。上海数据交易所、弗若斯特沙利文（北京）咨询有限公司、头豹信息科技南京有限公司、大数据流通与交易技术国家工程实验室等机构也联合预测2021—2025年中国数据市场交易规模的复合年均增长率将达到34.9%，远高于全球和亚洲水平。截至2023年年末，全国场内数据交易平台已超过50家。数据交易机构的分布从早期以南方地区为主，逐渐向北方地区扩散，日益形成辐射全国的布局结构，为数据交易提供了规范化平台，有助于促进数据资源的合法合规流通。由此可见，未来几年数据市场规模将持续高速增长，显现出全国一体化数据市场的快速扩张与强劲增长潜力。然而，在高速发展的同时，我国一体化数据市场仍面临诸多挑战，包括数据确权、数据定价、市场信息不对称和数据交易壁垒等。为此，仍须进一步完善制度体系、推动技术创新和提高市场透明度，以充分发挥我国一体化数据市场的巨大潜力。

二、全国一体化数据市场的现实挑战

全国一体化数据市场的建设是我国推进要素市场化改革、激发数据要素价值、实现新质生产力的重要举措之一，不仅要解决传统要素市场中的资源分配问题，还需要通过技术手段推动数据要素的流动与利用。与此同时，数据作为与土地、资本等传统要素不同的新型生产要素，具备流动性强、无形化等特征，这也为全国一体化数据市场的建设带来了更复杂的挑战。

1. 全国一体化数据市场互联互通水平不足

全国一体化数据市场的构建不仅需要解决单个平台内的数据交易问题，还须打破不同平台和地区间的数据交换壁垒，实现跨区域、跨平台、跨领域的数据互联互通与有效流动。然而，当前我国数据交易机制尚未形成统一规则与标准，数据权属、数据定价和数据流动共享方面存在一系列技术瓶颈、现实困境和制度障碍。数据质量不高、数据跨地区和跨平台壁垒、数据交易信息模糊及市场信息不对称等问题不仅限制了数据的流通效率，还影响了我国一体化数据市场的整体运作。现阶段，我国不同地区和不同数据交易平台之间的交易模式、交易规则、技术标准、数据格式和传输协议尚未统一，数据市场尚未实现真正意义上的互联互通。由于数据交易实践中存在数据技术手段等客观限制，部分数据在跨平台和跨地区共享与交易的互操作性方面存在较大的流动障碍，制约了全国一体化数据市场的整体发展。

2. 存在数据交易信息不对称现象

现实数据交易场景中，数据权属界定是影响数据市场流动与交易效率的核心问题之一。由于数据不同于传统实物商品，数据的无形性、可复制性及重复使用性，使得其在产权分配上缺乏清晰的法律框架，在交易过程中面临产权界定的难题。尽管《数据二十条》提出了"三权分置"的原则，对数据所有权、使用权、收益权做了分类确权。但在数据市场的实际活动中，数据交易权属纠纷依然频繁发生。产权界定不清晰和产权保护规则缺乏，使数据市场参与者在交易过程中面临较高的法律风险，数据交易的安全性和可信度也受到一定影响，阻碍了我国一体化数据市场的进一步发展。此外，数据市场中的不完全契约现象广泛存在，在跨平台、跨区域和跨行业的数据流通场景下显得尤为突出。交易主体之间信息不对称，难以在事前完全明晰数据的真实质量、完整用途和应用价值、权属和收益分配等问题，这进一步加剧了全国一体化数据市场建设和发展的不稳定性和不确定性，导致市场参与者之间的合同履行、权责划分不清，有关部门对数据市场的监管治理面临现实困境。

3. 数据定价机制不明

数据估值定价是全国一体化数据市场高效运作的关键。然而，目前我国数据市场缺乏统一、科学的定价标准，数据定价机制仍处于发展阶段，缺乏一致性评估标准和方法论指导。不同数据交易机构、代理人或评估方对数据资产的估值标准不一，不同平台之间对数据资产的估值标准差异较大，导致一体化数据市场中的数据定价过程透明度较低。这不仅影响了我国一体化数据市场内数据交易的公平性，也导致数据交易买卖双方和相关市场参与主体难以准确预测市场及预期收益，市场参与者难以作出精准的交易决策，导致我国一体化数据市场的整体活跃度下降。同时，数据质量问题也是影响数据市场发展的重要因素。现有数据市场中的数据产品质量参差不齐，数据的完整性、准确性和可靠性得不到保障，进一步加剧了数据交易场内信息获取的复杂性和难度。若市场中大量低质数据流通，不仅会影响数据市场的交易效率，还可能导致低质量劣质数据排挤、取代高质量优质数据等"柠檬市场"现象的发生，进一步削弱了市场参与者对数据交易的信心，使得一体化数据市场的活跃度持续下降。

三、建设全国一体化数据市场的优化路径

推动全国一体化数据市场发展的优化方向，应以数据要素市场化配置改革和全国一体化数据培育为主线，完善数据市场机制建设、制度政策和规则标准，缓解数据市场不完全契约现象，促进数据要素开发利用。为解决当前全国一体化数据市场建设中的现存问题，本文尝试提出以下几个方向的优化措施。

1. 构建互联互通的全国一体化数据市场标准

为实现全国一体化数据市场的互联互通和数据跨平台、跨行业、跨区域流通共享，需要在数据技术标准、数据格式、传输协议等方面加强一致性建设。通过设计统一技术标准和交易规则、施行数据共享机制，以及构建互联互通技术基础设施，打破数据市场中的信息壁垒，消除不同平台间的数据流通障碍，确保数据的兼容性和流动性，提高数据市场运作的整体效率和交易信息透明度，增强我国一体化数据市场的活力与国际竞争力。为实现全国范围内的数据交易互联互通，建议参照国际标准组织（International Organization for Standardization，ISO）或推广使用通用的数据交换标准（如JSON、XML等），构建统一的技术基础设施标准，覆盖数据交易平台的技术架构、接口规范、数据交换协议及网络安全设施。通过统一的数据传输接口和API标准，不仅能够实现数据在不同平台之间的无缝对接，还可以提高数据市场的协同效率。基于数据的多样性和场景复杂性，引入数据分类分级标准，按照不同数据的用途、敏感性及商业价值等维度精确划分数据，同时结合区块链、API等技术提升数据传输的安全性和效率。

2. 完善数据产权与知识产权保护体系

数据市场的高效运作需要以明确的数据权利界定为前提，因此明晰数据权属是建设全国一体化数据市场的基础。通过配套法律体系进一步明确数据采集、加工、使用、分配等各环节中的权利义务，加快推动全国统一的数据产权保护机制，通过法律手段明确数据的所有权、使用权和收益权。严厉打击数据市场侵权行为，保障数据交易参与主体的合法权益，减少数据市场交易中的权属纠纷。建立全国统一的数据产权登记制度并搭建官方公示系统，通过区块链等技术确保数据产权信息的透明性与不可篡改性，提高我国一体化数据市场的交易效率与市场信息透明度。可以借鉴知识产权保护模式和保护经验，将符合条件的数据产品分级分类纳入知识产权保护体系，健全数据知识产权保护机制和法律保障。同时，利用先进的数据技术手段保障数据权属的透明性和可追溯性，确保数

据交易市场内多方参与主体的信息融通，提高市场参与主体对全国一体化数据市场的积极性与信任度。

3. 实施数据高质量导向工程

高质量数据是数据市场健康发展的基础和高效运作的关键。政府应加大对先进数据处理和分析技术的支持力度，推动人工智能、区块链、隐私计算等技术在数据处理中的应用，提升数据产品的附加值和市场竞争力。通过政府补贴、质量提升奖励等政策，以及知识产权保护制度，激励市场主体提升数据处理能力和创新数据技术，从而有效提高数据产品的质量，减少数据冗余，提升数据市场整体信任度。同时，各级数据管理部门应加强对数据质量的监管，制定统一的数据质量评估标准，确保一体化数据市场内的数据产品具备符合标准的使用性、完整性、准确性和一致性。在定价机制上，应通过推动技术创新，结合数据需求场景、数据稀缺性及其对经济效益的影响，建立多维定价模型，确保数据交易的公平性与透明度。通过标准化的多级定价机制，确保数据在不同交易场景下能够得到合理估值，降低数据交易中的不确定性与风险。

四、结语

全国一体化数据市场是中国式现代化建设的重要组成部分，为我国数字经济的蓬勃发展提供了有力支撑。随着数据产权保护完善、数据质量提升、数据技术创新，以及跨地区和跨平台数据流通的推进，互联互通的全国一体化数据市场将逐渐实现。这不仅能够缓解我国数据市场的不完全契约现象，优化数据市场运行效率，推动我国数据新质生产力形成，还将为全球数据市场的竞争格局注入新动力。总的来说，全国一体化数据市场建设需要多方协同努力。只有在政策、法律、技术和市场生态系统等多元要素的共同推动下，高质量的建设目标才能实现，为我国数据要素价值释放和数字经济发展提供坚实的市场基础。

全国统一大市场背景下数据资产定价的困境与治理*

| 姜 南 马艺闻

数据资产估值定价是公平、安全、高效流通的数据资产交易机制的核心支撑。当前,我国对数据采取"三权分置"的产权框架,存在数据资产卖方报价、第三方机构估价、数据资产买卖双方议价等多种模式。从具体的数据资产定价技术来看,我国多借鉴会计、金融等方面的定价方法(如实物期权理论等),构建了相应的层次分析法、收益现值法、市场法等数据资产估值定价方法。然而,在实际操作中,由于数据资产定价问题十分复杂,数据资产定价尚未达到预期的目标和效果,数据资产的交易流通并不理想,存在缺乏统一定价标准、定价透明度低、数据资产交易效率不高等问题。尚不完备的数据资产价值评估与交易定价,已成为制约全国统一大市场和全球数据资产市场流通的主要障碍,亟须建立完善的数据资产定价机制。

一、数据资产定价机制构建的国际经验

1. 基于方法视角的定价机制

(1) 借鉴传统会计学估值工具

目前广泛应用估值方法包括基于经济学或会计学原理的成本法、选择协方差、收益法、市场法、价值函数法和无形资产法等。例如,有专家设计了一种基于查询次数的自动定价模型,该模型能够自动生成数据视图的价格;还有专家在对比多种定价模式后,提出了保护卖家收入的数据查询无套利定价函数。

(2) 充分利用新技术

人工智能算法能够提高大规模数据产品定价的计算效率。同时,在医学图

---

* 本文为中央高校基本科研业务费专项"人工智能生成物知识产权保护伦理问题及对策研究"(项目编号:2022-1-YB-23,2022-2024)的阶段性研究成果。

像数据、自然语言处理等对决策模型的精度和准确度有特殊要求的应用领域,人工智能的应用也越来越广泛。

(3) 考虑租赁式交易

消费者和数据搜集/中介商之间可采用租赁式交易模式,数据中介商每使用或销售一次消费者个人数据,需要向消费者支付租金。例如,可以使用一次性买卖,或支付固定价格后每次使用平台数据进行单独付费等模式[1]。

2. 基于场景视角的定价机制

(1) 定价机制涉及多个行业和领域

根据目前数据资产定价应用场景划分,定价机制涉及金融、房地产、地理测绘、政府开发等多个领域。

(2) 采用数据分级分类的定价模式

Shen Y C、Guo B 和 Shen Y 等提出了数据质量分级和反转定价机制,结合信息熵、权重、数据引用指数、成本等影响因素对数据元组进行定价[2]。美国针对不同行业分别制定隐私法,如《金融隐私法案》(Right to Financial Privacy Act)、《公平信用报告法》(Fair Credit Reporting Act)、《电子通信隐私法案》(Electronic Communications Rivacy Act)等,并与数据市场的自由交易相结合,体现了分类分级保护隐私和鼓励数据交易的思想[3]。

(3) 基于多元因素考量的定价模式

可以从准确性、完整性、及时性三个关键因素及其相互作用关系评价数据价值,还应当考虑使用数据的领域、类型和存储及应用场景。

3. 基于动态视角的定价机制

(1) 考虑时间维度

根据细分市场与个体差异等不同类型,结合当前数据资产市场环境,采取动态定价方式。Zhang M、Arafa A 和 Huang J 等提出用信息年龄(Age of Information, AOI)来度量数据资产的新鲜度[4],而系统则需要通过频繁且高昂的数据更新来维持上述数据的新鲜度。

(2) 考虑更为灵活多变的定价方式

由于数字产品具有复制成本低与买方异质性等特征,对数字产品或服务进行捆绑交易(Grand Bundle)十分普遍。

(3) 考虑风险溢价

在数据时代,使用传统估值定价工具尝试评估数据资产时,不应忽略其风险溢价,否则将错失约三分之二的风险资产回报[5]。

二、结合我国国情和域外经验的数据资产定价机制建议

1. 强化数据资产定价的顶层设计

(1) 完善数据资产交易相关规则体系

为了确保数据资产市场交易定价机制的稳健运作,应从顶层设计的角度明确数据产权、隐私保护等方面的法律框架。制定相关法律法规、制度政策和战略规划,明确数据资产市场交易的合法性和规范性。建立健全的数据资产交易市场监管体系,包括建立市场准入机制、监测市场价格波动、监管不正当竞争行为等,确保市场正常运行。

(2) 构建标准化的数据资产定价模式

从标准制定维度来看,我国虽然已有数据定价和数据交易等方面的国家标准,但该框架仍较为粗糙,有待进一步完善。当前,我国数据资产存在"千用千价"的困境,以及难以标准化的误解——由于同一条数据在不同应用场景下的价值不同,因而有人认为数据定价无法实现标准化。然而,应区分作为"数据原料"的"数据资源价格"和作为"终端零售价"的"数据产品和服务价格",剔除灵活性强的"无形投入"部分,进行相对标准化的定价。同时,构建零级、一级、二级的多级市场联动机制,形成有利于数据资产定价的政策制度工具箱[6]。

(3) 充分考虑行业和地方的实际情况

2021年1月,南方电网公司基于数据产品多次性、多样性和组合性等特点,在成本价格法的基础上综合考虑影响数据价值实现的因素,发布了能源行业首个《数据资产定价方法》,为数据资产定价提供了行业层面切实可行的经验。地方层面积极推进对数据资产定价的规定,如上海等多地积极出台涵盖数据定价与数据交易流程的《上海数据条例》等条例规范或发展规划。在数据资产交易实践中,北京国际大数据交易所官方网站的交易指南中明确表示,数据供应方提供具有数据评估资质机构报送的数据资产质量与价值评估结果,并由第三方评估机构对此负责。

2. 广泛采用多元化的定价模型

(1) 充分发挥数据交易市场的导向作用

成熟的数据资产交易市场应以市场为导向,通过充分的市场竞争来实现资源的有效配置。鼓励数据资产市场参与者采用动态、灵活的数据市场价格交易

数据资产。鼓励使用订阅、租赁、捆绑等多种数据资产销售模式，进一步激发数据创新，推动经济增长。支持数据交易平台建设，通过适当合理的双边定价策略和不断降低的数据资产交易成本吸引双侧市场主体参与数据资产交易，促进数据要素市场化配置。应形成"报价—估价—议价"的数据资产价格生成路径，以"市场评价贡献"机制为关键，构建标准化、动态化的数据资产市场交易定价模型[7]。

（2）充分发挥商业银行的优势

商业银行拥有数据资产领域的体量规模优势、场景运营优势、市场定价优势、资金融通优势及同业联动等独特优势。借鉴商业银行的资产评估与定价技术，可以为数据资产市场的发展提供有力支撑。应以收益法为导向，在明确数据用途和用量的基础上，通过交易场所或第三方机构释放数据模型贡献度等价格信号，由数据资产交易的各方市场主体在充分竞争和博弈中达成价格共识。

（3）保持数据资产定价的灵活性与准确度

数据资产定价不仅应以传统的经济、金融和会计估值定价为基础，还应广泛考虑数字技术层面的影响、数据无形和有形价值的添附差异，以及不同类型的数据资产和应用场景等多元化情境，以适应数据资产价值因用途不同而有所变化的特征，并充分发挥行业、地区间定价经验的互惠共享。同时，数据资产定价还应充分考虑数据的稀缺性、时效性、精确性等多个维度，并充分考量数据的风险溢价，形成更加科学合理的定价机制。应从数据资产科目管理、价值评估、价格管理三个方面入手，制定数据资产成本优化的规则与标准，确保规则的持续性、时代性与创新性，构建相对灵活的定价机制，以应对未来可能出现的新情况和新挑战。

参考文献

［1］HUANG S, EASLEY D, YANG L, et al. The economics of data[J/OL]. Social science research network electronic journal, 2018［2023-12-17］. https://www.tesble.com/10.2139/ssrn.3252870.

［2］SHEN Y C, GUO B, SHEN Y, et al. A pricing model for big personal data[J]. Tsinghua science and technology, 2016, 21(5): 482-490.

［3］熊巧琴, 汤珂. 数据要素的界权、交易和定价研究进展[J]. 经济学动态, 2021(2): 143-158.

［4］ZHANG M，ARAFA A，HUANG J，et al．Pricing fresh data［J］．IEEE journal on selected areas in communications，2021，39(5)：1211-1225．

［5］VELDKAMP L．Valuing data as an asset［J］．Review of finance，2023(5)：5．

［6］王建冬．上证研究推进市场化配置改革　盘活数据要素资产价值［EB/OL］．(2023-11-01)[2023-12-17]．https：//news．cnstock．com/news，yw-202311-5144048．htm．

［7］黄倩倩,王建冬,陈东,等.超大规模数据要素市场体系下数据价格生成机制研究［J］.电子政务,2022(2):21-30.

发展数据联盟,健全数据市场生态

| 任声策

数据要素是加快发展新质生产力、促进高质量发展的新型生产要素。加快发展数据要素市场,完善数据要素市场化配置机制是数据基础制度的重点工作之一。2022年12月,中共中央、国务院发布《关于构建数据基础制度更好发挥数据要素作用的意见》,明确要求"以促进数据合规高效流通使用、赋能实体经济为主线""探索有利于数据安全保护、有效利用、合规流通的产权制度和市场体系""建立数据可信流通体系,增强数据的可用、可信、可流通、可追溯水平""推进非公共数据按市场化方式'共同使用、共享收益'的新模式""促进数据使用价值复用与充分利用,促进数据使用权交换和市场化流通""规范各地区各部门设立的区域性数据交易场所和行业性数据交易平台,构建多层次市场交易体系"。2023年12月,国家数据局中央网信办、科技部等十七部门印发《"数据要素×"三年行动计划(2024—2026年)》,指出我国数据市场还存在"数据供给质量不高、流通机制不畅、应用潜力释放不够"等问题,需要"促进数据多场景应用、多主体复用""以推进数据要素协同优化、复用增效、融合创新作用发挥为重点""场内交易与场外交易协调发展,数据交易规模倍增"。然而,数据要素市场的发展难度远超产品市场、技术市场或创意市场,面临质量、独占性等困难,缺乏合适的认证机制,可参考专利联盟(patent pool)在技术市场中的作用,推进数据联盟(data pool)建设,解决数据要素市场发展困境。

一、数据市场的发展与挑战

我国数据市场发展迅速。据《2023年中国数据交易市场研究分析报告》,中国数据市场规模已达876.8亿元,占全球的13.4%,到2025年有望增至2046亿元。国内数据交易所发展迅速,全国各地由政府发起、主导或批复的数据交易所达数十家,但交易规模有限。例如,上海数据交易所于2021年揭牌,围绕确权难、定价难、互信难、入场难、监管难等关键共性难题不断创新,发展较快,2023

年全年交易额达 11 亿元。然而,数据市场依然以"一对一"契约交易为主,其他市场形式发展并不顺畅。Koutroumpis P、Leiponen A 和 Thomas L D 认为,在"一对一""一对多""多对一""多对多"四类数据市场中,后三类数据交易成本低,但安全性较差,发展受阻[1]。

目前,数据市场发展面临的挑战明显。Koutroumpis P、Leiponen A 和 Thomas L D 等认为,与内容或发明等无形资产不同,数据很难通过多边平台进行大规模交易[1]。例如,微软 Azure 数据市场因业绩不佳于 2017 年关闭,而像 bloomberg 或 LexisNexis 的数据则多通过双边和合同谈判进行交易。数据交易困难的原因在于,数据是体验品或者信用品(credence goods),其质量和价值难以证明,甚至在消费后也难以评估[1],同时,数据可专有性弱,难以界定和控制数据权,防止其扩散。因此,在数据市场交易中,充分保护和质量保证是关键,故认证(provenance)是数据市场建设的核心。Koutroumpis P、Leiponen A 和 Thomas L D 还认为,大规模多边数据交易平台在缺乏治理机制创新以强化数据认证的情况下,不太可能成功[1]。此外,Ramadan Q、Boukhers Z 和 Alshaikh M 等还针对集中式、分布式和联邦式三种数字化数据市场,指出技术和组织两方面的严峻挑战阻碍了数据交易效率。技术方面主要面临着数据安全、隐私保护、透明度、质量等挑战(对应四个挑战性问题:如何确保数据安全和主权,如何支持数据透明,如何提升技术效率和可扩展性,如何支持语义互操作性);组织方面主要面临着缺乏清晰的商业模式、法律框架等挑战(对应两个挑战性问题:如何确保在不同法律框架下合规,如何赋能个体和组织通过新技术最大化数据收益)[2]。

二、专利联盟的启示:数据联盟对健全数据市场生态的作用

上述数据市场发展中面临的挑战,虽然能够通过技术或治理机制上的不断创新有所缓解,但仍然难以彻底解决。鉴于专利联盟在技术交易和扩散中的作用,参照其模式发展数据联盟,是健全数据市场生态的一种途径。

(1)专利联盟完善了技术生产生态。专利联盟已有百余年历史,其在促进技术扩散和发展方面发挥了积极作用。例如,智能网联汽车领域的 Avanci 专利联盟,主要由诺基亚、高通等公司发起,目前加入该联盟的专利权人数量已超过 50 家;早期的缝纫机专利联盟和 DVD6C 等专利联盟等,也取得了显著成效。专利联盟是指多个核心专利拥有者为便于彼此交叉许可或统一对外进行专利技术

许可而形成的联盟组织。其建设需要成员之间达成协议,形成核心专利筛选机制,制定交叉或对外专利许可规则,管理专利许可。专利联盟的正面作用比较明显,能够整合互补性核心专利,推动技术产业化;能够降低专利交易成本,加快技术扩散;还能够降低专利诉讼成本,清除阻碍性专利,促进技术发展。总体而言,专利联盟有效健全了技术交易市场生态。

(2)数据联盟能够发挥健全数据市场生态的作用。参照专利联盟的成功经验,主要数据拥有者之间可以基于互补性关键数据构建数据联盟,联盟成员之间首先要形成数据交叉共享协议,建构数据进入联盟的筛选标准和机制,以及数据质量、数据价值和数据专有权等认证措施,进而通过规则创新推动数据对外许可或共享。数据联盟能够发挥显著的认证作用,有效应对数据市场发展中质量、价值和专有性挑战;能够整合互补性关键数据、降低数据交易成本,排除低质量数据的市场干扰,从而推动数据高效流通,加大数据复用,充分释放数据价值。

三、发展数据联盟的思路

组建和运营数据联盟,尽管在目标和思路上与组建和运营专利联盟类似,但实质上仍存在较大差异,需要认识到数据联盟的组建和运营难度可能高于专利联盟。原因在于,专利联盟中专利的权属明确、保护机制清晰,核心专利的筛选标准更容易确定;而对于数据联盟来说,进入联盟的数据在多方面存在更高的不确定性,数据拥有者关于数据互补利用的动机也明显不及专利拥有者关于专利互补利用的动机。因此,在机制建设上需要更具创新性。目前,可通过互补数据双边合作扩展、数据平台促进多边合作两种主要途径组建数据联盟。

(1)通过互补数据双边合作扩展组建数据联盟。目前,比较常见的数据流通和交易方式是双边合作模式,即一对一方式,如果双方采用互补数据交互许可方式,或存在互补数据重要持有机构,则具备进一步扩展为数据联盟的基础,即在双方合作基础上,进一步引入第三方、第四方乃至更多合作机构,推动水平或纵向互补数据汇聚。这类数据联盟可以由合作方代运营或独立运营机构运营。

(2)通过数据交易平台促进多边合作组建数据联盟。我国众多数据交易所已形成多个数据交易平台,在这些平台上,拥有多个数据供应方和需求方。因此,数据交易平台可以集中在一些重要领域,推动重要的互补数据供应方组建数据联盟,形成联盟规则。这类数据联盟可在原数据交易平台支持下运营实施。

当然,发展数据联盟必须注意避免其消极作用。与专利联盟类似,数据联盟可能存在垄断倾向，因此在机制设计时应规避这一倾向。专利联盟反垄断审查要点主要集中于所筛选专利的有效性、互补性和必要性，许可的非排他性与非歧视性，许可费率，强制性一揽子许可，专利回授等。而对于数据联盟的反垄断审查要点或超出以上范围。

四、结论

总之，发展数据要素市场是当务之急，数据市场生态需要更加多样化，发展数据联盟能够健全数据市场生态。为解决数据市场发展中的数据质量、价值和专有权等认证难题，可以借鉴专利联盟在促进技术许可和扩散中的作用，参照专利联盟机制建设数据联盟，促进数据流通。数据联盟在一些情况下还可以发展数据免费或低价共享[3]，极大地促进数据扩散和利用。

参考文献

[1] KOUTROUMPIS P，LEIPONEN A，THOMAS L D. Markets for data[J]. Industrial and corporate change，2020，29(3)：645-660.

[2] RAMADAN Q，BOUKHERS Z，ALSHAIKH M，et al. Data trading and monetization：challenges and open research directions[J/OL]. arXiv，2024[2024-05-06]. https://doi.org/10.48550/ARXIV.2401.09199.

[3] POTTS J，TORRANCE A，HARHOFF D，et al. Profiting from data commons：theory，evidence，and strategy implications[J]. Strategy science，2024，9(1)：1-17.

国内科技企业孵化器发展经验与启示

杜 强 薛奕曦

一、北京

1. 强化标杆孵化器梯次培育

对现有孵化器进行全面梳理，挖掘和筛选出专业化程度较高、运营机制灵活、服务特色鲜明、孵化模式超前的机构。鼓励这些机构聚焦高精尖产业领域和未来产业方向，对标行业标杆，创新体制机制，加强专业化服务团队建设，进一步发挥自身在成果转化、投资加速、创业辅导、产业链供应链对接、国际化服务等方面的资源禀赋优势，加快提升硬科技孵化服务能力，逐步升级为标杆孵化器。同时，鼓励具备条件的国资孵化器创新体制机制，打造标杆孵化器，示范带动国资孵化器提质提效。

2. 聚焦未来产业孵化

北京明确提出，围绕未来产业孵化，应重点聚焦顶级战略科学家团队、国家实验室、新型研发机构的关键作用，探索超前孵化、深度孵化、耐心资本孵化等新范式。围绕领军企业，应积极打造"龙头企业＋孵化"的产业生态圈，鼓励其发起设立产业创投基金。

3. 强调基于本地产业布局，建立面向全球的一流孵化人才动态清单

北京明确将标杆孵化器核心骨干纳入相关人才支持体系。同时，明确规定市区协同引进的重点应聚焦"三大特征的人才团队"（硬科技孵化业绩突出、行业影响力大、创新和产业资源丰富）和"五大方向的个体人才"（硬科技投资人、产业服务专家、拥有成功转化经验的科学家、知名产品经理、优秀连续创业者）。

4. 支持标杆孵化器培育的企业上市融资

支持北京四板市场打造科创孵化板，推动四板市场对接标杆孵化器，促进一批硬科技创业企业在科创孵化板挂牌，并提供有针对性的资本市场规范化融资

服务。探索建立科创孵化板与新三板、北交所的衔接通道，更好地促进硬科技企业梯次培育和转板上市。

北京积极支持孵化器数字化转型，鼓励孵化器利用线上创业社群、技术开源社区共建国际孵化平台，促进供需智能匹配，提升智慧孵化水平，筹划一批跨界融合的创业项目和虚拟孵化空间。

二、苏州

1. 将人才计划拓展至孵化器管理人员

苏州相城高新区规定孵化器自主培育的人才入选国家级重大人才工程、省级科技领军人才、姑苏创新创业领军人才计划的，分别给予科技孵化器25万元/人、15万元/人和5万元/人的一次性奖励。

2. 注重联合多主体打造创新创业生态

苏州强调围绕龙头企业建立"龙头企业＋孵化"的大中小企业协同创新生态；同时强调围绕小微企业探索建立"投资＋孵化"的金融机构孵化创新平台。

3. 打造产业集群优势

确定一个主导产业方向，苏州就划出一片土地，打造一个特色园区。苏州通过引入各类人才、科研机构、投资基金、龙头企业，让创新要素无缝衔接，为中小企业提供保姆式服务。

三、杭州

1. 加强孵化器综合服务支持

推进全域孵化体系建设，积极打造数字化孵化服务平台，为创业者提供线上"一站式"服务。明确支持杭州市科技创新创业协会加强自身建设，积极发挥行业组织的作用，为全市众创空间提供资源共享、交流合作平台，积极引导众创空间加强基层党组织建设，开展各类创新创业活动，促进人才、资本、项目等要素集聚。

2. 鼓励有条件的区、县（市）对创客企业实施房租减免政策，切实降低在孵企业运营成本

财政扶持资金由市与区县（市）按规定承担，市与上城区、拱墅区、西湖区、滨江区、富阳区和钱塘区的承担比例为1∶1，市与萧山区、余杭区、临平区、临安区、桐庐县、淳安县、建德市的承担比例为1∶3。如市区财政管理体制调整，则

对上述承担比例作相应调整和完善。

3. 聚焦全过程激励导向

以杭州萧山区为例,改变以往创建国家省市级孵化器的结果导向,转变为全过程激励导向,更加注重质量和管理精细度。针对企业成长生命周期的全过程,建立政策匹配与奖励。同时,为每5家初创企业配置1名专职服务人员和1名创业导师。此外,创新积分体系架构,打通部门之间的数据壁垒,引入技术创新、成长经营、辅助指标三大一级指标和36个二级指标,从初创期、成长期、成熟期三个阶段对科技型企业进行量化评价。

4. 着力完善知识产权运行机制

杭州提出建立省首个"专利、版权、商标、商业秘密"四位一体的知识产权管理服务平台。该平台集聚了浙江院士专家知识产权产业创新研究院等10余家知识产权运营及品牌服务机构,以及110多家知识产权服务中介机构。

促进新质生产力发展：低空经济的内涵及其发展态势

张凌恺　常旭华

低空经济属于新兴未来产业，是新质生产力的典型代表。国内主要科创城市都在加大对低空经济企业的融资支持力度，全周期、全链条支持低空经济产业发展。2024年4月，工业和信息化部副部长单忠德在2024年一季度工业和信息化发展情况发布会上表示，"低空经济是新兴产业未来发展的重要方向，将来一定会形成万亿级产业规模"。可以判断，从技术革新到政策扶持，低空经济正展现出强劲的发展势头，未来必将引领交通和区域一体化进入新纪元。基于此，本文深入剖析低空经济产业发展现状，并提出产业发展建议。

一、低空经济的内涵

低空经济是涉及低空文旅、短途运输、立体交通、科研教育等多个行业的新型综合经济形态，其依托低空空域，以各种有人驾驶和无人驾驶航空器的飞行活动为核心，辐射并带动相关领域的融合发展。其中，低空空域，通常是指真高1 000米及以下的空间范围，分为管制空域、监视空域和报告空域三类（图1）。

低空经济的需求和效益可以分为三类。首先，低空飞行器作为运输工具，能够快速将人员或货物从一地转移到另一地，这种高效的连接方式能够显著增强经济活动的活力。其次，低空飞行器作为多功能平台，能够携带各种工作设备和载荷，不仅提高了生产领域的效率，也提升了政府治理能力，推动了整体生产力提升和社会全面进步。最后，低空经济开拓了新的生活方式，满足了人们对更高品质生活的追求，为实现人民对美好生活的向往提供了新的可能。

一方面，低空经济作为一种新的经济业态，具有高科技主导、高效能运营、高质量发展、创新引领、绿色低碳、数实融合等新质生产力的核心特征，其核心构成要素本质上源自新质生产力的供给条件。另一方面，新质生产力的兴起基于技术创新、要素重组和产业升级，而低空经济正是这一系列变革的体现。因此，发展低空经济

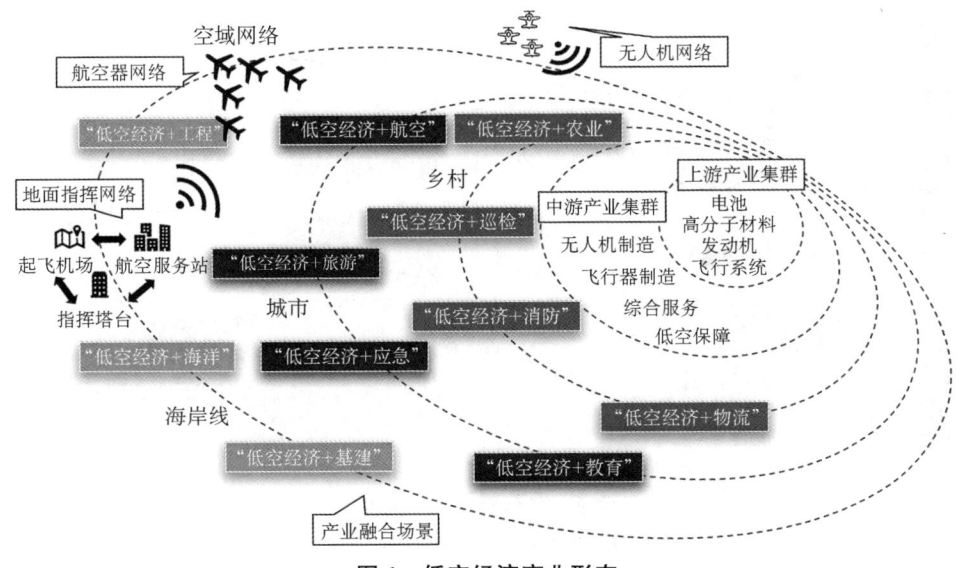

图 1　低空经济产业形态

来源：作者根据前瞻产业研究院报告整理。

不仅要依靠新质生产力，也要使低空经济成为提升新质生产力的关键领域。

二、低空经济的发展

1. 低空经济的发展历程

低空经济的发展历程，主要可以分为应用探索阶段、规范化发展和普及应用阶段（图2）。目前，低空经济应用场景日渐丰富（图3），标志着其正逐步引领新的科技潮流。

图 2　低空经济发展历程

来源：作者根据前瞻产业研究院报告整理。

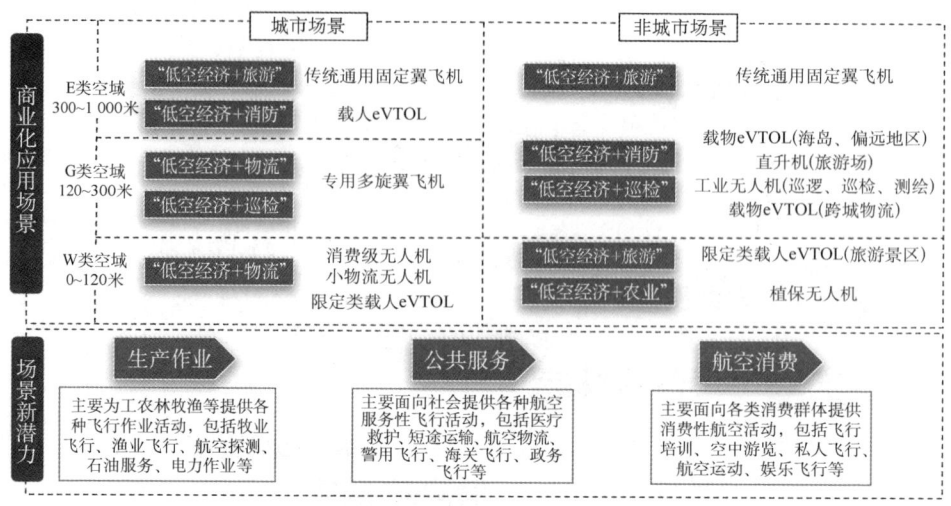

图 3　低空经济场景分布

来源:作者根据前瞻产业研究院报告整理。

2. 低空经济的产业生态

低空经济产业生态具有完整的产业链条、广泛的辐射效应、强劲的成长潜力和显著的带动作用(图 4)。产业链上游环节集中于设计研发、原材料供应和核心零部件制造;中游环节涵盖低空产品的制造、地面系统的开发,以及相关的系统服务和保障,是低空经济的核心部分;下游环节则主要是低空经济与不同产业融合的广泛应用场景。此外,为确保低空经济活动的规范性和安全性,还需要完善飞行审批、空域管控、空域备案等一系列流程。

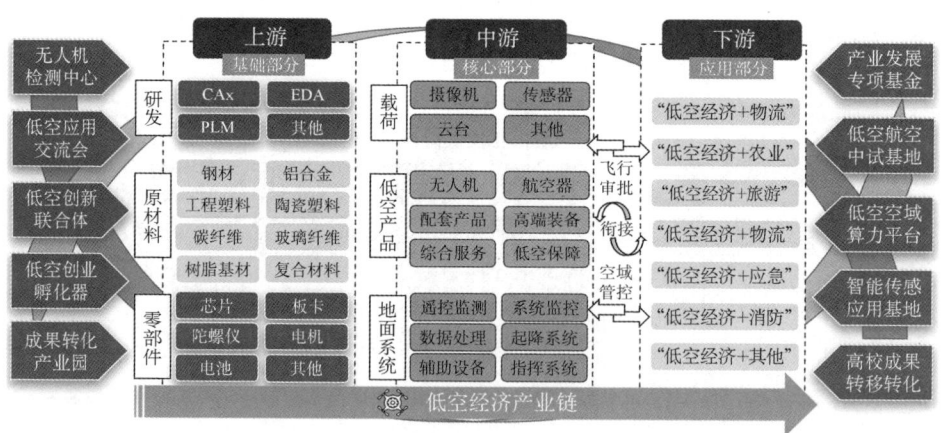

图 4　低空经济产业生态

3. 低空经济的政策梳理

我国高度重视低空经济发展,已将低空经济正式列为战略性新兴产业之一。低空经济的政策演化历程可追溯至2009年。此后,国家陆续出台了空域政策、适航政策、产业政策,并制定了一系列飞行器论述标准和相关保障政策。这一政策演化历程可分为四个发展阶段(表1)。2021年2月,"低空经济"概念首次写入国家规划,标志着低空经济正式上升至国家统筹布局层面。2023年12月,中央经济工作会议提出打造包括低空经济在内的战略性新兴产业,《2024年政府工作报告》再次强调了低空经济的重要性。

表1 2009—2024年我国国家层面低空经济政策

年份	阶段	有关低空经济的表述
2024年	蓬勃发展	《通用航空装备创新应用实施方案(2024—2030年)》提出,到2030年,以高端化、智能化、绿色化为特征的通用航空产业发展新模式基本建立,支撑和保障"短途运输+电动垂直起降"客运网络、"干—支—末"无人机配送网络、满足工农作业需求的低空生产作业网络安全高效运行
2024年	蓬勃发展	第十四届全国人民代表大会第二次会议将"低空经济"首次写入政府工作报告,政府工作报告提出"积极打造生物制造、商业航天、低空经济等新增长引擎"
2024年	蓬勃发展	《无人驾驶航空器飞行管理暂行条例》正式施行,标志着我国无人机产业进入有法可依的规范化发展新阶段
2023年	快速发展	《中华人民共和国空域管理条例(征求意见稿)》明确提出空域用户的定义,并提出空域用户的权利、义务规范,标志着我国空域放开有了实质性的突破
2023年	快速发展	《民用无人驾驶航空器系统物流运行通用要求 第1部分:海岛场景》规定了应用于海岛场景从事物流的民用无人驾驶航空器系统运行的通用要求
2022年	快速发展	《扩大内需战略规划纲要(2022—2035年)》提出,加快培育海岛、邮轮、低空、沙漠等旅游业态,释放通用航空消费潜力
2022年	快速发展	《"十四五"通用航空发展专项规划》设定了安全、规模、服务三个方面的16个具体指标
2021年	快速发展	《"十四五"旅游业发展规划》提出完善公路沿线、服务区、客运枢纽、邮轮游艇码头等旅游服务设施功能,推进通用航空与旅游融合发展
2021年	快速发展	《"十四五"现代综合交通运输体系发展规划》提出有序推进通用机场规划建设,构建区域短途运输网络,探索通用航空与低空旅游、应急救援、医疗救护、警务航空等融合发展

(续表)

年份	阶段	有关低空经济的表述
2021年	快速发展	《"十四五"民用航空发展规划》提出构建运输航空和通用航空一体两翼、覆盖广泛、多元高效的航空服务体系
		《国家综合立体交通网规划纲要》提出发展交通运输平台经济、枢纽经济、通道经济、低空经济,"低空经济"概念首次被写入国家规划
2019年	初步发展	《促进民用无人驾驶航空发展的指导意见(征求意见稿)》提出促进无人驾驶航空健康发展,提升民用无人驾驶航空管理与服务质量
2018年		《低空飞行服务保障体系建设总体方案》明确了飞行服务体系由全国低空飞行服务国家信息管理系统、区域低空飞行服务区域信息处理系统和飞行服务站三部分构成
2016年		《关于促进通用航空业发展的指导意见》提出,到2020年,建成500个以上通用机场,基本实现地级以上城市拥有通用机场或兼顾通用航空服务的运输机场,通用航空业经济规模超过1万亿元
2014年		《低空空域使用管理规定(试行)》将低空空域分为管制空域、监视空域和报告空域
2010年	概念提出	国务院、中央军委发布《关于深化我国低空空域管理改革的意见》,拉开了低空空域管理改革的序幕
2009年		在"中国通用航空发展研究"课题的一次研讨会上,中国民航大学李卫民副教授首次提出"低空经济"这一概念

在中央统一部署下,近年来,各省市积极响应,依托特色空域资源、低空经济需求,加快场景开发和开放进程,展开了"空间竞速",大力推动低空经济做强做优(表2)。

表2 近年来我国低空经济地区层面政策

地区	有关低空经济的表述
北京市	《北京市加快供给侧结构性改革扩大旅游消费行动计划(2018—2020年)》指出,依托北京密云低空旅游示范基地、北京通用航空产业基地,开发低空旅游消费产品
上海市	《上海市低空经济产业高质量发展行动方案(2024—2027)》《上海打造未来产业创新高地 发展壮大未来产业集群行动方案》提出,突破倾转旋翼、复合翼、智能飞行等技术,研制载人电动垂直起降飞行器,探索空中交通新模式

(续表)

地区	有关低空经济的表述
广东省	《广东省制造业高质量发展"十四五"规划》指出,以广州、深圳、珠海为依托,突破无人机专用芯片、飞控系统、动力系统、传感器等关键技术,做大做强无人机产业,推动在物流、农业、测绘、电力巡检、安全巡逻、应急救援等主要行业领域的创新应用
江苏省	2024年江苏省政府工作报告强调,加快发展新质生产力,持续打造"51010"战略性新兴产业集群,积极开展省级融合集群试点,大力发展生物制造、智能电网、新能源、低空经济等新兴产业
浙江省	《杭州市低空经济高质量发展实施方案(2024—2027年)》中提出,要加大低空企业招引培育力度。绘制产业链图谱,建立低空经济企业数据库。招引低空制造企业落户杭州,引导支持低空应用企业做精做强
安徽省	《安徽省加快培育发展低空经济实施方案(2024—2027年)及若干措施》指出,到2025年,低空经济规模力争达到600亿元,规模以上企业达到180家左右,其中,培育生态主导型企业1~2家。到2027年,低空经济规模力争达到800亿元,规模以上企业力争达到240家左右,其中,生态主导型企业3~5家
四川省	《关于促进低空经济发展的指导意见》指出,到2027年,建成20个通用机场和100个以上垂直起降点,实现支线机场通航全覆盖,试点城市低空监管、服务、应用一体化信息平台建成投用,低空空域分类划设和协同管理取得突破性进展
陕西省	《推动低空制造产业高质量发展工作方案(2024—2027年)》要求,抢抓低空经济产业倍增的战略机遇和黄金窗口,锚定智能化、融合化、服务化目标,统筹高质量发展和高水平安全,推动陕西省低空制造产业能级全面跃升
湖南省	《关于支持全省低空经济高质量发展的若干政策措施》将低空经济培育成为战略性新兴产业的决策部署,结合湖南省实际,制定了加大传统通航运营补贴、拓展应用场景、加强技术创新等政策措施
海南省	《海南省通用航空产业发展"十四五"规划》指出,依托海南独特的海岛地理位置,构建通航研发制造、低空旅游、短途运输、航空作业、科研教育、航空会展等全产业链,构筑产业生态,实现产业集聚,形成产业发展的良性循环
云南省	《云南省无人机产业发展三年行动计划(2023—2025年)》提出,云南要推动无人机产业快速健康有序发展,形成集"产、学、研、用、测、数、智"七位一体的无人机产业体系,构建辐射南亚东南亚地区低空经济产业发展新格局
山东省	《山东省低空经济高质量发展三年行动方案(2024—2026年)》指出,低空经济是战略性新兴产业和新质生产力的代表,是培育竞争新优势、打造增长新引擎、增强发展新动能的战略选择
河南省	《促进全省低空经济高质量发展实施方案(2024—2027年)》指出,到2025年,建成10个左右通用机场和一批直升机、无人机起降场地、起降点,低空经济规模达到300亿元,打造20个低空标杆应用场景

总体而言,在政策层面,低空经济的演进分为三个阶段:技术探索的初期阶段、逐步规范化的发展期、广泛应用阶段。国家及地方提供的有力政策支持,为低空经济的迅猛发展奠定了坚实的基础,促进了其产业链不断成熟和技术持续创新。

三、低空经济的发展建议

1. 企业端:加快技术创新,抢占市场先机

企业应充分把握政策机会,探索"产学研"合作模式,布局高水平科研机构,培养交叉学科人才,加大核心技术研发投入,加强新型低空飞行器的自主研发和应用能力,尤其要在电动垂直起降航空器、工业级无人机、新能源通航飞机等领域实现技术突破。先入场的低空经济企业可以较好地积累发展经验,在产品、应用及客户群体等方面形成品牌效应,如美团打响无人机配送第一枪,迅速扩大其市场布局。同时,企业需要积极提升国际竞争优势,提升自身在全球低空供应链中的地位。最后,企业应在法律允许的范围内持续探索应用新场景,统筹要素资源,并推动相关应用落地。

2. 政府端:加强软硬基础设施建设,做好配套政策保障

低空基础设施是推动低空经济发展的基石,是充分满足各类低空飞行器飞行需求及监管需要的前提。政府需要前瞻性地谋划布局新能源航空器能源设施等低空新型基础设施,提供先进动力配套。同时,政府应布局网联通导配套,在低空经济区域加强 5G 空间互联网建设,超前建设低空飞行器起降平台;积极开展技术交流,不断完善行业技术标准,填补低空经济标准空白;提升管理服务能力,构建检验检测能力,建设安全监管体系。在配套政策设计上,一方面可参考《深圳市关于支持低空经济高质量发展的若干措施》中对低空经济企业的资助政策,支持低空经济企业增资扩产。另一方面,应简化通用航空机场的审批流程,降低审批门槛,缩短审批周期。此外,政府需要加大低空经济知识宣传力度,提升社会认知度,建立一套科学的低空经济统计标准体系,对低空经济的主要活动和影响进行有效监测和评估,为政策制定和行业监管提供准确的数据支持,扩大低空经济产业的影响力。

企业需要更加灵活的人才柔性流动机制

| 邵鲁宁

2024年4月,安徽省人民政府发布《安徽省深化科技体制机制改革构建以企业为主体的科技创新体系实施方案》,提出"支持企业采取'全职引进＋柔性合作＋共享共用'方式,推广'星期天工程师'等模式,引进国内外优秀工程师",帮助企业提高科技创新能力,实现高质量增长。我国改革开放初期出现过"星期天工程师"这一现象,即高等院校、科研机构和大型国有企业的技术工人及科研人员利用周末时间为乡镇企业或者民营企业提供技术服务,帮助这些企业解决技术难题,不仅提供了技术支持,还传播了先进的管理理念,对这些企业的发展起到了重要作用。1987年12月,国务院批准国家科委《国家科委关于科技人员业余兼职若干问题的意见》,标志着"星期天工程师"从非法变为合法,进一步促进了生产力的解放和民营企业的发展。

人才是第一资源,高端科技人才是未来全球产业竞争的稀缺资源,是培育新质生产力的重要力量。不断强化科技人才支撑作用,能够实现科技创新高质量发展。因此,大力推动科技人才建设已成为各地方和各单位的重点工作。但是,高水平科技人才队伍的培养面临很多困难。一方面,人才培养面临内外部环境制约。从外部环境来看,全球科技竞争加剧使得高水平科技人才成为国际竞逐的焦点,我国在吸引和保留这类人才方面面临发达国家的竞争压力;同时,近些年国际政治经济形势的变化可能给科技人才的国际交流与合作带来一定限制,影响其获取国际视野和先进知识的机会。从内部环境来看,我国科技人才队伍的结构性矛盾突出,现有的人才培养模式与市场需求和科技发展趋势不完全匹配,导致人才培养与实际需求之间存在差距。尤其是高水平科技人才的成长需要良好的科研环境和条件,包括充足的科研经费、先进的实验设备和自由探索的学术氛围等,而这些条件在一些机构和地区可能尚不完善。另一方面,人才引进面临激烈的同质化竞争。为了在激烈的人才争夺中获得优势,各地方和各单位不断挖掘各种政策潜力和资源条件,往往通过一整套人才策略和相关计划(包括提供户口、关系、身份、住房、待遇、科研条件等），吸引并留住一流人才。然而，现有人才队伍的整体存量还不能满足各地对于科技人才的需求，导致科技人才资源争夺的现象愈发突出，而实际效果却参差不齐，甚至造成一定的资源浪费。

企业作为用人单位，建设高水平科技人才队伍涉及战略目标、市场需求、竞争威胁、成本压力等多方面因素，而科技人才队伍的引进和争夺更是一个多维度、多层次的复杂过程。我国广大中小企业在技术追赶过程中面临着激烈的市场竞争，它们渴望获得更适合企业特定发展阶段需求的科技人才，更加灵活的用人方式和合作模式，更加多样的支持政策。因为科技型中小企业在机会感知能力、资源整合能力、技术研发能力等方面均存在着不同程度的差距，往往面临企业发展战略困扰，首要任务是提高企业科技创新的整体能力。但这并不意味着研发突破一定会给企业带来收益。在市场需求不旺盛的阶段，为了在更加激烈的竞争中保留一席之地，更多企业往往"卷价格"、推"平替"，导致行业平均利润空间进一步被压缩，进而影响企业后续持续投入研发的意愿。在"双循环"新发展格局下，广大专精特新企业需要增加科技底气，既要面对国外知名品牌高技术、高定价、高利润的竞争优势，又要面对国内众多传统技术企业低标准的低价竞争挑战。产业链的攀升越往上越艰难，企业需要持续积累技术能力，尤其是在面临技术瓶颈的阶段，企业家需要下定决心持续投入。同时，需要构建更加友好的科技人才柔性流动机制，进一步放宽各种不必要的限制条件，以降低企业引才用才成本为出发点，在战略认知、资源匹配、能力协同等方面达到内外统一，才能打消用人单位的顾虑，真正推动企业主导的产学研融通创新，促进创新链产业链资金链人才链深度融合。

面对当前产业链升级中的人才结构性紧缺的矛盾，设计构建一个更加友好、有效、开放和灵活的人才柔性流动机制，需要重点关注以下几个问题。首先，要关注企业作为用人单位的特殊性。企业在不同发展阶段需要解决的问题具有极大的复杂性和差异性，很难以一个统一标准来约束人才水平。因此，企业往往需要秉持"英雄不问出处"的理念，以解决问题的能力为衡量标准，切勿让"帽子"思维、职称思维等给人才柔性流动制造障碍。其次，要关注创建更大的人才柔性流动蓄水池，为双向选择和成功配对创造更大的可能性。可以按照行业类型、区域战略打造多层次的特色产业人才协同创新中心，实现跨地域、跨行业、跨学科等的多维度、多层次流动。再次，要关注多样化的用才方式和引才途径。产学研深度融合的一个重要前提是企业具备一定技术基础和吸收能力，这需要通过多样化方式不断培育和积累。可以从基础或底层方面开始尝试采用顾问咨询、挂职兼职、项目合作、揭榜挂帅、技术入股等多样化方式促成合作,做到促共享、重能力、看实绩。最后,要关注区域政策协同一致。例如,在长三角一体化发展中,应加强顶层设计和统筹协调,促进区域人才市场一体化,推动区域公共服务均等化,提高人才治理的数字化智能化水平,并探索建立区域间人才流动补偿调节机制,保障人才流动合理有序。

人工智能伦理治理共识的演变趋势

| 贾 婷 陈 强

总体来看,全球范围内的代表性人工智能(Artificial Intelligence,AI)伦理准则一方面肯定了 AI 技术全领域应用给社会带来的巨大变革,另一方面也充分表达了对依托数据、算法和算力的 AI 技术应用的潜在伦理风险的隐忧,以及广泛寻求共识以实现规范发展。从准则的具体内容来看,这些伦理治理共识的演变呈现出六大趋势(图 1)。

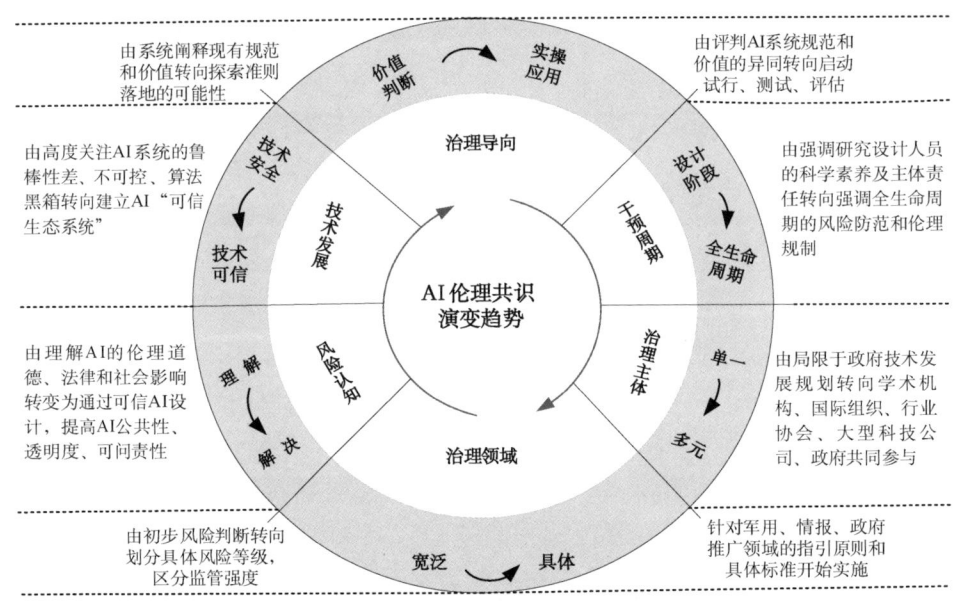

图 1 AI 伦理共识的演变趋势

一、由理解风险走向解决风险

2010 年后,AI 技术的发展迎来第三次高潮。世界各大经济体都在积极寻找技术发展机遇,提出战略规划,并逐渐意识到 AI 技术快速迭代对社会的重塑效应及潜在问题,对AI的潜在伦理风险有了初步认识,应对风险的紧迫感日益增强。例如,2016年美国制定《国家人工智能研究和发展战略计划》(*National Artificial Intelligence Research and Development Strategic Plan*),旨在通过政府投资深化对AI的认识和研究,并于2019年对这一计划做了更新。通过对比可发现,《国家人工智能研究和发展战略计划》提出要"理解"AI的伦理道德、法律和社会影响,而《国家人工智能研究和发展战略计划:2019更新版》(*National Artificial Intelligence Research and Development Strategic Plan: 2019 Update*)则提出要通过可信的AI设计,来提高AI的公共性、透明度和可问责性,以解决AI技术发展过程中的伦理道德及法律问题。类似的表述在其他共识中也有体现。

二、由强调技术安全转向强调技术可信

在AI技术伦理治理的早期阶段,技术安全风险被认为是治理重点,各国政府及国际组织高度关注AI系统鲁棒性差、不可控、算法黑箱等安全风险。2018年之后,内涵更为全面的"可信"价值逐渐发展为AI技术研发的引领性共识。2019年20国集团发布的《G20人工智能原则》(*G20 AI Principles*)提出"可信AI的负责任管理原则"和"实现可信AI的国家政策和国际合作的建议";2019年美国发布的《国家人工智能研究和发展战略计划》提出要创建健康且值得信赖的AI系统,重点防范恶意攻击;2020年欧盟发布的《人工智能白皮书》(*White Paper on Artificial Intelligence*)通过建立"可信赖的AI框架",提出了AI研发和监管的政策措施;2020年,国际标准化组织(International Organization for Standardization,ISO)发布《人工智能中的可信度概述》(*2020 Information Technology-Artificial Intelligence-Overview of Trustworthiness in Artificial Intelligence*),探索在AI系统中建立信任的方法;2021年,中国信通院和京东探索研究院联合发布《可信人工智能白皮书》,进一步明确了可信AI的核心内容及总体治理框架。这些共识希望通过建立AI的"可信任生态系统"来应对技术挑战,以应对"科林格里奇困境"。总体看来,相较于"可解释、安全、公平、可问责"等描述技术特定性能的预期目标,可信AI的价值内涵更为丰富,除强调AI技术要"安全可控"外,"透明可释、数据保护、明确责任、多元包容"等可信特征也被认可。

三、由关注伦理价值判断走向关注实操应用

AI伦理治理进一步转向实践层面,探索一致性、兼容性价值规范落地的可

能。AI 伦理治理的前提是在全面系统地阐释和判断人类现有的规范和价值的基础上，评判 AI 系统的规范和价值的异同性，再进一步转向实践层面，探索一致性、兼容性价值规范落地的可能。2017 年 IEEE 发布的《合乎伦理的设计：将人类福祉与人工智能和自主系统优先考虑的愿景》(*Ethically Aligned Design: A Vision for Prioritizing Human Well-being with Autonomous and Intelligen*)探讨了将人类规范和道德价值观嵌入 AI 系统的步骤。2019 年，欧盟委员会发布《可信赖的 AI 伦理准则》(*Ethics Guidelines for Trustworthy AI*)，宣布启动 AI 伦理准则的试行阶段，邀请工商企业、研究机构和政府机构对该准则进行测试。2021 年德国发布的《AI 云服务一致性评价目录》从实操层面定义了评价云环境下 AI 的可信程度。以上共识文件的发布都表现出鲜明的实践导向。

四、伦理干预由设计阶段拓展到全周期

在 AI 治理共识形成的早期阶段，伦理治理主要以社会介入的方式推进，其规制对象大都指向研究设计人员的科学研究素养及主体责任的强化。例如，2016 年日本发布的《面向研究人员的伦理纲要草案》强调研究者不得基于加害意图使用 AI，要促使 AI 平等使用，并负有解释责任；2016 年，英国标准组织发布《机器人和机器系统的伦理设计和应用指南》(*Guide to the Ethical Design and Application of Robots and Robotic Systems*)，指出研究设计者和制造商要对机器人道德风险进行评估。但由 AI 技术驱动的第四次科技革命，呈现出多层次技术体系集成、自主性和互动性高的新特征，AI 赋能产业应用的过程也是新数据产生、算法迭代完善的过程，因此，共识开始强调风险防范及伦理规制应贯穿 AI 技术发展的整个生命周期。例如，2021 年联合国教科文组织发布的《人工智能伦理问题建议书》(*Recommendation on the Ethics of Artifical Intelligence*)中"AI 系统的整个生命周期"的出现频次多达 51 次。这表明，人们对于 AI 技术的治理阶段性的认识逐渐清晰和深入。

五、治理主体由单一扩展到多元

现阶段，AI 伦理治理准则不再局限于政府的技术发展规划，相关领域的学术机构、国际组织、行业协会、大型科技公司与政府共同作为治理主体，探讨可信 AI 实践的可能。例如，2017 年生命未来研究院(Future of Life Institute)推出《阿西洛马人工智能原则》(*Asilomar AI Principles*)，从科研问题、伦理价值及

更长期问题三个维度提出了 23 条发展准则。国内外的大型科技公司也都在积极参与 AI 伦理治理的相关工作，并与高校、智库及第三方机构展开合作，以弥合理论研究与实践情境的脱节。

六、治理领域由宽泛趋向具体

AI 伦理治理往往以风险为路径，进而提出相关领域的规范指引，如 2021 年欧盟发布的《AI 法案》（*EU AI Act*）根据 AI 系统可能对人的基本权利产生威胁的程度，划分了不可接受的风险、高风险及低风险/最小风险三类风险，并对不同等级的 AI 系统提出了相应的合规要求，同时施以不同强度的监管。从 2020 年开始，针对军用、情报、政府推广等具体领域的指引原则和具体标准开始实施。例如，2020 年美国颁布《在联邦政府推广可信 AI》（*Promoting the Use of Trustworthy Artificial Intelligence in the Tederal Government*）行政令，出台《人工智能原则：国防部人工智能应用伦理的若干建议》（*AI Principles: Recommendations on the Ethical Use of Artificial Intelligence*），提出国防部等政府部门在设计、开发、获取及使用 AI 时应该遵守的原则；2021 年美国国家标准与技术研究院（National Institute of Standards and Technology，NIST）发布《人工智能和用户信任》草案，提出了 9 个可促成用户对 AI 系统潜在信任的因素。可见，在对风险认知逐渐清晰的基础上，AI 伦理治理的领域在不断聚焦。

综上所述，AI 伦理治理共识从"风险认知、技术发展、治理导向、干预周期、治理主体、治理领域"等多个维度都渐渐指向了"实践"。AI 伦理准则虽已达到一定体量，并随着技术成熟度提升、应用场景具体化及风险认知科学化不断演变，还在全球范围内形成了若干关键共识，期望通过关键共识及规范要求的实施来合理控制风险。但是，近年来业界及学术界都指出了伦理准则落地难的问题，将伦理价值观纳入当前的 AI 治理框架还需要克服诸多挑战。

全球视域内人工智能伦理准则体系的多维解构

| 贾　婷　陈　强　沈天添

以科技伦理准则为代表的"软体系"先行，在全球范围内广泛讨论技术风险、提出预期治理目标、构建预测性治理机制、细化敏捷性治理方案，将成为实现硬法规制的先导性探索。随着人工智能技术在研发及应用中的广泛性和成熟度不断增强，其在主要应用场景中的潜在伦理风险逐渐暴露，引发了各国政府、重要国际组织及大型科技公司对人工智能伦理治理的广泛讨论。2016年以来，在全球范围内由政府、企业、社会机构、国际组织、学术团体等利益相关主体提出或制定的人工智能伦理准则或倡议已有150多个，初步构建了人工智能伦理治理框架。在此基础上，各方尝试将共识性人工智能伦理准则嵌入产业发展的实践机制，针对人工智能技术在具体应用领域的指引原则和标准开始出台并实施。

一、人工智能伦理准则的阶段特征

结合人工智能技术发展轨迹，可从初步探索（2016—2017年）、原则爆发（2018—2019年）、实践应用（2020年至今）三个阶段来分析人工智能伦理准则的阶段性特征（图1）。

(a) 2016—2017年人工智能伦理准则关键词

(b) 2018—2019年人工智能伦理准则关键词

(c) 2020年至今人工智能伦理准则关键词

图1　人工智能伦理准则各阶段关键词分析

从人工智能伦理风险议题被提出,到各界纷纷提出或制定伦理准则并广泛寻求共识,再到探索将准则转化为实践的机制、方法、工具等,每个阶段的治理侧重点和准则表述都存在差异。首先,人工智能准则的制定密切围绕技术实体的发展,"技术、算法、系统、数据"等关键词在三个阶段的权重都比较高。例如,透明性(transparency)、决策(decision)、隐私(privacy)概念在各阶段都备受关注。然而,经历了原则大爆发阶段后,准则逐步跳出技术系统,开始关注部署应用和社会影响,对风险(risk)的关注度逐渐提升。其次,进入实践应用阶段(2020年至今),伦理准则在实践中应用的权重逐步提升,应用(application)在词云图中被重点凸显。从实践参与主体的角度来看,第一、第二阶段较为笼统地谈及利益相关者(stakeholder)的作用,而第三阶段则强调行动者(actor)的实践行为。最后,在人工智能伦理准则发展的三个阶段中,法律(law)一直没有被凸显。这意味着无论是从行为规制角度还是从行为激励角度,都鲜少有将人工智能伦理规约确认为法律规范的实质性探讨。

二、人工智能伦理准则的主题

通过提取92个准则文本的主题,参照LDA模型的困惑度曲线和主题含义,确定准则核心主题的数量为5。对词汇内容进行概念化后,归纳出的主题类别名称为"通用性准则""行业发展准则""技术系统准则""制度干预准则""实践性准则"。各核心主题对应的部分代表性词汇如表1所示。

表1 准则核心主题

核心主题	词项	相关度	词项	相关度	发布主体数量
通用性准则	system data decision technology principle	0.055 42 0.027 79 0.015 54 0.015 51 0.015 43	human development people use privacy	0.011 78 0.011 45 0.011 26 0.010 94 0.010 03	a(18);b(21); c(18)
行业发展准则	intelligence right development cycle protection	0.048 40 0.024 43 0.018 09 0.014 28 0.013 49	technology security article data life	0.012 89 0.011 51 0.011 42 0.010 80 0.010 10	a(1);b(2); c(1)

（续表）

核心主题	词项	相关度	词项	相关度	发布主体数量
技术系统准则	development use product technology right	0.017 64 0.016 52 0.014 90 0.013 21 0.013 2	principle service customer data safety	0.012 95 0.012 27 0.010 99 0.010 14 0.008 87	a(4);b(3); c(5)
制度干预准则	system user data risk attention	0.039 63 0.037 53 0.020 68 0.020 34 0.018 70	developer provider principle Judgment obligation	0.015 96 0.014 98 0.013 10 0.012 04 0.011 58	a(2);b(1); c(0)
实践性准则	system development actor child application	0.025 21 0.020 35 0.020 134 0.016 52 0.014 54	use code technology agency approach	0.013 16 0.011 12 0.011 04 0.010 14 0.008 49	a(10);b(3); c(1)

注：a代表政府和政府间组织（Governments & Intergovernmental Organizations）；b代表学术界、非营利组织和非政府组织（Academia，NPO & NGO）；c代表行业（Industry）。a(18)代表由政府和政府间组织发布的通用性准则有18个。

可以发现，通用性准则聚类的关键词比较全面，既涉及人类福祉、可持续发展等高阶价值层次，也聚焦技术系统、数据安全、个体隐私、使用者权利等低阶价值层次。其发布主体分布均衡，体现了政府、业界及社会对人工智能伦理治理问题讨论的广度和深度。行业发展准则更关注人工智能产业数字化赋能过程中的自律、合作、数据共享、技术安全等方面，其数量相对较少，以行业组织为发布主体。技术系统准则关注人工智能技术研发及应用中的透明性、可预测性及数据公平等，强调人工智能产品和服务安全，重视保障客户、政府及雇员等利益相关者的权益，以领军企业为发布主体。制度干预准则，聚焦人工智能技术研发及应用的可问责性、推进风险评估，寻求将伦理规范上升为法律规制的可能，以政府及政府间组织为发布主体。实践性准则以负责任研发和创新为发展宗旨，注重应用层面的实质性行动，提出了具体的政策导向，其发布者主要为政府和政府间组织，对人工智能产品的伦理品质提出了要求。

三、人工智能伦理准则的国别比较

有学者指出,不同国家和地区出台的人工智能伦理准则的关注重点存在差异。例如,中国更关注人类福祉,要求尽可能减轻对用户造成的消极后果;欧盟更关注公平,限制性原则较多;美国则更关注可控性,较少关注分享[1],这在一定意义上表明了跨国伦理挑战的存在。

选取人工智能伦理准则发布数排名前五的国家,在国别维度考察每一份准则的核心主题关联情况,颜色越深,代表该主题分布概率越高(图2)。整体来看,与技术发展程度及现阶段科技伦理规制的需求相适应,各国各类主体对核心主题的关注度各有侧重,围绕通用性准则相互补充,丰富了人工智能伦理治理议题的讨论维度。但细化到具体国家层次,研究发现核心主题分布并不均衡:一是存在主题缺失现象,如中国和国际组织未涉及"制度干预准则"主题,日本和美国未涉及"行业发展准则"主题;二是主题分布单一,例如,德国发布的人工智能伦

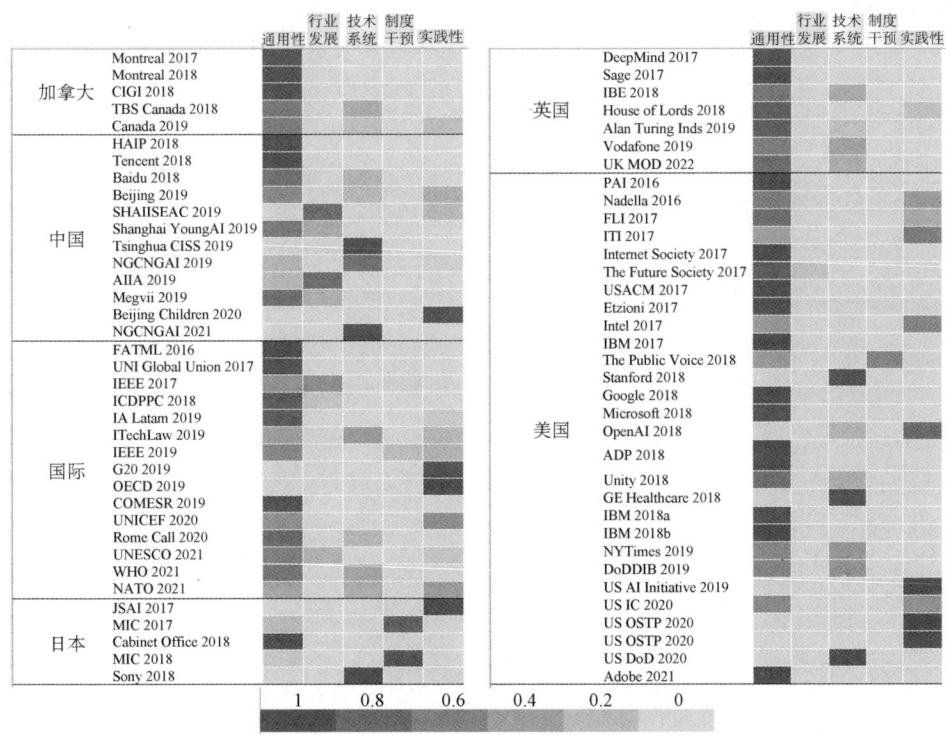

图2　人工智能伦理准则核心主题分布国别比较

理准则主要集中在"技术系统准则"主题,俄罗斯大多围绕"实践性准则"主题设置内容,英国、加拿大则重点聚焦通用性准则。

特别值得注意的是,制度干预性准则的数量不多,关注度也不高。这与目前被广泛讨论的议题相关,即在人工智能技术发展的现阶段,如何把握制度干预的程度和方式?这也在一定程度上说明,在人工智能伦理制度化过程中,存在伦理治理的困境,相关制度供给要具备敏捷性和国际性。既要统筹发展与治理之间的关系,健全人工智能发展法规体系、标准体系及监管体系,进一步明确国家、地方及行业主管单位科技伦理监管的组织结构、隶属关系、管理权限和职能,也要更多地运用指导性政策,推动治理的敏捷性和柔性,还要从国际共治的角度出发,在推进中国制度方案的同时对标国际,通过制度间的国际联结消除技术地缘不信任的根源,增强预测性治理能力,为人工智能企业跨国合作和国际共治创造有利的制度环境。

参考文献

[1] 陈小平. 人工智能伦理导引[M]. 合肥:中国科学技术大学出版社,2021.

"萝卜"跑得快,还须系好网络与数据的"安全带"

徐 涛 张桁嘉

随着科技的迅猛发展,自动驾驶技术已经从实验室走向实际应用,成为现代交通体系的重要组成部分。近日,无人驾驶出租车"萝卜快跑"频频登上网络热搜榜。其操作便捷、价格亲民,吸引了大批乘客前来体验。这一新兴的出行方式不仅展示了自动驾驶技术的先进性和实用性,也引发了公众对自动驾驶技术的广泛关注和思考[1]。特别是,自动驾驶车辆作为高度联网的智能终端,一旦遭遇网络攻击或数据泄露,可能会带来严重的安全隐患。因此,在享受科技进步带来的便利的同时,确保无人驾驶出租车的网络与数据安全尤为重要。

一、自动驾驶汽车的网络与数据安全形势愈发严峻

随着以自动驾驶为代表的智能网络汽车产业快速发展,网络与数据安全的重要性愈发凸显[2-3]。根据 Gartner 的预测,到 2025 年,全球将有超过千万台联网车辆上路,而这些车辆都可能成为黑客攻击的主要目标。数据显示,自 2020 年以来,针对整车企业和车联网信息服务提供商的恶意攻击次数已超过 280 万次,汽车数据安全形势十分严峻[4]。表 1 梳理了 2022—2024 年发生的部分汽车企业网络与数据安全事件。

表 1 2022—2024 年汽车企业网络与数据安全事件

发生时间	事件描述
2022 年 12 月	蔚来汽车数百万条用户数据遭泄露,被黑客组织勒索上百万美元,泄露数据涉及车主个人身份、紧急联系人、家庭住址、亲密关系等隐私信息
2023 年 2 月	丰田汽车的全球供应商信息管理系统被黑客入侵,超过 1.4 万家供应商的电子邮件账户、相关机密文件、供应商信息等读写权限暴露
2023 年 4 月	现代汽车意大利和法国车主数据及预订试驾数据遭泄露,包括电子邮件地址、物理地址、电话号码、车辆底盘编号等个人数据

(续表)

发生时间	事件描述
2023年5月	特斯拉被曝100GB用户数据遭泄露,其中包括首席执行官马斯克的社保号码、员工工资等信息,还包括约4 000份有关意外加速或"幽灵刹车"的投诉
2023年11月	延锋汽车遭到勒索软件攻击,导致其内饰供应系统受到影响,攻击对北美的汽车制造供应链产生了直接的连锁反应,导致几家北美工厂生产中断
2024年2月	宝马汽车云存储服务器配置错误,致私钥、内部数据及其他敏感信息暴露,其中包括宝马汽车在中国、欧洲和美国的云服务私钥,以及生产和开发数据库的登录凭证

自动驾驶汽车遭遇网络攻击后,可能引发一系列严重后果,甚至危害公共安全和社会稳定。首先,网络攻击可能导致车辆失控,危及乘客和行人的生命安全。例如,黑客通过入侵车辆控制系统,可以操纵加速、刹车和转向等关键功能,从而导致交通事故的发生。其次,数据泄露同样会导致严重后果。自动驾驶汽车依赖大量的传感器和通信设备,实时收集和传输乘客身份、行驶路线和车辆状态等敏感信息。一旦这些数据被恶意获取,不仅会侵犯个人隐私,还可能被用于实施进一步的犯罪行为。再次,网络攻击可能导致整个车联网系统瘫痪,影响交通管理和应急响应效率,造成广泛的社会混乱。最后,自动驾驶汽车会收集行驶过程中的经纬度等地理信息数据,当数据积累到一定量级时,会具备地图测绘能力,一旦外泄,将对国家安全造成潜在威胁。因此,确保自动驾驶汽车的网络与数据安全,不仅是技术发展的必要保障,也是维护公共安全和社会秩序的关键环节。

二、自动驾驶还须系好网络与数据的"安全带"

面对自动驾驶汽车的网络与数据安全挑战,政府部门、行业和企业应共同发力,系好网络与数据的"安全带",确保无人驾驶车辆在快速发展的道路上行稳致远,为公众提供安全、可靠的智能出行服务。

1. 加强无人驾驶网络与数据安全关键技术研发

为了有效应对自动驾驶车辆面临的网络与数据安全挑战,亟须加强关键技术的研发。首先,应大力推进数据加密、数据脱敏和区块链共享技术的发展,确保车辆与云端之间的通信安全,防止数据在传输过程中被窃取或篡改。例如,据区块链权威媒体 CoinDesk 报道，通用汽车公司、宝马汽车公司等多家传统大型车企，正在推动组建联盟，共享自动驾驶汽车数据，致力于发展区块链技术。其次，应提升入侵检测与防御技术的精准度与响应速度。例如，结合生物信息进行身份认证，通过人工智能和机器学习算法进行持续性的全方位、不间断检测，确保车辆在其整个生命周期中的网络安全[5]。此外，还应加大对系统安全漏洞的研究与修复力度，建立全面的安全补丁管理机制，及时修补已知漏洞，防范未知风险。通过关键技术的研发与应用，提升自动驾驶车辆的网络与数据安全水平，保障其在复杂环境中安全运行。

2. 推动跨企业信息共享与协同防御机制建立

自动驾驶车辆的网络与数据安全问题具有高度的复杂性和多样性，仅靠单个企业的努力难以实现全面防护。因此，推动跨企业的信息共享与协同防御机制的建立尤为重要[6]。企业间应建立共享平台，及时交换网络攻击的情报和应对经验，提高整体防御能力。例如，美国汽车信息共享与分析中心（Automotive Information Sharing and Analysis Center，Auto-ISAC）汇集了多家汽车制造商，通过定期会议和安全信息共享平台，实时交换网络攻击的情报和应对策略，显著提升了行业整体的防护水平。同时，应在行业内部制定统一的安全事件报告与响应标准，确保当安全事件发生时，各方能够迅速协同、及时应对。此外，通过建立跨企业的协同防御网络，可以实现资源优化配置和风险共担，形成更为强大的防护屏障，开展整车网络安全能力评价、攻防演练等，提升行业整体的网络与数据安全水平。

3. 加快无人驾驶汽车的网络与数据安全标准制定

在自动驾驶技术迅猛发展的背景下，无人驾驶汽车的网络与数据安全标准有待进一步完善，必须加快相关安全标准的制定与实施。首先，应结合自动驾驶车辆的技术特点和应用场景，制定全面且具体的网络与数据安全标准，涵盖从车辆设计、制造到运营维护的全生命周期。例如，特斯拉公司在其《2021年影响力报告》(Tesla 2021 Impact Report)中指出，特斯拉在设计阶段即开始采用严格的安全协议，以确保每个部件在设计和制造过程中都遵循最高的安全标准。其次，标准的制定应充分借鉴国内外先进经验，与国际标准接轨，确保标准的科学性和可操作性。最后，应建立标准的认证与评估体系，对企业的安全防护措施进行定期评估与认证，推动企业严格执行相关标准，形成行业规范。通过加快安全标准的制定与推广，可以有效规范行业行为，提升整体安全水平，促进自动驾驶技术的健康发展。

参考文献

［1］佘惠敏."萝卜快跑"将跑出怎样的未来[N].经济日报,2024-07-14(5).

［2］于奇,郭振,任世轩,等.智能网联汽车信息安全分析及防护策略[J].信息安全研究,2023,9(E1):121.

［3］李玉峰,刘奇,魏亮.车联网数据安全的若干思考[J].信息通信技术与政策,2023,49(2):2.

［4］程晨,王敏,陆文杰.自动驾驶系统安全攻击与防御技术现状分析[J].道路交通科学技术,2022(6):11-16.

［5］衣美佳,包俊.新一代信息技术在智能汽车制造中的应用研究[J].电子通信与计算机科学,2024,6(2):72-74.

［6］宋琦,武波,刘永东.关于智能网联汽车数据安全治理框架的探究[J].网络安全与数据治理,2024,43(3):1-9.

优化营商环境,浙江方案缘何引起国际关注

| 敦 帅

2024年3月28日,世界银行官网刊发《政务服务数字化中国营造更好营商环境:浙江省改革经验案例研究》(Digital Government Services: Creating a Better Business Environment in China-Case Study of Zhejiang Province's Reforms),将浙江省政务服务数字化的做法和经验作为中国优化营商环境的典型案例,向全球经济体宣传推广。这是世界银行启用 B-READY 全新版营商环境评价体系以来,发布的首个介绍中国改革经验的报告,彰显了浙江营商环境优化的竞争优势。政府办事效率能不能更高,经济社会发展环境能不能更优,老百姓获得感能不能更强? 新时代以来,以全面深化改革促进营商环境持续优化,一直是浙江省各级党委、政府最关注的课题之一。

一、浙江营商优化有速度

2014 年,以"四张清单一张网"为基础和总抓手,浙江进一步开展简政放权改革,探索出企业投资项目开工前审批"最多100天"等一批开创性的改革举措。2017 年,浙江提出"最多跑一次"改革,打造浙江政务服务网,实现全省3 000 多个行政机关统一进驻,1 400 多个乡镇(街道)和 20 000 余个村(社区)站点全覆盖。2018 年,在"最多跑一次"改革基础上,浙江加快推进数字化转型,经优化迭代推出"浙里办"App,提供数百项便民服务。2020 年以来,浙江探索构建了"一网通办"浙江模式,将全省 20 余万事项标准化为 3 638 个,贯通国家、省、市、县各级部门审批业务系统 319 套。2023 年,聚焦 110 个高频涉企、个人事项,浙江推出 160 个"智能秒办"事项,实现审批"零人工、准实时",梳理形成 235 个事项服务的推荐场景和 84 本高频证照变更、到期等场景的自动提醒。从"四张清单一张网"到"最多跑一次"再到"一网通办"和"智能秒办",浙江加快推进政务服务数字化进程,不断提高政府办事效率。

二、浙江营商优化有深度

一是创新体制机制,利用数字技术支撑"最多跑一次"改革和优化营商环境改革。通过"数字＋政务"模式,浙江推行并持续优化营商环境"无感监测"系统,通过全量、真实、在线归集并监测市场主体全生命周期与政府交互的业务办理手续、时间等数据,形成监测预警、地方响应整改、案例入库、借鉴推广的工作闭环,实现营商环境评价方法、数据归集模式和治理机制的重塑,使"无感"监测的结果成为企业最"有感"的营商体验。

二是优化涉企数字化服务,推动企业绿色可持续发展。一方面,浙江坚持以企业为中心的改革理念,持续规范和简化行政审批程序,打造数字化、实用型监督评估体系;另一方面,浙江坚持定期跟踪监测改革进度,及时发现短板,快速整改提升。同时,浙江通过深度融合政府改革经验和企业数字化能力,推动数字化解决方案的快速落地。

三是打通惠企无感兑付通道,推动营商优化政策精准落地。2020年,杭州在全国首次探索构建"亲清在线"新型政商关系数字平台,持续深化"最多跑一次"改革。一方面,杭州从2018年开始构建"城市大脑"中枢系统,每个管理或服务主体都可以通过中枢系统实现数据协同,通过数字化转型赋能服务型政府建设,为"亲清在线"平台的搭建奠定了数据基础;另一方面,杭州遵循"企业怎么方便怎么来"的原则,全面改造每个上线政策的兑付流程,依托"亲清在线"后台大数据分析比对,在最少打扰企业和员工的前提下,让惠企政策直接、精准落地。此外,杭州依托"亲清在线"平台,建立起一种平等化、互动化、信任化的政商关系,推动线上线下融合发展,实现办事方式多元化、办事流程最优化、办事材料最简化、办事成本最小化,真正实现了"无事不扰"和"免申即享"。

三、浙江营商优化有温度

企业层面,2022年,浙江成为全国唯一的"大综合一体化"行政执法改革国家试点,实施对企检查改革,实行多部门"综合查一次",在提高检查效率的同时,通过现场沟通解决跨领域、跨部门的疑难杂症。例如,"亮码检查",即对执法检查"统一赋码",执法人员入企检查必须出示行政行为码,企业可以监督评价;又如,执法监管"一件事",即全面梳理涉及多个执法主体的相关事项,明晰责任,形成执法监管清单,重点解决"多头管、三不管"问题;再如,"轻微违法不予处罚",

即在全省26个执法领域建立轻微违法行为依法免予处罚清单。浙江对企检查系列措施,有效实现了执法效能最大化、对企业生产经营活动影响最小化,以及为民服务效益最优化。

便民层面,浙江加速推进政务服务从"可办"向"好办易办"转变,从"便捷服务"向"增值服务"升级,深入推进"一网通办""一窗通办""跨省通办""一件事"联办等改革走深落实。一是推进政务服务一体化建设,进一步提高政务服务标准化、规范化和便利化水平。全省建成100个县级以上公安政务服务(网办)中心、1 000个派出所(便民服务中心)通办窗口、10 000个村居延伸服务网点,织密办事服务网络,打造15分钟办事圈,实现跨警种业务"一窗通办""一站式"办理。二是推广证件照片"一窗通拍、全域应用"。浙江在全省设有114家单位、1 156个窗口点位以及在"浙警在线"免费为群众提供证件照"一窗通拍"服务,所拍照片可用于出入境证件、身份证和驾驶证办理。"一窗通拍"后续将在政务服务、公共服务、社会化服务等领域推广使用。三是实施交通管理业务"一件事"联办。在"浙警在线"上线"交警e件办",集成非伤人交通事故快速处理、车检预约代办、车辆注销等"一件事",群众可在线完成事故报警、定责、理赔,预约、委托代办车检,申请车辆报废、自选回收公司等事项办理。后续将推行普通货车跨地市城市道路通行,通行证一次申请、全省通用。四是试行"浙江身份码"应用。群众可通过支付宝小程序申领"浙江身份码",作为个人身份电子凭证。目前,部分城市正试点凭"浙江身份码"办理旅馆住宿登记,群众无须再出示居民身份证。未来"浙江身份码"将逐步推广至政务事项、公共服务等领域使用。五是建立商务事由出国(境)和空港口岸签证"绿色通道"。为紧急赴境外参加会议或谈判、签订合同、处理突发事件,以及行前出入境证件遗失损毁、前往国入境许可或签证有效期即将届满等商务类申请,开通"绿色通道"。优化全省空港口岸签证机构勤务模式,为紧急来华的商贸、科教文卫等人员提供全天候口岸签证便利。

营商环境优化无止境。2024年4月8日至19日,国务院办公厅组织对全国20个省(自治区、直辖市)开展了优化营商环境专项督查,将浙江优化营商环境的经验总结为"以政务服务增值化改革牵引助推营商环境优化提升":一是建立线上线下一体融合的服务载体。线下,全省设区市本级、县(市、区)、省级新区均设立企业综合服务中心,平均入驻增值服务事项162个;线上,打造企业综合服务平台,省级"浙里办"服务专区集成便企服务500多个、惠企政策2.3万余条,各地上线企业综合服务专区65个。二是推出企业开办等24个"一件事",涉及增值服务166项。开发"政策计算器"功能,向企业精准推送所需政策条款。三是省级制定出台涉企服务指导目录,各市、县(市、区)提出涉企服务事项150项。四是建立"主动发现、高效处置、举一反三、晾晒评价"的涉企问题处理机制,累计收集涉企问题39 969个,办结率达92.3%。

广州科技企业孵化器发展的实践与启示

薛奕曦　杜　强

广州在科技企业孵化器的发展中，逐步探索出了一条具有地方特色的创新实践之路。通过聚焦产业细分领域、强化绩效考评、整合多方资源及布局国际化发展，广州的孵化器体系不仅助力企业实现从创意到产业化的加速成长，还推动了区域创新生态的整体优化。本文旨在总结广州科技企业孵化器在实践中的成功经验，分析其在政策支持、资源整合、产业孵化等方面的创新做法，从而为上海科技企业孵化器的建设与发展提供可借鉴的经验与启示。

一、推动孵化载体聚焦专业领域加速产业孵化

鼓励以加速器为主的孵化载体聚焦细分领域的产业共性需求，向专业化、产业化方向发展。通过构建涵盖工业设计、概念验证、中间试验和小批量试生产、检验检测、产品体验、市场销售等环节的产业孵化服务体系，为入驻企业产业化发展提供标准化、通用型的专业服务。同时，结合不同产业类型、不同发展阶段的企业需求，制定个性化产业服务方案，加速推动产业孵化。

二、加强孵化器绩效考评

广州市科技行政主管部门依托评价指标体系开展"以赛促评"的孵化器评价工作，并根据评价结果给予相应支持。奖项设置如下：一等奖不超过 8 名，二等奖不超过 20 名，三等奖不超过 30 名；同时，根据评价得分前 50%（含）且未进入一、二、三等奖的孵化器数量确定优胜奖名额，优胜奖数量不超过 100 名。补助标准为：一等奖不超过 200 万元，二等奖不超过 100 万元，三等奖不超过 50 万元，优胜奖不超过 10 万元。

三、整合"科技管理部门＋社团组织＋头部孵化器"三类主体力量，为孵化器的发展提供精准服务

科技管理部门通过线上线下政策宣讲会，提高政策的知晓度，落实政策引导功能。社团组织发挥桥梁作用，开展多层次孵化人员培训、统计调查、行业对接等，推动孵化行业健康发展。头部孵化器积极发挥带头作用，例如，广州高新技术创业服务中心和拓思软件园等头部孵化器通过"传帮带"模式，促进纳金科技孵化器和金发科技创新社区首次参与国家级评价即获评优秀。

四、利用科技创新母基金支持孵化载体和创新企业发展

根据《广州科技创新母基金管理办法》的相关规定，鼓励经认定的市级以上孵化器通过其管理或关联的投资平台，或联合社会股权投资机构（如创业投资机构），申报广州科技创新母基金投资天使类子基金和创投类子基金。母基金对天使类子基金的出资比例不超过子基金规模的50%，对创投类子基金的出资比例不超过子基金规模的20%，为孵化载体与创新企业的成长提供重要的资金支持。

五、坚持链接全球战略布局，推动孵化载体国际化发展

广州充分发挥其毗邻港澳台和科技创新资源集聚的优势，通过举办国际创业大赛、国际孵化培训研讨班、中国海外人才交流大会、海外项目路演及赴海外开展交流合作等形式，为广州孵化载体从业者和创业者提供与国际同行交流合作的平台。这不仅推动了国内外孵化载体的双向交流，也提升了广州孵化器的国际影响力。

六、提升在孵企业内生发展动能

实施"大中小联合创新计划"，引导中小企业借助大企业的供应链、管理与资本等资源，加速提升创新发展内生动能，形成大中小企业融通的产业生态圈。同时，鼓励领军企业组建创新联合体，带动中小企业开展创新活动，共同承担国家、省、市重点领域研发计划，推动中小企业提升技术创新与产业转化能力。

年度报告

锐科创 2024

——科创板上市公司科创力排行榜主要结果

| 任声策教授课题组

2024年是科创板开板五周年,截至2024年11月30日,科创板已有注册企业588家,总营业收入突破1.4万亿元,同比增长4.68%。科创板上市企业凭借不俗的创新能力,展现出超出行业平均水平的竞争力,科创板已成为推动中国科技创新和产业升级的重要平台。2024年"锐科创"排行榜聚焦科创板企业科技创新表现,以563家已发布2023年度报告的企业为评估对象,依据《科创属性评价指引》等相关政策文件,从创新投入、创新资源、创新产出和创新效果等主要维度选取了15项关键指标,并分别从优势企业、行业、地域、上市年份及综合分析几大篇章对入选企业的科创力与内驱力进行系统评价,全面衡量企业的创新成果和内驱动力。与2023年"锐科创"排行榜相比,2024年"锐科创"排行榜的几大亮点在于:新增了"企业营收状况"指标、调整了评分方式、细化了指标相关数据、地域篇中新增"主要地市科创力分布特征",以及新增独立章节"上市年份篇"等,旨在深度剖析科创板上市企业的综合科创水平,为促进我国科创企业提升科创力提供相关建议。

一、评价范围与指标

参评的563家科创板上市企业在六大行业的分布依次为:新一代信息技术领域企业213家,高端装备领域企业139家,生物医药领域企业108家,新材料领域企业57家,节能环保领域企业24家,新能源领域企业22家。上述企业多集中在我国东部和南部沿海省份,企业数量前五的省份分别为:江苏省(108家),上海市(88家),广东省(87家),北京市(68家),浙江省(49家)。

本次科创力排行榜选取的15项评价指标分别为:已授权的发明专利数量、已授权的实用新型专利数量、已授权的外观设计专利数量、已登记的软件著作权数量、过去一年间公开发明专利申请数量、已授权的五大局发明专利数量(不含中国)、研发人员数量、研发人员占比、研发人员平均薪酬、研发人员学历构成、企业营收状况、研发投入、研发投入占营业收入的百分比、所获得的重要奖项、专精特新"小巨人"与"单项冠军"评定情况,从科创成果和科创内在驱动能力两个方面反映了企业的综合科创水平。其中,研发人员数量、研发人员占比、研发人员平均薪酬、研发人员学历构成、企业营收状况、研发投入、研发投入占营业收入的百分比7项指标用于评价企业的内驱力。

二、锐科创 2024 主要结果

1. 科创板上市企业的区域版图

江苏省和广东省作为经济大省,科创板上市企业数量位居前列。上海市作为全国经济中心,科创板上市企业数量也保持在较高水平,并逐年稳定增长。北京作为全国政治中心,科创板上市企业数量虽多,但2023年的增量不高(图1)。科创板新增上市企业数量与地区经济发展情况依旧总体一致,但与往年相比,新增上市企业数量有一定程度的下降。在长三角一体化的带动下,安徽省科技创新能力持续提升,2023年表现良好,企业数量稳定增长。截至2023年年末,山西省、广西壮族自治区、云南省等省份尚无科创板上市企业,这些省份科创生态仍有待培育,科创企业在产业发展中的作用有待增强。

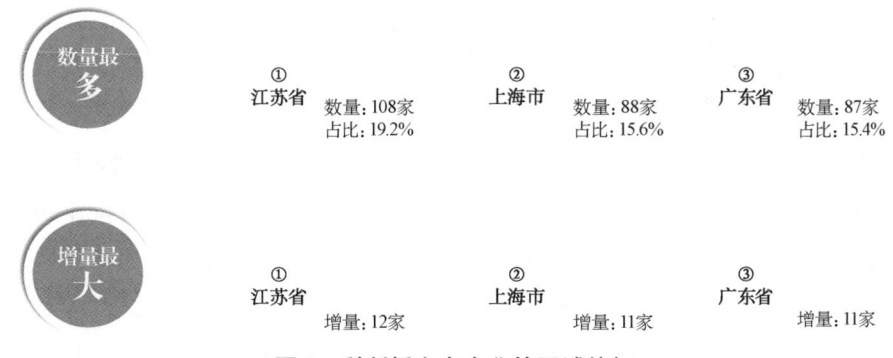

图 1　科创板上市企业的区域特征

2. 科创力优势企业画像

选定科创力排行前 50 名与前 100 名的企业为优势企业。优势企业主要集中在北京市、上海市和广东省等经济发达地区,且所属领域多为新一代信息技术领域;且这些地区的企业普遍具有较高的研发投入、优质的人才储备和卓越的创新成果。经济欠发达地区几乎没有优势企业,节能环保领域与新材料领域的优势企业极其稀少,整体科创水平较为薄弱,亟待发展。此外,新能源领域的企业数量虽然不多,但行业整体的科创水平很高,优质企业普遍,比重显著高于其他领域,行业平均科创力与内驱力均位居六大行业之首,创新质量相对较高(图2)。

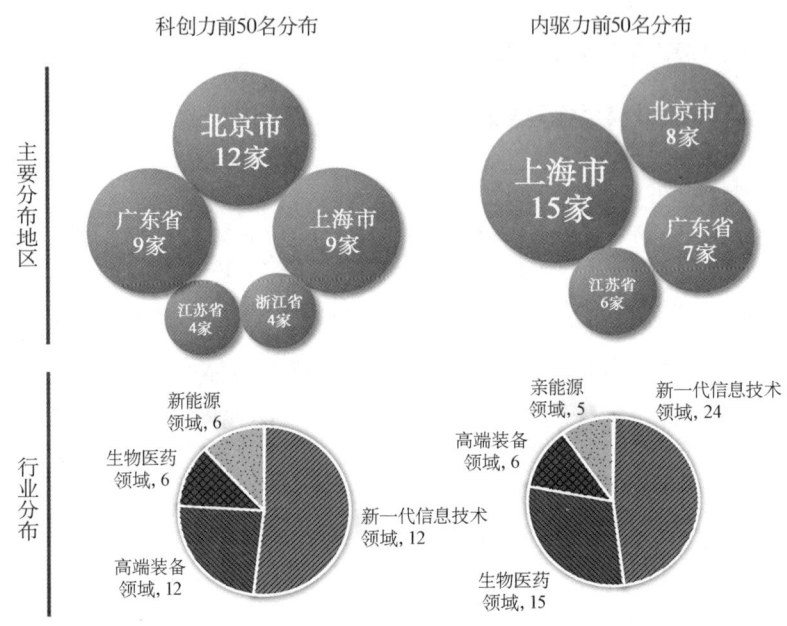

图 2 科创力优势企业画像

3. 科创板上市企业的科创力行业表现

从科创板上市企业的行业分布来看,新一代信息技术企业数量最多,占科创板上市企业总数的36%,并贡献了较多的高科创力企业,其科创力水平也大幅领先其他行业。新能源领域企业数量虽少,但其科创力和内驱力得分均处于领先地位,展现出"少而精"的特点。相比之下,新材料和节能环保领域的整体创新能力相对薄弱,需要进一步的研发支持和政策扶持。从行业整体的角度出发,各领域企业的科创成果与科创内驱能力基本匹配(图3)。

从各行业内高科创力的代表性企业的地域分布情况来看,新一代信息技术领域的优势企业主要集中在北京市与上海市,高端装备领域的优势企业主要集中在北京市与广东省,生物医药领域的优势企业主要集中在上海市与山东省,新材料、节能环保和新能源领域的优势企业则较为分散。

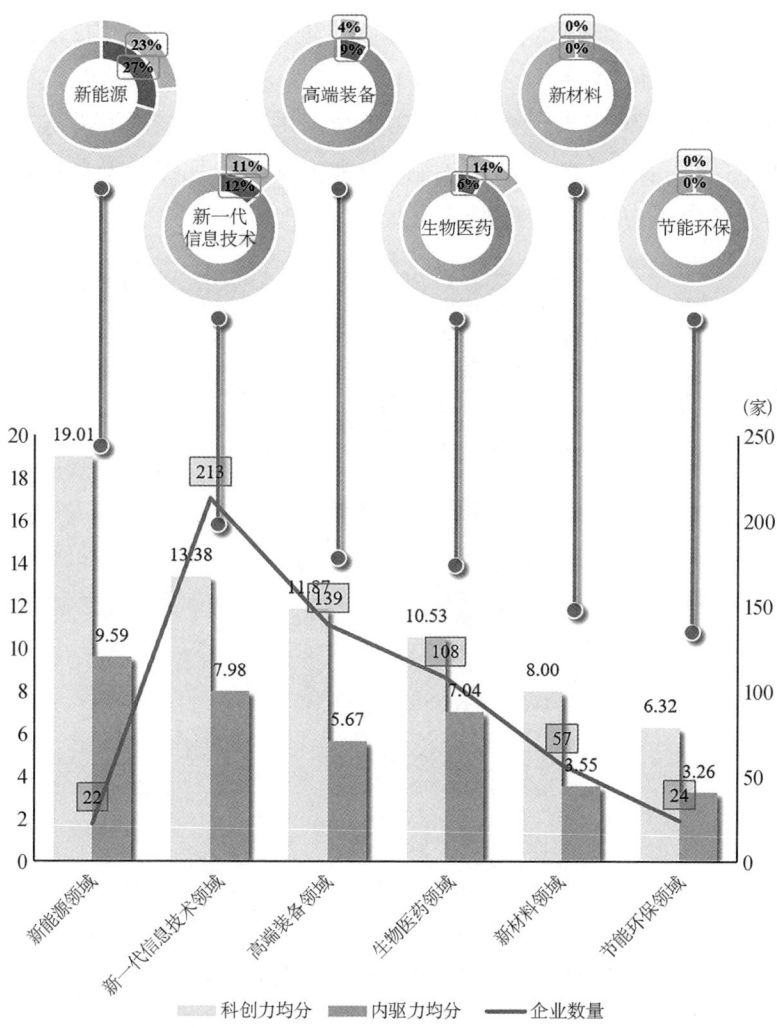

图 3　科创板上市企业的科创力行业表现

4. 重点区域科创板企业的科创画像

从区域分布来看,科创板上市企业集中在东部和南部沿海经济发达地区。江苏省、上海市、广东省、北京市和浙江省科创板上市企业数量位居全国前五。江苏省是参评企业数量最多的省份,以108家企业居首;上海是参评企业数量最多的城市,以88家企业居首;上海市的科创力均分、内驱力均分相较其他省份而言也处于较高水平(图4,图5)。

区域科创板上市企业科创力方面,天津市、江西省、湖南省、北京市、广东省、山东省、上海市、新疆维吾尔自治区等省份科创力高于全国平均;福建省、贵州省、吉林省落后;区域科创板上市企业内驱力方面,天津市、上海市、江西省、北京市、广东省、新疆维吾尔自治区等省份高于全国平均,吉林省、河南省、河北省落后。天津市(7家企业)2023年度的科创力和内驱力表现仍然十分优秀,依旧是科创力均分和内驱力均分的双料冠军。

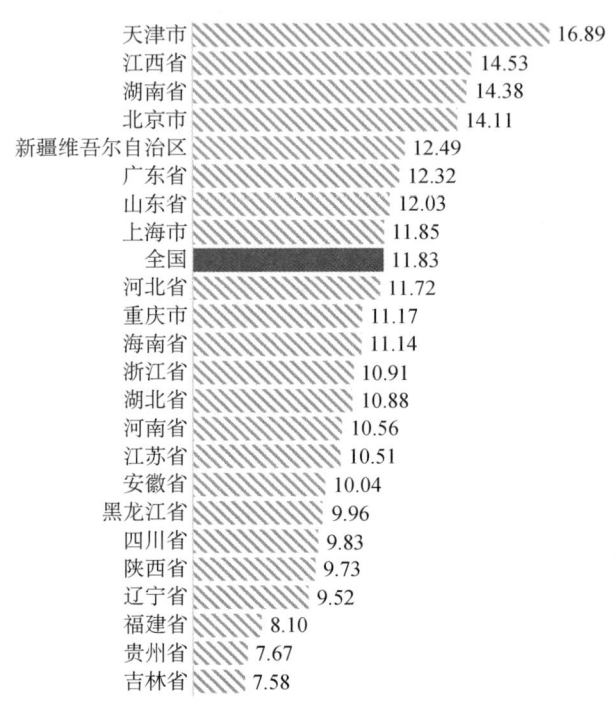

图 4　科创板上市企业的科创力分布

如图 6、图 7 所示,长三角、京津冀和珠三角三个区域内科创板上市企业数量多,在全国科创板上市企业中占比较大,且增长迅速。三大区域内科创板企业共计 360 家,占参评企业总数的 63.9%。另外,全国范围内科创板上市企业数量排名前 5 位的城市(上海市、北京市、苏州市、深圳市、杭州市)均位于这三个地区。其中,长三角 G60 科创走廊沿线 9 个城市的科创板上市企业占参评企业总数的 35.3%,珠三角地区城市的上市科创板企业占参评企业总数的 15.1%,京津冀地区的上市企业占总参评企业的 13.5%。此外,这三个区域内科创板上市企业的科创力均分与内驱力均分均高于全国平均水平,展现出强劲的科创能力。

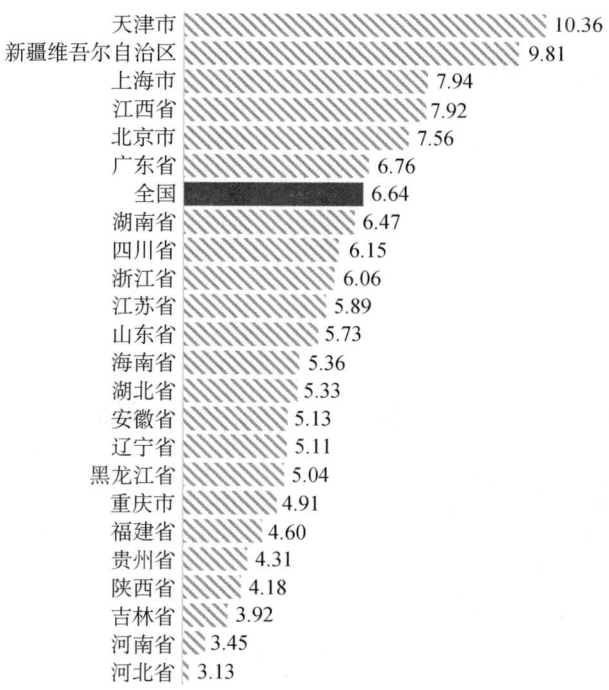

图5 科创板上市企业的内驱力分布

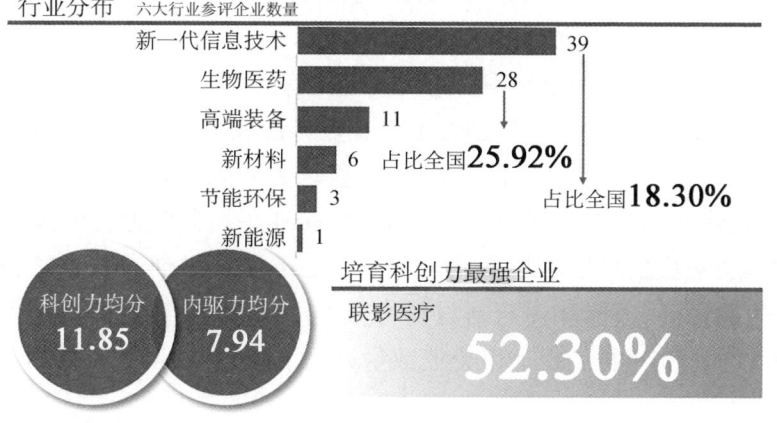

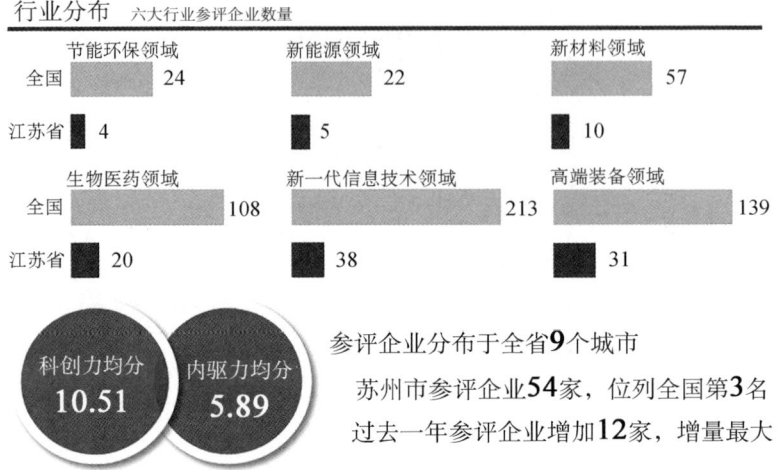

图 6　强势省市科创板上市企业表现

在科创力均分排名上,京津冀地区位次最高,其次是珠三角地区,再次是长三角地区;在内驱力均分排名上,京津冀地区位次最高,其次是长三角地区,再次是珠三角地区。因此,可以看出,京津冀地区的上市企业虽然占比相对较少,但整体科创质量较高;长三角地区的上市企业的占比具有绝对优势,但存在着一定数量的低科创水平企业,拉低了整体的科创力与内驱力均分。

5. 各年份科创板上市企业科创力比较

总体而言,2019—2023 年科创板上市企业科创力与内驱力发展趋势保持一致,反映出 2019—2023 年科创板上市企业科创成果与科创内驱能力整体上协同发展。2019 年上市的企业质量较高,科创力领先(新能源、生物医药领域的上市企业除外);2020 年和 2021 年上市的企业平均科创力表现偏弱(图 8)。分行业看,新一代信息技术与高端装备行业上市企业科创力分布符合总体发展趋势;生物医药、节能环保与新材料行业 2019—2021 年上市企业表现低于预期(图 9);2023 年科创板上市企业数量大幅下降,有助于筛选科创力强的企业上市。

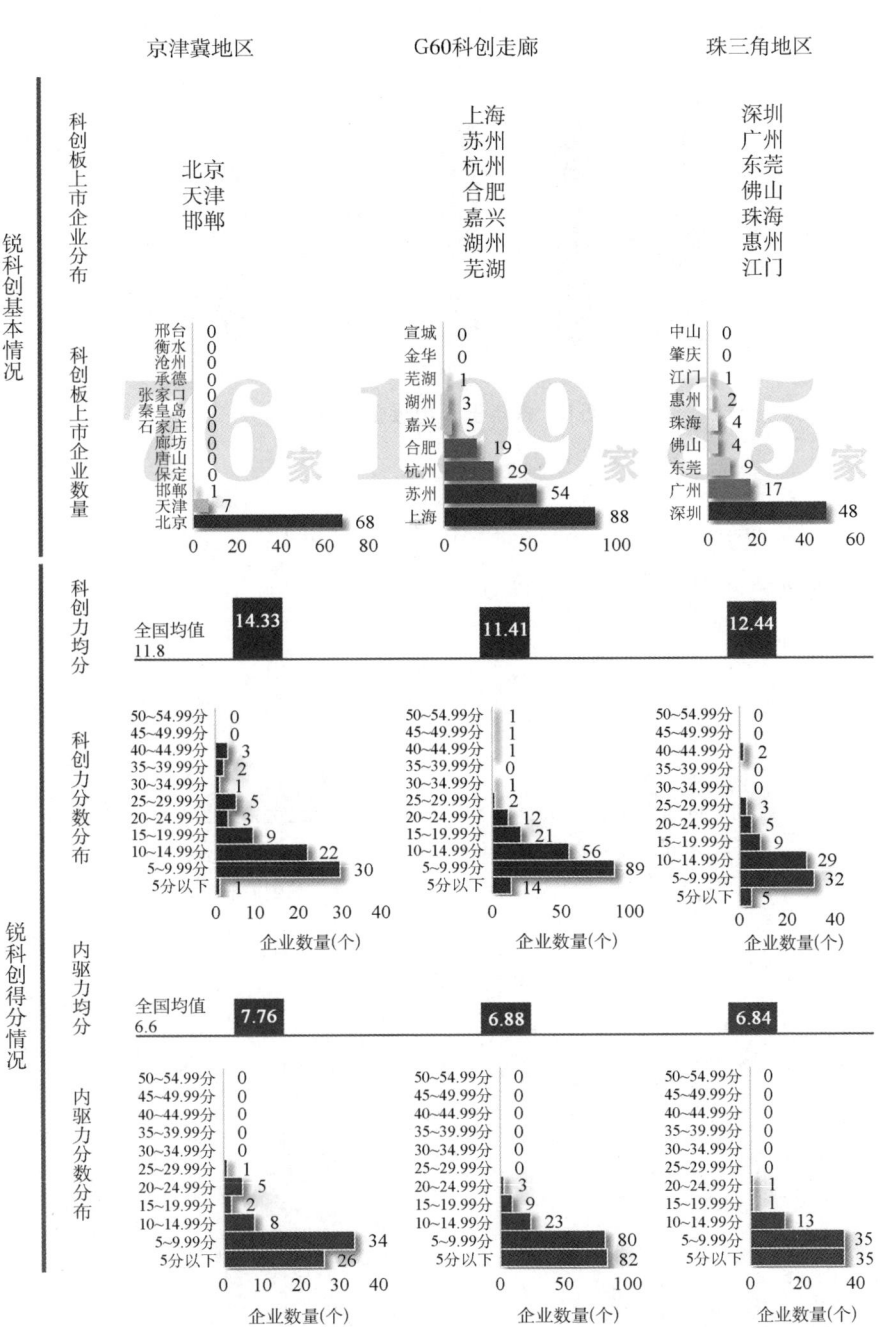

图7 重点区域科创板上市企业的科创画像

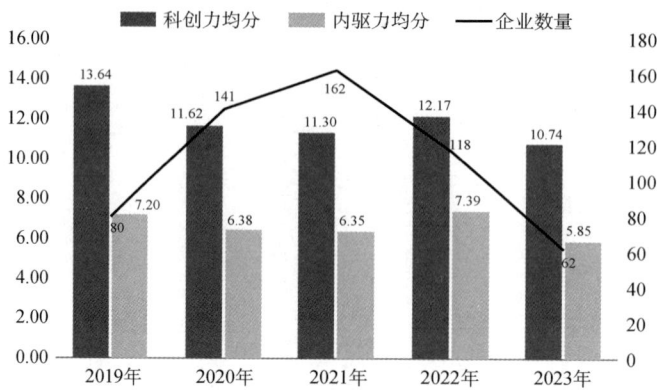

图 8 各年份科创板企业总况

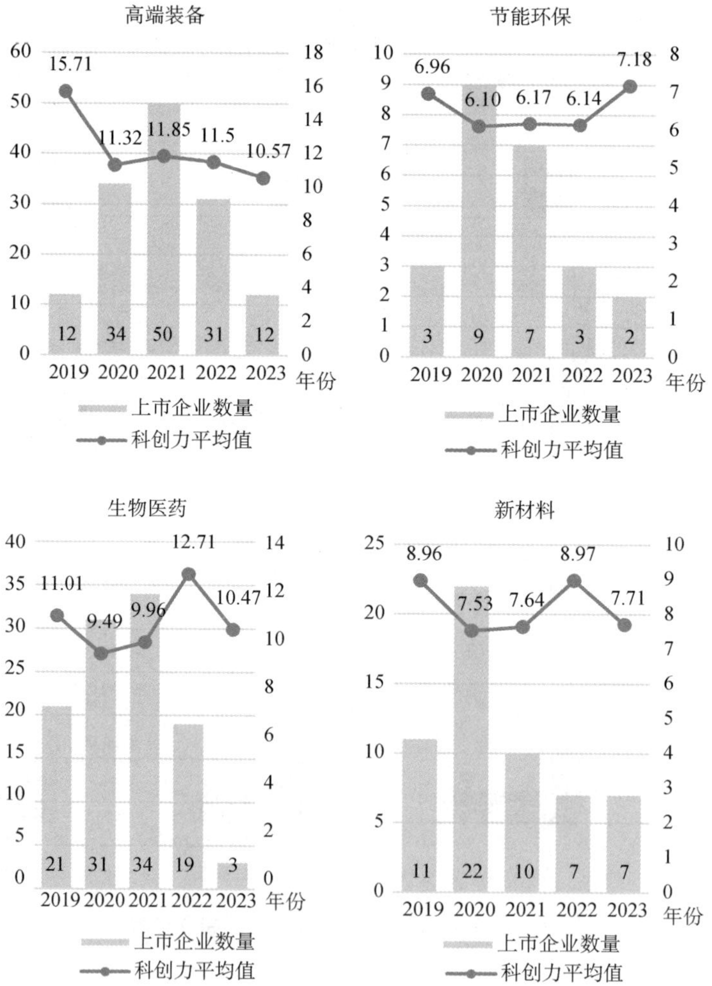

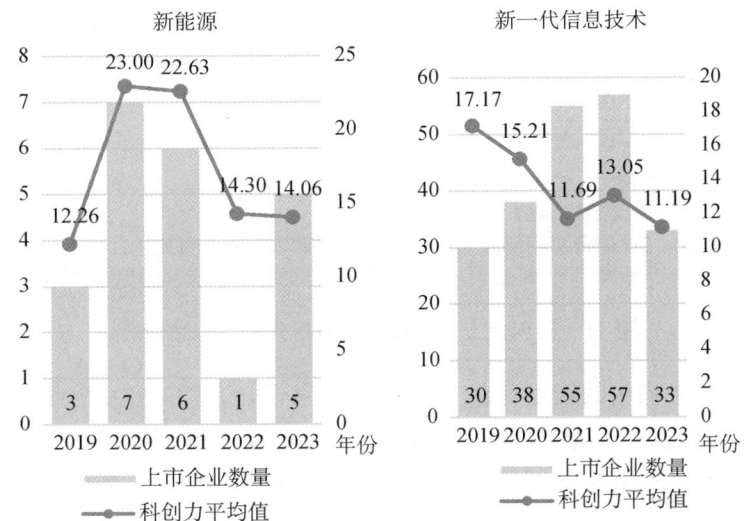

图 9　2019—2023 年科创板上市企业行业特征

三、总结与建议

2024 锐科创排行榜科创力总分最高分为 53.89 分,最低分为 2.92 分(图 10)。内驱力总分最高分为 36.48 分,最低分为 1.97 分(图 11)。科创力优势企业数量少但稳步上升,企业科创力分布呈金字塔形,多数企业的科创力水平仍有较大的提升空间。

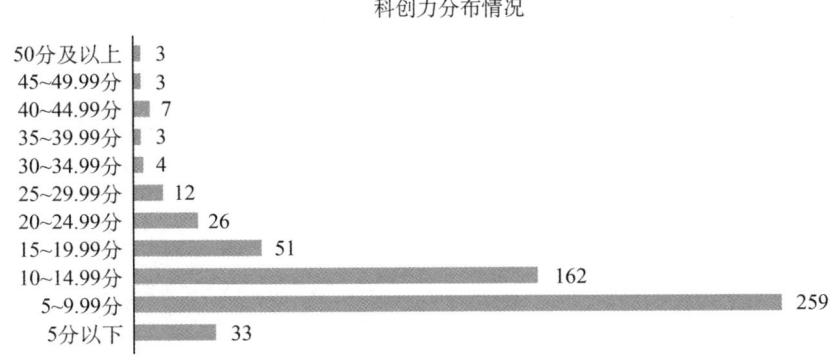

图 10　科创板上市企业科创力得分总体分布情况

2024 锐科创排行榜从多个角度对科创板上市企业的创新能力进行了全面评估,总结了科创板上市企业在科技创新方面的突出成就与面临的挑战。对于

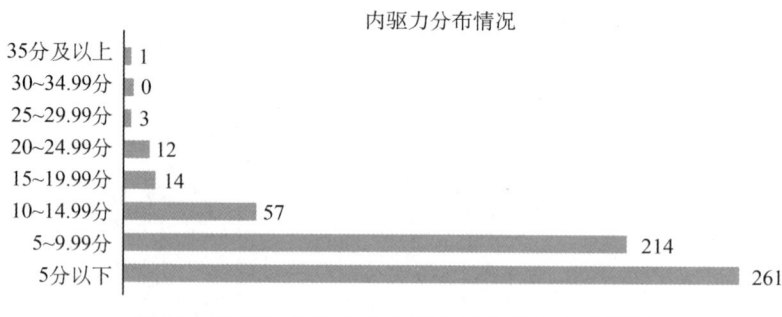

图 11 科创板上市企业内驱力得分总体分布情况

正处于较好发展势头的新一代信息技术领域来说,行业内相关企业应继续保持创新势头,同时也应注重提高创新质量,避免大量低科创水平的企业"滥竽充数";而生物医药领域整体发展波动性较大,行业内企业应当充分做好应对长期高风险的准备;新材料领域与节能环保领域的整体科创能力有待进一步加强。总体而言,上海市、北京市与广东省的优势企业数量最多,且科创力平均分也很高;江苏省、浙江省的整体科创力也处于较高水平;这些强势省份的企业应继续保持创新势头。而经济相对不发达省份的科创板上市企业数量相对较少,可寻求与其他省份合作,借鉴吸收其他省份的先进经验,通过彼此促进实现良性发展。

(锐科创 2024 课题组成员主要包括任声策、郭明昊、毕菁然、康弼程、刘宇婷等,均来自同济大学上海国际知识产权学院)

育科创 2024

——城市高成长科创企业培育生态指数主要结果

| 任声策教授课题组

育科创 2024 是城市高成长科创企业培育生态指数，重点关注一个重要问题：有的城市出现了一批高成长科创企业，而有的城市却没有，什么样的环境有利于高成长科创企业产生和发展？针对这一问题，已有研究主要关注一般的创业生态环境，并形成了相关指数，但对于高成长科创企业的培育生态却缺乏相应的探讨。对此，本报告对 2024 年我国主要城市高成长科创企业培育生态展开评价，采集相关数据并进行处理后形成城市指数，并将其与育科创 2022、育科创 2023 中各城市指数进行对比，以此观察各城市在不同时间节点的变化，从而对各城市高成长科创企业培育生态形成初步的认识。

一、评价对象

本文选取了直辖市、各省会和首府、各大经济区主要城市及其他主要城市（共 63 个）城市进行评价，选择的城市清单如下。

东部地区：北京、上海、天津、海口、三亚、深圳、广州、珠海、佛山、惠州、东莞、中山、南京、苏州、无锡、常州、镇江、徐州、扬州、南通、杭州、宁波、嘉兴、温州、台州、济南、青岛、烟台、厦门、福州、宁德、石家庄、唐山。

东北地区：长春、沈阳、大连、哈尔滨。

中部地区：郑州、漯河、武汉、宜昌、长沙、株洲、合肥、芜湖、南昌、九江、太原。

西部地区：呼和浩特、包头、鄂尔多斯、兰州、昆明、成都、绵阳、西宁、银川、西安、重庆、南宁、北海、贵阳、遵义。

二、指标指数评价体系

综合已有研究基础和指标选取原则，最终形成 8 个一级指标：人力资本、经济基础、制度环境、创业文化、市场基础、创新基础、金融资本和创业绩效。8 个一级指标细分为26个二级指标。在8个一级指标中,人力资本、经济基础、制度环境、创业文化、创新基础指标能够反映城市高成长科创企业的孵化潜力;市场基础、制度环境、经济基础、创新基础、金融资本指标则能够表征城市高成长科创企业的快速成长潜力和成长空间;创业绩效指标则直接体现城市高成长科创企业的培育结果。

三、评价结果

1. 总体态势

在参与评价的63座城市中,具备我国高成长科创企业培育A＋类生态(90分以上)的头部阵营格局明朗,北京以满分优势占据榜首,深圳(96.70分)、上海(94.17分)紧随其后,且上海与深圳的分差减少。我国的A类生态城市(80～90分)为广州、杭州、苏州三座城市,分别以84.22分、81.57分和80.94分位列四至六名,排名较2022年保持稳定。而我国的A－类生态城市(75～80分)涵盖重庆(77.23分)、成都(76.54分)、宁波(76.37分)、南京(76.03分)、无锡(75.73分)五座城市,佛山(74.66分)则跌出A－类生态城市的行列。2022—2024年A－类生态城市梯队内部排名略有变动,重庆、成都、宁波与南京角逐梯队头部位置,排名涨跌互现(表1)。总体而言,上述11座城市在我国城市高成长科创企业生态评价中居于领先地位。

我国城市科创企业培育生态地域差异显著,领先城市多集中于南方地区与东部地区,北方地区城市及中西部地区城市数量相对较少,"东优于西""南优于北"现象明显。

表1 高成长科创企业培育生态等级及各头部城市得分

高成长科创企业培育生态等级	城市	得分
A＋类(90分以上)	北京	100.00
	深圳	96.70
	上海	94.17
A类(80～90分)	广州	84.22
	杭州	81.57
	苏州	80.94

(续表)

高成长科创企业培育生态等级	城市	得分
A一类(75～80分)	重庆	77.23
	成都	76.54
	宁波	76.37
	南京	76.03
	无锡	75.73

2. 区域分布

本报告从长三角地区、珠三角地区、京津冀地区、云贵川地区、东北三省分别选取14座、7座、4座、6座、4座城市作为参评对象。珠三角地区平均得分最高，达76.10分，说明该地区城市高成长科创企业培育生态整体较优；而长三角地区前三名城市平均得分以85.56分位居各地区之首，说明该地区头部城市高成长科创企业培育生态更胜一筹。2022—2024年，珠三角地区、东北三省、京津冀地区和云贵川地区的平均排名均有所下降，唯有长三角地区的平均排名出现了一定程度的上升。各区域育科创2024平均得分、较育科创2022平均排名变化、区域内前三名城市育科创2024平均得分情况如图1所示。

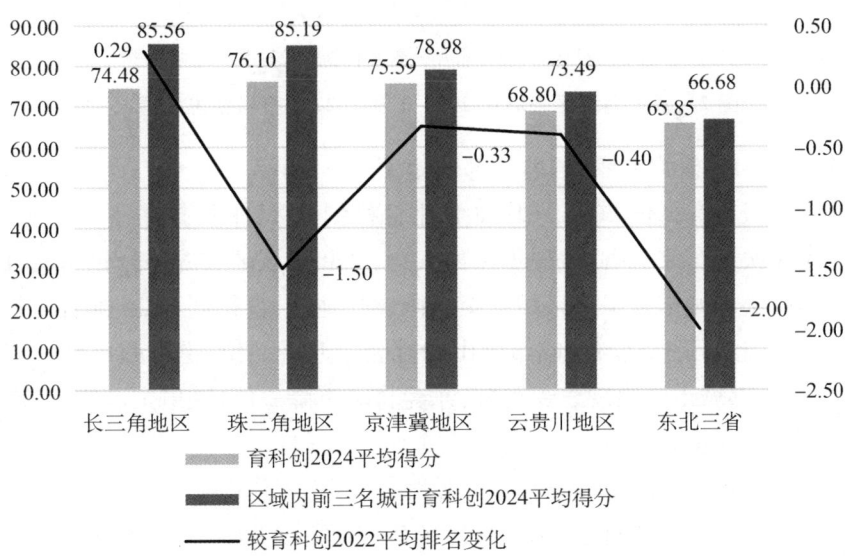

图1 高成长科创企业培育生态指数区域分布情况

（1）长三角：集群效应显著，非头部地级市发展势头良好

长三角地区城市平均排名较 2022 年上涨了 0.29 位，是五大区域中唯一排名上涨的区域，培育生态持续向好。与育科创 2022 相比，宁波在育科创 2024 的排名由第 12 位跃升至第 10 位，为长三角地区再添一座全国排名前十的城市。另外，宁波、无锡、常州、南通、扬州、徐州等非头部地级市整体排名有所上升（图 2），与育科创 2022 相比排名平均提升了 2.17 位，体现出区域发展稳中向好、协同共进的集群效应。

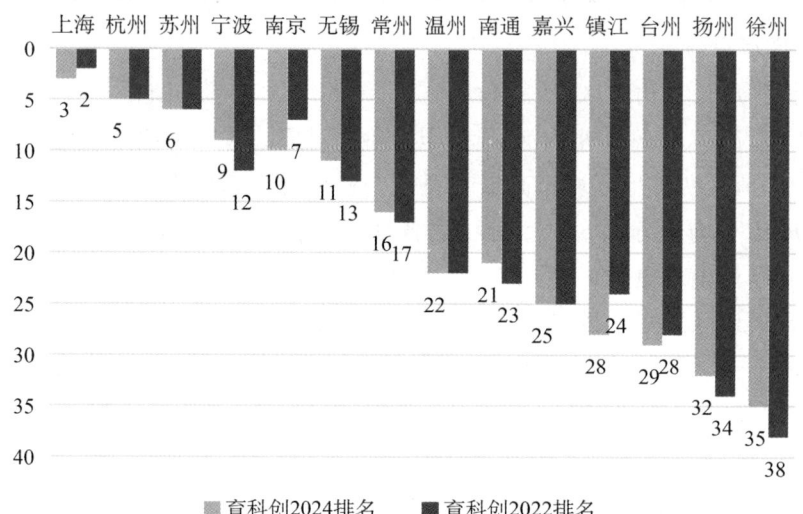

图 2　长三角地区各城市 2024 年及 2022 年育科创排名情况

（2）珠三角：深广佛领跑，非头部城市下跌

珠三角城市育科创 2024 平均排名比育科创 2022 平均排名下降了 1.5 位，下降幅度仅次于东北三省，表现不尽如人意。同时，该区域内部分化明显：深圳、广州这两座头部城市仍保持区域乃至全国领先地位，育科创 2024 排名与育科创 2022 排名相比，无明显变化；临市佛山的排名上升了 2 位，也可圈可点。相比之下，其他非头部城市的表现乏善可陈：东莞排名下降 4 位，跌出全国前十；珠海和惠州分别下降 3 位和 5 位。

（3）京津冀地区、云贵川地区：排名微跌，津成渝勇破局

京津冀地区城市育科创 2024 平均排名较育科创 2022 下降了 0.33 位，云贵川地区城市育科创 2024 平均得分排名较育科创 2022 下降了 0.4 位，与其他区

域相比,下降幅度较小。值得留意的是,石家庄、昆明、贵阳等省会城市整体排名分别下降了3位、3位和2位。相比之下,天津和成渝表现良好:天津排名上升2位;重庆由第9位跃升为第7位;成都排名基本未变。

(4) 东北三省:大连逆袭,整体缓降现转机

东北三省城市育科创2024平均排名较育科创2022下降了2位,在所有区域中位列倒数第一。其中,哈尔滨排名与育科创2022相比下降了6位。沈阳和长春的排名虽然较育科创2022有一定的回升(分别上升了1位和8位),但是仍然没有恢复到育科创2022的水平(与育科创2022相比分别下降了4位和3位)。只有大连"异军突起",排名较育科创2022上升了5位。综合而言,尽管东北三省发展势头不如其他地区,但2022—2024年排名降速逐渐放缓,机遇与挑战并存。

3. 城市聚焦

(1) 成渝:西南双雄齐头并进

在育科创2024前十名的城市中,最引人注目的变化是作为"西部双子星"的重庆和成都的排名双双上升。2024年,重庆超越南京、宁波,排名第七,蝉联西部第一;成都一举超过无锡、南京、宁波,排名第八(图3)。

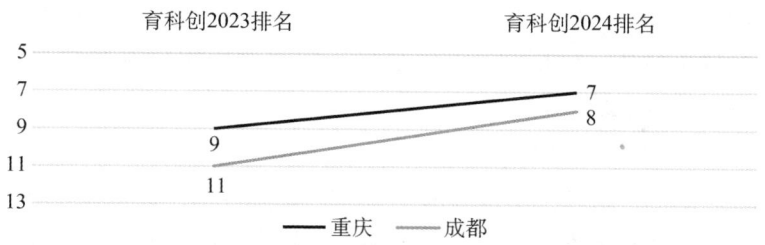

图3 重庆和成都育科创2023、育科创2024排名情况

从横向角度看,2024年,重庆、成都两地均在人力资本、制度、市场基础相关指标上得分较高,达到80分以上(图4,图5)。

从纵向角度看,与2023年相比,重庆、成都两地在GDP增长率、发明专利授权数量、R&D投入数量及强度相关指标上均取得了显著进步。

在经济发展上,重庆和成都经济基础指标增长良好,GDP与人均GDP均增长,且增长率相近。这主要得益于两地双城经济圈的建设。通过实施系列行动、推进清单任务、签署合作协议等方式,两地加强了协作,在区域协调发展各方面

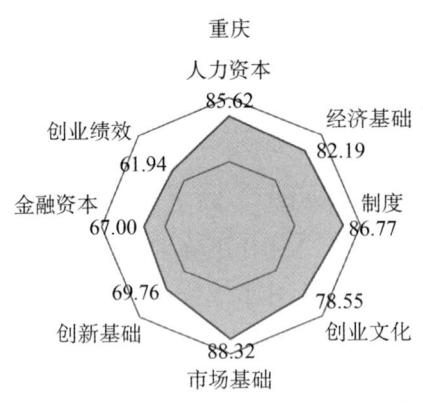
图4　重庆育科创2024各指标得分情况

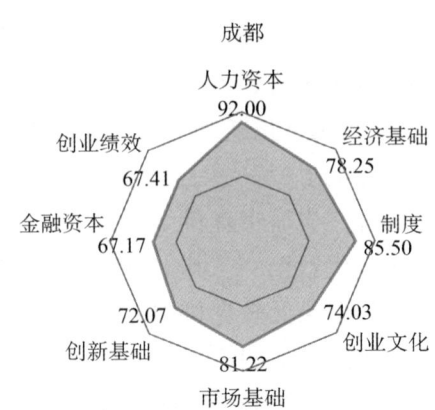
图5　成都育科创2024年各指标得分情况

发挥了重要作用。同时,两地分别从自身优势出发,各展所长,推动了区域经济增长。实现了经济活力提升、营商环境优化和人民生活水平稳步提高。在科技创新领域,在双城经济圈的物质与政策保障下,重庆、成都两地创新基础指标进步明显,发明专利授权数量大幅增加。这得益于两地在《共建成渝知识产权交易市场框架协议》指导下,采取了一系列具体措施深化合作,并出台了各自的知识产权保护政策。此外,两地的研发投入数量和强度也不断增长。重庆通过实施科技创新战略,加强了平台建设等;成都则通过建设科学城等多种方式,推动了技术攻关与成果转化。科技创新对经济增长的驱动作用日益增强,有力推动了双城经济圈的持续发展。

(2)郑州:华夏之源厚积薄发

2022—2024年,在育科创排名前30位的城市中,郑州无疑是表现最亮眼的城市之一:2023年排名跃升4位,升至第25位,2024年更是一举跃升至第19位,发展成效显著(图6)。

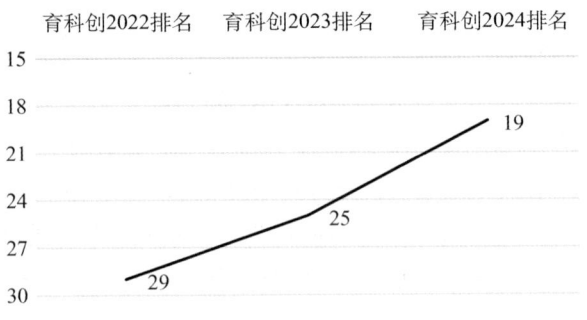
图6　2022—2024年郑州育科创排名变化

从一级指标来看,2024年郑州在人力资本、制度、经济基础相关指标上表现良好,得分在75分以上,其中人力资本相关指标更是达到了85.08分(图7)。具体到二级指标,2023—2024年郑州在大学生数量、年度流入人口、GDP增长率、发明专利授权数量、R&D投入数量和强度相关指标上进步显著。

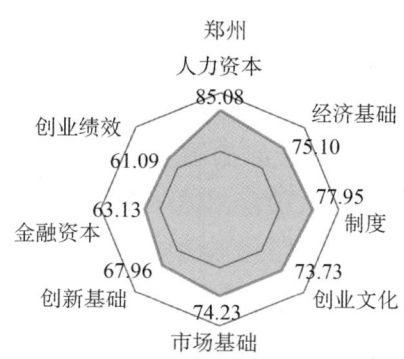

图7 郑州育科创2024各指标得分情况

在经济方面,郑州通过扩大需求、促进产业结构转型升级及深化改革开放等举措,巩固了经济稳中有进、提质增效的态势,GDP增长率达7.4%,且总量超万亿元。同时,市场化指数、民营经济总量等指标进步,金融资本和创业绩效相关指标也有所提升,为其他领域的发展奠定了坚实的物质基础。在人口方面,尽管全国人口总量有所下降,但郑州凭借经济发展和科学的人才引育政策吸引了大量人口流入,常住人口、大学生数量和年度流入人口连续三年增长,大学生数量在统计城市中仅次于广州。与其他城市相比,郑州具有明显的人口优势,这有助于扩大劳动力市场供给、扩大消费市场并提高创新潜力,将人口优势转化为创新创业优势,从而促进创新基础、创业文化各指标的进步。在创新方面,得益于全市经济的高质量发展和科学的人才引育政策,郑州连续两年在创新基础指标上取得了较大进步。其发明专利授权数量持续增加。通过制定知识产权服务业发展计划,同时采取推动中原科技城融合发展、助力创新平台建设、壮大创新主体、促进科技成果转化等措施,全社会研发投入不断增长,研发投入强度进一步提高,科技创新在经济发展、吸纳人才中的作用日益凸显,郑州整体呈现出经济、人口、创新相互促进、协同发展的良好态势。

附录 2024 年主要城市育科创生态指数得分排名

城市	育科创2024指数	排名	城市	育科创2024指数	排名
北京	100	1	济南	69.32	27
深圳	96.7	2	镇江	68.99	28
上海	94.17	3	台州	68.79	29
广州	84.22	4	珠海	68.48	30
杭州	81.57	5	大连	68.31	31
苏州	80.94	6	扬州	68.04	32
重庆	77.23	7	烟台	68	33
成都	76.54	8	中山	67.85	34
宁波	76.37	9	徐州	67.63	35
南京	76.03	10	惠州	67.61	36
无锡	75.73	11	宁德	66.82	37
佛山	74.66	12	绵阳	66.7	38
武汉	74.01	13	沈阳	66.68	39
东莞	73.21	14	芜湖	66.17	40
长沙	73.15	15	唐山	65.53	41
常州	72.47	16	宜昌	65.51	42
青岛	72.02	17	石家庄	65.42	43
天津	71.42	18	南昌	65.35	44
郑州	71.16	19	长春	65.06	45
合肥	71.04	20	昆明	64.98	46
南通	70.93	21	鄂尔多斯	64.91	47
温州	70.87	22	贵阳	64.89	48
西安	70.74	23	株洲	64.71	49
福州	70.27	24	包头	64.27	50
嘉兴	70.13	25	呼和浩特	64.25	51
厦门	69.41	26	太原	63.78	52

(续表)

城市	育科创 2024 指数	排名	城市	育科创 2024 指数	排名
银川	63.63	53	遵义	62.48	59
海口	63.47	54	南宁	62.12	60
哈尔滨	63.34	55	漯河	61.5	61
九江	63.1	56	西宁	60.1	62
三亚	62.91	57	北海	60	63
兰州	62.66	58	—	—	—

（课题组成员包括任声策、徐天意、唐菡、邓乔尹等，主要来自同济大学上海国际知识产权学院创新与竞争研究中心）